高等学校土木建筑专业应用型本科系列规划教材

建筑结构抗震设计

（第2版）

主　编　龙帮云　刘殿华

副主编　刘美景　朱　炯

参　编　（以拼音为序）

常鸿飞　曹秀丽

王　仪

东南大学出版社

·南京·

内 容 提 要

本书是结合我国最新《建筑抗震设计规范》(GB 50011—2010)编写的抗震结构设计教材。内容包括:绪论,场地、地基和基础,结构的地震作用与抗震验算,结构抗震概念设计,多层及高层钢筋混凝土结构抗震设计,多层砌体房屋和底部框架砌体房屋的抗震设计,钢结构房屋的抗震设计,单层厂房抗震设计,结构控制及隔震、减震设计以及非结构构件抗震设计。书中对主要结构附有计算例题及思考题。

本书可供大专院校土木工程专业学生及教师使用,亦可供从事建筑结构抗震设计、科研和施工的技术人员参考。

图书在版编目(CIP)数据

建筑结构抗震设计 / 龙帮云,刘殿华主编. —2 版
南京:东南大学出版社,2017.7(2020.12 重印)
ISBN 978-7-5641-7017-2

Ⅰ.①建… Ⅱ.①龙… ②刘… Ⅲ.①建筑结构—抗震设计 Ⅳ.①TU352.104

中国版本图书馆 CIP 数据核字(2017)第 008199 号

建筑结构抗震设计(第 2 版)

出版发行:东南大学出版社
社　　址:南京市四牌楼 2 号　邮编:210096
出 版 人:江建中
责任编辑:史建农　戴坚敏
网　　址:http://www.seupress.com
电子邮箱:press@seupress.com
经　　销:全国各地新华书店
印　　刷:常州市武进第三印刷有限公司
开　　本:787mm×1092mm　1/16
印　　张:17.75
字　　数:454 千字
版 印 次:2017 年 7 月第 2 版　2020 年 12 月第 2 次印刷
印　　数:3001~4500
书　　号:ISBN 978-7-5641-7017-2
定　　价:45.00 元

高等学校土木建筑专业应用型本科系列规划教材编审委员会

总前言

国家颁布的《国家中长期教育改革和发展规划纲要（2010—2020年）》指出，“要适应国家和区域经济社会发展需要，不断优化高等教育结构，重点扩大应用型、复合型、技能型人才培养规模”“学生适应社会和就业创业能力不强，创新型、实用型、复合型人才紧缺”。为了更好地适应我国高等教育的改革和发展，满足高等学校对应用型人才的培养模式、培养目标、教学内容和课程体系等的要求，东南大学出版社携手国内部分高等院校组建土木建筑专业应用型本科系列规划教材编审委员会。大家认为，目前适用于应用型人才培养的优秀教材还较少，大部分国家级教材对于培养应用型人才的院校来说起点偏高，难度偏大，内容偏多，且结合工程实践的内容往往偏少。因此，组织一批学术水平较高、实践能力较强、培养应用型人才的教学经验丰富的教师，编写出一套适用于应用型人才培养的教材是十分必要的，这将有力地促进应用型本科教学质量的提高。

经编审委员会商讨，对教材的编写达成如下共识：

一、体例要新颖活泼。学习和借鉴优秀教材特别是国外精品教材的写作思路、写作方法以及章节安排，摒弃传统工科教材知识点设置按部就班、理论讲解枯燥无味的弊端，以清新活泼的风格抓住学生的兴趣点，让教材为学生所用，使学生对教材不会产生畏难情绪。

二、人文知识与科技知识渗透。在教材编写中参考一些人文历史和科技知识，进行一些浅显易懂的类比，使教材更具可读性，改变工科教材艰深古板的面貌。

三、以学生为本。在教材编写过程中，“注重学思结合，注重知行统一，注重因材施教”，充分考虑大学生人才就业市场的发展变化，努力站在学生的角度思考问题，考虑学生对教材的感受，考虑学生的学习动力，力求做到教材贴合学生实际，受教师和学生欢迎。同时，考虑到学生考取相关资格证书的需要，教材中还结合各类职业资格考试编写了相关习题。

四、理论讲解要简明扼要，文例突出应用。在编写过程中，紧扣“应用”两字创特色，紧紧围绕着应用型人才培养的主题，避免一些高深的理论及公式的推导，大力提倡白话文教材，文字表述清晰明了、一目了然，便于学生理解、接受，能激起学生的学习兴趣，提高学习效率。

五、突出先进性、现实性、实用性、操作性。对于知识更新较快的学科，力求将最新最前沿的知识写进教材，并且对未来发展趋势用阅读材料的方式介绍给学生。同时，努力将教学改革最新成果体现在教材中，以学生就业所需的专业知识和操作技能为着眼点，在适度的基础知识与理论体系覆盖下，着重讲解应用型人才培养所需的知识点和关键点，突出实用性和可操作性。

六、强化案例式教学。在编写过程中，有机融入最新的实例资料以及操作性较强的案例素材，并对这些素材资料进行有效的案例分析，提高教材的可读性和实用性，为教师案例教学提供便利。

七、重视实践环节。编写中力求优化知识结构，丰富社会实践，强化能力培养，着力提高学生的学习能力、实践能力、创新能力，注重实践操作的训练，通过实际训练加深对理论知识的理解。在实用性和技巧性强的章节中，设计相关的实践操作案例和练习题。

在教材编写过程中，由于编写者的水平和知识局限，难免存在缺陷与不足，恳请各位读者给予批评斧正，以便教材编审委员会重新审定，再版时进一步提升教材的质量。本套教材以“应用型”定位为出发点，适用于高等院校土木建筑、工程管理等相关专业，高校独立学院、民办院校以及成人教育和网络教育均可使用，也可作为相关专业人士的参考资料。

高等学校土木建筑专业应用型
本科系列规划教材编审委员会

前　言

我国地处世界两大地震带的交会处，是地震多发国家。抗震设防的国土面积约占全国国土面积的80%。历次大地震的震害表明，工程结构的破坏或倒塌是引起人员伤亡和财产损失的主要原因。因此，对工程结构进行抗震设防，进行减震隔震，提高结构抗震性能，是减轻地震灾害的有效途径。

作者把多年来的工程实践经验和教学经验相结合，同时吸收国内外工程抗震的研究成果，编写了本教材。

本书是面向高等学校土木工程专业的一本专业教材，依据《建筑抗震设计规范》(GB 50011—2010)进行编写。书中内容注意深入浅出，力求理论联系实际，书中内容主要分为三大部分：第一部分是地震基本知识、地震作用计算和概念设计；第二部分是抗震设计，包括地基基础抗震设计，混凝土房屋抗震设计，砌体房屋抗震设计，钢结构房屋抗震设计，单层厂房抗震设计，非结构构件抗震设计；第三部分是减震隔震设计。为便于读者学习，主要章节后附有计算实例和思考题。

本书第1、2章由扬州大学刘殿华编写，第3章由东南大学刘美景编写，第4、10章由扬州大学王仪编写，第5、9章由中国矿业大学龙帮云编写，第6章由南京工程学院曹秀丽编写，第7章由中国矿业大学常鸿飞编写，第8章由徐州工程学院朱炯编写。全书由龙帮云、刘殿华主编。

由于编者水平有限，书中难免有误漏之处，恳请读者批评指正。

编　者

2011年7月

第 2 版前言

我国地处世界两大地震带的交会处，是地震多发国家。抗震设防的国土面积约占全国国土面积的 80%。历次大地震的震害表明，工程结构的破坏或倒塌是引起人员伤亡和财产损失的主要原因。因此，对工程结构进行抗震设防，进行减震隔震，提高结构抗震性能，是减轻地震灾害的有效途径。

作者把多年来的工程实践经验和教学经验相结合，同时吸收国内外工程抗震的研究成果，编写了本教材。

本书是面向高等学校土木工程专业的一本专业教材，依据《建筑抗震设计规范》(GB 50011—2010)进行编写。书中内容注意深入浅出，力求理论联系实际，书中内容主要分为三大部分，第一部分是地震基本知识、地震作用计算和概念设计；第二部分是抗震设计，包括地基基础抗震设计，混凝土房屋抗震设计，砌体房屋抗震设计，钢结构房屋抗震设计，单层厂房抗震设计，非结构构件抗震设计；第三部分是减震隔震设计。为便于读者学习，主要章节后附有计算实例和思考题。

本书是在第 1 版基础上并参照今年相继执行的《中国地震动参数区划图》(GB 18306—2015)和《建筑抗震设计规范》(GB 50011—2010 修订版)内容修订而成，修订过程中基本保留了第 1 版内容和特点，对一些文字上的差错和不妥之处进行了修正；同时根据读者建议增加了隔震实例和对混凝土结构抗震实例进行了扩展和优化。

本书第 2 版由龙帮云修订完成，张恒、谷文汉参与部分工作。

由于编著者水平有限，书中难免有误漏之处，恳请专家和读者继续提出批评和改进意见。

编　者

2017 年 6 月

目　　录

1 绪论

1.1 地震与地震动

地震是一种自然现象。地震是地球内部能量的突然释放,是地球的快速震颤。据统计,地球每年平均发生500万次左右的地震,其中7级以上的地震全球平均每年18～19次,5～6级地震每年数百次,仅中国平均每年发生的5级以上的地震就有20～30次,5级以下的地震则数以千计,人类时刻在与地震相伴,受到震灾影响。如果强烈地震发生在人类聚居区,就可能造成地震灾害,给人类带来巨大的灾难,造成人类生命财产的巨大损失。为了抵御与减轻地震灾害,有必要进行工程结构的抗震分析与抗震设计。

1.1.1 地震类型与成因

地震可以划分为天然地震和诱发地震两大类。

天然地震包括构造地震和火山地震,前者由地壳构造运动所产生,后者则由火山爆发所引起。比较而言,构造地震发生数量大(约占地震发生总数的90%)、影响范围广,是地震工程的主要研究对象。

诱发地震主要由于人工爆破、矿山开采及重大工程活动(兴建水库)所引发的地震,诱发地震一般不太强烈,只有个别情况(如水库地震)会造成严重的地震灾害。

对于构造地震,其成因有多种学说,这里主要介绍断层说和板块构造说。

从宏观背景上考察,地球是一个平均半径约6 400 km的椭圆球体。由外到内可分为三层:最表面的一层是很薄的地壳,平均厚度约为30 km;中间很厚的一层是地幔,厚度约为2 900 km;最里面的为地核,其半径约为3 500 km(图1-1)。

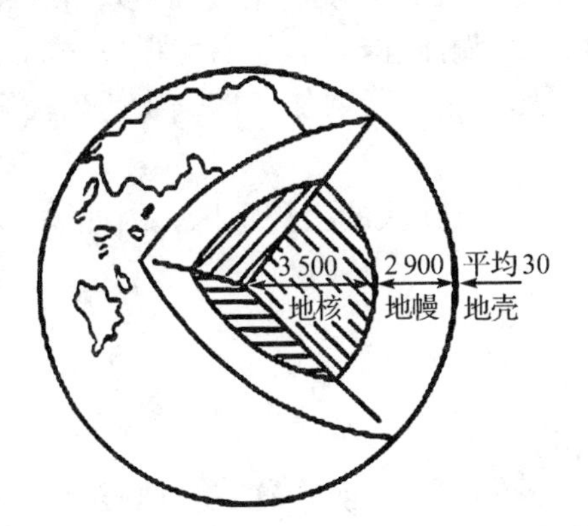

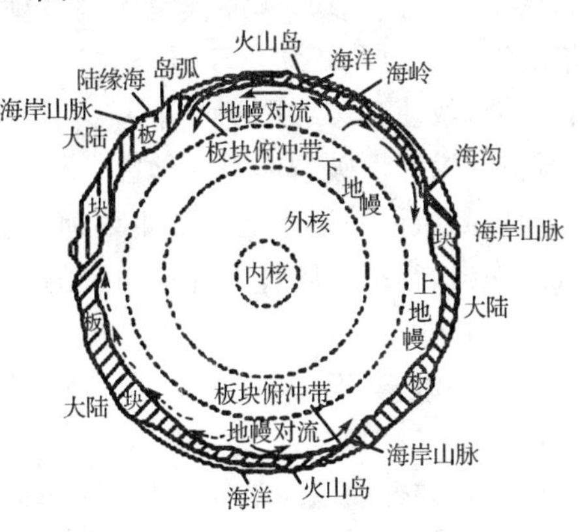

图1-1 地球的构造(单位:km)

地壳由各种岩层组成。除地面的沉积层外，陆地下面的地壳通常由上部的花岗岩层和下部的玄武岩层构成；海洋下面的地壳一般只有玄武岩层。地壳各处厚薄不一，约为 5～40 km。世界上绝大部分地震都发生在这一薄薄的地壳内。

地幔主要由质地坚硬的橄榄岩组成。由于地球内部放射性物质不断释放热量，地球内部的温度也随深度的增加而升高。从地下 20 km 到地下 700 km，其温度由大约 600℃上升到 2 000℃。在这一范围内的地幔中存在着一个厚约几百公里的软流层。由于温度分布不均匀，就发生了地幔内部物质的对流。另外，地球内部的压力也是不平衡的，在地幔上部约为 900 MPa，地幔中间则达 37 万 MPa。地幔内部物质就是在这样的热状态下和不平衡压力作用下缓慢地运动着，这可能是地壳运动的根源。到目前为止，所观察到的最深的地震发生在地下 700 km 左右处，可见地震仅发生在地球的地壳和地幔上部。

地核是地球的核心部分，可分为外核(厚 2 100 km)和内核，其主要构成物质是镍和铁。据推测，外核可能处于液态，而内核可能是固态。

按断层说，地壳是由多种岩层构成的，并且不是静止不动的。在它的运动过程中，始终存在着巨大的能量，而组成地壳的岩层在巨大的能量作用下，也在不停地连续变动，产生变形的地应力。当作用力只能使岩层产生变形，但地应力仍然较小时，岩层尚未丧失其连续完整性，仅仅能够发生褶皱。当作用力不断加强，地壳岩层中的应力不断增加，地应力引起的应变超过某处岩层的极限应变时，则使该处的岩层产生断裂和错动(图 1-2)，而承受应变的岩层在其自身的弹性应力作用下发生回跳，迅速弹回到新的平衡位置。一般情况下，断层两侧弹性回跳的方向是相反的，岩层中原先构造变动过程中积累起来的应变能，在回弹过程中得以释放，并以弹性波的形式传至地面，从而使地面亦随之产生强烈振动，这就是地震。这是按断层说解释构造地震的成因。

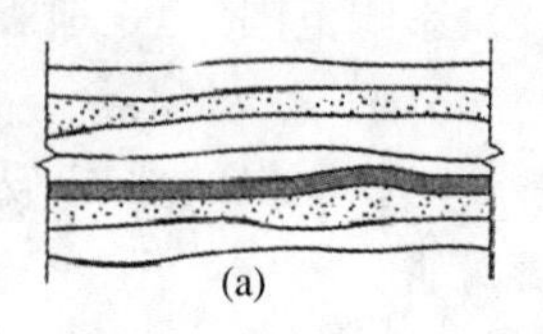
(a)

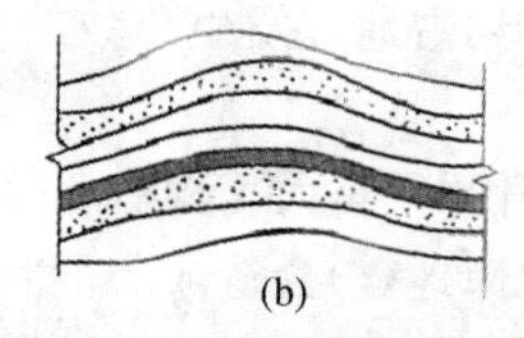
(b)

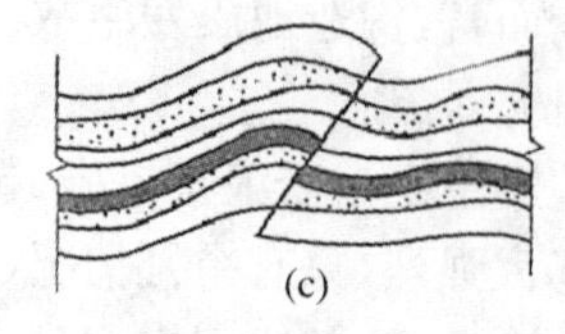
(c)

图 1-2　岩层断裂的产生

按板块构造学说，地球表面的最上层是由强度较高的岩石组成的，叫做岩石层，其厚度为 70～100 km；岩石层的下面为强度较低并带有塑性性质的岩流层。一般认为，地球表面的岩石层是由美洲板块、非洲板块、欧亚板块、印澳板块、太平洋板块和南极洲板块等若干个大板块所组成。这些板块由于其下岩流层的对流运动而做刚体运动，从而使板块之间相互挤压和顶撞，致使其边缘附近岩石层发生变形，并使其应变不断增加。当应变达到极限值时，岩石层发生脆性破裂而引发地震。

本章后面所讲的地球上几个主要地震带都处于这些大板块的交界地区。因此，板块构造学说的提出，有助于解释上述地震带的成因。

1.1.2　地震波

地震引起的振动以波的形式从震源向各个方向传播并释放能量，这就是地震波。它包含在地球内部传播的体波和只限于在地球表面传播的面波。地震波是一种弹性波。

1) 体波

体波中包括纵波和横波两种。

纵波是由震源向外传播的疏密波，其介质质点的振动方向与波的前进方向一致，从而使介质不断地压缩和疏松，故也称为压缩波或疏密波。如在空气中传播的声波就是一种纵波。纵波的特点是周期较短，振幅较小。

横波是由震源向外传播的剪切波，其介质质点的振动方向与波的前进方向相垂直，亦称为剪切波。横波的周期较长，振幅较大(图 1-3)。

还应指出，横波只能在固体内传播，而纵波在固体和液体内都能传播。

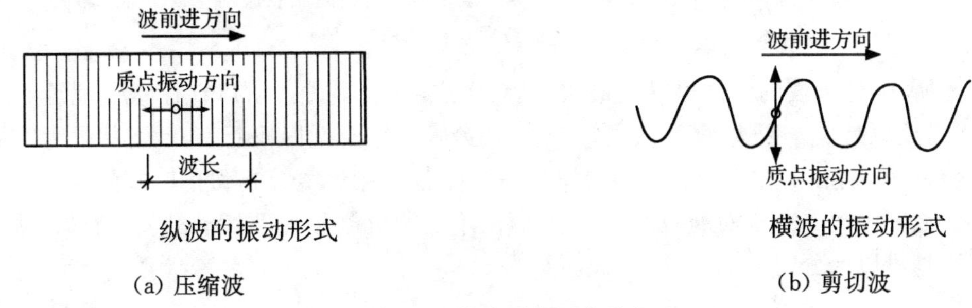

(a) 压缩波　　(b) 剪切波

图 1-3　体波质点振动形式

根据弹性理论，纵波传播速度 v_P 与横波的传播速度 v_S 可分别按式(1-1)和式(1-2)计算：

$$v_P=\sqrt{\frac{E(1-\mu)}{\rho(1+\mu)(1-2\mu)}} \tag{1-1}$$

$$v_S=\sqrt{\frac{E}{2\rho(1+\mu)}}=\sqrt{\frac{G}{\rho}} \tag{1-2}$$

式中：E——介质的弹性模量；

G——介质的剪切模量；

ρ——介质的密度；

μ——介质的泊松比。

在一般情况下，当 $\mu=0.22$ 时，从式(1-1)和式(1-2)可得

$$v_P=1.67\,v_S \tag{1-3}$$

由此可见，纵波的传播速度要比横波的传播速度快，所以在仪器的观测记录纸上，纵波一般都先于横波到达。因此，通常又把纵波叫做 P 波(即初波)，把横波叫做 S 波(即次波)。

2) 面波

面波是体波从基岩传播到上层土时，经分层地质界面的多次反射和折射，在地表面形成两种次生波，即瑞雷波(R 波)和洛夫波(L 波)。

瑞雷波传播时，质点在竖向平面内(xz 平面)做与波前进方向相反的椭圆形运动，而在与该平面垂直的水平方向(y 方向)没有振动，故瑞雷波在地面上呈滚动形式(图 1-4(a))。瑞雷波具有随着距地面深度增加其振幅急剧减小的特性，这可能是地震时地下建筑物比地上建筑物受害较轻的一个原因。

洛夫波传播时将使质点在地平面内做与波前进方向相垂直的水平方向(y 方向)的运动，即在地面上呈蛇形运动形式(图 1-4(b))。洛夫波也随深度而衰减。

面波振幅大，周期长，只能在地表附近传播，比体波衰减慢，故能传播到很远的地方。

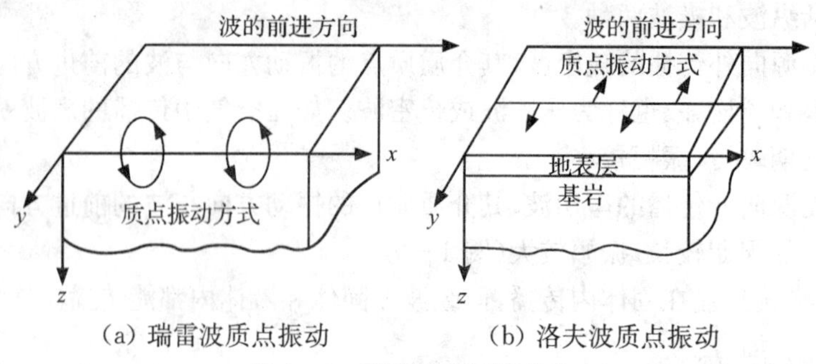

(a) 瑞雷波质点振动 (b) 洛夫波质点振动

图 1-4 面波质点振动形式

综上所述，地震波的传播以纵波最快，横波次之，面波最慢。所以在任意一地震波的记录图上，纵波总是最先到达，横波次之，面波到达最晚。然而就振幅而言，后者却最大。从图1-5中还可看出，在上述3种波到达之间有一相对稳定区段，稳定区段的时间间隔则由观测点至震源之间距离的减小而缩短。在震中区，由于震源机制和地面扰动的复杂性，3种波的波列几乎是难以区分的。

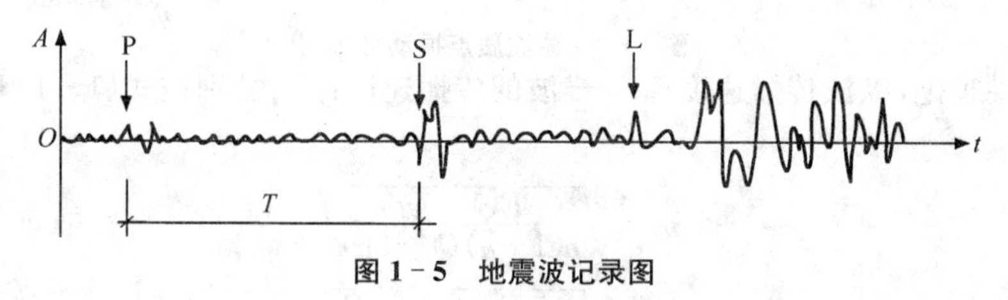

图 1-5 地震波记录图

地震现象表明，纵波使建筑物产生上下颠簸，横波使建筑物产生水平方向摇晃，而面波则使建筑物既产生上下颠簸又产生左右摇晃，一般是在横波和面波都到达时振动最为激烈。由于面波的能量要比体波的能量大，所以造成建筑物和地表的破坏主要以面波为主。

1.2 地震震级与地震烈度

1.2.1 地震震级与烈度

1) 震级

衡量一次地震释放能量大小的尺度，称为震级。地震的震级一般采用里氏震级，用符号M表示，它是由里克特(C. F. Richter)在1935年首先提出的，即在离震中100 km处由Wood-Anderson式标准地震仪(摆的自振周期为0.8 s，阻尼系数0.8，放大倍数为2 800)所记录到的最大水平位移A(单振幅，单位为微米(1 mm=1 000 μm))的常用对数M：

$$M=\lg A \tag{1-4}$$

当震中距不是 100 km 时，则需按修正公式进行计算：

$$M = \lg A - \lg A_0 \tag{1-5}$$

式中：A_0——被选为标准的某一特定地震的最大振幅。

地震震级与地震释放能量有如下经验关系：

$$\lg E = 1.5M + 11.8 \tag{1-6}$$

式中：E——地震释放的能量，单位为 erg(尔格)。

由上述关系计算可知，当地震震级相差一级时，地面振动振幅相差约 10 倍，而能量相差近 31.6 倍。一次 6 级地震释放的能量相当于一个 2 万吨级的原子弹。

一般来说，$M<2$ 的地震，人们感觉不到，称为无感地震或微震；$M=2\sim4$ 的地震，称为有感地震；$M>5$ 的地震，对建筑物就会造成不同程度的破坏，统称为破坏性地震；$M>7$ 的地震称为强烈地震或大地震；$M>8$ 级的为特大地震。

到目前为止记录到的最大地震为 1960 年 5 月的智利大地震。这次地震发生在太平洋智利海沟、蒙特港附近海底，影响范围在南北 800 km 长的椭圆内，是世界地震史上一次震级最高、最强烈的地震，震级达 8.9 级(后修订为 9.5 级)。其引发的巨大的海啸，导致数万人死亡和失踪，沿岸的码头全部瘫痪，200 万人无家可归，是世界上影响范围最大，也是最严重的一次海底地震引发的海啸灾难。

2) *地震烈度*

地震烈度是指地震时某一地区的地面和各类建筑物遭受到一次地震影响的强弱程度。一次同样大小的地震，若震源深度、离震中的距离和土质条件等因素不同，则对地面和建筑物的破坏也不相同，故各地区所遭受到的地震影响程度也不同。即一次地震对于不同地区有多个地震烈度。

一般来说，离震中愈近，地震影响愈大，地震烈度愈高；离震中愈远，地震烈度就愈低。此外，震中烈度一般可看作是地震大小和震源深度两者的函数，但对人们生命财产影响最大且发生最多的地震，其震源深度大多在 10～30 km 范围内，因此可近似认为震源深度不变来进行震中烈度 I_0 与震级 M 之间关系的研究。根据全国范围内既有宏观资料，又有仪器测定的 35 次地震资料，《中国地震目录》(1983 年版)给出了根据宏观资料估定震级的经验公式：

$$M = 0.58 I_0 + 1.5 \tag{1-7}$$

必要时可参考地震影响面积的大小作适当调整。表 1-1 给出了震源深度为 10～30 km 时，震级 M 与烈度 I_0 的大致对应关系。

表 1-1 震级 M 与震中烈度 I_0 的关系

震级 M	2	3	4	5	6	7	8	8 以上
震中烈度 I_0	1～2	3	4～5	6～7	7～8	9～10	11	12

为评定地震烈度，需要建立一个标准，这个标准就称为地震烈度表。它是以描述震害宏观想象为主的，即根据建筑物的破坏程度、地貌变化特征、地震时人的感觉、家具等物体的反应等方面进行区分。由于对烈度影响轻重的分段不同以及在宏观现象和定量指标确定方面有差异，加上各国建筑情况及地表条件的不同，各国所制定的烈度表也不同。现在，除了日

本采用从0度到7度分成8等的烈度表、少数国家(如欧洲一些国家)用10度划分的地震烈度表外,绝大多数国家包括我国都采用分成12度的地震烈度表。目前,我国采用的是2008年公布的GB/T 17742—2008《中国地震烈度表》(见附录B)。

3) 地震基本烈度

(1) 我国1990年地震烈度区划图标明的是指该地区在50年期限内,一般场地条件下,可能遭遇超越概率为10%的地震烈度。

(2) 与地震烈度相应的为《中国地震动参数区划图》(GB 18306—2015)提出的与地震动峰值加速度分区对应的烈度值。

1.2.2 地震烈度区划与地震影响

地震区划是指根据历史地震、地震地质构造和地震观测等资料,在地图上按地震情况的差异划出不同的区域。我国采用按地震动参数,即地震动峰值加速度和地震动反应谱特征周期编制了《中国地震动参数区划图》(GB 18306—2015),作为确定我国主要城镇抗震设防烈度、设计基本地震加速度和设计地震分组的依据。

在抗震设计时,建筑所在地区遭受的地震影响,用相应于设防烈度的设计基本地震加速度和特征周期或《建筑抗震设计规范》规定的设计地震动参数来表征。

抗震设防烈度是按国家规定的权限批准作为一个地区抗震设防依据的地震烈度,一般情况下取基本烈度。抗震设防烈度还需根据建筑物所在城市的大小,建筑物的类别、高度以及当地的抗震设防分区规划进行确定。

设计基本地震加速度为上述区划图中的地震动峰值加速度,相应于设防烈度的设计基本地震加速度见表1-2。设计基本地震加速度为0.15 g和0.30 g地区内的建筑,除《建筑抗震设计规范》另有规定外,应分别按抗震设防烈度7度和8度的要求进行抗震设计。

表1-2 抗震设防烈度和设计基本地震加速度值的对应关系

抗震设防烈度	6	7	8	9
设计基本地震加速度值	0.05 g	0.10(0.15)g	0.20(0.30)g	0.40 g

注:表中 g 为重力加速度,单位为 m/s^2。

建筑的设计特征周期应根据其所在地的设计地震分组和场地类别确定。设计地震分组共分3组,用以体现震级和震中距的影响。我国部分主要城镇抗震设防烈度、设计基本地震加速度和设计地震分组见附录A。

1.2.3 地震的常用术语

地震的常用术语有以下几个方面(图1-6):

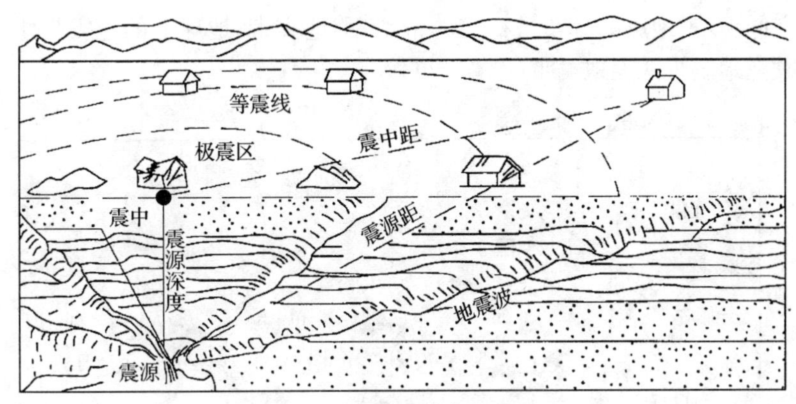

图 1-6 地震的常用术语

1）描述地震空间位置的有关概念

震源：地球内部发生破裂引起震动的部位。

震源深度：将震源视为一点，此点到地面的垂直距离，称为震源深度。

震中：震源断错始发点或震源最大能量释放区在地表的垂直投影点。分为仪器震中和宏观震中。

极震区：地面上受破坏最严重的地区，称为宏观震中。

震中距：从震中到地面上任何一点，沿地球表面所量得的距离。

等震线：同一地震中，地震烈度等值线。

极震区：一次地震破坏或影响最重的区域。

2）地震系列

任何一个大地震发生，通常都有一系列地震相伴随发生，即为地震系列。

主震：地震系列中最大的一次地震（一般释放的能量占全系列的 90%以上）。

前震：主震前的一系列小地震。

余震：主震后的一系列地震。

主震型：有突出主震的地震序列。

震群型：没有突出的主震，主要能量通过多次震级相近的地震释放出来。

孤立型：只有极少前震或余震，地震能量基本上通过主震一次释放出来。

3）描述地震的基本参数

描述地震的基本参数有发震时刻、震中位置、震级、震源深度，其中时间、地点、震级亦为表述一次地震的三要素。

1.3 地震的破坏作用

1.3.1 地震的分布

地震具有一定的时空分布规律。从时间上看，地震有活跃期和平静期交替出现的周期性现象。从空间上看,地震的分布呈一定的带状,称地震带,地球上的地震带主要有环太平洋地震带和欧亚地震带两大地震带(图 1-7)。

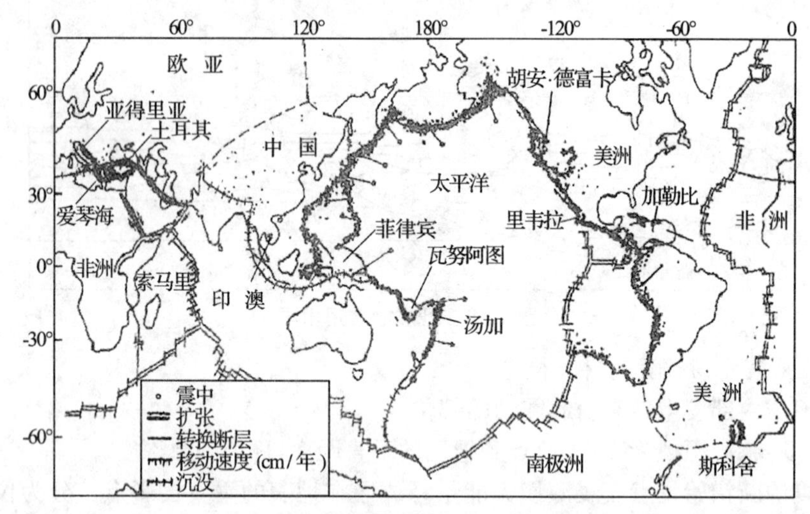

图 1-7 地球上的板块分布及地震带

1) 全球的地震带

(1) 环太平洋地震带

环太平洋地震带是全球规模最大的地震活动带。此带主要位于太平洋边缘地区,包括南美洲的智利、秘鲁,北美洲的危地马拉、墨西哥、美国等国家的西海岸;从阿拉斯加经阿留申至堪察加,转向西南沿千岛群岛至日本,然后分成两支,其中一支向南经马里亚纳群岛至伊里安岛,另一支向西南经琉球群岛、我国台湾省、菲律宾、印度尼西亚至伊里安岛,两支在此会合,经所罗门、汤加至新西兰。全球约 80%的浅源地震、90%的中深源地震以及差不多所有深源地震都发生在这一带,所释放的地震能量占全球地震总能量的 80%。

该带是大多数灾难性地震和全球 8 级以上巨大地震的主要发震地带。

(2) 欧亚地震带

欧亚地震带是全球第二大地震活动带,横贯欧亚两洲并涉及非洲地区。其中一部分从堪察加开始,越过中亚,另一部分则从印度尼西亚开始,越过喜马拉雅山脉,它们在帕米尔会合,然后向西伸入伊朗、土耳其和地中海地区,再出亚速海。所释放的地震能量占全球地震总能量的 15%。我国大部分地区处于此地震带中,此带内也常发生破坏性地震及少数深源地震。

2) 我国的地震带

我国东临环太平洋地震带,南接欧亚地震带,地震分布相当广泛(图 1-8)。我国主要的地震带有两条:一是南北地震带,它北起贺兰山,向南经六盘山,穿越秦岭沿川西至云南省东北,纵贯南北。二是东西地震带,主要的东西构造带有两条:北面的一条沿陕西、山西、河北北部向东延伸,直至辽宁北部的千山一带;南面的一条,自帕米尔高原起经昆仑山、秦岭直到大别山区。

据此,我国大致可划分为 6 个地震活动区:① 台湾及其附近海域;② 喜马拉雅山脉活动区;③ 南北地震带;④ 天山地震活动区;⑤ 华北地震活动区;⑥ 东南沿海地震活动区。

据统计,我国除个别省份(例如浙江、江西)外,绝大部分地区都发生过较强的破坏性地震，有不少地区现在地震活动还相当强烈，如我国台湾省大地震最多，新疆、西藏次之，西南、西北、华北和东南沿海地区也是破坏性地震较多的地区。

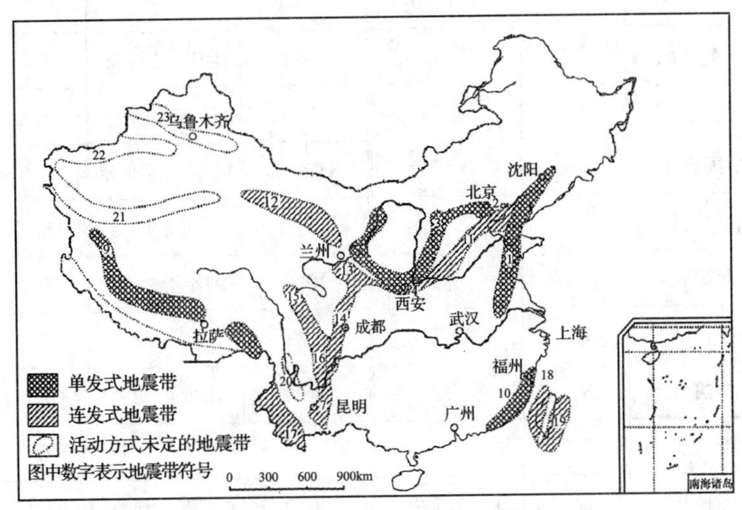

图 1-8　我国的地震带分布图

1.3.2　地震的破坏作用

地震灾害作为一种自然灾害，它对社会生活和地区经济发展有着广泛而深远的影响。随着经济的快速发展，城市化进程的加快，人口及物质财富向城市的进一步高度集中，地震所造成的灾害是巨大的。

据不完全统计，20 世纪全世界地震死亡人数达 170 万人，占各类自然灾害死亡人数的 54%，直接经济损失达 4 100 亿美元，间接经济损失超过万亿美元。其中，城市地震造成的死亡人数约占 61%，经济损失约占 85%。同时，瞬间的巨大灾难给人们精神上带来强烈的恐惧。半个多世纪以来，国内外发生的大地震见表 1-3。这些大地震不但造成了大量的人员伤亡和巨大的经济损失，还给人类在精神上以重创，因此人类一直在探求防御和减轻地震灾害的有效途径。

表 1-3　近百年世界主要大地震情况表(7.5 级以上)

时间	地　点	震级	死亡人数(万人)	时间	地　点	震级	死亡人数(万人)
1906	美国洛杉矶	8.3	0.3	1927	中　国	8.3	2.0
1906	智　利	8.6	2.0	1934	印　度	8.4	1.1
1908	意大利	7.5	3.8	1935	印　度	7.5	3.0
1915	意大利	7.5	3.0	1939	智　利	8.3	2.8
1920	中国甘肃	8.5	20.0	1939	土耳其	7.9	3.3
1923	日本东京	8.3	14.28	1960	智利南部	8.9	0.57

续表 1-3

时间	地 点	震级	死亡人数（万人）	时间	地 点	震级	死亡人数（万人）
1964	日本新潟	7.5	0.51	1992	印度尼西亚	7.5	0.25
1970	秘 鲁	7.7	6.68	1993	日本北海道	7.8	0.025
1976	中国唐山	7.6	24.0	1995	俄罗斯库页岛	7.5	0.27
1976	危地马拉	7.5	2.28	1996	印度尼西亚	8.0	0.15
1976	菲律宾	7.8	0.8	1999	中国台湾集集	7.8	0.25
1978	伊 朗	7.7	2.5	2001	印 度	7.9	0.2
1985	墨西哥	8.1	1.2	2004	印度尼西亚	9.0	29.2
1990	伊 朗	7.7	7.5	2008	中国汶川	8.0	6.8
1990	土耳其	7.7	2.7	2010	智 利	8.8	0.05
1990	菲律宾吕宋	7.7	0.16	2011	日 本	9.0	2.45

在强烈地震发生时，地面受到地震波的冲击产生强烈运动、断层运动及地壳变形等，出现各种破坏现象。

地震所导致的灾害可分为直接灾害和次生灾害。

1）地表破坏现象

（1）地面的断裂错动和地裂缝

强烈地震时，地下断层面直达地表，地貌随之改变。显著的垂直位移造成断崖峭壁；过大的水平位移产生地形、地物的错位；挤压、扭曲造成地面的波状起伏和水平错动。

由于这些断裂错位，使道路中断、铁路扭曲（图 1-9）、桥面断裂、房屋破坏，严重的可使河流改道、水坝受损（图 1-10），直接造成灾害。

图 1-9 地震时导致的铁路扭曲

图 1-10 地震后水坝破坏

地裂缝是地震时最常见的现象，主要有两种类型。一种是强烈地震时由于地下断层错动延伸至地表而形成的裂缝，称为构造地裂缝。这种裂缝与地下断裂带的走向一致，其形成与断裂带的受力性质有关，一般规模较大，形状比较规则，通常呈带状出现(由数条地裂缝组成)，裂缝带长度可达几千米甚至几百千米，裂缝带宽度可达几米甚至几十米。另一种地裂缝是在古河道、湖河岸边、陡坡等土质松软地方产生的地表交错裂缝，其大小形状不一，规模也较前一种小。地裂缝穿过道路、结构时通常会使它们遭受破坏(图 1-11)。

图 1-11　地裂缝引起的运动场破坏

(2) 喷砂冒水

地震时出现喷砂冒水现象非常少见。在地下水位较高、砂层埋深较浅的平原地区，地震时地震波的强烈振动使地下水压力急剧升高，地下水经地裂缝或土质较软的地方冒出地面，当地表土层为砂层或粉土层时，则夹带着砂土或粉土一起喷出地表，形成喷砂冒水现象(图 1-12)。

图 1-12　地震时出现喷砂冒水现象

喷砂冒水现象一般要持续很长时间，严重的地方可造成房屋不均匀下沉或下部结构开裂。

(3) 地面下沉(震陷)

地震造成的局部地面下陷的事件是多种多样的。在石灰岩分布地区，地下溶洞十分发育，在矿区由于人类的生产活动也会存在空洞，在地震时都可能被震塌，地面的土石层也随之下沉，造成大面积陷落；在喷砂冒水严重的地方，也使地下出现洞穴，造成土地下沉，形成洼地，河岸、陡坡滑坡发生在河岸、陡坡等处，强烈的地震作用往往造成土体失稳，从而形成塌方和滑坡。有时会造成破坏道路、掩埋村庄、堵河成湖、房屋倒塌等严重震害。

2）建筑物的破坏

在强烈地震作用下，各类建筑物发生严重破坏，按其破坏的形态及直接原因，可分为以下几类：

(1) 结构构件强度不足而造成的破坏

任何承重构件都有各自的特定功能，以适用于承受一定的外力作用。对于设计时没有考虑抗震设防或抗震设防不足的结构，在强烈地震作用下，不仅构件内力增大很多，而且其受力性质往往也将改变，致使构件强度不足而被破坏(图 1－13)。

图 1－13　地震造成的柱端破坏

(2) 结构丧失整体性而造成的破坏

房屋建筑都是由许多构件组成的，在强烈地震作用下，构件连接不牢、支撑长度不够和支撑失效等都会使结构丧失整体性而破坏(图 1－14、图 1－15)。

图 1－14　四川汶川地震后建筑破坏

图 1－15　地震时引起的教学楼破坏

(3) 地基失效

当建筑物地基内含饱和砂层、粉土层时，在强烈的地面运动影响下，土中孔隙水压力急剧增高，致使地基土发生液化，地基承载力下降，甚至完全丧失，从而导致上部结构破坏。

3）基础设施的破坏

地震还会造成公路、铁路、桥梁、水坝、构筑物、地下结构、码头及河岸堤防等设施的破坏(图 1－16、图 1－17)。

图 1-16 四川汶川地震时都江堰至汶川公路桥破坏

图 1-17 地震时引起的河岸塌方和滑坡

另外，构筑物(如烟囱、水塔等)、地下结构、码头及河岸堤防等也会在地震中受到不同程度的破坏。

4) 次生灾害造成的破坏

地震的次生灾害是指在强烈地震以后，以地震直接灾害为导因引起的一系列其他灾害以及虽与震动破坏无直接联系，但与地震的存在有关的灾害，如防震棚火灾，因避震移居室外造成冻害等。地震次生灾害的种类很多，可形成灾害链，表现为持续发生的特点。不同地区发生地震，发生灾害链的重点也不同。在城市及人口稠密、经济发达地区，以建筑物倒塌、人员伤亡、火灾等灾害链为主；在山区，以泥石流、火灾、水灾等次生灾害链突出；当地震发生在沿海及海底时，必须十分注意海啸灾害的影响。

(1) 火灾

在多种次生灾害中，火灾是最常见、造成损失最大的次生灾害(图 1-18)。在城市地震灾害中，以火灾为首的次生灾害有时并不亚于直接灾害造成的损失，美国旧金山地震、日本关东地震和智利大地震等都出现城市地震次生灾害的损失超过直接灾害的震例。

图 1-18 地震引发的火灾

(2) 地震滑坡和泥石流灾害

在山区，地震时一般都伴有不同程度的坍塌、滑坡、泥石流灾害。如中国四川汶川地震时引起的唐家山堰塞湖等(图 1-19、图 1-20)。

图 1-19　四川汶川地震时形成的唐家山堰塞湖

图 1-20　唐家山堰塞湖堰塞体泄洪

(3) 地震海啸

地震海啸灾害是沿海地区极为严重的地震次生灾害。

1960 年 5 月智利 8.9 级地震引起世界著名的海啸，浪高 6 m，浪头高达 30 m，席卷了沿岸的码头、仓库及其他建筑。海浪以 600～700 km/h 的速度横渡太平洋，5 小时后袭击夏威夷群岛，将护岸的重约 10 t 的巨大石块抛到百米以外，扫荡了沿岸的各类建筑物。又过 6 小时后，抵达远离智利 1.7 万千米的日本海岸，浪高仍有 3～4 m，将 1 000 多所住宅冲走，将一艘巨大的船只推上陆地 40～50 m，压在民房之上。海啸波的波高大，波长更长，在广阔的洋面上，不会造成船只的事故，但它临近海岸时，巨浪骤然形成"水墙"，汹涌地冲向海岸，可使堤岸溃决，海水入侵，造成沿海地区的破坏，可摧毁海上建筑物，造成重大损失。

1.4　工程结构的抗震设防

1.4.1　抗震设防的目标

抗震设防是指对建筑物进行抗震设计并采取一定的抗震构造措施，以达到结构抗震的效果和目的。

工程抗震设防的基本目的是在一定的经济条件下，最大限度地限制和减轻建筑物的地震破坏，保障人民生命财产的安全。为了实现这一目的，许多国家的抗震设计规范都趋向于以"小震不坏、中震可修、大震不倒"作为建筑抗震设计的基本准则。

我国对小震、中震、大震规定了具体的超越概率水准。根据对我国几个主要地震区的地震危险性分析结果，认为我国地震烈度 I 的概率分布基本上符合于极值Ⅲ型分布，其概率密度函数的基本形式为

$$f(I)=\frac{k(\omega-I)^{k-1}}{(\omega-\varepsilon)^{k}}\cdot \mathrm{e}^{-\left(\frac{\omega-I}{\omega-\varepsilon}\right)^{k}} \tag{1-8}$$

式中：k——形状参数，取决于一个地区的地震背景的复杂性；

ω——地震烈度上限值，取 $\omega=12$；

ε——烈度概率密度曲线上峰值所对应的强度。

地震烈度概率密度函数曲线的基本形状如图 1－21 所示，其具体形状参数取决于设定的分析年限和具体地点。从概率意义上说，小震就是发生机会较多的地震。根据分析，当分析年限取为 50 年时，上述概率密度曲线的峰值烈度所对应的超越概率为 63.2%，因此，可以将这一峰值烈度定义为小震烈度，又称为多遇地震烈度。而全国地震区划图所规定的各地的基本烈度，可取为中震对应的烈度，它在 50 年内的超越概率一般为 10%。大震是罕遇的地震，它所对应的地震烈度在 50 年内超越概率为 2%左右，这个烈度又可称为罕遇地震烈度。通过对我国 45 个城镇的地震危险性分析结果的统计分析得到：基本烈度较多遇烈度约高 1.55 度，而较罕遇烈度约低 1 度。

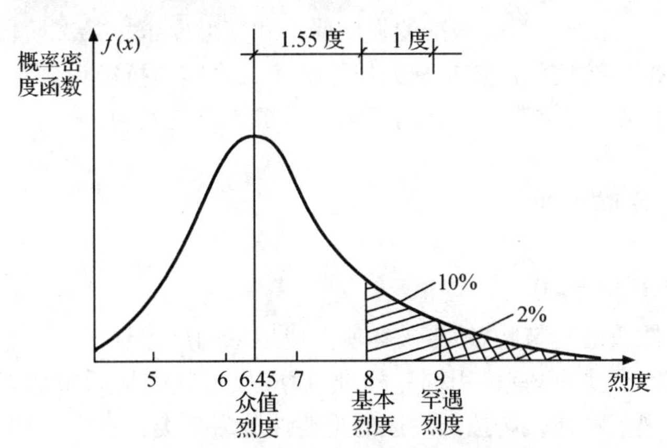

图 1－21　地震烈度概率密度函数曲线

对应于前述设计准则，我国《建筑抗震设计规范》明确提出了 3 个水准的抗震设防目标。

第一水准：当遭受低于本地区抗震设防烈度的多遇地震影响时，主体结构不受损坏或不需进行修理可继续使用。

第二水准：当遭受相当于本地区抗震设防烈度的地震影响时，可能发生损坏，但经一般性修理仍可继续使用。

第三水准：当遭受高于本地区抗震设防烈度的预估的罕遇地震影响时，不致倒塌或发生危及生命的严重破坏。

使用功能或其他方面有专门要求的建筑，当采用抗震性能化设计时，具有更具体或更高的抗震设防目标。

在一般情况下，抗震设防烈度采用基本烈度，但对进行过抗震设防区划工作并经主管部门批准的城市，按批准的抗震设防区划确立设防烈度或设计地震动参数。我国《建筑抗震设计规范》(GB 50011—2010)对我国主要城镇中心地区的抗震设防烈度、设计地震加速度值给出了具体规定(附录 A)。在这些规定中，还同时指出了所在城镇的设计地震分组，这主要是为了反映潜在震源远近的影响。这一划分对地震作用的计算更为细致。

我国采取 6 度起设防的方针。即《建筑抗震设计规范》适用于抗震设防烈度为 6、7、8 和 9 度地区建筑工程的抗震设计以及隔震、消能减震设计，并提供了抗震性能化设计的基本方法。抗震设防烈度大于 9 度地区的建筑和行业有特殊要求的工业建筑，其抗震设计应按有关专门规定执行。

1.4.2 抗震设计方法

在进行建筑抗震设计时,原则上应满足上述三水准的抗震设防要求。在具体做法上,我国建筑抗震设计规范采用了简化的两阶段设计方法。

第一阶段设计:按多遇地震烈度对应的地震作用效应和其他荷载效应的组合验算结构构件的承载能力和结构的弹性变形。

第二阶段设计:按罕遇地震烈度对应的地震作用效应验算结构的弹塑性变形。

第一阶段的设计,保证了第一水准的强度要求和变形要求。第二阶段的设计,则旨在保证结构满足第三水准的抗震设防要求。如何保证第二水准的抗震设防要求,尚在研究之中。目前一般认为,良好的抗震构造措施有助于第二水准要求的实现。

1.4.3 抗震设防标准

1) 建筑物的重要性类别

对于不同使用性质的建筑物,地震破坏所造成后果的严重性是不一样的。因此,对于不同用途建筑物的抗震设防,不宜采用同一标准,而应根据其破坏后果加以区别对待。为此,我国建筑抗震设计规范将建筑物按其用途的重要性分为 4 类:

(1) 甲类建筑:指使用上有特殊设施,涉及国家公共安全的重大建筑工程和地震时可能发生严重次生灾害等特别重大灾害后果,需要进行特殊设防的建筑,也称为特殊设防类。

(2) 乙类建筑:指地震时使用功能不能中断或需尽快恢复的生命线相关建筑,以及地震时可能导致大量人员伤亡等重大灾害后果,需要提高设防标准的建筑,也称重点设防类。

(3) 丙类建筑:指大量的除(1)、(2)、(4)款以外按标准要求进行设防的建筑,称标准设防类。

(4) 丁类建筑:指使用上人员稀少且震损不致产生次生灾害,允许在一定条件下适度降低要求的建筑,简称适度设防类。

2) 建筑物抗震设防标准

对各类建筑物的抗震设防标准的具体规定为:

甲类建筑,应按高于本地区抗震设防烈度提高 1 度的要求加强其抗震措施;但抗震设防烈度为 9 度时应按比 9 度更高的要求采取抗震措施。同时,应按批准的地震安全性评价的结果且高于本地区抗震设防烈度的要求确定其地震作用。

乙类建筑,应按高于本地区抗震设防烈度 1 度的要求加强其抗震措施;但抗震设防烈度为 9 度时应按比 9 度更高的要求采取抗震措施;地基基础的抗震措施,应符合有关规定。同时,应按本地区抗震设防烈度确定其地震作用。

丙类建筑,应按本地区抗震设防烈度确定其抗震措施和地震作用,达到在遭遇高于当地抗震设防烈度的预估罕遇地震影响时不致倒塌或发生危及生命安全的严重破坏的抗震设防目标。

丁类建筑，允许比本地区抗震设防烈度的要求适当降低其抗震措施，但抗震设防烈度为6度时不应降低。一般情况下，仍应按本地区抗震设防烈度确定其地震作用。

复习思考题

1. 地震按其成因可分为哪几种类型？
2. 试理解地震的基本术语。
3. 什么是地震波？地震波有哪几种？各类波的传播速度大小关系如何？
4. 什么是纵波、横波和面波？它们分别引起建筑物的哪些振动现象？
5. 试分析地震动的三大特性及其规律。
6. 什么是地震震级？什么是地震烈度？两者的关系如何？
7. 世界上有哪几条地震带？我国又有哪几条地震带？
8. 简述地震灾害的表现形式。
9. 多遇地震烈度、基本烈度和罕遇地震烈度的含义分别是什么？这三种烈度有什么关系？
10. 试列出3座城市的抗震设防烈度、设计基本地震加速度值和所属的设计地震分组。
11. 简述抗震设防“三水准两阶段设计”的基本内容。
12. 试说明建筑抗震设防的类别及其抗震设防标准。

2 场地、地基和基础

2.1 场地

场地指工程群体所在地，具有相似的反应谱特征。其范围相当于厂区、居民小区和自然村或不小于 1.0 km^2 的平面面积。国内外大量震害表明，不同场地上的建筑震害差异是十分明显的。因此，研究场地条件对建筑震害的影响是建筑抗震设计中十分重要的问题。一般认为，场地条件对建筑震害的影响主要因素是：场地土类型(及场地土的刚性或坚硬、密实程度大小)和场地覆盖层厚度、土层剪切波速、岩土阻抗比等。震害经验指出，土质愈软，覆盖层愈厚，建筑物震害愈严重；反之愈轻。

2.1.1 场地土的类型及场地覆盖层厚度

1) 场地土的类型

场地土的类型(场地土的刚性)指土层本身的刚度特性，一般用土的剪切波速表示，因为剪切波速是土的重要动力参数，是最能反映场地土的动力特性的。因此，以剪切波速表示场地土的刚性广为各国抗震规范所采用。

根据土层剪切波速将土的类型划分为 4 种，我国《建筑抗震设计规范》中给出的土的类型划分和剪切波速范围见表 2-1。

表 2-1 土的类型划分和剪切波速范围

土的类型	岩土名称和性状	土层剪切波速范围 v_s(m/s)
岩石	坚硬、较硬且完整的岩石	$v_s>800$
坚硬土或软质岩石	破碎和较破碎的岩石或软和较软的岩石，密实的碎石土	$800\geqslant v_s>500$
中硬土	中密、稍密的碎石土，密实、中密的砾、粗、中砂，$f_{ak}>150$ 的黏性土和粉土，坚硬黄土	$500\geqslant v_s>250$
中软土	稍密的砾、粗、中砂，除松散外的细、粉砂，$f_{ak}\leqslant150$ 的黏性土和粉土，$f_{ak}>130$ 的填土，可塑新黄土	$250\geqslant v_s>150$
软弱土	淤泥和淤泥质土，松散的砂，新近沉积的黏性土和粉土，$f_{ak}\leqslant130$ 的填土，流塑黄土	$v_s\leqslant150$

注：f_{ak} 为由载荷试验等方法得到的地基承载力特征值(kPa)；v_s 为岩土剪切波速。

土层剪切波速的测量，应符合下列要求：

（1）在场地初步勘察阶段，对大面积的同一地质单元，测量土层剪切波速的钻孔数量不宜少于 3 个。

（2）在场地详细勘察阶段，对单幢建筑，测试土层剪切波速的钻孔数量不宜少于 2 个，数据变化较大时可适量增加；对小区中处于同一地质单元内的密集建筑群，测试土层剪切波速的钻孔数量可适量减少，但不得少于 1 个。

（3）对丁类建筑及丙类建筑中层数不超过 10 层、高度不超过 24 m 的多层建筑，当无实测剪切波速时，可根据岩土名称和性状，按表 2－1 划分土的类型，再利用当地经验在表 2－1 的剪切波范围内估算各土层的剪切波速。

2）*场地覆盖层厚度*（d_{ov}）

建筑场地覆盖层厚度是指从地表到地下基岩面的垂直距离，也就是基岩的埋深。覆盖层厚度的确定应符合下列要求：

（1）一般情况下，应按地面至剪切波速大于 500 m/s 的土层顶面的距离确定。

（2）当地面 5 m 以下存在剪切波速大于相邻上层土剪切波速 2.5 倍的土层，且其下卧岩土的剪切波速不小于 400 m/s 时，可按地面至该土层顶面的距离确定。

（3）土层中夹有剪切波速大于 500 m/s 的孤石、透镜体，应视同周围土层。

（4）土层中的火山岩硬夹层应视为刚体，其厚度应从覆盖层厚度中扣除。

3）*等效剪切波速*（v_{se}）

建筑场地一般由各种类型土层构成，不能用其中一种土的剪切波速来确定土的类型，也不能简单地用几种土的剪切波速平均值来确定，而应按等效剪切波速来确定土的类型。

所谓等效剪切波速就是根据剪切波通过计算深度范围内多层土层的时间等于该波通过计算深度范围内单一土层所需的时间的原则来定义的土层平均剪切波速（图 2－1）。

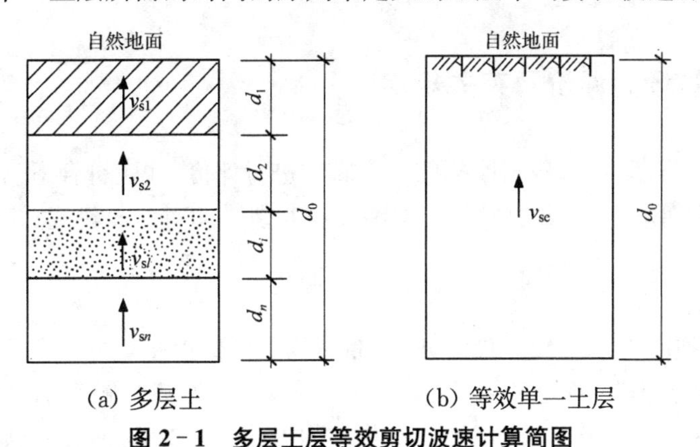

（a）多层土　　（b）等效单一土层

图 2－1　多层土层等效剪切波速计算简图

等效剪切波速可按下式计算：

$$v_{se}=\frac{d_0}{t} \tag{2-1}$$

$$t=\sum_{i=1}^{n}\frac{d_i}{v_{si}} \tag{2-2}$$

式中：d_0——计算深度（m），取覆盖层厚度和 20 m 两者的较小值；

d_i——计算深度范围内第 i 土层的厚度（m）；

t——剪切波在地面至计算深度之间的传播时间；

n——计算深度范围内土层的分层数；

v_{si}——计算深度范围内第 i 土层的剪切波速(m/s)。

2.1.2 建筑场地类别

建筑的场地类别，应根据土层等效剪切波速和场地覆盖层厚度按表 2-2 划分为 4 类，其中Ⅰ类分为Ⅰ0、Ⅰ1 两个亚类。当有可靠的剪切波速和覆盖层厚度且其值处于表 2-2所列场地类别的分界线附近时，应允许按插值方法确定地震作用计算所用的设计特征周期。

表 2-2 土层等效剪切波速和场地覆盖层厚度

岩石的剪切波速或土的等效剪切波速 (m/s)	场地类别				
	$Ⅰ_0$	$Ⅰ_1$	Ⅱ	Ⅲ	Ⅳ
$v_s>800$	0				
$800\geqslant v_s>500$		0			
$500\geqslant v_{se}>250$		<5	≥5		
$250\geqslant v_{se}>150$		<3	3~50	>50	
$v_{se}\leqslant 150$		<3	3~15	15~80	>80

注：表中 v_s 是岩石的剪切波速。

2.1.3 建筑场地评价及有关规定

场地内存在发震断裂时，应对断裂的工程影响进行评价，并应符合下列要求：

(1) 对符合下列规定之一的情况，可忽略发震断裂错动对地面建筑的影响：

① 抗震设防烈度小于 8 度。

② 非全新世活动断裂。

③ 抗震设防烈度为 8 度和 9 度时，隐伏断裂的土层覆盖厚度分别大于 60 m 和 90 m。

(2) 对不符合上述(1)规定的情况，应避开主断裂带。其避让距离不宜小于表 2-3 对发震断裂最小避让距离的规定。在避让距离的范围内不得建造甲、乙、丙类建筑，确有需要建造分散的、低于三层的丙、丁类建筑时，应按提高一度采取抗震措施，并提高基础和上部结构的整体性，且不得跨越断层线。

表 2-3 发震断裂的最小避让距离(m)

设防烈度	建筑抗震设防类别			
	甲 类	乙 类	丙 类	丁 类
8度	专门研究	200 m	100 m	—

续表 2-3

设防烈度	建筑抗震设防类别			
	甲 类	乙 类	丙 类	丁 类
9 度	专门研究	400 m	200 m	—

当需要在条状突出的山嘴、高耸孤立的山丘、非岩石和强风化岩石的陡坡、河岸和边坡边缘等不利地段建造丙类及丙类以上建筑时，除保证其在地震作用下的稳定性外，尚应估计不利地段对设计地震动参数可能产生的放大作用，其水平地震影响系数最大值应乘以增大系数。其值应根据不利地段的具体情况确定，在 1.1～1.6 范围内采用。

场地岩土工程勘察，应根据实际需要划分的对建筑有利、不利和危险的地段，提供建筑的场地类别和岩土地震稳定性(如滑坡、崩塌、液化和震陷特性等)评价，对需要采用时程分析法补充计算的建筑，尚应根据设计要求提供土层剖面、场地覆盖层厚度和有关的动力参数。

2.2 天然地基和基础

在地震作用下，为了保证建筑物的安全和正常使用，对地基而言，与静力计算一样，应同时满足地基承载力和变形的要求。但是，在地震作用下由于地基变形过程十分复杂，目前还没有条件进行这方面的定量计算。因此，《建筑抗震设计规范》规定，只要求对地基抗震承载力进行验算，至于地基变形条件，则通过对上部结构或地基基础采取一定的抗震措施来保证。

2.2.1 可不进行天然地基上基础抗震承载力验算的建筑

下列建筑可不进行天然地基及基础的抗震承载力验算：

(1)《建筑抗震设计规范》规定可不进行上部结构抗震验算的建筑。

(2) 地基主要受力层范围内不存在软弱黏性土层的下列建筑：

① 一般的单层厂房和单层空旷房屋。

② 砌体房屋。

③ 不超过 8 层且高度在 24 m 以下的一般民用框架和框架—抗震墙房屋。

④ 基础荷载与第③项相当的多层框架厂房和多层混凝土抗震墙房屋。

注：软弱黏性土层指 7 度、8 度和 9 度时，地基承载力特征值分别小于 80 kPa、100 kPa 和 120 kPa 的土层。

2.2.2 天然地基抗震承载力验算

地基土抗震承载力的计算采取在地基土静承载力的基础上乘以提高系数的方法。我国

《建筑抗震设计规范》规定，在进行天然地基抗震验算时，地基的抗震承载力按下式计算：

$$f_{aE}=\xi_a f_a \tag{2-3}$$

式中：f_{aE}——调整后的地基抗震承载力；

ξ_a——地基抗震承载力调整系数，按表 2-4 采用；

f_a——深宽修正后的地基静承载力特征值，按现行《建筑地基基础设计规范》(GB 50007)采用。

表 2-4　地基土抗震承载力调整系数 ξ_a

岩土名称和性状	ξ_a
岩石，密实的碎石土，密实的砾、粗、中砂，$f_{ak}\geqslant300$ 的黏性土和粉土	1.5
中密、稍密的碎石土，中密和稍密的砾、粗、中砂，密实和中密的细、粉砂，$150\leqslant f_{ak}<300$ 的黏性土和粉土，坚硬黄土	1.3
稍密的细、粉砂，$100\leqslant f_{ak}<150$ 的黏性土和粉土，可塑黄土	1.1
淤泥，淤泥质土，松散的砂，杂填土，新近堆积黄土及流塑黄土	1.0

地基土抗震承载力一般高于地基土静承载力，其原因可以从地震作用下只考虑地基土的弹性变形而不考虑永久变形这一角度得到解释。

2.2.3　地基抗震验算

地震区的建筑物，首先必须根据静力设计的要求确定基础尺寸，并对地基进行强度和沉降量的核算，然后根据需要进行进一步的地基抗震强度验算。

当需要验算地基抗震承载力时，应将建筑物上各类荷载效应和地震作用效应加以组合，并取基础底面的压力为直线分布(图 2-2)。具体验算要求是

$$p\leqslant f_{aE} \tag{2-4}$$

$$p_{max}\leqslant1.2f_{aE} \tag{2-5}$$

式中：p——基础底面地震作用效应标准组合的平均压力值；

p_{max}——基础边缘地震作用效应标准组合的最大压力值。

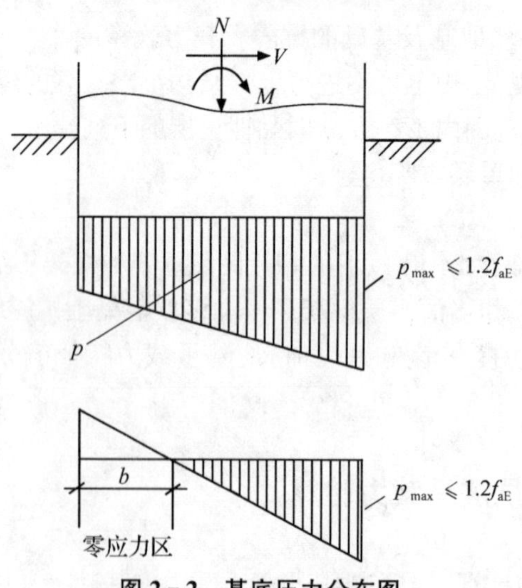

图 2-2　基底压力分布图

同时，对于高宽比大于4的高层建筑，在地震作用下基础底面不宜出现零应力区；对于其他建筑，则要求基础底面零应力区面积不超过基础底面面积的15%。

2.3 地基土的液化及抗液化措施

2.3.1 地基土的液化及其危害

1) 地基土的液化的概念

饱和松散的砂土或粉土(不含黄土)，地震时易发生液化现象，使地基承载力丧失或减弱，甚至喷水冒砂，这种现象一般称为砂土液化或地基土液化。

其产生的机理是：地震时，饱和砂土和粉土颗粒在强烈振动下发生相对位移，颗粒结构趋于压密，颗粒间孔隙水来不及排泄而受到挤压，因而使孔隙水压力急剧增加。当孔隙水压力上升到与土颗粒所受到的总的正压应力接近或相等时，土粒之间因摩擦产生的抗剪能力消失，土颗粒便形同"液体"一样处于悬浮状态，形成所谓液化现象。

2) 影响土的液化的因素

场地土液化与许多因素有关，因此需要根据多项指标综合分析判断土是否会发生液化。因此，了解影响液化因素及其界限值是有实际意义的。

(1) 土层的地质年代和组成

地质年代的新老表示土层沉积时间的长短。较老的沉积土经过长时期的固结作用和历次大地震的影响，使土的密实程度增大外，还往往具有一定的胶结紧密结构。因此，地质年代愈久的土层的固结度、密实度和结构性也就愈好，抵抗液化能力就愈强。反之，地质年代愈新，则其抵抗液化能力就愈差。宏观震害调查表明，在我国和国外的历次大地震中，尚未发现地质年代属于第四纪晚更新世(Q3)或其以前的饱和土层发生液化的。

(2) 土中黏粒含量

黏粒是指粒径小于等于0.005 mm的土颗粒。理论分析和实践表明，当粉土内黏粒超过其一定限值时，粉土就不会液化。这是由于随着土中黏粒的增加，使土的黏聚力增大，从而抵抗液化能力增加的缘故。

(3) 上覆盖非液化土层的厚度和地下水位的深度

上覆盖非液化土层的厚度是指地震时能抑制可液化土层喷水冒砂的厚度，一般从第一层可液化土层的顶面算至地表。构成覆盖层的非液化层除天然地层外，还包括堆积5年以上或地基承载力大于100 kPa的人工填土层。当覆盖层中夹有软土层，对抑制喷水冒砂作用很小，但其本身在地震中很可能发生软化现象时，该土层应从覆盖层中扣除。

地下水位高低是影响喷水冒砂的一个重要因素，实际震害调查表明，当砂土和粉土的地下水位不小于某界限值时，未发现土层发生液化现象。

(4) 土的密实程度

砂土和粉土的密实程度是影响土层液化的一个重要因素。土层密实程度小，则空隙比大,容易发生液化。

(5) 土层埋深

理论分析和土工试验表明:侧压力愈大,土层就愈不易发生液化。侧压力大小反映土埋深的大小。现场调查资料表明:土层液化深度很少超过 15 m 的。多数浅于 15 m,更多的浅于 10 m。

(6) 地震烈度和地震持续时间

地震烈度越高的地区,地面运动强度越大,显然土层就越容易液化。一般在 6 度及其以下地区,很少看到液化现象。而在 7 度及其以上地区,则液化现象就相对普遍。

室内土的动力试验表明,土样振动的持续时间越长就越容易液化。因此,某地在遭受到相同烈度的远震比近震更容易液化。因为前者对应的大震持续时间比后者对应的中等地震持续的时间要长。

3) 地基土液化的危害

液化使土体的抗震强度丧失,引起地基不均匀沉陷并引发建筑物的破坏甚至倒塌。发生于 1964 年的美国阿拉斯加地震和日本新潟地震,都出现了因大面积砂土液化而造成的建筑物的严重破坏,从而引起了人们对地基土液化及其防治问题的关注。在我国,1975 年海城地震和 1976 年唐山地震也都发生了大面积的地基液化震害。我国学者在总结了国内外大量震害资料的基础上,经过长期研究,并经大量实践工作的校正,提出了较为系统而实用的液化判别及液化防治措施。

2.3.2 液化土的判别

饱和砂土和饱和粉土(不含黄土)的液化判别和地基处理,6 度时,一般情况下可不进行判别和处理,但对液化沉陷敏感的乙类建筑可按 7 度的要求进行判别和处理,7~9 度时,乙类建筑可按本地区抗震设防烈度的要求进行判别和处理。

地面下 20 m 深度范围内存在饱和砂土和饱和粉土时,除 6 度设防外,应进行液化判别;存在液化土层的地基,应根据建筑的抗震设防类别、地基的液化等级,结合具体情况采取相应的措施。

注:饱和土液化判别要求不含黄土、粉质黏土。

地基土液化判别过程可以分为初步判别和标准贯入试验判别两大步骤。

1) 初步判别

饱和的砂土或粉土(不含黄土),当符合下列条件之一时,可初步判别为不液化或可不考虑液化影响:

(1) 地质年代为第四纪晚更新世(Q3)及其以前时,7、8 度时可判为不液化。

(2) 粉土的黏粒(粒径小于 0.005 mm 的颗粒)含量百分率,7 度、8 度和 9 度分别不小于 10、13 和 16 时,可判为不液化土。

注:用于液化判别的黏粒含量系采用六偏磷酸钠作分散剂测定,采用其他方法时应按有关规定换算。

(3) 浅埋天然地基的建筑,当上覆非液化土层厚度和地下水位深度符合下列条件之一时,可不考虑液化影响:

$$d_u > d_0 + d_b - 2 \tag{2-6}$$

$$d_w > d_0 + d_b - 3 \tag{2-7}$$

$$d_u + d_w > 1.5\, d_0 + 2\, d_b - 4.5 \tag{2-8}$$

式中：d_w——地下水位深度(m)，应按设计基准期内年平均最高水位采用，也可按近期内年最高水位采用；

d_u——上覆盖非液化土层厚度(m)，计算时应将淤泥和淤泥质土层扣除；

d_b——基础埋置深度(m)，不超过 2 m 时应采用 2 m；

d_0——液化土特征深度(m)，可按表 2-5 采用。

表 2-5　液化土特征深度(m)

饱和土类别	7 度	8 度	9 度
粉　土	6	7	8
砂　土	7	8	9

2) 标准贯入试验判别

当上述所有条件均不能满足时，地基土存在液化可能。

当饱和砂土、粉土的初步判别认为需进一步进行液化判别时，应采用标准贯入试验判别法判别地面下 20 m 范围内土的液化；但对初步判别为可不进行天然地基及基础的抗震承载力验算的各类建筑可只判别地面下 15 m 范围内土的液化。当饱和土标准贯入锤击数(未经杆长修正)小于或等于液化判别标准贯入锤击数临界值时，应判为液化土。当有成熟经验时，尚可采用其他判别方法。

标准贯入试验设备由穿心锤(标准重量 63.5 kg)、触探杆、贯入器等组成(图 2-3)。试验时，先用钻具钻至试验土层标高以上 15 cm，再将标准贯入器打至试验土层标高位置，然后在锤的落距为 76 cm 的条件下，连续打入土层 30 cm，记录所得锤击数为$N_{63.5}$。

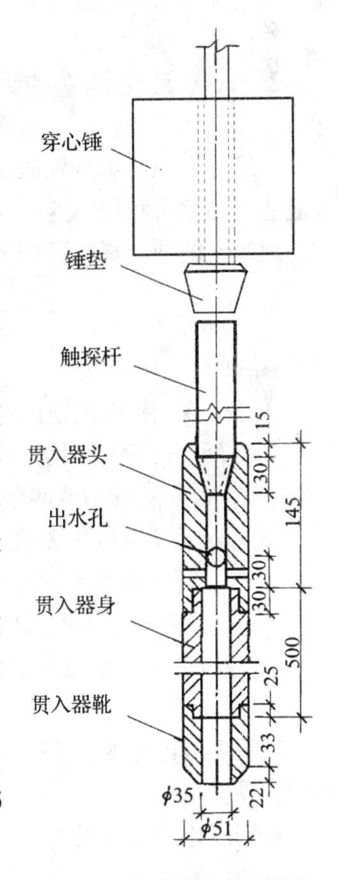

图 2-3　标准贯入试验设备

在地面下 20 m 深度范围内，液化判别标准贯入锤击数临界值可按下式计算：

$$N_{cr} = N_0\, \beta_M [\ln(0.6\, d_s + 1.5) - 0.1\, d_w] \sqrt{3/\rho_c} \tag{2-9}$$

式中：N_{cr}——液化判别标准贯入锤击数临界值；

N_0——液化判别标准贯入锤击数基准值，应按表2-6采用；

d_s——饱和土标准贯入点深度(m)；

d_w——地下水位(m)；

ρ_c——黏粒含量百分率，当小于 3 或为砂土时，应采用 3；

β_M——与设计地震分组相关的调整系数，按表 2-7 选用。

表 2-6 标准贯入锤击数基准值N_0

设计基本地震加速度(g)	0.1	0.15	0.2	0.3	0.4
液化判别标准贯入锤击数基准值	7	10	12	16	19

表 2-7 调整系数β_M

设计地震分组	调整系数β_M
第一组	0.8
第二组	0.95
第三组	1.05

从式(2-9)可以看出，地基土液化的临界指标 N_{cr}的确定主要考虑了土层所处的深度、地下水位深度、饱和土的黏粒含量以及地震烈度、设计地震分组等影响土层液化的要素。

2.3.3 液化地基的评价

当经过上述两步判别证实地基土确实存在液化趋势后，应进一步定量分析、评价液化土可能造成的危害程度。这一工作，通常是通过计算地基液化指数来实现的。

地基土的液化指数可按下式确定：

$$I_{lE}=\sum_{i=1}^{n}\left(1-\frac{N_i}{N_{cri}}\right)d_i W_i \tag{2-10}$$

式中：I_{lE}——液化指数；

n——在判别深度范围内每一个钻孔标准贯入试验点的总数；

N_i、N_{cri}——分别为第 i 点标准贯入锤击数的实测值和临界值，当实测值大于临界值时应取临界值的数值；

d_i——第 i 点所代表的土层厚度(m)，可采用与该标准贯入试验点相邻的上、下两标准贯入试验点深度差的一半，但上界不高于地下水位深度，下界不深于液化深度；

W_i——第 i 土层单位土层厚度的层位影响权函数值(单位为m^{-1})，当该层中点深度不大于 5 m 时应采用 10，等于 20 m 时应采用零值，5～20 m 时应按线性内插法取值。

当只需考虑深度在 15 m 以内的液化时，式(2-10)中 15 m(不包括 15 m)以下的 N_i 值可按临界值采用。

根据液化指数I_{lE}的大小，可将液化地基划分为 3 个等级，见表 2-8。

表 2-8 液化等级

液化等级	轻 微	中 等	严 重
液化指数	$0<I_{lE}\leqslant 6$	$6<I_{lE}\leqslant 18$	$I_{lE}>18$

不同等级的液化地基，地面的喷砂冒水情况和对建筑物造成的危害有着显著的不同，见

表 2－9。

表 2－9 不同液化等级的可能震害

液化等级	地面喷水冒砂情况	对建筑物的危害情况
轻 微	地面无喷水冒砂，或仅在洼地、河边有零星的喷水冒砂点	危害性小，一般不至于引起明显的震害
中 等	喷水冒砂可能性大，从轻微到严重均有，多数属中等	危害性较大，可造成不均匀沉陷和开裂，有时不均匀沉陷可能达到 200 mm
严 重	一般喷水冒砂都很严重，地面变形很明显	危害性大，不均匀沉陷可能大于 200 mm，高重心结构可能产生不容许的倾斜

2.3.4 液化地基的抗震措施

对于液化地基，要根据建筑物的重要性、地籬液化等级的大小，针对不同情况采取不同的措施。当液化砂土层、粉土层较平坦且均匀时，可依据表 2－11 选取适当的抗液化措施。尚可计入上部结构重力荷载对液化危害的影响，根据液化震陷量的估计，适当调整抗液化措施。

不宜将未经处理的液化土层作为天然地基持力层。

表 2－10 全部消除地基液化沉陷的措施、部分消除地基液化沉陷、已进行基础和上部结构处理等措施的具体要求如下：

1）全部消除地基液化沉陷的措施

（1）采用桩基时，桩端伸入液化深度以下稳定土层中的长度（不包括桩尖部分）应按计算确定，且对碎石土，砾、粗、中砂，坚硬黏性土和密实粉土不应小于 0.8 m，对其他非岩石土不应小于 1.5 m。

（2）采用深基础时，基础底面应埋入液化深度以下的稳定土层中，其深度不应小于 0.5 m。

（3）采用加密法（如振冲、振动加密、挤密碎石桩、强夯等）加固时，应处理至液化深度下界；振冲或挤密碎石桩加固后，桩间土的标准贯入锤击数不宜小于规定的液化判别标准贯入锤击数临界值。

（4）用非液化土替换全部液化土层，或增加上覆非液化土层的厚度。

（5）采用加密法或换土法处理时，在基础边缘以外的处理宽度，应超过基础底面下处理深度的 1/2 且不小于基础宽度的 1/5。

2）部分消除地基液化沉陷的措施

（1）处理深度应使处理后的地基液化指数减少，其值不宜大于 5；大面积筏基、箱基的中心区域，处理后的液化指数可比上述规定降低 1；对独立基础和条形基础，不应小于基础底面下液化土特征深度和基础宽度的较大值。

注：中心区域指位于基础外边界以内沿长宽方向距外边界大于相应方向 1/4 长度的区域。

(2) 采用振冲或挤密碎石桩加固后,桩间土的标准贯入锤击数不宜小于规定的液化判别标准贯入锤击数临界值。

(3) 基础边缘以外的处理宽度,应超过基础底面下处理深度的1/2且不小于基础宽度的1/5。

(4) 采取减小液化震陷的其他方法,如增厚上覆非液化土层的厚度和改善周边的排水条件等。

表2-10 抗液化措施

建筑抗震设防类别	地基的液化等级		
	轻 微	中 等	严 重
乙 类	部分消除液化沉陷,或对基础和上部结构进行处理	全部消除液化沉陷,或部分消除液化沉陷且对基础和上部结构进行处理	全部消除液化沉陷
丙 类	对基础和上部结构进行处理,亦可不采取措施	对基础和上部结构进行处理,或采用更高要求的措施	全部消除液化沉陷,或部分消除液化沉陷且对基础和上部结构进行处理
丁 类	可不采取措施	可不采取措施	对基础和上部结构进行处理,或采用其他经济的措施

注:甲类建筑的地基抗液化措施应进行专门研究,但不宜低于乙类的相应要求。

3) 减轻液化影响的基础和上部结构处理,可采用的措施

(1) 选择合适的基础埋置深度。

(2) 调整基础底面积,减少基础偏心。

(3) 加强基础的整体性和刚度,如采用箱基、筏基或钢筋混凝土交叉条形基础,加设基础圈梁等。

(4) 减轻荷载,增强上部结构的整体刚度和均匀对称性,合理设置沉降缝,避免采用对不均匀沉降敏感的结构形式等。

(5) 管道穿过建筑处应预留足够尺寸或采用柔性接头等。

在故河道以及临近河岸、海岸和边坡等有液化侧向扩展或流滑可能的地段内不宜修建永久性建筑,否则应进行抗滑动验算、采取防土体滑动措施或结构抗裂措施。

地基中软弱黏性土层的震陷判别,可采用下列方法:饱和粉质黏土震陷的危害性和抗震陷措施应根据沉降和横向变形大小等因素综合研究确定,8度和9度时,当塑性指数小于15且符合下式的饱和粉质黏土时应判为震陷性软土。

$$W_s \geqslant 0.9 W_L \tag{2-11}$$

$$I_L \geqslant 0.75 \tag{2-12}$$

式中:W_s——天然含水量;

W_L——液限含水量,采用液限、塑限联合测定法测定;

I_L——液性指数。

地基主要受力层范围内存在软弱黏性土层和高含水量的可塑性黄土时,应结合具体情况综合考虑,采用桩基、地基加固处理或采取减轻液化影响的基础和上部结构处理各项措

施,也可根据软土震陷量的估计采取相应措施。

2.4 桩基

2.4.1 承受竖向荷载为主的低承台桩基

承受竖向荷载为主的低承台桩基,当地面下无液化土层,且桩承台周围无淤泥、淤泥土和地基承载力特征值不大于 100 kPa 的填土时,下列建筑可不进行桩基抗震承载力验算:

(1) 6～ 8 度时的下列建筑:

① 一般的单层厂房和单层空旷房屋。

② 不超过 8 层且高度在 24 m 以下的一般民用框架房屋和框架－抗震墙房屋。

③ 基础荷载与第②项相当的多层框架厂房和多层混凝土抗震墙房屋。

(2)《建筑抗震设计规范》规定可不进行上部结构抗震验算且采用桩基的建筑及砌体房屋。

2.4.2 非液化土中低承台桩基

非液化土中低承台桩基的抗震验算,应符合下列规定:

(1) 单桩的竖向和水平向抗震承载力特征值,可均比非抗震设计时提高 25%。

(2) 当承台周围的回填土夯实至干密度不小于现行国家标准《建筑地基基础设计规范》(GB 50007)对填土的要求时,可由承台正面填土与桩共同承担水平地震作用;但不应计入承台底面与地基土间的摩擦力。

2.4.3 存在液化土层的低承台桩基

存在液化土层的低承台桩基抗震验算,应符合下列规定:

(1) 承台埋深较浅时,不宜计入承台周围土的抗力或刚性地坪对水平地震作用的分担作用。

(2) 当桩承台底面上、下分别有厚度不小于 1.5 m、1.0 m 的非液化土层或非软弱土层时,可按下列两种情况进行桩的抗震验算,并按不利情况设计:

① 桩承受全部地震作用,桩承载力按本章第 2.4.2 节取用,液化土的桩周摩阻力及桩水平抗力均应乘以表 2－11 的折减系数。

② 地震作用按水平地震影响系数最大值的 10%采用,桩承载力按本章 2.4.2 节取用。但应扣除液化土层的全部摩阻力及桩承台下 2 m 深度范围内非液化土的桩周摩阻力。

表 2－11 土层液化影响折减系数

实际标贯锤击数/临界标贯锤击数	深度 d_s(m)	折减系数
≤0.6	$d_s \leqslant 10$	0
	$10 < d_s \leqslant 20$	1/3
>0.6～0.8	$d_s \leqslant 10$	1/3
	$10 < d_s \leqslant 20$	2/3
>0.8～1.0	$d_s \leqslant 10$	2/3
	$10 < d_s \leqslant 20$	1

(3) 打入式预制桩及其他挤土桩，当平均桩距为 2.5～4 倍桩径且桩数不少于 5×5 时，可计入打桩对土的加密作用及桩身对液化土变形限制的有利影响。当打桩后桩间土的标准贯入锤击数值达到不液化的要求时，单桩承载力可不折减，但对桩尖持力层作强度校核时，桩群外侧的应力扩散角应取零。打桩后桩间土的标准贯入锤击数宜由试验确定，也可按下式计算：

$$N_1 = N_p + 100\rho(1 - e^{-0.3N_p}) \tag{2-13}$$

式中：N_1——打桩后的标准贯入锤击数；

ρ——打入式预制桩的面积置换率；

N_p——打桩前的标准贯入锤击数。

2.4.4 关于桩基的其他要求

(1) 处于液化土中的桩基承台周围，宜用密实干土填筑夯实，若用砂土或粉土则应使土层的标准贯入锤击数不小于本章规定的液化判别标准贯入锤击数临界值。

(2) 液化土和震陷软土中桩的配筋范围，应自桩顶至液化深度以下符合全部消除液化沉陷所要求的深度，其纵向钢筋应与桩顶部相同，箍筋应增强和加密。

(3) 在有液化侧向扩展的地段，距常时水线 100 m 范围内的桩基除应满足本节中的其他规定外，尚应考虑土流动时的侧向作用力，且承受侧向推力的面积应按边桩外缘间的宽度计算。

复习思考题

1. 场地土分为哪几类？它们是如何划分的？
2. 什么是场地？怎样划分建筑场地的类别？
3. 简述天然地基基础抗震验算的一般原则。哪些建筑可不进行天然地基基础的抗震承载力验算？为什么？
4. 怎样确定地基土的抗震承载力？
5. 什么是场地土的液化？怎样判别？液化对建筑物有哪些危害？
6. 如何确定地基的液化指数和液化等级？
7. 简述可液化地基的抗液化措施。
8. 哪些建筑可不进行桩基的抗震承载力验算？为什么？

3 结构的地震作用与抗震验算

3.1 概述

结构的地震作用计算和抗震验算是建筑抗震设计的重要内容,是确定所设计的结构满足最低抗震设防要求的关键步骤。地震时由于地面运动使原来处于静止的结构受到动力作用,产生强迫震动。我们将地震时由于地面加速度在结构上产生的惯性力称为结构的地震作用。

地震作用下在结构中产生的内力、变形和位移等称为结构的地震反应,或称为结构的地震作用效应。在进行结构抗震设计的过程中,结构方案确定后,首先要计算的是地震作用,由此求出结构和构件的地震作用效应,再将地震作用效应与其他荷载效应进行组合,验算结构和构件的抗震承载力与变形,以满足“小震不坏、中震可修、大震不倒”的设计要求。

计算地震作用的方法可分为静力法、反应谱方法(拟静力法)和时程分析法。目前,在我国和其他许多国家的抗震设计规范中,广泛采用反应谱理论来确定地震作用,其中以加速度反应谱应用最多。所谓加速度反应谱,就是单质点弹性体系在一定的地面运动作用下,最大反应加速度(一般用相对值)与体系自振周期的变化曲线。如果已知体系的自振周期,利用反应谱曲线和相应计算公式,就可以很方便地确定体系的反应加速度,进而求出地震作用。应用反应谱理论不仅可以解决单质点体系的地震反应计算问题,而且通过振型分解法还可以计算多质点体系的地震反应。

我国《建筑结构抗震设计规范》要求在设计阶段采用反应谱方法计算地震作用,对于高层建筑和特别不规则建筑等,还需要采用时程分析法进行补充计算。

3.2 单自由度弹性体系的水平地震作用

地震作用与一般荷载不同,它不仅与地面加速度的大小、持续时间及强度有关,而且还与结构的动力特性,如结构的自振频率、阻尼等有密切的关系。而一般荷载与结构的动力特性无关,可以独立确定。由于地震时地面运动是一种随机过程,运动极不规则,且工程结构物一般是由各种构件组成的空间体系,其动力特性十分复杂,所以确定地震作用要比确定一般荷载复杂得多。

作为地震作用的惯性力是由结构变位引起的,而结构变位本身又受这些惯性力的影响,为了描述这种因果之间的封闭循环关系，需借助于结构体系的运动微分方程，将惯性力表示为结构变位的时间导数。

3.2.1　单质点弹性体系的水平地震反应

所谓单质点弹性体系，是指可以将结构参与振动的全部质量集中于一点，用无质量的弹性直杆支承于地面上的体系。例如，水塔、单层房屋等(图 3-1)，由于它们的质量大部分集中于结构的顶部，所以通常将这些结构都简化成单质点体系。

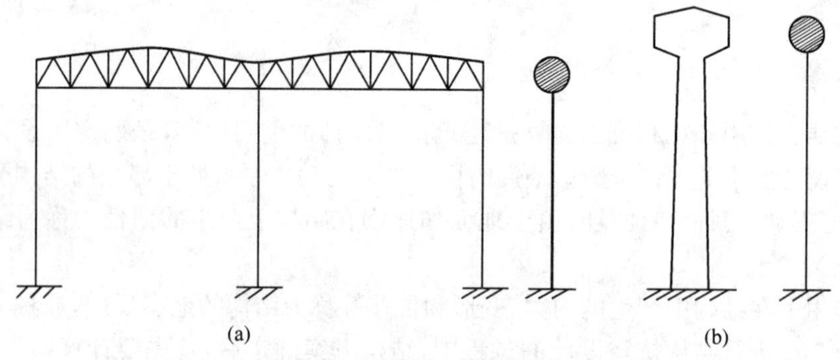

图 3-1　单质点弹性体系

地震时地面运动有 3 个分量，即 2 个水平分量和 1 个竖向分量。一个单质点弹性体系在单一水平地震作用下，可以作为一个单自由度弹性体系来分析。为了研究单质点弹性体系的地震反应，应首先建立体系在地震作用下的运动方程。

1) 运动方程的建立

图 3-2 为单自由度弹性体系在地震时地面水平运动分量作用下的运动状态。其中 $x_g(t)$表示地面水平位移，是时间 t 的函数，它的变化规律可由地震时地面运动实测记录求得；$x(t)$表示质点相对于地面的相对弹性水平位移或相对水平位移反应，它也是时间 t 的函数，是待求的未知量。

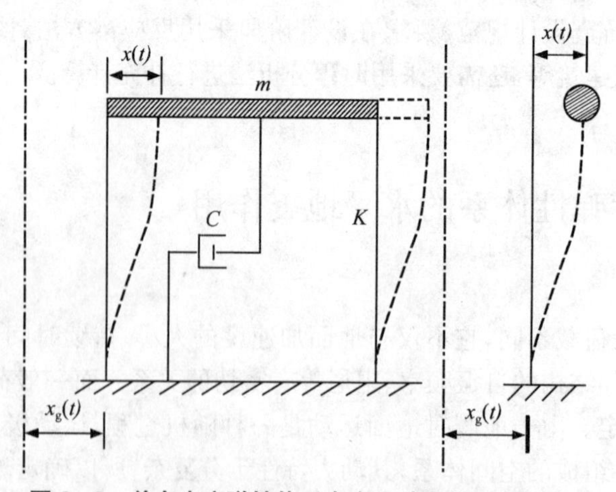

图 3-2　单自由度弹性体系在水平地震作用下的变形

为了建立体系在地震作用下的运动方程，取质点 m 为隔离体，由结构动力学可知，该质点上作用有3种随时间变化的力，即惯性力$I(t)$、阻尼力$R(t)$和弹性恢复力$S(t)$。

惯性力$I(t)$是质点的质量m与绝对加速度$[\ddot{x}_g(t)+\ddot{x}(t)]$的乘积，但方向与质点运动加速度方向相反，即

$$I(t)=-m[\ddot{x}_g(t)+\ddot{x}(t)] \tag{3-1}$$

式中：m——质点的质量；

$\ddot{x}(t)$——质点相对于地面的加速度；

$\ddot{x}_g(t)$——地面运动加速度。

阻尼力$R(t)$是使体系振动不断衰减的力，它来自于外部介质阻力、构件和支座部分连接处的摩擦和材料的非弹性变形，以及通过地基变形的能量耗散等。在工程中一般采用黏滞阻尼理论来确定阻尼力，即假定阻尼力的大小与质点相对于地面的速度成正比，但方向与质点相对速度方向相反，即

$$R(t)=-c\dot{x}(t) \tag{3-2}$$

式中：c——阻尼系数；

$\dot{x}(t)$——质点相对于地面的速度。

弹性恢复力$S(t)$是使质点从振动位置恢复到原来平衡位置的一种力，其大小与质点相对于地面的位移$x(t)$和体系的抗侧移刚度成正比，方向与质点的位移方向相反，即

$$S(t)=-Kx(t) \tag{3-3}$$

式中：K——体系的抗侧移刚度，即质点产生单位水平位移时在质点处所施加的力。

根据达伦倍尔(D'Alembert)原理，质点在上述3个力作用下处于平衡，则单自由度弹性体系的运动方程可以表示为

$$I(t)+R(t)+S(t)=0$$

即

$$m\ddot{x}(t)+c\dot{x}(t)+Kx(t)=-m\ddot{x}_g(t) \tag{3-4}$$

式(3-4)即为单自由度弹性体系的运动方程，是一个常系数二阶非齐次线性微分方程。为便于方程的求解，将式(3-4)两边同除以m，得

$$\ddot{x}(t)+\frac{c}{m}\dot{x}(t)+\frac{K}{m}x(t)=-\ddot{x}_g(t) \tag{3-5}$$

令

$$\omega=\sqrt{\frac{K}{m}},\ \zeta=\frac{c}{2\omega m} \tag{3-6}$$

则式(3-5)可写成

$$\ddot{x}(t)+2\omega\zeta\dot{x}(t)+\omega^2x(t)=-\ddot{x}_g(t) \tag{3-7}$$

式中：ζ——体系的阻尼比，一般结构工程的阻尼比在0.01～0.20之间；

ω——无阻尼单自由度弹性体系的圆频率，即2π秒时间内体系的振动次数。

式(3-7)就是所要建立的单质点弹性体系在地震作用下的运动微分方程。

2) 运动方程的解

式(3-7)是一个二阶常系数线性非齐次微分方程，它的解包含两部分：一部分是对应于齐次微分方程的通解；另一部分是微分方程的特解。前者代表体系的自由振动，后者代表体系在地震作用下的强迫振动。

(1) 齐次微分方程的通解

对应方程(3-7)的齐次方程为

$$\ddot{x}(t)+2\omega\zeta\dot{x}(t)+\omega^2x(t)=0 \tag{3-8}$$

根据微分方程理论,齐次方程(3-8)的通解为

$$x(t)=e^{-\zeta\omega t}(A\cos\omega' t+B\sin\omega' t) \tag{3-9}$$

式中:ω'——有阻尼单自由度弹性体系的圆频率,它与无阻尼弹性体系的圆频率有以下关系:

$$\omega'=\sqrt{1-\zeta^2}\,\omega \tag{3-10}$$

当阻尼比 $\zeta=0.05$ 时,$\omega'=0.9987\omega\approx\omega$

A、B——常数,其值可按问题的初始条件来确定。

考虑初始条件,当 $t=0$ 时,

$$x(t)=x(0),\dot{x}(t)=\dot{x}(0)$$

其中 $x(0)$ 和 $\dot{x}(0)$ 分别为初始位移和初始速度,将其代入式(3-9),得

$$A=x(0)$$

再将式(3-9)对时间 t 求一阶导数,并将 $t=0$ 和 $\dot{x}(t)=\dot{x}(0)$ 代入,得

$$B=\frac{\dot{x}(0)+\zeta\omega x(0)}{\omega}$$

将所得的 A、B 值代入式(3-9),得到体系自由振动位移方程为

$$x(t)=e^{-\zeta\omega t}\left[x(0)\cos\omega' t+\frac{\dot{x}(0)+\zeta\omega x(0)}{\omega}\sin\omega' t\right] \tag{3-11}$$

式(3-11)就是方程(3-8)在给定初始条件时的解答。

无阻尼时($\zeta=0$),有

$$x(t)=\left[x(0)\cos\omega t+\frac{\dot{x}(0)}{\omega}\sin\omega t\right] \tag{3-12}$$

由式(3-12)可以看出,无阻尼单自由度体系的自由振动为简谐周期振动,振动圆频率为 ω,振动周期 T 为

$$T=\frac{2\pi}{\omega}=2\pi\sqrt{\frac{m}{K}} \tag{3-13}$$

在结构抗震计算中,常用到结构自振周期 T,它是体系振动一次所需要的时间,单位为秒(s)。自振周期 T 的倒数为体系的自振频率 f,即体系在每秒内的振动次数,单位为"1/s"或称为赫兹(Hz)。

$$f=\frac{1}{T}=\frac{\omega}{2\pi}=\frac{1}{2\pi}\sqrt{\frac{K}{m}} \tag{3-14}$$

由于质量 m 和刚度 K 是结构固有的,因此无阻尼体系自振频率或周期也是体系固有的,称为固有频率或固有周期。对于有阻尼单自由度体系的自振频率,由于结构的阻尼比 ζ 很小,通常可以近似取 $\omega'=\omega$,也就是在计算体系的自振周期或频率时,可以不考虑阻尼的影响,从而简化了计算。

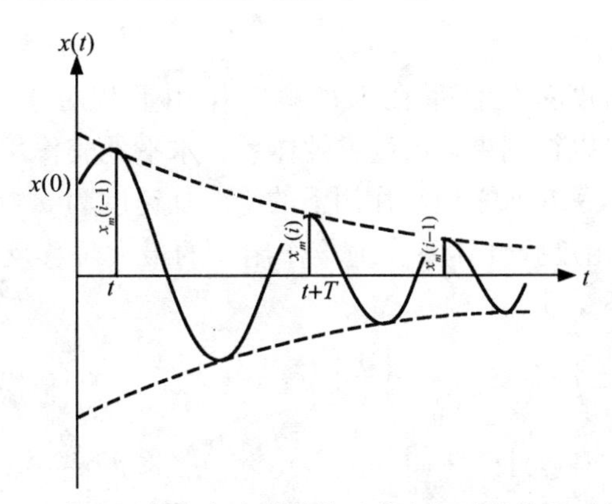

图 3-3　有阻尼单自由度弹性体系自由振动的位移时程曲线

由式(3-11)可以看出，有阻尼单自由度弹性体系在自由振动时的位移曲线是一条逐渐衰减的振动曲线，如图 3-3 所示。其振幅 $x(t)$随时间的增加而减小，阻尼比 ζ 愈大，振幅的衰减也愈快。将不同的阻尼比 ζ 代入式(3-11)，体系的振动有以下 3 种情况：

① 若 $\zeta<1$，则 $\omega'=\omega>0$，则体系产生振动，称为欠阻尼状态。

② 若 $\zeta=1$，则 $\omega'=\omega=0$，则体系不产生振动，此时 $\zeta=\dfrac{c}{2m\omega}=\dfrac{c}{c_{\rm r}}=1$，$c_{\rm r}=2m\omega$ 称为临界阻尼系数，ζ 称为临界阻尼比。

③ 若 $\zeta>1$，则 $\omega'=\omega<0$，则体系也不产生振动，称为过阻尼状态。

结构的临界阻尼比 ζ 的值可以通过结构的振动试验确定。

(2) 地震作用下运动方程的特解

求运动方程 $\ddot{x}(t)+2\omega\zeta\dot{x}(t)+\omega^2x(t)=-\ddot{x}_{\rm g}(t)$的特解时，可将图 3-4 所示的地面运动加速度时程曲线看作是由无穷多个连续作用的微分脉冲组成的。体系在微分脉冲作用下只产生自由振动，只要把这无穷多个脉冲作用后产生的自由振动叠加起来即可求得运动微分方程的解 $x(t)$。

$$x(t)=\int_0^t {\rm d}x(t)=-\frac{1}{\omega'}\int_0^t \ddot{x}_{\rm g}(\tau){\rm e}^{-\zeta\omega(t-\tau)}\sin\omega'(t-\tau){\rm d}\tau \tag{3-15}$$

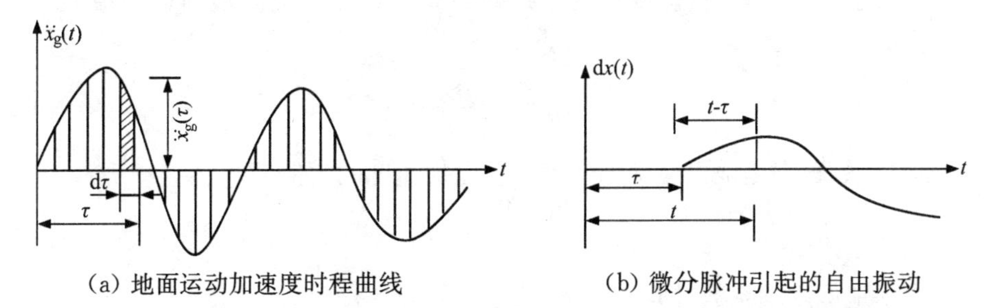

(a) 地面运动加速度时程曲线　　(b) 微分脉冲引起的自由振动

图 3-4　有阻尼单自由度弹性体系地震作用下运动方程解答图示

式(3-15)就是非齐次线性微分方程(3-7)的特解，通常称作杜哈梅(Duhamel)积分。它与齐次微分方程(3-8)的通解(3-11)之和就是微分方程(3-7)全解。但是，由于结构阻尼的作用，自由振动很快就会衰减，在地震发生前体系的初始位移 $x(0)$和初始速度 $\dot{x}(0)$均等于零，公式(3-11)的影响通常忽略不计。

3）地震反应

式(3－15)是单自由度弹性体系在水平地震作用下相对于地面的位移反应。对式(3－15)对时间求导数，可以得到单自由度弹性体系在水平地震作用下相对于地面的速度反应 $\dot{x}(t)$；单自由度弹性体系在水平地震作用下的绝对加速度为 $\ddot{x}(t)+\ddot{x}_g(t)$。经过积分并简化处理，可以得到单自由度弹性体系在地震作用下的最大位移反应 S_d、最大速度反应 S_v 和最大绝对加速度反应 S_a，即

$$S_d = |x(t)|_{max} = \left|\frac{1}{\omega}\int_0^t \ddot{x}_g(\tau)e^{-\zeta\omega(t-\tau)}\sin\omega(t-\tau)d\tau\right|_{max} \tag{3-16}$$

$$S_v = |\dot{x}(t)|_{max} = \left|\int_0^t \ddot{x}_g(\tau)e^{-\zeta\omega(t-\tau)}\cos\omega(t-\tau)d\tau\right|_{max} \tag{3-17}$$

$$S_a = |\ddot{x}(t)+\ddot{x}_g(t)|_{max} = \omega\left|\int_0^t \ddot{x}_g(\tau)e^{-\zeta\omega(t-\tau)}\sin\omega(t-\tau)d\tau\right|_{max} \tag{3-18}$$

3.2.2 单自由度弹性体系的水平地震作用

1）水平地震作用基本公式

对于单自由度弹性体系，通常把惯性力看做一种反映地震对结构体系影响的等效力，即水平地震作用

$$F(t) = -m[\ddot{x}(t)+\ddot{x}_g(t)] \tag{3-19}$$

对于结构设计来说，重要的是结构的最大地震作用，即

$$\begin{aligned} F &= |F(t)|_{max} = -m|\ddot{x}(t)+\ddot{x}_g(t)|_{max} = mS_a = mg\frac{S_a}{|\ddot{x}_g(t)|_{max}}\frac{|\ddot{x}_g(t)|_{max}}{g} \\ &= G\beta k = \alpha G \end{aligned} \tag{3-20}$$

式中：F——水平地震作用标准值；

G——集中于质点处的重力荷载代表值；

g——重力加速度，$g=9.8\ m/s^2$；

β——动力系数，它是单自由度弹性体系的绝对加速度反应与地面运动最大加速度的比值，即

$$\beta = \frac{S_a}{|\ddot{x}_g(t)|_{max}} \tag{3-21}$$

k——地震系数，它是地面运动加速度与重力加速度的比值，即

$$k = \frac{|\ddot{x}_g(t)|_{max}}{g} \tag{3-22}$$

α——水平地震影响系数，即

$$\alpha = \beta k \tag{3-23}$$

2）重力荷载代表值的确定

在计算结构的水平地震作用标准值和竖向地震作用标准值时，都要用到集中在质点处的重力荷载代表值 G。《建筑抗震设计规范》规定，结构的重力荷载代表值应取结构和构配件自重标准值 G_k 加上各可变荷载组合值，即

$$G = G_k + \sum_{i=1}^{n} \psi_{Qi} Q_{ik} \tag{3-24}$$

式中：Q_{ik}——第 i 个可变荷载标准值；

ψ_{Qi}——第 i 个可变荷载的组合值系数，见表 3－1。

表 3－1　组合值系数

可变荷载种类		组合值系数
雪荷载		0.5
屋面积灰荷载		0.5
屋面活荷载		不计入
按实际情况计算的楼面活荷载		1.0
按等效均布荷载计算的楼面活荷载	藏书库、档案馆	0.8
	其他民用建筑	0.5
吊车悬吊物重力	硬钩吊车	0.3
	软钩吊车	不计入

注：硬钩吊车的吊重较大时，组合值系数应按实际情况采用。

3.2.3　设计反应谱

1）反应谱

从式(3－16)、式(3－17)和式(3－18)可以看出，在选定地面运动加速度时程曲线 $\ddot{x}_g(t)$ 和阻尼比时，最大位移反应 S_d、最大速度反应 S_v 和最大绝对加速度反应 S_a 仅仅是体系的圆频率 ω 即自振周期 T 的函数。如果以体系自振周期 T 为横坐标，最大绝对加速度反应 S_a 为纵坐标，可以绘出一条曲线，称为加速度反应谱。因此，所谓的反应谱是指单自由度弹性体系在给定的地震作用下，体系的某个最大反应量(如最大位移反应 S_d、最大速度反应 S_v、最大绝对加速度反应 S_a 等)与体系自振周期 T 的关系曲线。

图 3－5(a)、(b)、(c)给出了根据 El-Centro 地震 N-S 方向加速度记录所计算出的不同阻尼比的位移、速度和加速度反应谱。图 3－6 给出了不同场地条件的平均加速度反应谱。

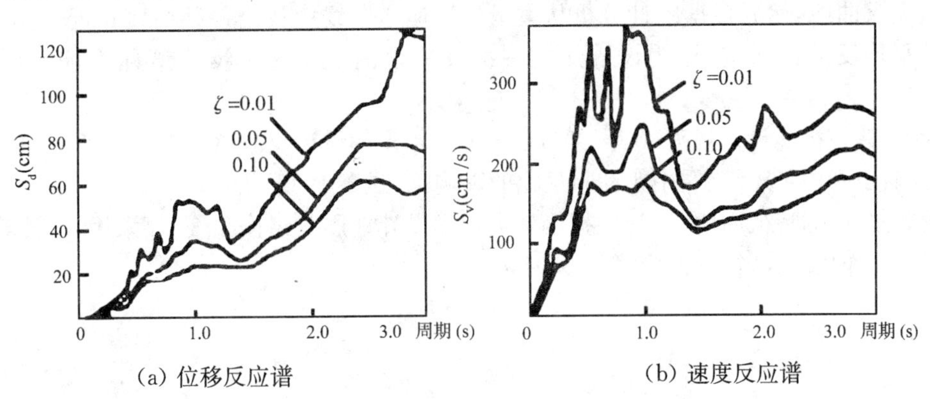

(a) 位移反应谱　　(b) 速度反应谱

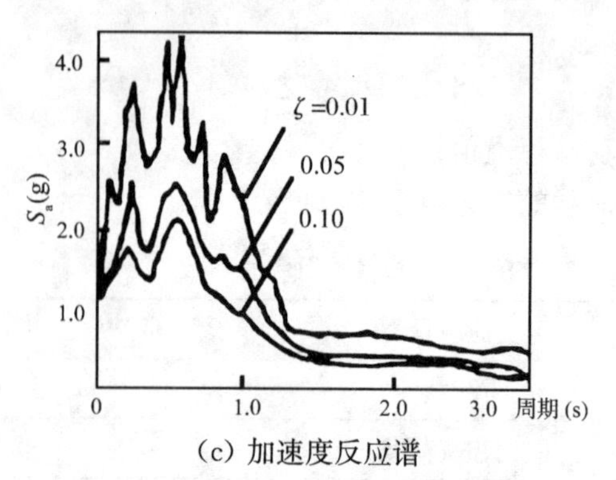

(c) 加速度反应谱

图 3-5　El-Centro 地震波的反应谱

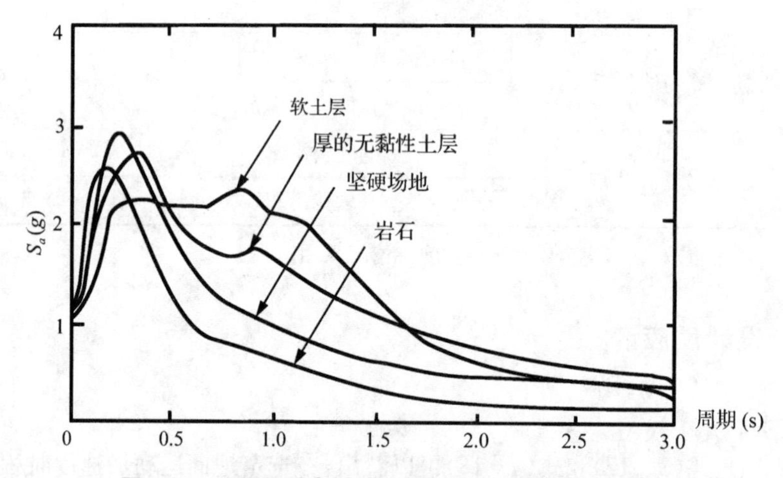

图 3-6　不同场地条件的平均加速度反应谱(ζ=0.05)

从图 3-5 和图 3-6 可以看出，结构的阻尼比和场地条件对反应谱的影响很大。此外，分析研究表明，反应谱曲线的形状还取决于建筑场地类别、震级和震中距等因素。

2) *设计反应谱*

地震是随即的，即使在同一地点、相同的地震烈度，前后两次地震记录到的地面运动加速度时程曲线也有很大差别。在进行工程结构设计时，无法预知该建筑物将会遭遇到怎样的地震，因此无法确定相应的地震反应谱。因此，必须按场地类别、近震和远震分别绘出反应谱曲线，然后根据统计分析从大量的反应谱曲线中找出每种场地和近、远震有代表性的平均反应谱曲线，作为设计用的标准反应谱曲线。这种反应谱称为抗震设计反应谱。

我国《建筑抗震设计规范》(GB 50011—2010)给出的设计反应谱不仅考虑了建筑场地类别的影响，也考虑了震级、震中距和阻尼比的影响，如图 3-7 所示。

图 3-7 中的特征周期 T_g 应根据场地类别和设计地震分组按表 3-2 采用，当计算 8、9 度罕遇地震作用时，特征周期应增加 0.05 s。

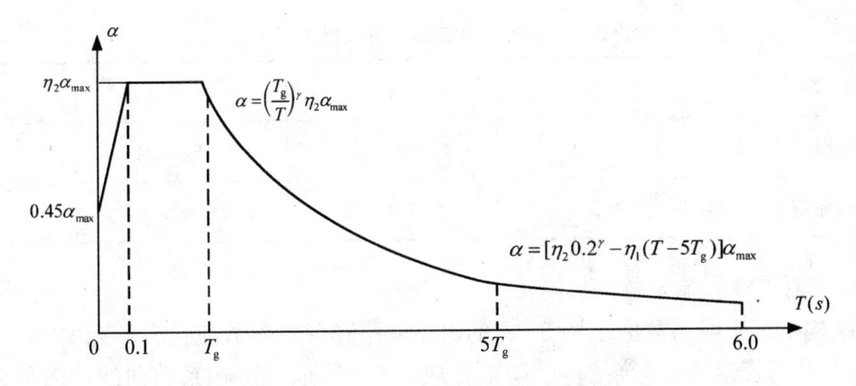

图 3-7 地震影响系数曲线

α—地震影响系数；α_{max}—地震影响系数最大值；η_1—直线下降段的斜率调整系数；
γ—衰减指数；T_g—特征周期；η_2—阻尼调整系数；T—结构自振周期

表 3-2 特征周期值(s)

设计地震分组	场地类别				
	I_0	I_1	Ⅱ	Ⅲ	Ⅳ
第一组	0.20	0.25	0.35	0.45	0.65
第二组	0.25	0.30	0.40	0.55	0.75
第三组	0.30	0.35	0.45	0.65	0.90

(1) 水平地震影响系数最大值 α_{max} 的确定

由式(3-23)得知，水平地震影响系数 α 是地震系数 k 和动力系数 β 的乘积。地震系数 k 反映场地基本烈度的大小，基本烈度愈高，地震系数 k 值愈大，而与结构性能无关。地震系数 k 与基本烈度的关系如表 3-3 所示。

表 3-3 地震系数 k 与基本烈度的关系

基本烈度	6	7	8	9
地震系数 k	0.05	0.10	0.20	0.40

当基本烈度确定后，地震系数 k 为常数，水平地震影响系数 α 的值仅随动力系数 β 的值而变化。通过大量的分析计算，我国《建筑抗震设计规范》(GB 50011—2010)将最大动力系数 β_{max} 取为 2.25。所以水平地震影响系数最大值 $\alpha_{max}=\beta_{max}k=2.25k$，这是与基本烈度对应的水平地震影响系数最大值 α_{max}。

目前，我国建筑抗震采用的是两阶段设计法。第一阶段进行结构强度与弹性变形验算时采用多遇地震烈度，其地震系数 k 值相当于基本烈度所对应 k 值的 1/3。第二阶段进行结构弹塑性变形验算时采用罕遇地震烈度，其地震系数 k 值相当于基本烈度所对应 k 值的 1.5～2 倍(烈度越高，k 值越小)。由表 3-3 及 α_{max} 的计算公式，可得各设计阶段的 α_{max} 值，如表 3-4 所示。

表 3-4　水平地震影响系数最大值 α_{max}

地震影响	6 度	7 度	8 度	9 度
多遇地震	0.04	0.08(0.12)	0.16(0.24)	0.32
罕遇地震	0.28	0.50(0.72)	0.90(1.20)	1.40

(2) 阻尼对地震影响系数的影响

建筑结构地震影响系数曲线图 3-7 的阻尼调整和形状参数应符合下列要求：

① 除有专门规定外，建筑结构的阻尼比应取 0.05，地震影响系数曲线的阻尼调整系数应按 1.0 采用，形状参数应符合下列规定：

A. 直线上升段，周期小于 0.1 s 的区段。

B. 水平段，自 0.1 s 至特征周期区段，应取最大值 α_{max}。

C. 曲线下降段，自特征周期至 5 倍特征周期区段，衰减指数应取 0.9。

D. 直线下降段，自 5 倍特征周期至 6 s 区段，下降斜率调整系数应取 0.02。

② 当建筑结构的阻尼比按有关规定不等于 0.05 时，地震影响系数曲线的阻尼调整系数和形状参数应符合下列规定：

A. 曲线下降段的衰减指数应按下式确定：

$$\gamma=0.9+\frac{0.05-\zeta}{0.3+6\zeta} \tag{3-25}$$

B. 直线下降段的下降斜率调整系数应按下式确定：

$$\eta_1=0.02+\frac{(0.05-\zeta)}{4+32\zeta} \tag{3-26}$$

当 η_1 小于 0 时取 0。

C. 阻尼调整系数应按下式确定：

$$\eta_2=1+\frac{0.05-\zeta}{0.08+1.6\zeta} \tag{3-27}$$

当 η_2 小于 0.55 时，应取 0.55。

3.3　多自由度弹性体系的水平地震作用

在实际建筑结构中，除了少数结构可以简化为单质点体系外，大量的工业与民用建筑都应简化为多质点体系来分析。如图 3-8 所示，通常将建筑楼面的使用荷载以及上下两相邻层（i 和 $i+1$ 层）之间的结构自重集中于第 i 层的楼面标高处，形成一个多质点体系。

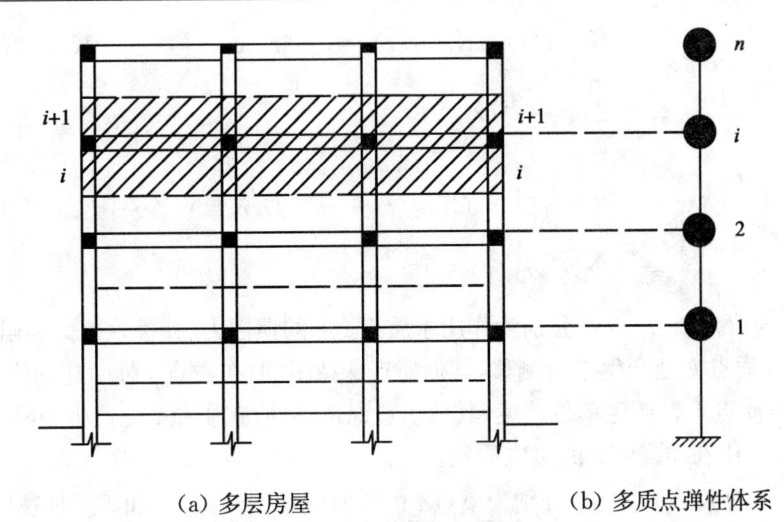

(a) 多层房屋　　　　(b) 多质点弹性体系

图 3-8　多质点体系示意图

3.3.1　多质点弹性体系的水平地震反应

1）运动微分方程的建立

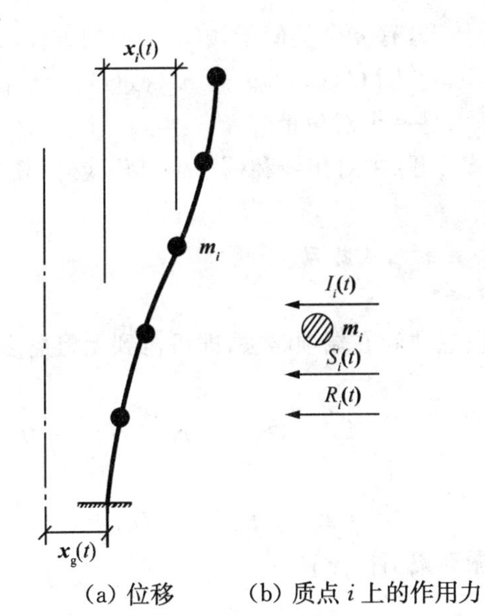

(a) 位移　　　(b) 质点 i 上的作用力

图 3-9　多质点弹性体系变形

在单向水平地震作用下，忽略扭转的影响，此时 n 个质点的结构体系有 n 个自由度。图 3-9为多自由度弹性体系在水平地震作用下的位移情况。图中 $x_g(t)$为地震时地面运动的水平位移；$x_i(t)$表示 i 质点相对于地面的相对弹性水平位移。这时，作用在图 3-9 中质点 i 上的力有：

惯性力

$$I_i(t)=-m_i[\ddot{x}_i(t)+\ddot{x}_g(t)] \tag{3-28}$$

弹性恢复力

$$S_i(t)=-[K_{i1}x_1(t)+K_{i2}x_2(t)+\cdots+K_{ii}x_i(t)+\cdots+K_{in}x_n(t)]$$
$$=-\sum_{k=1}^{n}K_{ik}x_k(t) \tag{3-29}$$

阻尼力

$$R_i(t)=-[C_{i1}\dot{x}_1(t)+C_{i2}\dot{x}_2(t)+\cdots+C_{ii}\dot{x}_i(t)+\cdots+C_{in}\dot{x}_n(t)]$$
$$=-\sum_{k=1}^{n}C_{ik}\dot{x}_k(t) \tag{3-30}$$

式中：$I_i(t)$、$S_i(t)$、$R_i(t)$——分别为作用于质点 i 上的惯性力、弹性恢复力和阻尼力；

K_{ik}——质点 k 处产生单位侧移，其他质点保持不动，在质点 i 处引起的弹性反力；

C_{ik}——质点 k 处产生单位速度，其他质点保持不动，在质点 i 处产生的阻尼力；

m_i——集中在质点 i 上的集中质量；

$x_i(t)$、$\dot{x}_i(t)$、$\ddot{x}_i(t)$——分别为质点 i 的相对侧移、相对速度和相对加速度。

根据达伦倍尔(D'Alembert)原理，质点 i 在上述 3 个力作用下处于平衡，即

$$I_i(t)+R_i(t)+S_i(t)=0 \tag{3-31}$$

将式(3-28)、(3-29)、(3-30)代入式(3-31)，则有

$$m_i\ddot{x}_i(t)+\sum_{k=1}^{n}C_{ik}\dot{x}_k(t)+\sum_{k=1}^{n}K_{ik}x_k(t)=-m_i\ddot{x}_g(t) \tag{3-32}$$

对于 n 质点的弹性体系，有 n 个类似于式(3-32)的方程，这 n 个方程的矩阵表达式为

$$[M]\{\ddot{x}(t)\}+[C]\{\dot{x}(t)\}+[K]\{x(t)\}=-[M]\{I\}\ddot{x}_g(t) \tag{3-33}$$

式中：$[M]$——质量矩阵，是一个对角矩阵；

$[K]$——刚度矩阵，即除主对角线和两个副对角线外，其余元素均为零；

$[C]$——阻尼矩阵。

2) 多自由度弹性体系的自由振动

(1) 主振型

将式(3-33)中的阻尼项和右端项略去，即可得到无阻尼多自由度弹性体系的自由振动方程

$$[M]\{\ddot{x}(t)\}+[K]\{x(t)\}=0 \tag{3-34}$$

设方程的解为

$$\{x(t)\}=\{X\}\sin(\omega t+\varphi) \tag{3-35}$$

式中：$\{X\}$——体系的振动幅值向量；

φ——初相角。

将式(3-35)代入式(3-34)，得

$$([K]-\omega^2[M])\{X\}=0 \tag{3-36}$$

式(3-36)是体系的振动幅值$\{X\}$的齐次方程，称为特征方程。为了得到$\{X\}$的非零解，系数行列式必须等于零，即

$$|[K]-\omega^2[M]|=0 \tag{3-37}$$

将行列式展开，可得到一个关于频率参数 ω^2 的 n 次代数方程。求出这个方程的 n 个根(特征值)ω_1^2、ω_2^2、…、ω_n^2，即可得出体系的 n 个自振频率。由 n 个 ω 值可以求得 n 个自振周期 T，将 n 个自振周期 T 由大到小的顺序进行排列：

$$T_1 > T_2 > \cdots > T_j \cdots > T_n$$

其中最大的周期 T_1 称为第一周期或基本周期，与 T_1 对应的最小频率 ω_1 称为第一频率或基本频率。

将求得的 ω_j 依次回代到方程(3-37)，可以求得对应于每一频率值时体系各质点的相对振幅 $\{X\}_j$，用这些相对振幅值绘制的体系各质点的侧移曲线就是对应于该频率的主振型，简称振型。其中与基本周期 T_1 对应的第一振型称为基本振型，其他各振型统称为高振型。

(2) 主振型的正交性

多自由度弹性体系做自由振动时，任意两个不同频率的主振型间都存在正交性。利用振型的正交性原理可以大大简化多自由度弹性体系运动微分方程的求解。

① 振型关于质量矩阵的正交性

其矩阵表达式为

$$\{X\}_j^{\mathrm{T}}[M]\{X\}_k = 0 \quad (j \neq k) \tag{3-38}$$

它说明：某一振型在振动过程中所引起的惯性力不在其他振型上做功，体系按某一振型做自由振动时不会激起该体系其他振型的振动。

② 振型关于刚度矩阵的正交性

其矩阵表达式为

$$\{X\}_j^{\mathrm{T}}[K]\{X\}_k = 0 \quad (j \neq k) \tag{3-39}$$

它说明：体系按 k 振型振动引起的弹性恢复力在 j 振型位移所做的功之和等于零，也即体系按某一振型振动时，它的位移不会转移到其他振型上去。

③ 振型关于阻尼矩阵的正交性

其矩阵表达式为

$$\{X\}_j^{\mathrm{T}}[C]\{X\}_k = 0 \quad (j \neq k) \tag{3-40}$$

3) 运动微分方程的解

多自由度弹性体系在单向水平地震作用下的运动方程为一相互耦联的微分方程组，要利用振型分解法来求解。振型分解法就是利用各振型相互正交的特性，将原来耦联的微分方程组变为若干互相独立的微分方程，从而使原来多自由度体系的动力计算变为若干个单自由度体系的问题，在求得了各单自由度体系的解后，再将各个解进行组合，从而可求得多自由度体系的地震反应。

根据振型叠加原理，弹性结构体系中任一质点在振动过程中的侧移 $x_i(t)$ 可以表示为

$$x_i(t) = \sum_{j=1}^{n} X_{ji} q_j(t) \tag{3-41}$$

式中 $q_j(t)$ 为 j 振型的广义坐标，是时间 t 的函数。整个体系的位移列向量、速度列向量和加速度列向量都可以按振型分解用 $q_j(t)$ 表达。

将位移列向量、速度列向量和加速度列向量的振型分解表达式，代入多自由度弹性体系有阻尼运动方程(3-32)，并利用振型的正交性对方程进行简化，展开后可得 n 个独立的二阶微分方程，对于第 j 振型可写为

$$\{X\}_j^{\mathrm{T}}[M]\{X\}_j\ddot{q}_j(t)+\{X\}_j^{\mathrm{T}}[C]\{X\}_j\dot{q}_j(t)+\{X\}_j^{\mathrm{T}}[K]\{X\}_jq_j(t)=-\{X\}_j^{\mathrm{T}}[M]\{I\}\ddot{x}_{\mathrm{g}}(t) \tag{3-42}$$

再引入广义质量 M_j^*、广义刚度 K_j^* 和广义阻尼 C_j^* 的符号，得

$$M_j^*\ddot{q}_j(t)+C_j^*\dot{q}_j(t)+K_j^*q_j(t)=-\{X\}_j^{\mathrm{T}}[M]\{I\}\ddot{x}_{\mathrm{g}}(t) \tag{3-43}$$

广义质量、广义刚度和广义阻尼的表达式为

$$\left.\begin{aligned}M_j^*&=\{X\}_j^{\mathrm{T}}[M]\{X\}_j\\K_j^*&=\{X\}_j^{\mathrm{T}}[K]\{X\}_j\\C_j^*&=\{X\}_j^{\mathrm{T}}[C]\{X\}_j\end{aligned}\right\} \tag{3-44}$$

广义质量、广义刚度和广义阻尼有下列关系：

$$\left.\begin{aligned}C_j^*&=2\zeta_j\omega_jM_j^*\\K_j^*&=\omega_j^2M_j^*\end{aligned}\right\} \tag{3-45}$$

将式(3-45)代入式(3-44)，并用 j 振型的广义质量除等式两端，得

$$\ddot{q}_j(t)+2\zeta_j\omega_j\dot{q}_j(t)+\omega_j^2q_j(t)=\frac{-\{X\}_j^{\mathrm{T}}[M]\{I\}}{\{X\}_j^{\mathrm{T}}[M]\{X\}_j}\ddot{x}_{\mathrm{g}}(t)=-\gamma_j\ddot{x}_{\mathrm{g}}(t)\quad(j=1,2,\cdots,n) \tag{3-46}$$

式(3-46)中的 γ_j 称为 j 振型的振型参与系数，即

$$\gamma_j=\frac{-\{X\}_j^{\mathrm{T}}[M]\{I\}}{\{X\}_j^{\mathrm{T}}[M]\{X\}_j}=\frac{\sum_{i=1}^{n}m_iX_{ji}}{\sum_{i=1}^{n}m_iX_{ji}^2}=\frac{\sum_{i=1}^{n}X_{ji}G_i}{\sum_{i=1}^{n}X_{ji}^2G_i} \tag{3-47}$$

它满足 $\sum_{j=1}^{n}\gamma_jX_{ji}=1$。

式中：G_i——i 质点的重力荷载代表值；

X_{ji}——第 j 振型在 i 质点的振幅。

式(3-46)相当于一个单自由度弹性体系的运动方程，未知量为广义坐标 $q_j(t)$，其解为

$$q_j(t)=-\frac{\gamma_j}{\omega_j}\int_0^t\ddot{x}_{\mathrm{g}}(\tau)\mathrm{e}^{-\zeta_j\omega_j(t-\tau)}\sin\omega_j(t-\tau)\mathrm{d}\tau=\gamma_j\Delta_j(t)\quad(j=1,2,\cdots,n) \tag{3-48}$$

求得各振型的广义坐标 $q_j(t)$ 后，就可按式(3-41)求出原体系 i 质点相对于地面的侧移反应和相对加速度反应：

$$x_i(t)=\sum_{j=1}^{n}\gamma_j\Delta_j(t)X_{ji} \tag{3-49}$$

$$\ddot{x}_i(t)=\sum_{j=1}^{n}\gamma_j\ddot{\Delta}_j(t)X_{ji} \tag{3-50}$$

利用振型分解法不仅对计算多质点体系的地震位移反应十分简便，而且也为按反应谱理论计算多质点体系的地震作用提供了方便。工程结构抗震设计最关心的是各质点地震反应的最大值，对自由度弹性体系，在振型分解法的基础上，结合单自由度弹性体系的反应谱理论，可以推导出实用的振型分解反应谱法，并且在特定的条件下，还可推导出更为简单实用的底部剪力法。

3.3.2　振型分解反应谱法

多质点弹性体系 i 质点的水平地震作用等于 i 质点所受的惯性力，即

$$F_i(t)=-m_i[\ddot{x}_i(t)+\ddot{x}_g(t)]=-m_i\sum_{j=1}^{n}[\gamma_j\ddot{\Delta}_j(t)X_{ji}+\gamma_jX_{ji}\ddot{x}_g(t)]=\sum_{j=1}^{n}F_{ji}(t) \tag{3-51}$$

式中

$$F_{ji}(t)=-m_i\gamma_jX_{ji}[\ddot{\Delta}_j(t)+\ddot{x}_g(t)] \tag{3-52}$$

称为体系 t 时刻 j 振型 i 质点的水平地震作用。

利用单自由度弹性体系的反应谱，按式(3-52)求得对应于 j 振型各质点的最大水平地震作用及所产生的地震作用效应 S_j（弯矩、剪力、轴力、位移等），再将对应于各振型的作用效应进行组合，即可得到多自由度弹性体系在水平地震作用下产生的效应。

j 振型 i 质点的水平地震作用最大值为

$$F_{ji}=|F_{ji}(t)|_{\max}=m_i\gamma_jX_{ji}[\ddot{x}_g(t)+\ddot{\Delta}_j(t)]_{\max} \tag{3-53}$$

令

$$\alpha_j=\left|\frac{\ddot{x}_g(t)+\ddot{\Delta}_j(t)}{g}\right|_{\max}=\frac{S_a(\zeta_j,\omega_j)}{g} \tag{3-54}$$

α_j 即为对应于振型 j，自振频率为 ω_j、阻尼比为 ζ_j 的单自由度弹性体系的水平地震影响系数，可按图 3-7 和表 3-2、表 3-4 来确定。

则对应于第 j 振型 i 质点的水平地震作用最大值为

$$F_{ji}=\alpha_j\gamma_jX_{ji}G_i \qquad (i=1,2,\cdots,n;j=1,2,\cdots,n) \tag{3-55}$$

如图 3-10，对于层间剪切型结构，j 振型地震作用下各楼层水平地震层间剪力可按下式计算：

$$V_{ji}=\sum_{k=i}^{n}F_{jk} \quad (i=1,2,\cdots,n) \tag{3-56}$$

由前可知，根据振型分解反应谱法确定的相应于各振型的地震作用 F_{ji} 均为最大值，所以按 F_{ji} 所求得的地震作用效应 S_j 也是最大值。但是相应于各振型的最大地震作用效应 S_j 不会同时发生，这样就出现了如何将 S_j 进行组合，以确定合理的地震作用效应的问题。

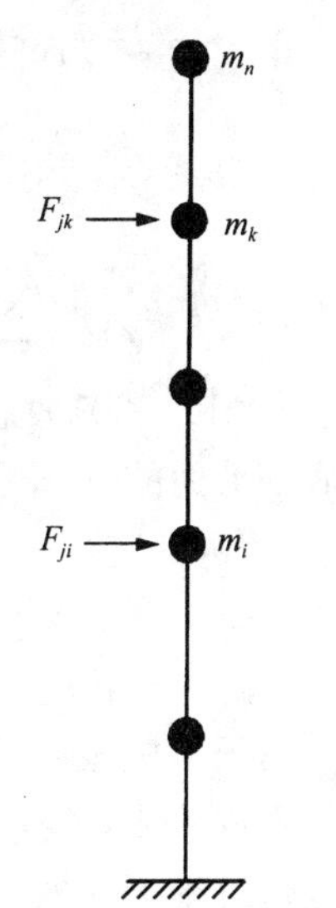

图 3-10　j 振型水平地震作用

我国的《建筑抗震设计规范》(GB 50011—2010)根据概率论的方法，得出了结构地震作用效应“平方和开平方”(SRSS)的近似计算公式：

$$S_{Ek}=\sqrt{\sum S_j^2} \tag{3-57}$$

式中：S_{Ek}——水平地震作用效应标准值；

S_j——第 j 振型水平地震作用效应标准值，可只取 2～3 个振型，当基本自振周期大于 1.5 s 或房屋高宽比大于 5 时，振型个数可适当增加。

3.3.3 底部剪力法

当房屋层数较多时，按振型分解反应谱法计算结构的水平地震作用过程十分冗繁。为了简化计算，我国的《建筑抗震设计规范》(GB 50011—2010)规定，当满足以下条件时，可采用近似计算法，即底部剪力法。

(1) 质量和刚度沿高度分布比较均匀的结构。

(2) 建筑物的总高度不超过 40 m。

(3) 建筑结构在地震作用下的变形以剪切变形为主。

(4) 建筑结构在地震作用时的扭转效应可忽略不计。

当满足以上条件时，结构在地震作用下的位移反应往往以第一振型为主，而且第一振型接近于直线。即任意质点的第一振型位移与其高度成正比，$X_{1i}=\eta H_i$，其中 η 为比例常数，H_i 为质点的计算高度。

由式(3 - 55)和式(3 - 56)可以得出，j 振型结构总水平地震作用标准值，即 j 振型的底部剪力为

$$V_{j0}=\sum_{i=1}^{n}F_{ji}=\sum_{i=1}^{n}\alpha_j\gamma_jX_{ji}G_i=\alpha_1G\sum_{i=1}^{n}\frac{\alpha_j}{\alpha_1}\gamma_jX_{ji}\frac{G_i}{G} \tag{3-58}$$

式中：G—— 结构的总重力荷载代表值，$G=\sum\limits_{i=1}^{n}G_i$。

由式(3 - 57)可以得出，结构总的水平地震作用，即结构的底部剪力 F_{Ek} 为

$$F_{\mathrm{Ek}}=\sqrt{\sum_{j=1}^{n}V_{j0}^2}=\alpha_1G\sqrt{\sum_{j=1}^{n}\left(\sum_{i=1}^{n}\frac{\alpha_j}{\alpha_1}\gamma_jX_{ji}\frac{G_i}{G}\right)^2}=\alpha_1G\cdot q \tag{3-59}$$

式中，$q=\sqrt{\sum\limits_{j=1}^{n}\left(\sum\limits_{i=1}^{n}\frac{\alpha_j}{\alpha_1}\gamma_jX_{ji}\frac{G_i}{G}\right)^2}$ 为等效重力荷载系数，我国的《建筑抗震设计规范》(GB 50011—2010)规定，对单质点体系 $q=1$，对多质点体系 $q=0.85$，并定义 $G_{\mathrm{eq}}=qG$，则结构底部剪力的计算可简化为

$$F_{\mathrm{Ek}}=\alpha_1G_{\mathrm{eq}} \tag{3-60}$$

式中：G_{eq}——结构等效总重力荷载；

α_1——相应于结构基本周期的水平地震影响系数。

由于结构振动以基本振型为主，且基本振型接近于直线，则任意质点的第一振型位移与其高度成正比，$X_{1i}=\eta H_i$，其中 η 为比例常数，H_i 为质点的计算高度。各质点的水平地震作用近似等于第一振型各质点的地震作用，即

$$F_i\approx F_{1i}=\alpha_1\gamma_1X_{1i}G_i=\alpha_1\gamma_1\eta H_iG_i \tag{3-61}$$

则结构总水平地震作用可表示为

$$F_{\mathrm{Ek}}=\sum_{k=1}^{n}F_k=\sum_{k=1}^{n}\alpha_1\gamma_1\eta H_kG_k=\alpha_1\gamma_1\eta\sum_{k=1}^{n}H_kG_k$$

得

$$\alpha_1\gamma_1\eta=\frac{F_{\mathrm{Ek}}}{\sum\limits_{k=1}^{n}G_kH_k}$$

将上式代入式(3-61)，得

$$F_i=\frac{G_iH_i}{\sum_{k=1}^{n}G_kH_k}\cdot F_{\mathrm{Ek}} \tag{3-62}$$

对于自振周期比较长的结构，经计算发现，在房屋顶部的地震剪力按底部剪力法计算结果偏小，因此，我国的《建筑抗震设计规范》(GB 50011—2010)规定，当结构基本周期 $T_1>1.4T_g$ 时，需在结构的顶部附加水平地震作用 ΔF_n，取

$$\Delta F_n=\delta_n F_{\mathrm{Ek}} \tag{3-63}$$

式(3-62)改写为

$$F_i=\frac{G_iH_i}{\sum_{k=1}^{n}G_kH_k}F_{\mathrm{Ek}}(1-\delta_n) \tag{3-64}$$

其中，δ_n 为结构顶部附加地震作用系数，多层钢筋混凝土房屋和钢结构房屋按表3-5采用，多层内框架砖房可采用0.2，其他房屋不考虑。

表3-5　顶部附加地震作用系数

T_g(s)	$T_1>1.4T_g$	$T_1\leqslant1.4T_g$
≤0.35	$0.08T_1+0.07$	0.0
0.35～0.55	$0.08T_1+0.01$	
>0.55	$0.08T_1-0.02$	

震害表明，突出屋面的屋顶间、女儿墙、烟囱等，它们的震害比下面主体结构严重。这是由于突出屋面的这些建筑的质量和刚度突然变小，地震反应随之增大的缘故。在地震工程中，把这种现象称为“鞭梢效应”。因此，《建筑抗震设计规范》(GB 50011—2010)规定，采用底部剪力法时，突出屋面的屋顶间、女儿墙、烟囱等的地震作用效应，宜乘以增大系数3，此增大部分不应往下传递，但与该突出部分连接的构件应予以计入。

3.3.4　楼层最小水平地震剪力

由于地震影响系数在长周期段下降较快，对于基本周期大于3.5s的结构，由此计算所得的水平地震作用下的结构效应可能太小。而对于长周期结构，地震作用中的地面运动速度和位移可能对结构的破坏具有更大影响，但振型分解反应谱法尚无法对此作出估计。出于安全考虑，《建筑抗震设计规范》规定，抗震验算时，结构任一楼层的水平地震剪力应符合下列规定：

$$V_{\mathrm{Ek}i}>\lambda\sum_{j=i}^{n}G_j \tag{3-65}$$

式中：$V_{\mathrm{Ek}i}$——第 i 层对应于水平地震作用标准值的楼层剪力；

λ——剪力系数，不应小于表3-6规定的楼层最小地震剪力系数值，对竖向不规则结构的薄弱层，尚应乘以1.15的增大系数；

G_j——第 j 层重力荷载代表值。

表 3-6 楼层最小地震剪力系数 λ

类 别	6度	7度	8度	9度
扭转效应明显或基本周期小于 3.5s 的结构	0.008	0.016(0.024)	0.032(0.048)	0.064
基本周期大于 5s 的结构	0.006	0.012(0.018)	0.024(0.030)	0.048

注:(1) 基本周期介于 3.5～5.0s 之间的结构,按插入法取值。

(2) 括号内数值分别用于设计基本地震加速度为 0.15 g 和 0.3 g 的地区。

3.4 结构竖向地震作用计算

一般来说,水平地震作用是导致建筑物破坏的主要原因。但当烈度较高时,高层建筑、烟囱、电视塔等高耸结构和长悬臂结构、大跨结构的竖向地震作用也是不可忽视的。

我国《建筑抗震设计规范》(GB 50011—2010)规定,位于 8 度、9 度高烈度区的大跨结构、长悬臂结构、烟囱和类似的高耸结构,9 度时的高层建筑,应考虑竖向地震作用。竖向地震作用的计算是根据建筑结构的不同类型采用不同的方法,烟囱和类似的高耸结构,以及高层建筑其竖向地震作用的标准值可按反应谱法计算,而平板网架和大跨度结构等则采用静力法。

3.4.1 高层建筑和高耸结构的竖向地震作用

根据已有的地震记录分析表明,各类场地的竖向地震反应谱与水平地震反应谱相差不大,因此,竖向地震作用计算可近似采用水平反应谱。另外,根据统计资料,一般竖向最大地面加速度约为水平最大地面加速度的 1/2～2/3,越靠近震中区其比值越大。我国规范规定,高层建筑和高耸结构的竖向地震影响系数最大值 α_{vmax} 为地震影响系数最大值 α_{max} 的 65%。

根据大量计算实例分析发现,在高层建筑和高耸结构的竖向地震反应中,第一振型起主要作用,而且第一振型接近于直线。一般高层建筑和高耸结构竖向振动的基本自振周期均在 0.1～0.2 s 范围内,因此这类结构的总竖向地震作用标准值和各质点的竖向地震作用标准值分别为

$$F_{Evk} = \alpha_{vmax} G_{eq} \tag{3-66}$$

$$F_{vi} = \frac{G_i H_i}{\sum_{k=1}^{n} G_k H_k} F_{Evk} \tag{3-67}$$

式中:F_{Evk}——结构总竖向地震作用标准值;

F_{vi}——质点 i 的竖向地震作用标准值;

α_{vmax}——竖向地震影响系数的最大值,取 $\alpha_{vmax}=0.65\alpha_{max}$;

G_{eq}——结构等效总重力荷载,可取其重力荷载代表值的 75%。

计算竖向地震作用效应时,可按各构件承受的重力荷载代表值的比例分配,并乘以 1.5 的竖向地震动力效应增大系数。

3.4.2 网架及大跨度屋架的竖向地震作用

根据对跨度在24～60 m的平板钢网架和18 m以上的标准屋架以及大跨度结构竖向地震作用振型分解法的分析表明，竖向地震作用的内力和重力荷载作用下内力的比值一般比较稳定。因此，我国《建筑抗震设计规范》(GB 50011—2010)规定，对平板型网架屋盖、跨度大于24 m的屋架、长悬臂和其他大跨度结构的竖向地震作用标准值，可用静力法计算：

$$F_{vi}=\lambda G_i \tag{3-68}$$

式中：G_i——构件重力荷载代表值；

λ——竖向地震作用系数，平板型网架屋盖、钢屋架、钢筋混凝土屋架，可按表3-7采用；长悬臂和其他大跨度结构，8度、9度时可分别取0.10和0.20，设计基本地震加速度为0.30 g时，可取该结构、构件重力荷载代表值的15%。

表3-7 竖向地震作用系数

结构类型	烈 度	场地类别		
		Ⅰ	Ⅱ	Ⅲ、Ⅳ
平板型网架和钢屋架	8	可不计算(0.10)	0.08(0.12)	0.10(0.15)
	9	0.15	0.15	0.20
钢筋混凝土屋架	8	0.10(0.15)	0.13(0.19)	0.13(0.19)
	9	0.20	0.25	0.25

注：括号中的数值用于设计基本地震加速度为0.30 g的地区。

3.5 结构抗震验算

3.5.1 一般规定

1) 结构抗震计算原则

(1) 一般情况下，应允许在建筑结构的两个主轴方向分别计算水平地震作用并进行抗震验算，各方向的水平地震作用应全部由该方向抗侧力构件承担。

(2) 有斜交抗侧力构件的结构，当相交角度大于15°时，应分别计算各抗侧力构件方向的水平地震作用。

(3) 质量和刚度明显不对称的结构，应计入双向水平地震作用的扭转影响；其他情况，应允许采用调整地震作用效应的方法计入扭转影响。

(4) 8度和9度时的大跨度和长悬臂结构及9度时的高层建筑，应计算竖向地震作用。

2) 结构抗震计算方法的选用

(1) 高度不超过40 m，以剪切变形为主且质量和刚度沿高度分布比较均匀的结构，以及近似于单质点体系的结构，宜采用底部剪力法等简化方法。

(2) 除第(1)款外的建筑结构，宜采用振型分解反应谱法。

(3) 特别不规则的建筑、甲类建筑和表 3-8 所列高度范围的高层建筑，应采用时程分析法进行补充计算。

表 3-8　采用时程分析法计算的房屋高度范围

烈度、场地类别	建筑高度(m)
7 度和 8 度Ⅰ、Ⅱ类场地	>100
8 度Ⅲ、Ⅳ类场地	>80
9 度	>60

(4) 计算罕遇地震下结构的变形，采用简化的弹塑性分析方法或弹塑性时程分析法。

(5) 平面投影尺度很大的空间结构，应视结构形式和支承条件，分别按单点一致、多点、多向或多向多点输入计算地震作用。

(6) 采用隔震和消能减震设计的建筑结构，按第 9 章的方法进行计算。

3) 地基与结构相互作用的影响

结构抗震计算，一般情况下可不计入地基与结构相互作用的影响；8 度和 9 度时建造于Ⅲ、Ⅳ类场地，采用箱基、刚性较好的筏基和桩箱联合基础的钢筋混凝土高层建筑，当结构基本自振周期处于特征周期的 1.2～5 倍范围时，若计入地基与结构动力相互作用的影响，对刚性地基假定计算的水平地震剪力可按下列规定折减，其层间变形可按折减后的楼层剪力计算。

(1) 高宽比小于 3 的结构，各楼层水平地震剪力的折减系数可按下式计算：

$$\psi=\left(\frac{T_1}{T_1+\Delta T}\right)^{0.9} \tag{3-69}$$

式中：ψ——计入地基与结构动力相互作用后的地震剪力折减系数；

T_1——按刚性地基假定确定的结构基本自振周期(s)；

ΔT——计入地基与结构动力相互作用的附加周期(s)，可按表 3-9 采用。

表 3-9　附加周期

烈　度	场地类别	
	Ⅲ	Ⅳ
8 度	0.08	0.20
9 度	0.10	0.25

(2) 高宽比不小于 3 的结构，底部的地震剪力按(1)的规定折减，顶部不折减，中间各层按线性插入值折减。

(3) 折减后各楼层的水平地震剪力，应符合楼层水平地震剪力最小值的规定。

4) 结构楼层水平地震剪力的分配

(1) 现浇和装配整体式混凝土楼、屋盖等刚性楼盖建筑，宜按抗侧力构件等效刚度的比例分配。

(2) 木楼盖、木屋盖等柔性楼盖建筑，宜按抗侧力构件从属面积上重力荷载代表值的比例分配。

(3) 普通的预制装配式混凝土楼、屋盖等半刚性楼、屋盖的建筑，可取上述两种分配结果的平均值。

(4) 计入空间作用、楼盖变形、墙体弹塑性变形和扭转的影响时，可按本规范各有关规定对上述分配结果作适当调整。

5) 结构抗震验算的基本原则

(1) 6度时的建筑(不规则建筑及建造于Ⅳ类场地上较高的高层建筑除外)，以及生土房屋和木结构房屋等，应允许不进行截面抗震验算，但应符合有关的抗震措施要求。

(2) 6度时不规则建筑、建造于Ⅳ类场地上较高的高层建筑，7度和7度以上的建筑结构(生土房屋和木结构房屋等除外)，应进行多遇地震作用下的截面抗震验算。

3.5.2　结构抗震验算内容

在进行建筑结构抗震设计时，我国《建筑抗震设计规范》(GB 50011—2010)采用了二阶段设计法。因此，结构抗震验算分为截面抗震验算和结构抗震变形验算两部分。

1) 构件截面抗震验算

多遇烈度是结构在使用期限内，遭遇机会最多的地震烈度，其超越概率为63%，多遇烈度下的地震作用，应视为可变作用而不是偶然作用。

多遇烈度下结构构件的地震作用效应和其他荷载效应的基本组合，应按下式计算：

$$S=\gamma_G S_{GE}+\gamma_{Eh}S_{Ehk}+\gamma_{Ev}S_{Evk}+\psi_w\gamma_w S_{wk} \tag{3-70}$$

式中：S——结构构件内力组合的设计值，包括组合的弯矩、轴力和剪力设计值等；

γ_G——重力荷载分项系数，一般情况应采用1.2，当重力荷载效应对构件承载能力有利时，不应大于1.0；

γ_{Eh}、γ_{Ev}——分别为水平、竖向地震作用分项系数，应按表3-10采用；

γ_w——风荷载分项系数，应取1.4；

S_{GE}——重力荷载代表值的效应，有吊车时，尚应包括悬吊物重力标准值的效应；

S_{Ehk}——水平地震作用标准值的效应，尚应乘以相应的增大系数或调整系数；

S_{Evk}——竖向地震作用标准值的效应，尚应乘以相应的增大系数或调整系数；

S_{wk}——风荷载标准值的效应；

ψ_w——风荷载组合值系数，一般结构取0.0，风荷载起控制作用的高层建筑应采用0.2。

表3-10　地震作用分项系数

地震作用	γ_{Eh}	γ_{Ev}
仅考虑水平地震作用	1.3	0.0
仅考虑竖向地震作用	0.0	1.3
同时计算水平和竖向地震作用(水平地震为主)	1.3	0.5
同时计算水平与竖向地震作用(竖向地震为主)	0.5	1.3

构件的抗震承载力按下式计算：

$$S \leqslant \frac{R}{\gamma_{RE}} \tag{3-71}$$

式中：R——结构构件截面的承载力设计值；

γ_{RE}——承载力抗震调整系数，除另有规定外，应按表 3－11 采用，当仅计算竖向地震作用时，各类结构构件承载力抗震调整系数均应采用 1.0。

表 3－11　承载力抗震调整系数

材　料	结构构件	受力状态	γ_{RE}
钢	柱，梁，支撑，节点板件，螺栓，焊缝 柱，支撑	强度 稳定	0.75 0.80
砌体	两端均有构造柱、芯柱的抗震墙 其他抗震墙	受剪 受剪	0.9 1.0
混凝土	梁 轴压比小于 0.15 的柱 轴压比不小于 0.15 的柱 抗震墙 各类构件	受弯 偏压 偏压 偏压 受剪、偏拉	0.75 0.75 0.80 0.85 0.85

2）结构的弹性变形验算

在多遇地震作用下，主体结构一般处于弹性阶段，但如果弹性变形过大，也将导致非结构构件（如维护墙、隔墙及某些装修等）出现过重的破坏。因此，我国规范规定，表 3－12 所列各类结构应进行多遇地震作用下的抗震变形验算，其楼层内最大的弹性层间位移应符合下式要求：

$$\Delta u_e \leqslant [\theta_e]h \tag{3-72}$$

式中：Δu_e——多遇地震作用标准值产生的楼层内最大的弹性层间位移；计算时，除以弯曲变形为主的高层建筑外，可不扣除结构整体弯曲变形；应计入扭转变形，各作用分项系数均应采用 1.0；钢筋混凝土结构构件的截面刚度可采用弹性刚度；

$[\theta_e]$——弹性层间位移角的限值，应按表 3－12 采用；

h——计算楼层的层高。

表 3－12　弹性层间位移角限值

结构类型		$[\theta_e]$
钢筋混凝土结构	框　架	1/550
	框架－抗震墙、板柱－抗震墙、框架－核心筒	1/800
	抗震墙、筒中筒	1/1 000
	框支层	1/1 000
多、高层钢结构		1/250

3）结构的弹塑性变形验算

一般罕遇地震的地面运动加速度峰值是多遇地震的 4～6 倍，所以在多遇地震下结构处于弹性结构，在罕遇地震下结构必将进入弹塑性阶段，结构接近或达到屈服。为抵抗地震的持续作用，要求结构有较好的延性，通过发展弹塑性变形来消耗地震输入能量。

抗震规范规定，下列结构应进行罕遇地震作用下薄弱层的弹塑性变形验算：

(1) 8 度Ⅲ、Ⅳ类场地和 9 度时，高大的单层钢筋混凝土柱厂房的横向排架。

(2) 7～9 度时楼层屈服强度系数小于 0.5 的钢筋混凝土框架结构。

(3) 高度大于 150 m 的结构。

(4) 甲类建筑和 9 度时乙类建筑中的钢筋混凝土结构和钢结构。

(5) 采用隔震和消能减震设计的结构。

抗震规范还规定，下列结构宜进行罕遇地震作用下薄弱层的弹塑性变形验算：

(1) 表 3-8 所列高度范围且属于竖向不规则类型的高层建筑结构。

(2) 7 度Ⅲ、Ⅳ类场地和 8 度时乙类建筑中的钢筋混凝土结构和钢结构。

(3) 板柱—抗震墙结构和底部框架砌体房屋。

(4) 高度不大于 150 m 的高层钢结构。

(5)不规则的地下建筑结构和地下空间综合体。

结构薄弱层(部位)的位置可按下列情况确定：

(1) 楼层屈服强度系数沿高度分布均匀的结构，可取底层。

(2) 楼层屈服强度系数沿高度分布不均匀的结构，可取该系数最小的楼层(部位)和相对较小的楼层，一般不超过 2～3 处。

(3) 单层厂房，可取上柱。

薄弱楼层的弹塑性层间位移可按下列公式计算：

$$\Delta u_p \leqslant \eta_p \Delta u_e \text{ 或 } \Delta u_p = \mu \Delta u_y = \frac{\eta_p}{\xi_y} \Delta u_y \tag{3-73}$$

式中：Δu_p——弹塑性层间位移；

Δu_y——层间屈服位移；

μ——楼层弹塑性位移的延性系数；

Δu_e——罕遇地震作用下按弹性分析的层间位移；

η_p——弹塑性层间位移增大系数，当薄弱层(部位)的屈服强度系数不小于相邻层(部位)该系数平均值的 0.8 时，可按表 3-13 采用；当不大于该平均值的 0.5 时，可按表内相应数值的 1.5 倍采用；其他情况可采用内插法取值；

ξ_y——楼层屈服强度系数。

表 3-13 弹塑性层间位移增大系数

结构类型	总层数 n 或部位	ξ_y			
		0.5	0.4	0.3	0.2
多层均匀框架结构	2～4	1.30	1.40	1.60	2.10
	5～7	1.50	1.65	1.80	2.40
	8～12	1.80	2.00	2.20	2.80
单层厂房	上 柱	1.30	1.60	2.00	2.60

在罕遇地震作用下，结构薄弱层(部位)的弹塑性层间位移应符合下式要求：

$$\Delta u_p \leqslant [\theta_p] h \tag{3-74}$$

式中：Δu_p——弹塑性层间位移；

$[\theta_p]$——弹塑性层间位移角的限值，可按表3-14采用；对钢筋混凝土框架结构，当轴压比小于0.40时，可提高10%；当柱子全高的箍筋构造采用比规定的最小配箍特征值大30%时，可提高20%，但累计不超过25%；

h——薄弱层楼层高度或单层厂房上柱高度。

表3-14　弹塑性层间位移角限值

结构类型	$[\theta_p]$
单层钢筋混凝土柱排架	1/30
钢筋混凝土框架或填充墙框架	1/50
底层框架砖房中的框架—抗震墙	1/100
框架—抗震墙、板柱—抗震墙、框架—核心筒	1/100
抗震墙和筒中筒	1/120
多、高层钢结构	1/50

复习思考题

1. 什么是地震作用？什么是地震反应？

2. 什么是设计反应谱？

3. 已知一水塔结构，可简化为单自由度体系(图3-11)，位于Ⅱ类场地，第二组，抗震设防烈度8度(地震加速度0.2 g)，阻尼比$\zeta=0.05$，$M=1\ 000$ kN，$k=10\ 000$ kN/m，求该结构在多遇和罕遇地震下的水平地震作用。

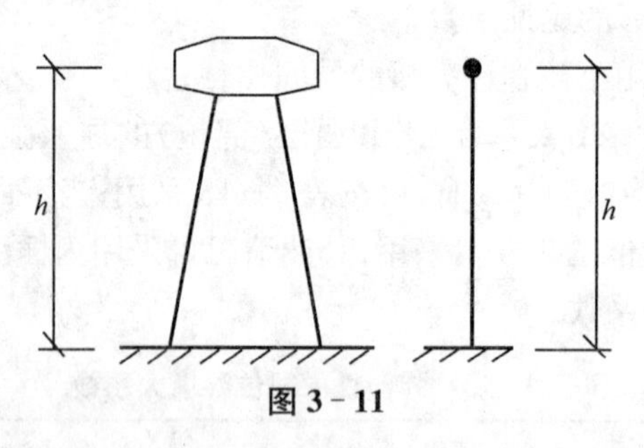

图3-11

4. 某两层钢筋混凝土框架(图3-12)，集中于楼盖和屋盖处的重力荷载代表值$G_1=G_2=1\ 000$ kN，每层层高皆为4.0 m，框架的自振周期$T_1=1.0$s，$T_2=0.4$ s；第一主振型$\varphi_{11}=1.000$，$\varphi_{12}=1.618$；第二主振型$\varphi_{21}=1.000$，$\varphi_{22}=-0.618$；场地类别Ⅱ类，抗震设防烈度为7度(0.1 g)；设计地震分组第二组，结构的阻尼比为$\zeta=0.05$。试按振型分解反应谱法计算框架的楼层地震剪力。

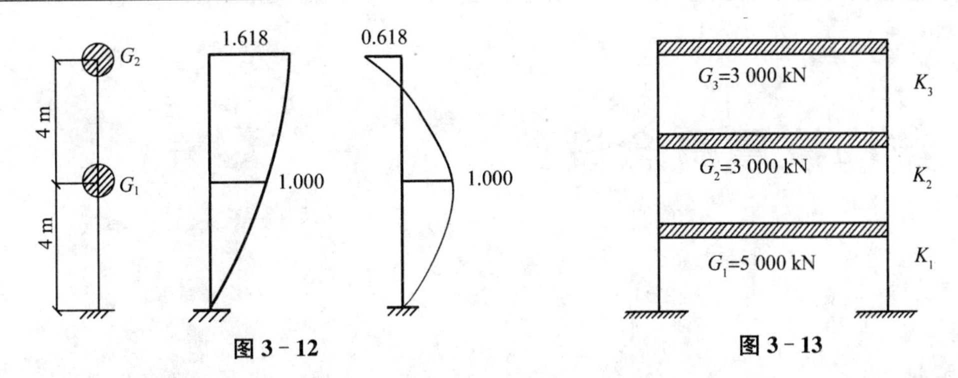

图 3-12　　　　图 3-13

5. 某三层钢筋混凝土框架如图 3-13 所示，框架每层层高均为 4.5 m，自振周期 $T_1=0.5$ s，抗震设防烈度为 8 度(0.2 g)，场地类别Ⅱ类，设计地震分组为第二组，结构的阻尼比为 $\zeta=0.05$。试用底部剪力法计算各层水平地震作用 F_i 及各层层剪力 V_i。

6. 一般建筑结构应进行哪些抗震验算?

7. 哪些结构需考虑竖向地震作用?

8. 为什么抗震设计截面承载力可以提高?

4 结构抗震概念设计

4.1 概述

结构工程师按抗震设计要求进行结构分析与设计，其目标是希望使所设计的结构在强度、刚度、延性及耗能能力等方面达到最佳，从而经济地实现“小震不坏，中震可修，大震不倒”的目的。但是，由于地震作用的不确定性（随机性、复杂性、间接性和耦联性），建筑物的地震破坏机理又十分复杂，存在着许多模糊和不确定因素。在结构内力分析方面与实际情况的差异，由于未能充分考虑结构的空间作用、非弹性性质、材料时效、阻尼变化等多种因素，使得计算结果不能全面真实地反映结构的受力、变形情况，并确保结构安全可靠。单靠计算设计（Numerical Design）还很难使建筑结构在遭遇地震时真正确保具有良好的抗震能力。多年来，结构工程师在总结历次地震灾害的经验中逐渐认识到宏观的“概念设计”（Conceptual Design）比以往的“数值设计”对工程结构抗震来说更为重要。因此，人们对于概念设计愈来愈重视。

抗震概念设计就是从结构总体方案设计一开始，就运用人们对建筑结构抗震已有的正确知识去处理好结构设计中遇到的诸如建筑场地的选择、建筑的体型、结构布置、结构体系、结构延性、多道抗震防线等方面的问题，从宏观原则上进行评价、鉴别、选择等处理，再辅以必要的计算和构造措施，从而消除建筑物抗震的薄弱环节，以达到合理抗震设计的目的，是一种基于震害经验建立的抗震基本设计原则和思想。

概念设计要求工程师运用思维和判断力，根据从大量震害经验得出的结构抗震原则，从宏观上确定结构设计中的基本问题。因此，工程师必须从主体上了解结构抗震特点和振动中结构的受力特征，抓住要点，突出主要矛盾，用正确的概念来指导概念设计，才会获得成功。

4.2 场地的选择

从破坏性质和工程对策角度，地震对结构的破坏作用可分为两种类型：场地、地基的破坏作用和场地的震动作用。场地和地基的破坏作用一般是指造成建筑破坏的直接原因是由于场地和地基稳定性引起的。由于场地因素引起的震害往往特别严重，单靠工程措施是很难达到预防目的的，或者所花代价昂贵。

选择良好的场地条件是抗震设计首先要解决的一个问题。历次大地震和震害调查表明场地和地基的地震效应与建筑物遭受地震破坏的轻重有着密切关系，并且在一些国家的抗震设计规范中得到越来越多的反映和重视。我国《建筑抗震设计规范》(GB 50011—2010)指出：选择建筑场地时，应根据工程需要，掌握地震活动情况、工程地质和地震地质的有关资料，对抗震有利、一般、不利和危险地段做出综合评价。对不利地段，应提出避开要求；当无法避开时应采取有效措施。对危险地段，严禁建造甲、乙类建筑，不应建造丙类建筑。

4.2.1 抗震有利地段

抗震有利地段是指稳定基岩，坚硬土，开阔、平坦、密实、均匀的中硬土等。在建筑的选址时，应该进行详细勘察，搞清地形、地质情况，要尽量选择对建筑抗震有利的地段，有条件时，尽可能选择基岩和接近基岩的坚硬、密实均匀的中硬土。建造于这类场地上的建筑一般不会发生由于地基失效导致的震害。特别是对于高层建筑，由于其自振周期较长，与这类场地土的卓越周期相差较大，因此输入建筑物的地震能量减小，其地震作用和地震反应减小，从根本上减轻了地震对建筑物的影响。反之，建于软土上的高层建筑的震害会加重。

1976 年唐山大地震(7.8 级)中，唐山市 14 个多层砖房被调查小区的平均倒塌率为 60%，但大城山小区为坚硬地区(基岩裸露或覆盖层薄且密实)倒塌率仅为 10%。根据地震震动记录反应谱分析得知，基岩和坚实场地条件下的谱加速度放大倍数比覆盖层厚、软到中硬的黏土或砂土要小得多。

4.2.2 抗震不利地段

抗震不利地段就场地土质而言，一般是指软弱土、易液化土，故河道、断层破碎带、暗埋塘滨沟谷或半挖半填地基等，以及在平面分布上成因、岩性、状态明显不均匀的地段。就地形而言，一般是指条状突出的山嘴、孤立的山包和山梁的顶部、高差较大的台地边缘、非岩质的陡坡、河岸和边坡的边缘等在建筑选址时，一般应避开抗震不利地段，当无法避开时应采取有效措施。

国内多次大地震的调查资料表明，局部地形条件是影响建筑物破坏程度的一个重要因素。局部突出地形对地震动参数具有放大作用(类似于"鞭梢效应"或"孤山效应")。宁夏海源地震，位于渭河谷地的姚庄，烈度为 7 度；而相距仅 2 km 的牛家山庄，因位于高出百米的突出的黄土梁上，烈度竟高达 9 度。1966 年云南东川地震，位于河谷较平坦地带的新村，烈度为 8 度；而邻近一个孤立山包顶部的硅肺病疗养院，从其严重破坏程度来评定，烈度不低于 9 度。海城地震，在大石桥盘龙山高差 58 m 的两个测点上收到的强余震加速度记录表明，孤突地形上的地面最大加速度，比坡脚平地上的加速度平均大了 1.84 倍。1970 年通海地震的宏观调查数据表明，位于孤立的狭长山梁顶部的房屋，其震害程度所反映的烈度，比附近平坦地带的房屋约高出 1 度。2008 年汶川地震中，陕西省宁强县高台小学，由于位于近 20 m 高的孤立的土台之上，地震时其破坏程度明显大于附近的平坦地带。

根据宏观震害调查的结果和对不同地形条件和岩土构成的形体所进行的地震反应分析结果，地震时这些部位的地面运动会被放大，地震反应具有下列特点：

(1) 高突地形距离基准面的高度愈大，高处的反应愈强烈。

(2) 离陡坎和边坡顶部边缘的距离愈大,反应相对减小。

(3) 从岩土构成方面看,在同样地形条件下,土质结构的反应比岩质结构大。

(4) 高突地形顶面愈开阔,远离边缘的中心部位的反应是明显减小的。

(5) 边坡愈陡,其顶部的放大效应相应加大。

建于河岸上的房屋还常常会因为地面不均匀沉降或地面裂缝穿过而裂成数段,这种河岸滑移对建筑物的危害靠工程措施来防治是不经济的。海城和唐山地震,不少河岸边坡发生滑移,地面出现很多条平行于河流的裂隙。因此,一般情况下应采取避开的方案。必须在岸边建房时,应采取可靠措施,完全消除下卧土层的液化性,提高灵敏黏土层的抗剪强度,以增强边坡稳定性。

建筑物在不同特性场地土上的地震反应和震害有明显的差异。泥炭、淤泥和淤泥质土等软弱土是一种高压缩性土,抗剪强度很低。这类土在强震作用下,土体受到扰动,内部结构遭到破坏,不仅压缩变形增大,而且强度显著降低,产生一定程度的剪切破坏,导致土体向基础两侧挤出,造成上部结构的急剧沉降和倾斜,即产生房屋的震陷。天津塘沽港地区,地表下 3～5 m 为冲填土,其下为深厚的淤泥和淤泥质土,地下水位为－1.6 m。1974 年兴建的 16 幢 3 层住宅和 7 幢 4 层住宅,均采用片筏基础。1976 年唐山地震前,累计沉降分别为 200 mm 和 300 mm,地震期间沉降量突然增大,分别增加了 150 mm 和 200 mm。震后,房屋向一边倾斜,房屋四周的外地坪地面隆起,如图 4-1 所示。

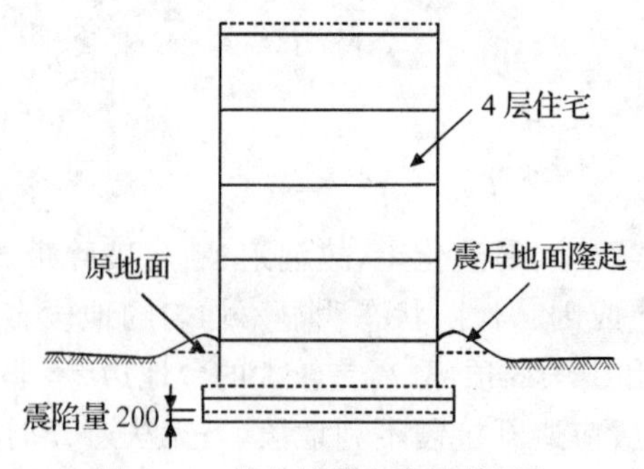

图 4-1　软土地基上房屋的震害

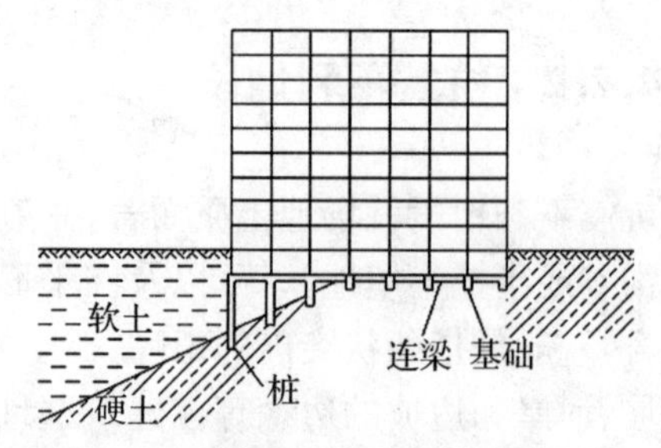

图 4-2　横跨两类土层的建筑物图

由于性质不同的土层有不同的动力特性,对地震动的反应有显著的差异。建造于平面分布明显不均匀的土层上的房屋在地震作用下其不同部分会产生差异运动,易造成房屋的震害。因此,同一建筑物的同一个结构单元的基础不宜设置在性质截然不同的地基上,如图 4-2 所示。当无法避开时,应在分析中考虑不同性质的土层造成的地震反应的差异所带来的不利影响,还可采用局部深基础等措施,使整个结构单元的基础埋置于同一土层中。

4.2.3　抗震危险地段

建筑抗震的危险地段是指地震时可能发生滑坡、崩塌、地陷、地裂、泥石流等以及发震断裂带上可能发生地表错位的部位。在建筑场地选址时,任何情况下均不得在抗震危险地段上建造可能引起人员伤亡或较大经济损失的建筑物。汶川地震中,山区的建筑震害较为明显,局部修订增加一些原则性规定。对于危险地段,强调"严禁建造甲、乙类的建筑,不应建造丙类的建筑"。

在研究断层场地的震害规律时，把断层划分为发震断层（或称活动断层）和非发震断层（或称非活动断层）。所谓发震断层是指现代活动强烈、能释放弹性应变、能产生地震的断层。地壳内存在大量断层，但是能产生强震的断层仅是其中一小部分，其余的统称为非发震断层，在地震作用下一般也不会发生新的错动。

当强烈地震时，发震断裂带附近地表在地震时可能产生新的错动，将释放巨大能量，引起地震动，使建筑物遭受较大的破坏，属于地震危险地段。断层两侧的相对错动，可能出露于地表，形成地表断裂。1976 年唐山地震，在震区内，一条北东走向的地表断裂，长 8 km，水平错动达 1.45 m。由此可见，在发震断层附近地表的建筑物将会遭到严重破坏甚至倒塌，显然这种地震危险性在工程场址选择时是必须加以考虑的。图 4－3 所示为地震后汶川县映秀镇的航拍照片。映秀镇处于龙门山中央主断裂带之上，是此次地震的震中位置，其地震影响烈度高达 11 度，区域范围内的房屋建筑遭受毁灭性破坏。

图 4－3　地震后映秀镇航拍照片

国内通海 7.7 级地震（1970 年）、海城 7.3 级地震（1975 年）和唐山 7.8 级地震（1976 年）的震害调查资料表明，有相当数量的非活动断层对建筑震害的影响并不明显，位于非活动断裂带上的房屋建筑，与断裂带外的房屋建筑，在震中距和场地土条件基本相同的情况下，两者震害指数大体相同。因此，在场址选择时，无须特意远离非活动断层。当然，建筑物具体位置不宜横跨断层或破碎带上，以防万一发生地表错动或不均匀沉降将给建筑物带来危险，造成不必要的损失。

山区建筑在强烈地震作用下由于山体滑坡和泥石流作用，引起建筑的倒塌或掩埋建筑物。如在 1932 年的云南东川地震中，大量山石崩塌，阻塞了小江。又如在 1999 年的台湾集集 7.6 级地震中，山体滑坡造成了一个村庄被掩埋在几十米深的碎石下。而对于存在液化或润滑夹层的坡地，即使坡度较缓也有可能发生滑坡。如在 1970 年的海通 7.7 级地震中，丘陵地区山脚下的一个土质缓坡，连同土坡上十几户人家的整个村庄向下滑移了 100 多米，土体破裂变形，房屋大量倒塌。图 4-4 所示为地震后北川县城照片,由图可以看出,地震导致了大量的山体滑坡,县城几乎被滑坡体掩埋。山体崩塌产生的巨大滚石,直接造成了建筑的破坏。

图 4-4　震后的北川县城

4.2.4　减少能量输入

同一结构单元的基础不宜设置在性质截然不同的地基上,同一结构单元不宜部分采用天然地基部分采用桩基,当地基为软弱黏性土、液化土、新近填土或严重不均匀土时,应采取地基处理措施加强基础整体性和刚性,以防止地震引起的动态和永久的不均匀变形。在地基稳定的条件下,还应考虑结构与地基的振动性,力求避免共振的影响。即是说,从减少地震能量输入的角度出发,应尽量使地震动卓越周期与待建建筑物的自振周期错开,以避免建筑发生"共振"破坏。大量的地震灾害调查表明,在同一场地上,地震"有选择"地破坏某一类型建筑物,而"放过"其他类型建筑,证明"共振"破坏确实存在。其一般规律是:软弱地基上柔性结构较易遭受破坏,而刚性结构则较好;坚硬地基上则反之,刚性结构较易遭受破坏,而柔性结构较好。1977 年罗马尼亚弗兰恰地震,地震动卓越周期,东西向为 1.0 s,南北向为 1.4 s。布加勒斯市自振周期为 0.8～1.2 s 的高层建筑破坏严重,其中有不少建筑倒塌,然而该市自振周期为 2.0 s 的 25 层洲际大旅馆几乎无震害,且墙面装修也未损坏。因此,为减轻由于地震动与结构发生"共振"而破坏,在进行建筑方案设计时,应通过改变房屋层数和结构体系,尽量加大建筑物自振周期与地震动卓越周期的差距。

4.3　建筑设计的规则性

一幢房屋的动力性能基本上取决于它的建筑布局和结构布置。建筑布局简单合理,结构布置符合抗震原则,就能从根本上保证房屋具有良好的抗震性能。合理的建筑布局和结构布置在抗震设计中是至关重要的。震害调查和理论分析表明,简单、规则、对称的建筑抗震能力强,在地震时不易破坏。反之,复杂、不规则、不对称的建筑存在抗震薄弱环节,在地震时容易产生震害。而且，简单、规则、对称的结构容易准确计算其地震反应，可以保证地震作用具有明确而直接的传递途径，容易采取抗震构造措施和进行细部处理；反之，复杂、不规则、不对称的结构不易准确计算其地震反应，地震作用的传递不明确、不直接，而且由于先天不足，即使在抗震构造上采取了补强措施，也未必能有效地减轻震害。

历次地震的震害经验表明，在同一次地震中，体型复杂的房屋比体型规则的房屋容易破坏，甚至倒塌。因此，建筑方案的规则性对建筑结构的抗震安全性来说十分重要。这里的“规则”包含了对建筑的平、立面外形尺寸，抗侧力构件布置、质量分布，直至承载力分布等诸多因素的综合要求。“规则”的具体界限随结构类型的不同而异，需要建筑师和结构工程师互相配合，才能设计出抗震性能良好的建筑。

4.3.1　建筑平面布置

从有利于建筑抗震的角度出发，结构的简单性可以保证地震力具有明确而直接的传递途径，使计算分析模型更易接近实际的受力状态，所分析的结果具有更好的可靠性，据此设计的结构的抗震性能更有安全可靠保证。地震区的建筑平面以方形、矩形、圆形为好；正六边形、正八边形、椭圆形、扇形次之(图 4－5)。三角形虽也属简单形状，但是，由于它沿主轴方向不对称，在地震作用下容易发生较强的扭转振动，对抗震不利。此外，带有较长翼缘的 L 形、T 形、十字形、Y 形、U 形和 H 形等平面也对抗震结构性能不利，主要是此类具有较长翼缘平面的结构在地震动作用下容易发生较大的差异侧移而导致震害加重。

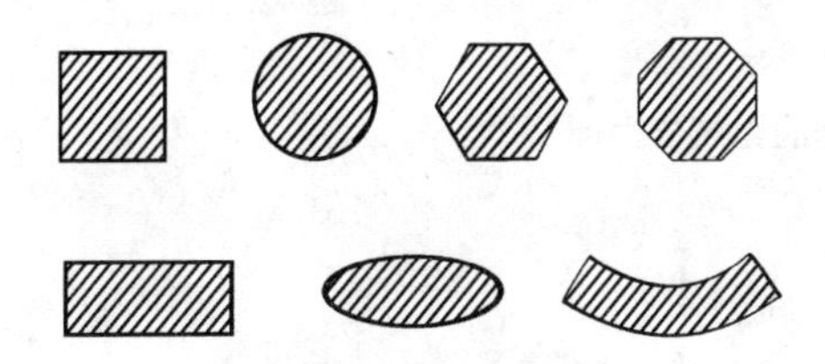

图 4－5　简单的建筑平面

1985 年 9 月墨西哥地震后，墨西哥“国家重建委员会首都地区规范与施工规程分会”对地震中房屋破坏原因进行了统计分析，按房屋体型分类统计得出的地震破坏率列于表 4－1。从表中可以看出，拐角形建筑的破坏率很高，高达 42%，明显高于其他形状的房屋。

表 4－1　墨西哥地震房屋破坏原因

建筑特征	破坏率(%)
拐角形建筑	42
刚度明显不对称	15
低层柔弱	8
碰　　撞	15

由于建筑外观和使用功能等多方面的要求，建筑不可能都设计成方形或者圆形。我国《高层建筑混凝土结构技术规程》(JGJ3—2002，J186—2002)(以下简称《高层规程》)，对地震

区高层建筑的平面形状作了明确规定，并提出对这些平面的凹角处应采取加强措施。

4.3.2 建筑立面布置

建筑的竖向体型宜规则、均匀，避免有过大的外挑和内收。根据均匀性原则，建筑的立面也应采用矩形、梯形和三角形等非突变的几何形状（图 4-6）。突变性的阶梯形立面（图 4-7）尽量不采用，因为立面形状突变，必然带来质量和侧向刚度的突变，在突变部位产生过高的地震反应或大的弹塑性变形，可能导致严重破坏，应在突变部位采取相应的加强措施。1985 年 9 月墨西哥地震，一些大底盘高层建筑，由于低层裙房与高层主楼相连，没有设缝，体形突变引起刚度突变，使主楼底部接近裙房屋面的楼层变成相对柔弱的楼层，地震时因塑性变形集中效应而产生过大的层间侧移，导致严重破坏。

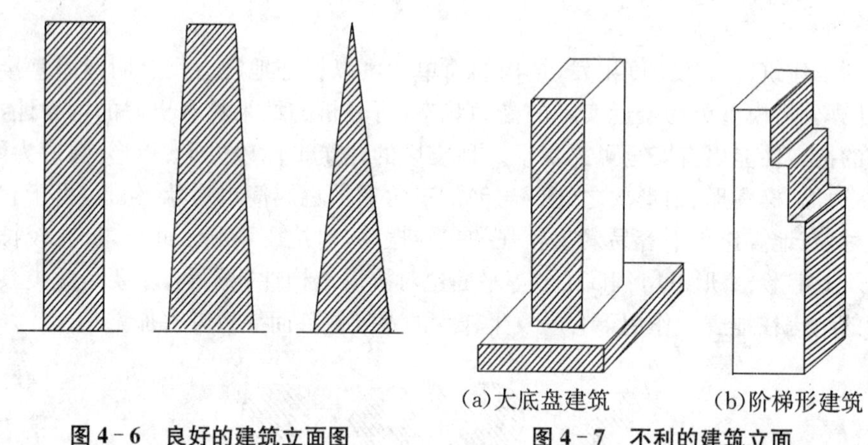

(a)大底盘建筑　(b)阶梯形建筑

图 4-6 良好的建筑立面图　**图 4-7 不利的建筑立面**

4.3.3 房屋高度的选择

一般而言，房屋愈高，所受到的地震力和倾覆力矩愈大，破坏的可能性也就愈大。各种结构体系都有它最佳的适用高度，不同结构体系的最大建筑高度的规定综合考虑了结构的抗震性能、经济和使用合理、地基条件、震害经验以及抗震设计经验等因素。表 4-2 给出了我国抗震设计规范中对钢筋混凝土结构最大建筑高度的范围。对于建造在Ⅲ、Ⅳ类场地的房屋、装配整体式房屋、具有框支层的剪力墙结构以及非常不规则的结构应适当降低高度。表 4-3 给出了钢结构的最大建筑高度。

表 4-2 钢筋混凝土房屋适用的最大高度(m)

结构类型	烈度				
	6	7	8(0.2 g)	8 (0.3 g)	9
框　架	60	50	40	35	24
框架—抗震墙	130	120	100	80	50
抗震墙	140	120	100	80	60

续表 4－2

	烈度				
	6	7	8(0.2 g)	8 (0.3 g)	9
部分框支抗震墙	120	100	80	50	不应采用
框架—核心筒	150	130	100	90	70
筒中筒	180	150	120	100	80
板柱—抗震墙	80	70	55	40	不应采用

注：(1) 房屋高度指室外地面到主要屋面板板顶的高度(不包括局部突出屋顶部分)。
(2) 框架—核心筒结构指周边稀柱框架与核心筒组成的结构。
(3) 部分框支抗震墙结构指首层或底部两层框支抗震墙结构，不包括仅个别框支墙的情况。
(4) 表中框架结构，不包括异形柱框架。
(5) 板柱—抗震墙结构指板柱、框架和抗震墙组成抗侧力体系的结构。
(6) 乙类建筑可按本地区抗震设防烈度确定适用的最大高度。
(7) 超过表内高度的房屋，应进行专门研究和论证，采取有效的加强措施。

表 4－3　钢结构房屋适用的最大高度(m)

结构类型	6、7 度 (0.10 g)	7 度 (0.15 g)	8 度		9 度 (0.40 g)
			0.20 g	0.30 g	
框架	110	90	90	70	50
框架—中心支撑	220	200	180	150	120
框架—偏心支撑(延性墙板)	240	220	200	180	160
筒体(框筒、筒中筒、桁架筒、束筒)和巨型框架	300	280	260	240	180

注：(1) 房屋高度指室外地面到主要屋面板板顶的高度(不包括局部突出屋顶部分)。
(2) 超过表内高度的房屋，应进行专门研究和论证，采取有效的加强措施。
(3) 表中的筒体不包括混凝土筒。

4.3.4　房屋的高宽比

建筑物的高宽比对结构地震反应的影响，要比起其绝对高度来说更为重要。建筑物的高宽比愈大，地震作用的侧移愈大，水平地震力引起的倾覆作用愈严重。由于巨大的倾覆力矩在底层柱和基础中所产生的拉力和压力比较难以处理，为有效地防止在地震作用下建筑的倾覆，保证有足够的地震稳定性，应对建筑的高宽比有所限制。

1967 年委内瑞拉加拉加斯地震曾发生明显的由于过大倾覆力矩引起破坏的震害实例。该市一幢 18 层的公寓，为钢筋混凝土框架结构，地上各层均有砖填充墙，地下室空旷。在地震中，由于倾覆力矩在地下室柱中引起很大的轴力，造成地下室很多柱子被压碎，钢筋压弯呈灯笼状。另一震害实例是 1985 年墨西哥地震时，该市一幢 9 层钢筋混凝土结构由于水平地震作用使整个房屋倾倒，埋深 2.5 m 的箱形基础翻转了 45°，并连同基础底面的摩擦桩拔出。“5・12”汶川特大地震震害分析也表明进深大、高宽比较小的相对矮胖的房子未坍塌，紧邻的同样高度的高宽比较大的相对矮瘦的房子则坍塌。

我国对房屋高宽比的要求是根据结构体系和地震烈度区分的。表 4-4 和表 4-5 分别给出了我国抗震设计规范中对钢筋混凝土结构的建筑高宽比限值和钢结构的建筑高宽比限值。

表 4-4 钢筋混凝土高层建筑结构使用的最大高宽比

结构体系	抗震设防烈度		
	6 度、7 度	8 度	9 度
框架	4	3	—
板柱—剪力墙	5	4	—
框架—剪力墙、剪力墙	6	5	4
框架—核心筒	7	6	4
筒中筒	8	7	5

注:(1) 当有大底盘时,计算高宽比的高度从大底盘顶部算起。
(2) 超过表内高宽比和体型复杂的房屋,应进行专门研究。

表 4-5 钢结构房屋的最大高宽比

烈　度	6、7	8	9
最大高宽比	6.5	6.0	5.5

注:(1) 当有大底盘时,计算高宽比的高度应从大底盘顶部算起。
(2) 高宽比超过表内数值时,应根据专门研究,采取必要的措施。

4.3.5 防震缝的合理设置

对于体形复杂、平立面特别不规则的建筑,在适当部位设置防震缝后,就可以形成多个简单、规则的单元,从而可大大改善建筑的抗震性能,并且可降低建筑抗震设计的难度,增加建筑的抗震安全性和可靠度。以往抗震设计者多主张将复杂、不规则的钢筋混凝土结构房屋用防震缝划分成较规则的单元。防震缝的设置主要是为了避免在地震作用下体形复杂的结构产生过大的扭转、应力集中、局部严重破坏等。为防止建筑物在地震中相碰,防震缝必须留有足够的宽度。

但是,设置防震缝也会带来不少负面影响,产生一些新问题。如:建筑设计的立面处理困难,缝两侧需设置双柱或双墙,结构布置复杂化;实际工程中,由于防震缝的宽度受到建筑装饰等要求限制,往往难以满足强烈地震时实际侧移量,从而造成相邻单元碰撞而加重震害。因为在地震作用下,由于结构开裂、局部损坏而进入弹塑性状态。水平抗侧刚度降低很多,其水平侧移比弹性状态时增大很多(可达 3 倍以上),所以此时缝两侧的建筑很容易发生碰撞。

在国内外历次地震中,一再发生相邻建筑物碰撞的事例。究其原因,主要是相邻建筑物之间或一座建筑物相邻单元之间的缝隙,不符合防震缝的要求,或是未考虑抗震,或是构造不当,或是对地震时的实际位移估计不足,防震缝宽度偏小。

天津友谊宾馆,东段为 8 层,高 37.4 m,西段为 11 层,高 47.3 m,东西段之间防震缝的宽度为 150 mm。1976 年唐山地震时，该宾馆位于 8 度区内，东西段发生相互碰撞，防震缝顶部的砖墙震坏后，一些砖块落入缝内，卡在东西段上部设备层大梁之间，导致大梁在持续的振动中被挤断。1985 年墨西哥地震，相邻建筑物发生互撞的情况占 40%，其中因碰撞而造成倒塌的占 15%。2008 年汶川地震中，相邻建筑的碰撞破坏现象也是随处可见。

《建筑抗震设计规范》(GB 50011—2010)规定："体形复杂，平立面特别不规则的建筑结构，可按实际需要在适当部位设置防震缝。防震缝应根据抗震设防烈度、结构材料种类、结构类型、结构单元的高度和高差情况，留有足够的宽度，其两侧的上部结构应完全分开。"即建筑平、立面布置应尽可能规则，尽量避免采用防震缝；如果必须留的话，宽度应该留够。实际工程中，往往碰到稍微不规则的结构就留缝，留的缝又不够宽；还有是在施工中，浇捣混凝土后的抗震缝两侧的模板没有拆除，或留下许多杂物堵塞，结果等于没留，地震时必然撞坏。

高层建筑最好不设防震缝，因为留缝会带来施工复杂，建筑处理困难，地震时难免碰撞。当建筑体形比较复杂时可以利用地下室和基础连成整体，这样可以减小上部结构反应，加强结构整体性。

抗震设计的高层建筑在下列情况下宜设防震缝，将整个建筑划分为若干个简单的独立单元：

(1) 平面或立面不规则，又未在计算和构造上采取相应措施。

(2) 房屋长度超过规定的伸缩缝最大间距，又无条件采取特殊措施而必须设伸缩缝时。

(3) 地基土质不均匀，房屋各部分的预计沉降量(包括地震时的沉陷)相差过大，必须设置沉降缝时。

(4) 房屋各部分的质量或结构的抗推刚度差距过大。

防震缝的宽度不宜小于两侧建筑物在较低建筑物屋顶高度处的垂直防震缝方向的侧移之和。在计算地震作用产生的侧移时，应取基本烈度下的侧移，即近似地将我国抗震设计规范规定的在小震作用下弹性反应的侧移乘以 3 的放大系数，并应附加上地震前和地震中地基不均匀沉降和基础转动所产生的侧移。一般情况下，钢筋混凝土结构的防震缝最小宽度应符合我国抗震设计规范的要求：

(1) 框架结构房屋的防震缝宽度，当高度不超过 15 m 时，可采用 100 mm；房屋高度超过 15 m 时，6 度、7 度、8 度和 9 度相应每增加高度 5 m、4 m、3 m 和 2 m，宜加宽 20 mm。

(2) 框架—抗震墙结构房屋的防震缝宽度，可采用上述规定值的 70%。抗震墙结构房屋的防震缝宽度，可采用上述规定值的 50%，且不宜小于 100 mm。

(3) 防震缝两侧结构体系不同时，防震缝宽度应按需要较宽的规定采用，并可按较低房屋高度计算缝宽。

4.3.6 合理的基础埋深

基础应有足够的埋深，有利于上部结构在地震动下的整体稳定性，防止倾覆和滑移，并能减小建筑物的整体倾斜。但是，地震区高层建筑物的基础埋深是否需要有最小限制的规定，一直存在争议，国际上大多数抗震设计规范都未对此作出明确规定。只有日本建设省 1982 年批准的《高层建筑抗震设计指南》中，规定建筑埋置深度约取地上高度的 1/10，并不应小于 4 m。我国《高层建筑混凝土结构技术规程》中规定，对于采用天然基础和复合地基的建筑物，基础埋置深度可不小于建筑高度的 1/15；对于采用桩基的建筑物，则可不小于建筑高度的 1/18，桩的长度不计入基础埋置深度内；当基础落在基岩上时，埋置深度可根据工程具体情况确定，可不设地下室，但应采用地锚等措施。

4.4 结构设计的规则性

结构规则与否是影响结构抗震性能的重要因素。但是，由于建筑设计的多样性，不规则结构有时是难以避免的。同时，由于结构本身的复杂性，通常不可能做到完全规则，只能尽量使其规则，减少不规则性带来的不利影响。值得指出的是，特别不规则结构应尽量避免采用，尤其在高烈度区。根据不规则的程度，应采取不同的计算模型分析方法，并采取相当的细部构造措施。

4.4.1 结构平面布置

结构平面布置力求对称，以避免扭转。对称结构在单向水平地震动下，仅发生平移振动，由于楼板平面内刚度大，起到横隔板作用，各层构件的侧移量相等，水平地震力则按刚度分配，受力比较均匀。非对称结构由于质量中心与刚度中心不重合，即使在单向水平地震动下也会激起扭转振动，产生平移—扭转耦联振动。由于扭转振动的影响，远离刚度中心的构件侧移量明显增大，从而所产生的水平地震剪力则随之增大，较易引起破坏，甚至严重破坏。为了把扭转效应降低到最低限度，可以减小结构质量中心与刚度中心的距离。在国内外地震震害调查资料中，不难发现角柱的震害一般较重，是屡见不鲜的现象，这主要由于角柱是受到扭转反应最为显著的部位所致。

1972 年尼加拉瓜的马那瓜地震，位于市中心 15 层的中央银行，有一层地下室，采用框架体系，设置两个钢筋混凝土电梯井和两个楼梯间，都集中布置在主楼两端一侧，两端山墙还砌有填充墙，如图 4－8 所示。这种结构布置造成质量中心与刚度中心明显不重合，偏心很大，显然对抗震不利。1972 年发生地震时，该幢大厦遭到严重破坏，五层周围柱子严重开裂，钢筋压屈，电梯井墙开裂，混凝土剥落。围护墙等非结构构件破坏严重，有的倒塌。另一幢是 18 层的美洲银行，与中央银行大厦相隔不远。但地震时，美洲银行仅受到轻微损坏，震后稍加修理便可恢复使用。两幢大厦震害相差悬殊，主要原因是两者在建筑布置和结构体系方面有许多不同。美洲银行大厦结构体系均匀对称：基本抗侧力体系由 4 个 L 形筒体组成，筒体之间对称的由连系梁连接起来，如图 4－9 所示。由于管道口在连系梁中心，连系梁抗剪强度大为削弱，它的抗剪能力只有抗弯能力的 35%。这些连系梁在地震时遭到破坏，但却起到了耗能的作用，保护了主要抗侧力构件的抗震能力，从而使整个结构只受到轻微损坏。连系梁破坏是能观察到的主要震害。1972 年马那瓜地震中两幢现代化钢筋混凝土高层建筑抗震性能的巨大差异，生动地表明了在抗震概念设计中结构规则性准则的重要性。两栋建筑地震前后全貌见图 4－10 和图 4－11。

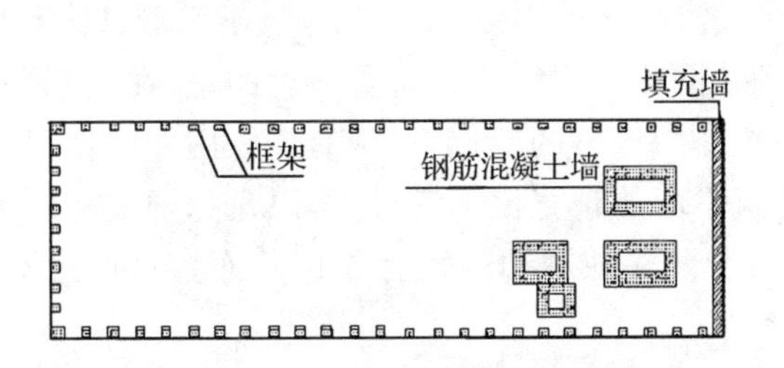

图 4－8　中央银行平面图

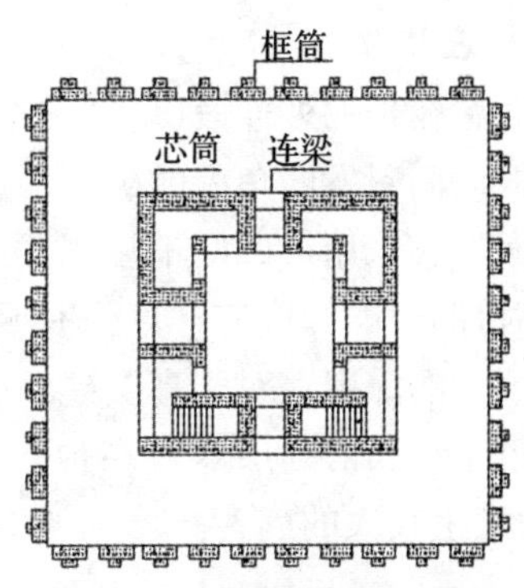

图 4－9　美洲银行平面图

图 4－10　震前全貌

图 4－11　震后全貌

对于规则与不规则的区别，抗震规范给出了一些定量的界限，对平面不规则类型的定义如表 4－6 所示。

表 4－6　平面不规则类型

不规则类型	定　义
扭转不规则	在具有偶然偏心的规定的水平力作用下，楼层两端抗侧力构件弹性水平位移（或层间位移）的最大值与平均值的比值大于 1.2
凹凸不规则	结构平面凹进的一侧尺寸，大于相应投影方向总尺寸的 30％
楼板局部不连续	楼板的尺寸和平面刚度急剧变化，例如，有效楼板宽度小于该层楼板典型宽度的 50％，或开洞面积大于该层楼面面积的 30％，或较大的楼层错层

1）扭转不规则

即使在完全对称的结构中，在风荷载及地震作用下往往亦不可避免地受到扭转作用。一方面，由于在平面布置中结构本身的刚度中心与质量中心不重合引起了扭转偏心；另一方面，由于施工偏差，使用中活荷载分布的不均匀等因素引起了偶然偏心。地震时地面运动的扭转分量也会使结构产生扭转振动。对于高层建筑，对结构的扭转效应需从两方面加以限制。首先限制结构平面布置的不规则性，避免产生过大的偏心而导致结构产生过大的扭转反应。其次是限制结构的抗扭刚度不能太弱，采取抗震墙沿房屋周边布置的方案。扭转不规则的示例如图 4－12 所示。

2）凹凸不规则

平面有较长的外伸段(局部突出或凹进部分)时，楼板的刚度有较大的削弱，外伸段易产生局部振动而引发凹角处的破坏。因此，带有较长翼缘的L形、T形、十字形、U形、H形、Y形的平面不宜采用。凹凸不规则的示例如图4－13所示。需要注意的是，在判别平面凹凸不规则时，凹口的深度应计算到有竖向抗侧力构件的部位，对于有连续内凹的情况，则应累计计算凹口的深度。对于高层建筑，建筑平面的长宽比不宜过大，以避免两端相距太远，因为平面过于狭长的高层建筑在地震时由于两端地震动输入有相位差而容易产生不规则振动，从而产生较大的震害。

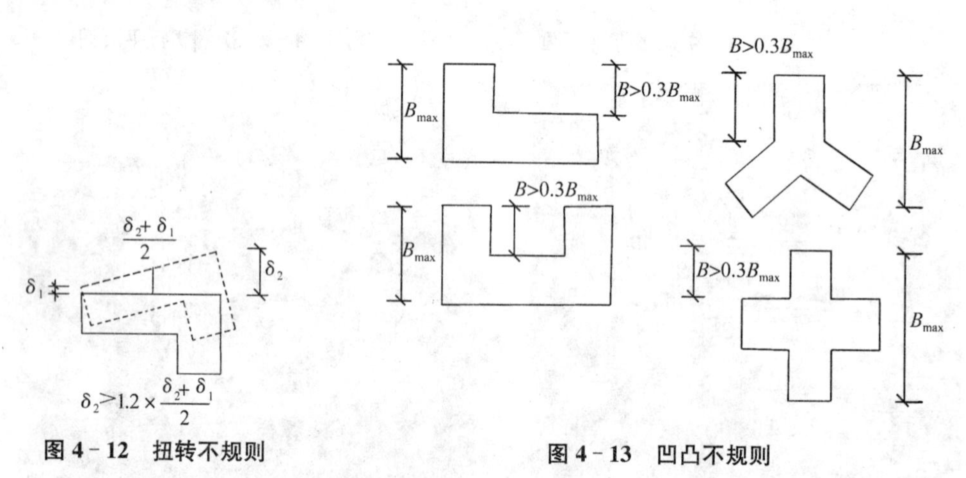

图4－12　扭转不规则　　图4－13　凹凸不规则

3）楼板局部不连续

目前在工程设计中大多假定楼板在平面内不变形，即楼板平面内刚度无限大，这对于大多数工程来说是可以接受的。但当楼板开大洞后，被洞口划分开的各部分连接较为薄弱，在地震中容易产生相对振动而使削弱部位产生震害。因此，对楼板洞口的大小应加以限制。另外，楼层错层后也会引起楼板的局部不连续，且使结构的传力路线复杂，整体性较差，对抗震不利。

楼板局部不连续的典型示例如图4－14所示。对于较大的楼层错层，如错层的高度超过楼面梁的截面高度时，需按楼板开洞对待；当错层面积大于该层总面积的30%时，则属于楼板局部不连续。

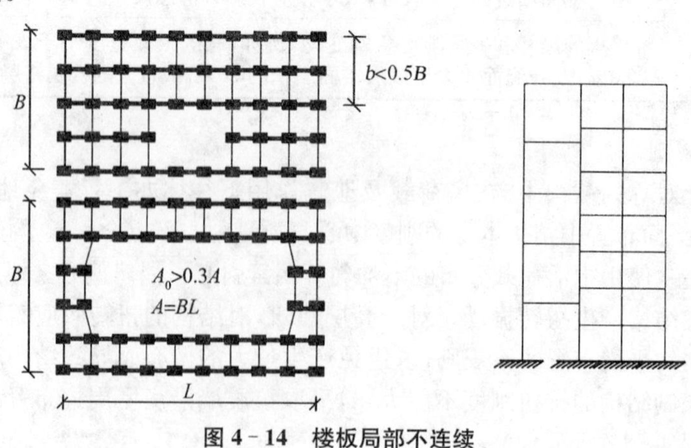

图4－14　楼板局部不连续

4.4.2 结构竖向布置

结构抗震性能的好坏，除取决于总的承载能力、变形和耗能能力外，避免局部的抗震薄弱部位是十分重要的。结构竖向布置的关键在于尽可能使其竖向刚度、强度变化均匀，避免出现薄弱层，并应尽可能降低房屋的重心。

结构薄弱部位的形成，往往是由于刚度突变和屈服承载力系数突变所造成的。刚度突变一般是由于建筑体形复杂或抗震结构体系在竖向布置上不连续和不均匀性所造成的。由于建筑功能上的需要，往往在某些楼层处竖向抗侧力构件被截断，造成竖向抗侧力构件的不连续，导致传力路线不明确，从而产生局部应力集中并过早屈服，形成结构薄弱部位，最终可能导致严重破坏甚至倒塌。竖向抗侧力构件截面的突变也会造成刚度和承载力的剧烈变化，带来局部区域的应力剧增和塑性变形集中的不利影响。

屈服承载力系数的定义是按构件实际截面、配筋和材料强度标准值计算的楼层受剪承载力与罕遇地震下楼层弹性地震剪力的比值。这个比值是影响弹塑性地震反应的重要参数。如果各楼层的屈服承载力系数大致相等，地震作用下各楼层的侧移将是均匀变化的，整个建筑将因各楼层抗震可靠度大致相等而具有较好的抗震性能。如果某楼层的屈服承载力系数远低于其他各层，出现抗震薄弱部位，则在地震作用下，将会过早屈服而产生较大的弹塑性变形，需要有较高的延性要求。因此，尽可能从建筑体形和结构布置上使刚度和屈服强度变化均匀，尽量减少形成抗震薄弱部位的可能性，力求降低弹塑性变形集中的程度，并采取相应的措施来提高结构的延性和变形能力。

1971 年美国圣费南多地震，Olive-View 医院位于 9 度区。该院主楼 6 层，钢筋混凝土结构；3 层及以上为框架—抗震墙体系，底层和第 2 层为框架体系，但第 2 层有较多砖隔墙，上、下层的抗侧移刚度相差约 10 倍。地震后，上面几层震害很轻，而底层严重倾斜，纵向侧移达 600 mm，横向侧移约 600 mm，角柱酥碎。这是柔弱底层建筑的典型震例，其教训是值得吸取的。

汶川地震倒塌建筑很大一部分是由于结构存在薄弱层，比较典型的是框架结构底层无填充墙和维护墙，直接形成薄弱层。但现行设计规范在设计中不考虑填充墙对结构刚度的影响，从而人为地造成了设计上不存在而实际存在的“薄弱层”。另外，对于存在转换层的结构，如底框结构在转换层处发生破坏。抗震规范对竖向不规则类型的定义如表 4-7 所示。

表 4-7 竖向不规则类型

不规则类型	定义
侧向刚度不规则	该层的侧向刚度小于相邻上一层的 70%，或小于其上相邻 3 个楼层侧向刚度平均值的 80%；除顶层外，局部收进的水平向尺寸大于相邻下一层的 25%
竖向抗侧力构件不连续	竖向抗侧力构件（柱、抗震墙、抗震支撑）的内力由水平转换构件（梁、桁架等）向下传递
楼层承载力突变	抗侧力结构的层间受剪承载力小于相邻上一楼层的 80%

(1) 侧向刚度不规则

楼层的侧向刚度可取该楼层的剪力与层间位移的比值。结构的下部楼层的侧向刚度宜大于上部楼层的侧向刚度,否则结构的变形会集中于刚度小的下部楼层而形成结构薄弱层。由于下部薄弱层的侧向变形大,且作用在薄弱层上的上部结构的重量大,因 $p-\Delta$ 效应明显而易引起结构的稳定问题。沿竖向的侧向刚度发生突变一般是由于抗侧力结构沿竖向的布置突然发生改变或结构的竖向体形突变造成的。侧向刚度不规则的定义如图 4-15 所示。

(2) 竖向抗侧力构件不连续

结构竖向抗侧力构件(柱、抗震墙、抗震支撑等)上、下不连续,需通过水平转换构件(转换大梁、桁架、空腹桁架、箱形结构、斜撑、厚板等)将上部构件的内力向下传递,转换构件所在的楼层往往作为转换层。由于转换层上下的刚度及内力传递途径发生突变,对抗震不利,因此这类结构也属于竖向不规则结构。竖向抗侧力构件不连续的定义如图 4-16 所示。

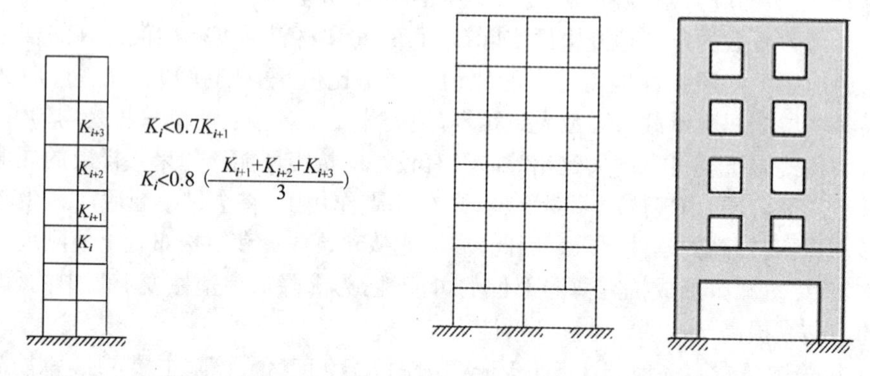

图 4-15 侧向刚度不规则　　**图 4-16 竖向抗侧力构件不连续**

(3) 楼层承载力突变

抗侧力结构的楼层受剪承载力发生突变,在地震时该突变楼层易成为薄弱层而遭到破坏。结构侧向刚度发生突变的楼层往往也是受剪承载力发生突变的楼层。因此,对于抗侧刚度发生突变的楼层应同时注意受剪承载力的突变问题,前面提到的抗侧力结构沿竖向的布置发生改变和结构的竖向体形突变同样可能造成楼层受剪承载力突变。楼层承载力突变的定义如图 4-17所示。

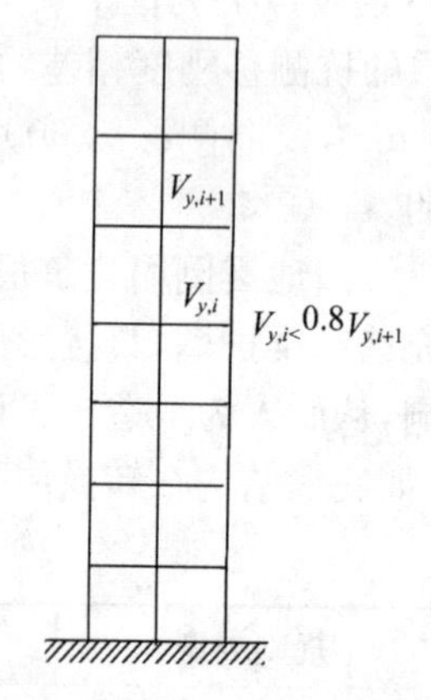

图 4-17 楼层承载力突变

4.5 结构材料和体系的选择

为了使结构具有良好的抗震性能,在研究建筑形式、结构体系的同时,也需要对所选择的结构材料的抗震性能有一定的了解,以便能够根据工程的各方面条件,选用既符合抗震要求又经济实用的结构类型。

4.5.1 结构材料

从抗震角度来考虑，一种好的结构材料应具备下列性能：① 延性系数高；② “强度/重力”比值大；③ 匀质性好；④ 正交各向同性；⑤ 构件的连接具有整体性、连接性和较好的延性，并能充分发挥材料的强度。

按照上述标准来衡量，常见建筑使用不同材料的结构类型，依其抗震性能优劣而排序为：钢结构、型钢混凝土结构、钢—混凝土混合结构、现浇钢筋混凝土结构、预应力混凝土结构、装配式钢筋混凝土结构、配筋砌体结构、砌体结构。

钢结构具有自重轻、施工速度快、强度高、抗震性能好等优点，同时存在造价高、易于锈蚀、抗火性能差、刚度小的缺点。在历次地震中，钢结构的表现最好，震害最轻。

钢筋混凝土结构造价较低，易就地取材，具有良好的整体性、耐久性、耐火和可塑性，刚度大，抗震性能较好。同时，这种结构也存在一些缺点，如自重大、隔热隔声性能差，现浇结构的施工受季节气候影响大，费工费时。在历次地震中，钢筋混凝土结构的表现要优于砌体结构，且震害与具体的结构形式有关。

砌体结构造价低廉、施工方便、易就地取材，具有良好的耐久性、耐火、保温、隔声和抗腐蚀性能。同时，砌体结构强度（抗拉、抗弯和抗剪强度）低，自重大，抗震性能差。历次地震的震害表明砌体结构房屋的破坏最严重，抗震性能最差。在砌体的灰缝或粉刷层中配置钢筋形成的配筋砌体结构的强度有一定提高，抗震性能有一定改善。

4.5.2 结构体系

结构体系应根据建筑的抗震设防类别、抗震设防烈度、建筑高度、场地条件、地基、结构材料和施工等因素，经技术、经济和使用条件综合比较确定，对抗震结构体系应符合下列各项要求：

(1) 应具有明确的计算简图和合理的地震作用传递途径。

(2) 宜有多道抗震防线，应避免因部分结构或构件破坏而导致整个结构丧失抗震能力或对重力荷载的承载能力。

(3) 应具备必要的抗震承载力、良好的变形能力和消耗地震能量的能力。

(4) 具有合理的刚度和强度分布，避免因局部削弱或突变形成薄弱部位，产生过大的应力集中或塑性变形集中；对可能出现的薄弱部位，应采取措施提高抗震能力。

(5) 结构在两个主轴方向的动力特性应相近。

砌体结构在地震区一般适宜于 6 层及 6 层以下的居住建筑。框架结构通过良好的设计可获得较好的抗震能力，但框架结构抗侧移刚度较差，在地震区一般用于 10 层左右体形较简单和刚度较均匀的建筑物。对于层数较多、体形复杂、刚度不均匀的建筑物，为了减小侧移变形，减轻震害，应采用中等刚度的框架—剪力墙结构或者剪力墙结构。

选择结构体系，还要考虑建筑物刚度与场地条件的关系。当建筑物自振周期与地基土的卓越周期一致时，容易产生共振而加重建筑物的震害。建筑物的自振周期与结构本身刚度有关，在设计房屋之前，一般应首先了解场地和地基土及其卓越周期，调整结构刚度，避开共振周期。

选择结构体系，要注意选择合理的基础形式。基础应有足够的埋深，对于层数较多的房屋宜设置地下室。震害调查表明，凡设置地下室的房屋，不仅地下室本身震害轻，还能使整个结构减轻震害。

4.6 提高结构抗震性能的措施

4.6.1 合理的地震作用传递途径

结构体系受力明确、传力合理且传力路线不间断，则容易准确计算结构的地震反应，易使结构在未来发生地震时的实际表现与结构的抗震分析结果比较一致，即结构的抗震性能能较准确地预测，且容易采取抗震措施改善结构的抗震性能。要满足该要求，则需要合理地进行建筑布局和结构布置。

4.6.2 设置多道抗震防线

静定结构，也就是只有一个自由度的结构，在地震中只要有一个节点破坏或一个塑性铰出现，结构就会倒塌。抗震结构必须做成超静定结构，因为超静定结构允许有多个屈服点或破坏点。将这个概念引申，不仅要设计超静定结构，抗震结构还应该做成具有多道设防的结构。

能造成建筑物破坏的强震持续时间少则几秒，多则几十秒，有时甚至更长（比如汶川地震的强震持续时间达到 80 秒以上）。如此长时间的震动，一个接一个的强脉冲对建筑物产生往复式的冲击，造成积累式的破坏。如果建筑物采用的是多重抗侧力体系，第一道防线的抗侧力构件破坏后，后备的第二道乃至第三道防线的抗侧力构件立即接替，抵挡住后续的地震冲击，进而保证建筑物的最低限度安全，避免倒塌。在遇到建筑物基本周期与地震动卓越周期相同或接近的情况时，多道防线就更显示出其优越性。当第一道抗侧力防线因共振而破坏，第二道防线接替工作，建筑物自振周期将出现较大幅度的变动，与地震动卓越周期错开，使建筑物的共振现象得以缓解，避免再度严重破坏。

多道防线对于结构在强震下的安全是很重要的。所谓多道防线的概念，通常指的是：① 整个抗震结构体系由若干个延性较好的分体系组成，并由延性较好的结构构件连接起来协同工作。如框架—抗震墙体系由延性框架和抗震墙两个系统组成；双肢或多肢抗震墙体系由若干个单肢墙分系统组成；框架—支撑框架体系由延性框架和支撑框架两个系统组成；框架—筒体体系由延性框架和筒体两个系统组成。② 抗震结构体系具有最大可能数量的内部、外部赘余度，有意识地建立起一系列分布的塑性屈服区，以使结构能吸收和耗散大量的地震能量，一旦破坏也易于修复。

1）第一道防线的构件选择

第一道防线一般应优先选择不负担或少负担重力荷载的竖向支撑或填充墙，或选择轴压比值较小的抗震墙、实墙筒体之类的构件作为第一道防线的抗侧力构件。不宜选择轴压比很大的框架柱作为第一道防线。

地震的往复作用使结构遭到严重破坏，而最后倒塌则是结构因破坏而丧失了承受重力荷载的能力。所以，可以说房屋倒塌的最直接原因，是承重构件竖向承载能力下降到低于有效重力荷载的水平。按照上述原则处理，充当第一道防线的构件即使有损坏，也不会对整个结构的竖向构件承载能力有太大影响。如果利用轴压比值较大的框架柱充当第一道防线，框架柱在侧力作用下损坏后，竖向承载能力就会大幅度下降，当下降到低于所负担的重力荷载时就会危及整个结构的安全。

在纯框架结构中，宜采用“强柱弱梁”的延性框架。对于只能采用单一的框架体系，框架就成为整个体系中唯一的抗侧力构件。梁仅承担一层的楼面荷载，而且宏观经验还指出，梁破坏后，只要钢筋端部锚固未失效，悬索作用也能维持楼面不立即坍塌。柱的情况就严峻得多，因为它承担着上面各楼层的总负荷，它的破坏将危及整个上部楼层的安全。强柱型框架在水平地震作用下，梁的屈服先于柱的屈服，这样就可以做到利用梁的变形来消耗输入的地震能量，使框架柱退居到第二道防线的位置。

2）结构体系的多道设防

我国采用得最为广泛的是框架—剪力墙双重结构体系，主要抗侧力构件是剪力墙，它是第一道防线。在弹性地震反应阶段，大部分侧向地震力由剪力墙承担，但是一旦剪力墙开裂或屈服，剪力墙刚度相应降低。此时框架承担地震力的份额将增加，框架部分起到第二道防线的作用，并且在地震动过程中框架起着支撑竖向荷载的重要作用，它承受主要的竖向荷载。

框架—填充墙结构体系实际上也是等效双重体系。如果设计得当，填充墙可以增加结构体系的承载力和刚度。在地震作用下，填充墙产生裂缝，可以大量吸收和消耗地震能量，填充墙实际上起到了耗能元件的作用。填充墙在地震后是较易修复的，但须采取有效措施防止平面外倒塌和框架柱剪切破坏。

单层厂房纵向体系中，可以认为也存在等效双重体系。柱间支撑是第一道防线，柱是第二道防线。通过柱间支撑的屈服来吸收和消耗地震能量，从而保证整个结构的安全。

3）结构构件的多道防线

建筑的倒塌往往都是结构构件破坏后致使结构体系变为机动体系的结果，因此，结构的冗余构件（即超静定次数）越多，进入倒塌的过程就越长。

从能量耗散角度看，在一定地震强度和场地条件下，输入结构的地震能量大体上是一定的。在地震作用下，结构上每出现一个塑性铰，即可吸收和耗散一定数量的地震能量。在整个结构变成机动体系之前，能够出现的塑性铰越多，耗散的地震输入能量就越多，就更能经受住较强地震而不倒塌。从这个意义上来说，结构冗余构件越多，抗震安全度就越高。

从结构传力路径上看，超静定结构要明显优于静定结构。对于静定的结构体系，其传递水平地震作用的路径是单一的，一旦其中的某一根杆件或局部节点发生破坏，整个结构就会因为传力路线的中断而失效。而超静定结构的情况就好得多，结构在超负荷状态工作时，破坏首先发生在赘余杆件上，地震作用还可以通过其他途径传至基础，其后果仅仅是降低了结构的超静定次数,但换来的却是一定数量地震能量的耗散,而整个结构体系仍然是稳定的、完整的,并且具有一定的抗震能力。

在超静定结构构件中,赘余构件为第一道防线,由于主体结构已是静定或超静定结构,这些赘余构件的先期破坏并不影响整个结构的稳定。

联肢抗震墙中,连系梁先屈服,然后墙肢弯曲破坏丧失承载力。当连系梁钢筋屈服并具有延性时,它既可以吸收大量地震能量,又能继续传递弯矩和剪力,对墙肢有一定的约束作用,使抗震墙保持足够的刚度和承载力,延性较好。如果连系梁出现剪切破坏,按照抗震结构多道设防的原则,只要保证墙肢安全,整个结构就不至于发生严重破坏或倒塌。

强柱弱梁型的延性框架,在地震作用下,梁处于第一道防线,其屈服先于柱的屈服,首先用梁的变形去消耗输入的地震能量,使柱处于第二道防线。

4.6.3 刚度、承载力和延性的匹配

结构体系的抗震能力综合表现在强度、刚度和变形能力三者的统一,即抗震结构体系应具备必要的强度和良好的延性或变形能力,如果抗震结构体系有较高的抗侧刚度,所承担的地震力也大,但同时缺乏足够的延性,这样的结构在地震时很容易破坏。另一方面,如果结构有较大的延性,但抗侧力的强度不符合要求,这样的结构在强烈地震作用下必然变形过大。因此,在确定建筑结构体系时,需要在结构刚度、承载力和延性之间寻找一种较好的匹配关系。

1) 刚度与承载力

(1) 地震作用与刚度

一般来说,建筑物的抗侧刚度大,自振周期就短,水平地震力大;反之,建筑物的抗侧刚度小,自振周期就长,水平地震力小。因此,应该使结构具有与其刚度相适应的水平屈服抗力。结构刚度不可过大,从而从根本上减小作用于构件上的水平地震作用。结构也不能过柔,因为建筑的抗侧刚度过小,虽然地震力减小了,但结构的变形增大,其后果是:① 要求构件有很高的延性,导致钢筋过密;② 过大的侧移会加重非结构部件的破坏;③ p—Δ 效应使构件内力增值。

(2) 承载力与刚度的匹配

① 框架结构体系

采用钢、钢筋混凝土或型钢混凝土纯框架体系的高层建筑,其特点是抗侧刚度小,周期长,地震作用小,变形大。框架的附加侧移与 p—Δ 效应将使梁、柱等杆件截面产生较大的次弯矩,进一步加大杆件截面的内力偏心距和局部压应力。此外,框架侧移很大时还可能发生附加侧移与 p—Δ 效应引起相互促进的恶性循环,以致侧向失稳而倒塌。当钢筋混凝土框架体系中存在刚度悬殊的长柱和短柱时,短柱柱身发生很宽的斜裂缝,这表明其较小的受剪承载力与较大的刚度不匹配。因此,在短柱柱身内配斜向钢筋或足够多的水平钢筋,以提供较大的剪切抗力。

② 抗震墙体系

抗震墙体系的常见震害有:墙面上出现斜向裂缝;底部楼层的水平施工缝发生水平错动。

现浇钢筋混凝土全墙体系抗推刚度大，自振周期小，地震力很大。为避免震害采取以下措施：① 在保证墙体压曲稳定的前提下，加大墙体间距以降低刚度，减小墙体的水平弯矩和剪力；② 通过适当配筋，提高墙体抗拉应力的强度，在水平施工缝、墙根部配置钢筋，提高抗剪能力。

装配钢筋混凝土全墙体系抗推刚度大，地震力大，强度小。其薄弱环节是墙板的水平接缝，地震时易出现水平裂缝和剪切滑移。因此，一方面，要加强内外墙板接缝内的竖向钢筋，减小房屋整体弯曲时水平接缝受剪承载力的不利影响；另一方面，在水平缝设暗槽，必要时可在缝内设斜筋。

③ 框架—抗震墙体系

采用钢筋混凝土框架—抗震墙体系的高层建筑，其自振周期的长短主要取决于抗震墙的数量。抗震墙的数量多、厚度大，自振周期就短，总水平地震作用就大；抗震墙少而薄，自振周期就长，总水平地震作用就小。要使建筑做到既安全又经济，最好按侧移限值确定抗震墙的数量。侧移值由建筑物重要性、装修等级和设防烈度来确定。抗震墙厚度应使建筑物具有尽可能长的自振周期及最小的水平地震作用。

抗震墙厚度太厚不利于抗震。这是因为：① 厚墙使建筑周期减小，水平地震力加大；② 厚墙如过大，如 600 mm 厚，除非沿墙厚设置 3 层竖向钢筋网片，否则很难使其墙体的延性达到应有的要求；③ 延性较低的钢筋混凝土墙体在地震作用下发生剪切破坏的可能性以及斜裂缝的开展宽度均加大；④ 厚墙开裂后的刚度退化幅度加大，由此引起的框架剪力值也加大。因此抗震墙的厚度要适当而不能过厚。

2）刚度与延性

框架结构杆件的长细比较大，抗侧移刚度较小，配筋恰当时延性较好；抗震墙结构墙体刚度较大，在水平力作用下所产生的侧移中除弯曲变形外，剪切变形占有相当的比重，延性较差；竖向支撑属轴力杆系，刚度大，压杆易侧向挠曲，延性较差。对于框架—墙体、框架—支撑双重体系，在地震动持续作用下，框架的刚度小，承担的地震力小，而弹性极限变形值和延性系数却较大。墙体或支撑刚度大，受力大，则墙体易先出现裂缝，支撑发生杆件屈曲，水平抗力逐步降低。而此时框架的侧移远小于其限值，框架尚未发挥其自身的水平抗力，即刚度与延性不匹配，各构件不能同步协调工作，出现先后破坏的各个击破情况，大大降低了结构的可靠度。为使双重体系的抗震墙或竖向支撑能够与框架同步工作，可采用带竖缝抗震墙。它可使与框架共同承担水平地震作用的同步工作程度大为改善，已实际应用于日本的多幢高层，如 47 层京王广场饭店，55 层的新宿三井大厦，60 层的池袋办公大楼。竖向支撑改进为偏交支撑。所以，协调抗侧力体系中各构件的刚度与延性，使之相互匹配，是工程设计中应该努力做到的一条重要的抗震设计原则。

（1）延性要求

在中等地震作用下，允许部分结构构件屈服进入弹塑性，大震作用下，结构不能倒塌，因此，抗震结构的构件需要延性，抗震的结构应该设计成延性结构。延性是指构件和结构屈服后，具有承载能力不降低或基本不降低且有足够塑性变形能力的一种性能。

在“小震不坏，中震可修，大震不倒”的抗震设计原则下，钢筋混凝土结构都应该设计成延性结构，即在设防烈度地震作用下，允许部分构件出现塑性铰，这种状态是“中震可修”状态；当合理控制塑性铰部位、构件又具备足够的延性时，可做到在大震作用下结构不倒塌。

高层建筑各种抗侧力体系都是由框架和剪力墙组成的，作为抗震结构都应该设计成延性框架和延性剪力墙。

“结构延性”这个术语有 4 层含义：① 结构总体延性，一般用结构的“顶点侧移比”或结构的“平均层间侧移比”来表达；② 结构楼层延性，以一个楼层的层间侧移比来表达；③ 构件延性，是指整个结构中某一构件（一榀框架或一片墙体）的延性；④ 杆件延性，是指一个构件中某一杆件（框架中的梁、柱，墙片中的连梁、墙肢）的延性。一般而言，在结构抗震设计中，对结构中重要构件的延性要求，高于对结构总体的延性要求；对构件中关键杆件或部位的延性要求，又高于对整个构件的延性要求。因此，要求提高重要构件及某些构件中关键杆件或关键部位的延性，其原则是：

① 在结构的竖向，应重点提高楼房中可能出现塑性变形集中的相对柔性楼层的构件延性。例如，对于刚度沿高度均布的简单体形高层，应着重提高底层构件的延性；对于带大底盘的高层，应着重提高主楼与裙房顶面相衔接的楼层中构件的延性；对于框托墙体系，应着重提高底层或底部几层的框架的延性。

② 在平面上，应着重提高房屋周边转角处、平面突变处以及复杂平面各翼相接处的构件延性。对于偏心结构，应加大房屋周边特别是刚度较弱一端构件的延性。

③ 对于具有多道抗震防线的抗侧力体系，应着重提高第一道防线中构件的延性。如框—墙体系，重点提高抗震墙的延性；筒中筒体系，重点提高内筒的延性。

④ 在同一构件中，应着重提高关键杆件的延性。对于框架、框架筒体应优先提高柱的延性；对于多肢墙，应重点提高连梁的延性；对于壁式框架，应着重提高窗间墙的延性。

(2) 改善构件延性的途径

① 减小竖向构件的轴压比

竖向构件的延性对防止结构的倒塌至关重要。对于钢筋混凝土竖向构件，轴压比是影响其延性的主要因素之一。试验研究表明，钢筋混凝土柱子和剪力墙的变形能力随着轴压比的增加而明显降低。抗震规范对抗震等级为一、二、三级的框架柱和抗震等级为一、二级的剪力墙底部加强部位的轴压比进行了限制，框架柱的初始截面尺寸常常根据轴压比的限值来进行估算。

② 控制构件的破坏形态

构件的破坏机理和破坏形态决定了其变形能力和耗能能力。发生弯曲破坏的构件的延性远远高于发生剪切破坏的构件。一般认为弯曲破坏是一种延性破坏，而剪切破坏是一种脆性破坏。因此，控制构件的破坏形态（使构件发生弯曲破坏）可以从根本上控制构件的延性。目前，在钢筋混凝土构件的抗震设计中采用“强剪弱弯”（即构件的受剪承载力大于受弯承载力）的原则来控制构件的破坏形态，一般采用增大剪力设计值和增加抗剪箍筋的方法来提高构件的受剪承载力，并且通过验算截面上的剪力来控制截面上的平均剪应力大小，避免过早发生剪切破坏，对跨高比（或剪跨比）小的构件，平均剪应力的限制更加严格。

③ 加强抗震构造措施

构件的延性也与构造措施密切相关，采用合理的构造措施能有效地提高构件的延性，对于不同类型的构件可采取不同的抗震构造措施。

4.6.4 设置合理的屈服机制

钢筋混凝土构件可以由配置钢筋的多少控制它的屈服承载力和极限承载力，由于这一性能，在结构中可以按照“需要”调整钢筋数量，调整结构中各个构件屈服的先后次序，实现最优状态的屈服机制。钢筋混凝土梁的支座截面弯矩调幅就是这种原理的具体应用，降低支座配筋、增大跨中弯矩和配筋可以使支座截面先出铰，梁的挠度虽然加大，但只要跨中截面不屈服，梁是安全的。

对于框架，可能的屈服机制有梁铰机制、柱铰机制和混合机制几种类型，由地震震害、试验研究和理论分析可以得到梁铰机制优于柱铰机制的结论。图 4-18(a)是梁铰机制，它是指塑性铰出现在梁端，除了柱脚可能在最后形成铰以外，其他柱端无塑性铰；图 4-18(b)是柱铰机制，它是指在同一层所有柱的上、下端形成塑性铰。梁铰机制之所以优于柱铰机制是因为：① 梁铰分散在各层，即塑性变形分散在各层，梁出现塑性铰不至于形成“机构”而倒塌，而柱铰集中在某一层时，塑性变形集中在该层，该层成为软弱层或薄弱层，则易形成倒塌“机构”；② 梁铰机制中铰的数量远多于柱铰机制中铰的数量，因而梁铰机制耗散的能量更多，在同样大小的塑性变形和耗能要求下，对梁铰机制中铰塑性转动能力要求可以低一些，容易实现；③ 梁是受弯构件，容易实现大的延性和耗能能力，柱是压弯构件，尤其是轴压比大的柱，要求大的延性和耗能能力是很困难的。实践证明，设计成梁铰机制的结构延性好。实际工程设计中，很难实现完全的梁铰机制，往往是既有梁铰又有柱铰的混合铰机制(图 4-18)。

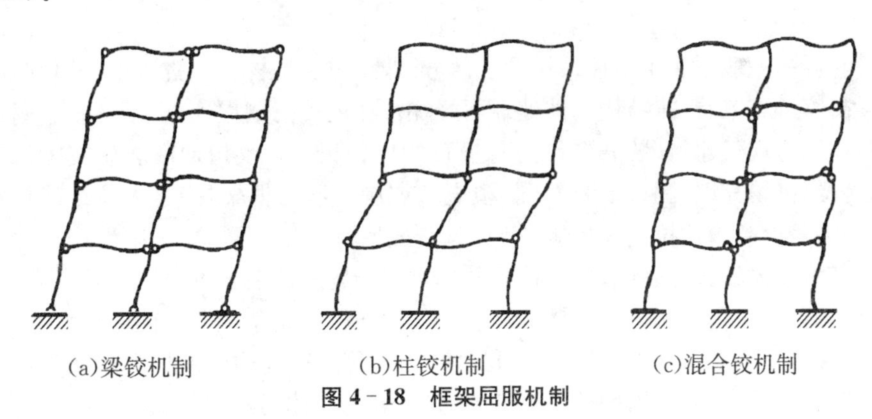

(a)梁铰机制　　(b)柱铰机制　　(c)混合铰机制

图 4-18　框架屈服机制

4.6.5 确保结构整体性

结构是由许多构件连接组合而成的一个整体，通过各构件的协同工作来有效地抵抗地震作用。若结构在地震作用下丧失了整体性，则各构件的抗震能力不能充分发挥，易使结构(或局部)成为机动体而倒塌。因此，结构的整体性是充分发挥各构件的抗震能力，保证结构大震不倒的关键因素之一。

(1) 结构应具有连续性。结构的连续性是结构在地震时保持整体性的重要手段之一。首先应从结构类型的选择上保证结构具有连续性；其次，强调施工质量良好以保证结构具有连续性和抗震整体性。

(2) 构件间的可靠连接。为了充分发挥各构件的抗震能力,必须加强构件间的连接,使其能满足传递地震力的强度要求和协调强震时构件大变形的延性要求。显然,作为连接构件的桥梁,节点的失效意味着与之相连的构件无法再继续工作。因此,各类节点的强度应高于构件的强度,即所谓的“强节点弱构件”,使节点的破坏不先于其连接的构件。对于钢筋混凝土结构,钢筋在节点内应可靠锚固,钢筋的锚固黏结破坏不应先于构件的破坏。其次,施工方法也会影响结构的整体性。对于钢筋混凝土结构,现浇结构可保证结构具有良好的连续性,节点与构件之间可靠连接,因而具有很好的整体性。装配整体式(构件预制、节点现浇)结构的节点处混凝土不易浇捣密实,节点的强度不易有保证,因而整体性较差。装配式结构的整体性则更差。因此,需抗震设防的建筑应尽量采用现浇结构。

(3) 提高结构的竖向整体刚度。邢台、海城、唐山等地震中,有许多建造在软弱地基上的房屋,由于砂土、粉土液化或软土震陷而发生地基不均匀沉陷,造成房屋严重破坏。然而,建造于软弱地基上的高层建筑,除了采取长桩、沉井等穿透液化土层或软弱土层的情况外,其他地基处理措施很难完全消除地基沉陷对上部结构的影响。对于这种情况,最好设置地下室,采用箱形基础以及沿房屋纵、横向设置具有较高截面的通长基础梁,使建筑具备较大的竖向整体刚度,以抵抗地震时可能出现的地基不均匀沉陷。

4.7 非结构构件的处理

非结构构件,一般不属于主体结构的一部分,非承重结构构件在抗震设计时往往容易被忽略,但从震害调查来看,非结构构件处理不好往往在地震时倒塌伤人,砸坏设备财产,破坏主体结构,特别是现代建筑,装修造价占总投资的比例很大。汶川地震震后震害调查表明,大量非结构构件(填充墙、围护墙)破坏。填充墙或围护墙与框架柱、梁无拉结或拉接不够,多孔空心砖大量劈裂导致拉接筋失效等原因,造成墙体大量开裂,甚至倒塌伤人,严重影响居民生活,经济损失较大。因此,非结构构件的抗震问题应该引起重视。

非结构构件一般包括建筑非结构构件和建筑附属机电设备,大体可以分为4类:

(1) 附属构件,如女儿墙、厂房高低跨封墙、雨篷等。这类构件的抗震问题是防止倒塌,采取的抗震措施是加强非结构构件本身的整体性,并与主体结构加强锚固连接。

(2) 装饰物,如建筑贴面、装饰、顶棚和悬吊重物等,这类构件的抗震问题是防止脱落和装饰的破坏,采取的抗震措施是同主体结构可靠连接。对重要的贴面和装饰,也可采用柔性连接,即使主体结构在地震作用下有较大变形,也不至于影响到贴面和装饰的损坏(如玻璃幕墙)。

(3) 非结构的墙体,如围护墙、内隔墙、框架填充墙等,根据材料的不同和同主体结构的连接条件,它们可能对结构产生不同程度的影响,如:① 减小主体结构的自振周期,增大结构的地震作用;② 改变主体结构的侧向刚度分布,从而改变地震作用在各结构构件之间的内力分布状态;③ 处理不好,反而引起主体结构的破坏,如局部高度的填充墙形成短柱,地震时发生柱的脆性破坏。

(4) 建筑附属机电设备及支架等,这些设备通过支架与建筑物连接,因此,设备的支架应有足够的刚度和强度,与建筑物应有可靠的连接和锚固,并应使设备在遭遇设防烈度的地震影响后能迅速恢复运行。建筑附属机电设备的设置部位要适当,支架设计时要防止设备系统和建筑结构发生谐振现象。尽量避免发生次生灾害。

为了减小填充墙震害,规范要求墙体应采取措施减少对主体结构的不利影响,并应设置拉结筋、水平系梁、圈梁、构造柱等与主体结构可靠拉结。实际工程中常见技术处理方法有以下几种:

(1) 柔性拉结。填充墙与框架柱留 2 cm 的空隙并用柔性材料填充。这种做法和结构的计算方法相一致,但建筑处理困难。当填充墙与框架柱柔性连接时,须按规定设置拉接筋、水平系梁等构造措施,避免填充墙出平面倒塌。

(2) 刚性拉结。填充墙与框架柱紧密砌筑,目前这种做法占主导。震害轻重与结构层间位移角有关。当填充墙嵌砌与框架刚性连接时,须按规定采取构造措施,并对计算的结构自振周期予以折减,按折减后的周期值确定水平地震作用。同时,还要考虑填充墙不满砌时,由于墙体的约束使框架柱有效长度减小,可能出现短柱,造成剪切破坏。

(3) 拉结钢筋的施工。埋 L 形钢筋拆模后扳直;预埋件焊接方法;锚筋方法;凿开保护层与箍筋焊接。

4.8 结构材料与施工质量

抗震结构对材料和施工质量的特别要求应在设计文件上注明,并应保证按其执行。

对砌体结构所用材料、钢筋混凝土结构所用材料、钢结构所用钢材等的强度等级应符合最低要求。对钢筋接头及焊接质量应满足规范要求。

对构造柱、芯柱及框架、砌体房屋纵墙及横墙的连接等应保证施工质量。

复习思考题

1. 何谓概念设计? 概念设计与计算设计有何不同?

2. 对建筑抗震有利的地段有哪些? 对建筑抗震危险的地段有哪些? 为什么要避开抗震危险地段?

3. 建筑平、立面布置的基本原则是什么? 为什么要控制房屋的高宽比?

4.《建筑抗震设计规范》关于抗震结构体系有哪些要求?

5. 抗震结构体系在结构平面布置与竖向布置中应注意哪些问题?

6. 何谓多道抗震防线? 为什么多道抗震防线对抗震结构是必要的?

7. 结构刚度、承载力与延性之间有何关系? 结构抗震设计中如何协调三者之间的关系?

8. 为什么说结构的整体性是保证结构各部件在地震作用下协调工作的必要条件?

9. 何谓非结构部件? 非结构部件对结构抗震性能有何影响?

5 多层及高层钢筋混凝土结构抗震设计

5.1 震害及其分析

1）框架柱

框架结构中框架柱的地位非常重要，既是竖向承重构件，又是水平受力构件，受力复杂且延性较差，未经严格抗震设计的框架柱，易发生比较严重的震害。一般框架长柱的破坏发生在柱上下两端，特别是柱顶。在弯、剪、压复合作用下，柱顶周围出现水平或交叉斜裂缝，严重者会发生混凝土压溃，箍筋拉断或绷开，纵筋压曲外鼓呈灯笼状，如图5-1。

短柱由于刚度较大，分担的地震剪力大，而剪跨比小，易在柱全高范围产生斜裂缝或交叉裂缝，导致脆性破坏，如图5-2。

图5-1 柱端破坏

图5-2 短柱的破坏

角柱由于位置特殊，为双向偏压状态，受地震作用产生的扭转较大，受力复杂，受梁的约束相对较弱，其震害比内柱和边柱要严重。

框架柱的震害一般是短柱重于长柱，角柱重于边柱，边柱重于内柱，两端重于中间。

2）框架梁

框架梁的震害一般出现在梁端，一般只引起结构的局部破坏，破坏后果不如柱的严重。常见的破坏有因梁端弯矩引起的正截面破坏、抗剪强度不足导致的斜截面破坏以及梁纵筋在节点锚固构造不当、锚固长度不足或混凝土压碎引起的滑移破坏。

3）框架节点

在反复荷载作用下，节点核芯区混凝土处于剪压复合受力状态。当节点配筋偏少、抗剪强度不足或构造不当时，将导致核芯区产生交叉斜裂缝，产生剪切破坏，严重时混凝土剥落，柱筋压曲外鼓。

4）填充墙

框架结构中的填充墙主要以空心砖砌体、混凝土砌块等为主。在墙体开裂前，填充墙和框架是共同工作的，结构早期刚度增加很多，吸收大量能量，但由于其抗剪强度很低，故填充墙往往成为框架结构的第一道防线首先破坏。填充墙震害大部分是墙面产生斜裂缝或交叉裂缝，高烈度区，高而大的填充墙还容易整体倒塌。由于框架变形属剪切形，因而填充墙震害就呈现下重上轻现象。

图 5-3　填充墙整体倒塌

图 5-4　填充墙裂缝

5）剪力墙

剪力墙的主要震害表现在连梁和墙肢底层的破坏。连梁由于剪跨比较小，梁腹容易产生斜裂缝。若连梁抗剪强度不足，可能产生剪切破坏。连梁的破坏使墙肢间失去联系，承载力降低。墙肢底层在竖向荷载和水平地震作用下处于剪压受力状态，墙肢剪跨比较大时，可能发生弯曲破坏，亦可能发生剪切破坏；当墙肢剪跨比较小时，发生剪切破坏。

在地震作用下，水平施工缝处可能上下剪力墙错动，导致墙身钢筋剪断或边缘构件压屈。

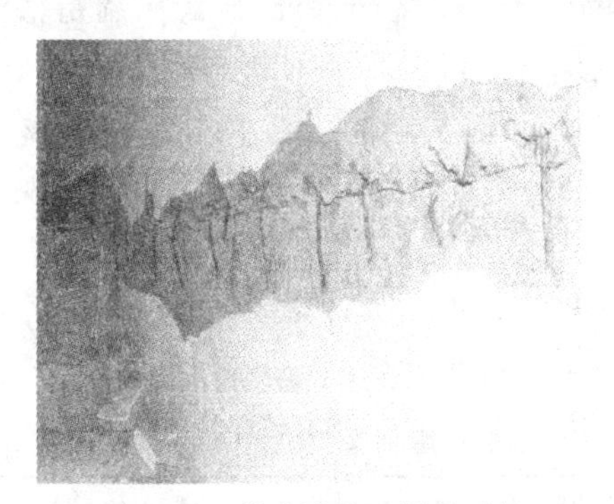

图 5-5　剪力墙施工缝处破坏

图 5-6　剪力墙墙体破坏

6）楼梯震害

楼梯属于跃层构件，其交叉梯段形成的斜撑结构导致房屋局部刚度增大，地震时受到较大地震作用。框架结构楼梯震害明显重于砖混结构和框架－剪力墙结构。自下而上，随着楼层的增加，楼梯的破坏情况逐渐减轻，这与框架结构层间位移下大上小的分布相符。一般出现在梯梁中部和梁端、梯板 1/3 处。图 5-7 为汶川地震中映秀中学教学楼连廊的楼梯破坏情况。

图 5-7　楼梯破坏

5.2　抗震设计的一般要求

抗震设计除了计算分析及采取合理的构造措施外，掌握正确的概念设计尤为重要。因为这些抗震设计的概念是通过总结历次强烈地震的经验、教训和结构抗震性能的试验分析得来的，是指导进行抗震设计的大原则，在进行抗震设计时应首先满足这些规定，然后才能做抗震计算。有关概念设计的一般要求（如适用高度、高宽比）在第 4 章已作详细阐述，这里主要讲述多、高层混凝土房屋的一些特殊要求。

5.2.1　抗震等级

抗震等级是多、高层钢筋混凝土结构、构件确定抗震措施的标准；抗震措施包括内力调整和抗震构造措施。不同的地震烈度，房屋重要性不同，抗震要求不同；同样烈度下，不同结构体系，不同高度，抗震潜力不同，抗震要求也不同；同一结构体系中，主、次抗侧力构件以及同一结构形式在不同结构体系中所起作用不同，其抗震要求也有所不同。为了体现不同情况下结构、构件的抗震设计要求不同，《建筑抗震设计规范》综合考虑建筑抗震类别、地震作用、结构类型和房屋高度等因素，对钢筋混凝土结构划分不同抗震等级（表 5-1）。不同等级的房屋，抗震措施不同，以达到抗震设计的安全可靠和经济合理。

表 5-1　现浇钢筋混凝土房屋的抗震等级

<table>
<tr><th colspan="2" rowspan="2">结构体系与类型</th><th colspan="7">设 防 烈 度</th></tr>
<tr><th colspan="2">6</th><th colspan="2">7</th><th colspan="2">8</th><th>9</th></tr>
<tr><td rowspan="3">框架
结构</td><td>高度(m)</td><td>≤24</td><td>>24</td><td>≤24</td><td>>24</td><td>≤24</td><td>>24</td><td>≤24</td></tr>
<tr><td>框　架</td><td>四</td><td>三</td><td>三</td><td>二</td><td>二</td><td>一</td><td>一</td></tr>
<tr><td>大跨度框架</td><td colspan="2">三</td><td colspan="2">二</td><td colspan="2">一</td><td>一</td></tr>
</table>

续表 5-1

结构体系与类型		设防烈度									
		6		7			8			9	
框架—抗震墙结构	高度(m)	≤60	>60	≤24	25～60	>60	≤24	25～60	>60	≤24	25～50
	框　架	四	三	四	三	二	三	二	一	二	一
	抗震墙	三	三	三	二	二	二	一	一	一	一
抗震墙结构	高度(m)	≤80	>80	≤24	25～80	>80	≤24	25～80	>80	≤24	25～50
	剪力墙	四	三	四	三	二	三	二	一	二	一

注：(1) 该表仅适用于丙类建筑，其他设防类别的建筑，应做相应烈度调整后查表。

(2) 设置少量抗震墙的框架结构，在规定的水平力作用下，底层框架部分所承担的地震倾覆力矩大于结构总地震倾覆力矩的 50%时，其框架的抗震等级应按框架结构确定，抗震墙的抗震等级可与其框架的抗震等级相同。

(3) 建筑场地为Ⅰ类时，除 6 度外允许按表内降低 1 度所对应的抗震等级采取抗震构造措施，但相应的计算要求不应降低。

(4) 接近或等于高度分界时，宜结合房屋不规则程度及场地、地基条件确定抗震等级。

(5) 大跨度框架指跨度不小于 18 m 的框架。

(6) 裙房与主楼相连时，除应按裙房本身考虑外，相关范围还不应低于主楼的抗震等级，主楼结构在裙房屋面部位及上下各一层应适当加强抗震措施。裙房与主楼分离时，应按裙房本身确定抗震等级。

(7) 带地下室的建筑，当地下室顶板作为上部结构的嵌固端时，此处的楼层部位在地震作用下屈服时将影响到地下一层，因此地下一层的抗震等级应与上部结构相同。地下一层以下抗震构造措施的抗震等级可逐层降低一级，但不应低于四级。地下室中无上部结构部分的抗震构造措施的抗震等级可根据具体情况采用三级或四级。

5.2.2　结构布置

按照抗震概念设计的原则，多、高层钢筋混凝土房屋结构布置，应使传力途径尽量简单而直接，应尽可能使房屋的结构平面布置和结构竖向布置都符合规则结构的要求，不采用严重不规则方案，合理设置防震缝。这部分内容在第 4 章已讲述，下面主要讲述混凝土结构平面布置要求、楼盖刚度要求和基础结构设计要求。

1) 框架结构布置要求

为使结构在横向和纵向都具有较好的抗震能力，承重框架应双向设置。由于单元角部扭转应力大，受力复杂，容易造成破坏，故楼电梯间不宜设置在结构单元的两端及拐角处。主体结构在两个方向上均不应采用铰接，甲、乙类建筑以及高度大于 24 m 的丙类建筑，不应采用单跨框架结构；高度不大于 24 m 的丙类建筑不宜采用单跨框架结构。为避免或减小对柱不利的扭转效应，梁柱中心应尽可能重合，二者间的偏心距不超过柱宽的 1/4，如果超过此限值，应计入偏心的影响。

框架结构体系不应采用部分砌体墙承重的混合形式。如出屋面的小房间不能做成砖混结构，应将框架柱延伸上去或做成钢木轻型结构，减小鞭端效应。

非承重墙体的材料、选型和布置，应根据地震烈度、房屋高度、建筑体形、结构层间变形、墙体自身抗侧性能的利用等因素，综合分析后确定。非承重墙体应优先选用轻质墙体材料，墙体与主体结构应有可靠的拉结。砌体填充墙的设置应采取措施减少对主体结构的不利影响，避免使主体结构形成薄弱层或短柱。

2）框架—抗震墙布置要求

框架—抗震墙结构的结构布置关键问题是抗震墙的布置，抗震墙布置的要求是：

（1）抗震墙应沿结构平面各主轴方向设置，使各方向侧向刚度接近，抗震墙的两端（不包括洞口两侧）宜设置端柱或与另一方向的抗震墙相连，互为翼缘，形成诸如 L 形、T 形、+形和Ⅱ形等刚度较大的截面型式。

（2）抗震墙和柱的中线应尽可能重合，二者间的偏心距不宜超过柱宽的 1/4。

（3）布置抗震墙时，除应遵循均匀对称的原则外，还应尽量沿建筑平面的周边布置，以提高结构抗扭能力；应在楼梯、电梯间和平面变化较大处布置，以加强薄弱部位和应力集中部位；应在竖向荷载较大处布置，以尽可能避免在水平地震作用时墙体出现轴向拉力，楼梯间设置抗震墙，但不宜造成较大的扭转效应。

（4）抗震墙应贯通全高，沿竖向截面不宜有较大突变，以保证结构竖向刚度的基本均匀。

（5）抗震墙的数量以能满足结构侧移变形为原则，数量不宜过多，以免结构刚度过大，增加结构的地震反应；数量也不宜过少，以免单片墙在底部承担的水平地层剪力超过结构底部总剪力的 40%。

（6）抗震墙洞口应上下对齐；洞边距端柱不宜小于 300 mm。

（7）房屋较长时，刚度较大的纵向抗震墙不宜设置在房屋的端开间。

（8）较长的抗震墙宜设置跨高比大于 6 的连梁形成洞口，将一道抗震墙分成长度较均匀的若干墙段，各墙段的高宽比不宜小于 3。

3）楼盖刚度

楼层水平地震作用是通过楼盖传递和分配到结构各抗侧力构件的，楼盖在其自身平面内的刚度应足够大，才能满足水平地震作用传递和分配的要求，才能符合计算模型采用的楼盖水平刚度无穷大的假定。为此：① 楼盖宜优先采用现浇楼盖结构，其次是装配整体式楼盖，最后才是装配式楼盖。即使采用装配整体式和装配式楼盖时，也应采取措施保证其整体性及其与抗震墙的可靠连接。② 要求在框架—抗震墙结构中，抗震墙之间无大洞口的楼盖的最大长度，即抗震墙的最大间距，不宜超过表 5-2 中规定的限值，对有较大洞口的楼盖，其限值应适当减小，超过表中限值时需考虑楼盖平面内变形对水平地震作用分配的影响。③ 控制楼盖开洞率，确保楼盖的平面内刚度和整体性满足抗震要求。

表 5-2　抗震墙之间楼屋盖的长宽比

<table>
<tr><th colspan="2" rowspan="2">楼、屋盖类型</th><th colspan="4">设防烈度</th></tr>
<tr><th>6</th><th>7</th><th>8</th><th>9</th></tr>
<tr><td rowspan="2">框架—抗震墙结构</td><td>现浇或叠合楼、屋盖</td><td>4</td><td>4</td><td>3</td><td>2</td></tr>
<tr><td>装配整体式楼、屋盖</td><td>3</td><td>3</td><td>2</td><td>不宜采用</td></tr>
<tr><td colspan="2">板柱—抗震墙结构的现浇楼、屋盖</td><td>3</td><td>3</td><td>2</td><td>—</td></tr>
<tr><td colspan="2">框支层的现浇楼、屋盖</td><td>2.5</td><td>2.5</td><td>2</td><td>—</td></tr>
</table>

4）基础结构

(1) 基础形式

基础形式的选择必须满足以下3个基本要求：① 强度要求；② 变形要求；③ 上部结构的其他要求。因此，应根据上部结构和地质状况选择与上部结构相适应的基础形式，使其具有足够的承载能力承受上部结构的重力荷载和地震作用，并与地基一起保证上部结构的良好嵌固、抗倾覆能力和整体工作性能。当地基土质较好、层数不多时，框架结构可采用柱下独立基础，当地质条件稍差或同一轴线各柱荷载相差较大需要调整地基反力时可采用柱下条形基础；高层建筑宜均用筏形基础，必要时可采用箱形基础以增强结构的整体性与稳定性；当地基承载力或变形不能满足要求时，也可采用桩基。框架—抗震墙结构的抗震墙基础，应有良好的整体性和抗转动能力。

(2) 基础系梁

框架柱下独立基础有下列情况之一时，应沿两个主轴方向设置基础系梁：一级框架和Ⅳ类场地的二级框架；各柱基础底面在重力荷载代表值作用下压应力差别较大；基础埋置较深，或各基础埋置深度差别较大；地基主要受力层范围内存在软弱黏土层、液化土层和严重不均匀土层；柱基承台之间。

5）楼梯间

历次大地震震害调查表明，楼梯间是抗震薄弱部位，对于楼梯间的设计，应符合下列要求：

(1) 宜采用现浇钢筋混凝土楼梯。

(2) 对于框架结构，楼梯间的布置不应导致结构平面特别不规则；楼梯构件与主体结构整浇时，应计入楼梯构件对地震作用及其效应的影响，应进行楼梯构件的抗震承载力验算；宜采取构造措施，减少楼梯构件对主体结构刚度的影响。

(3) 楼梯间两侧填充墙与柱之间应加强拉结。

5.3　钢筋混凝土框架结构抗震设计

5.3.1　框架结构抗震设计流程

框架结构的抗震设计过程见图5-8，其中抗震计算包括：① 结构参数计算，主要是重力荷载代表值计算和结构刚度计算；② 结构动力特性分析，主要是结构自振周期计算和振型计算；③ 地震作用计算；④ 地震作用效应计算，即地震作用所引起的内力和位移的计算；⑤ 地震作用效应与其他荷载效应的组合；⑥ 抗震内力调整，即根据抗震设计的要求进行结构的内力调整；⑦ 结构构件抗震承载力验算；⑧ 多遇地震作用下结构侧移的验算；⑨ 根据需要做罕遇地震作用下结构薄弱层弹塑性变形验算。其中第①②③⑤⑧⑨点已在本书第3章有详细的叙述；第④点内容实际上是多、高层房屋结构在水平荷载作用下的内力和位移计算问题，可以参考有关高层建筑结构设计的教材，本章将不再赘述。第⑥⑦点将在本章中结合框架结构进行阐述。

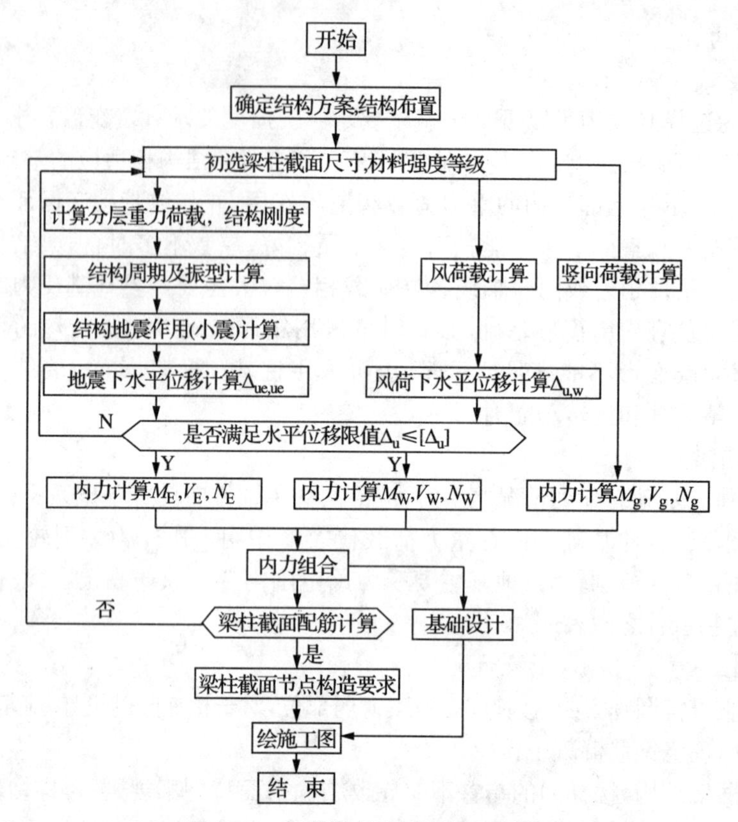

图 5-8　框架结构抗震设计流程图

5.3.2　结构内力调整

为达到“三水准设防、二阶段设计”的要求，在进行框架结构抗震设计时，应使框架结构具有足够的承载能力、良好的变形能力以及合理的破坏机制。实现上述要求的框架结构，可称为延性框架结构。延性框架的设计，主要包括 3 个方面：① 通过调整构件之间承载力的相对大小，实现合理的屈服机制，即“强柱弱梁”、“强节弱杆”；② 通过调整构件斜截面承载力和正截面承载力之间的相对大小，实现构件延性破坏形态，即“强剪弱弯”；③ 通过采取抗震构造措施，使构件自身具有较大的延性和耗能能力。下面分别结合梁、柱和梁柱节点具体讨论实现这些要求的措施。

1）“强柱弱梁”内力调整

柱是框架结构中最主要的承重构件，即使是个别柱的失效，也可能导致结构全面倒塌；另一方面，柱为偏压构件，其截面变形能力远不如以弯曲作用为主的梁。要使框架结构具有较好的抗震性能，应该确保柱有足够的承载力和必要的延性。为此，设计中要求“强柱弱梁”。即要求塑性铰出现在梁端，除柱脚外，柱端无塑性铰，这就是所谓的要求实现梁铰机制（图 5-9(a)），避免柱铰机

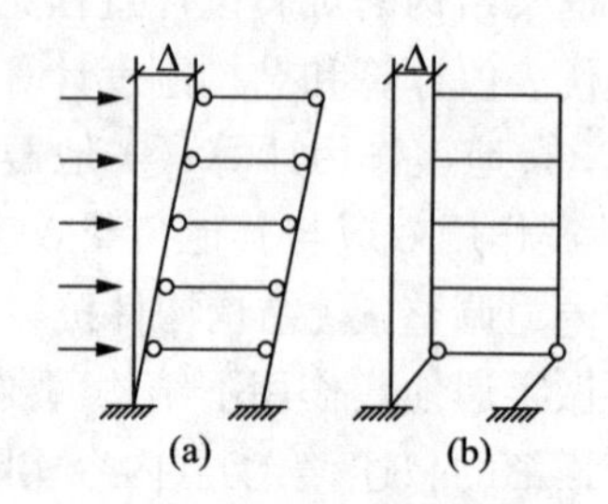

图 5-9　框架结构的两种破坏机制

制（图 5－9(b)）。

“强柱弱梁”就是节点处柱端实际受弯承载力 M_{cy}^{a} 大于梁端实际受弯承载力 M_{by}^{a}。由于地震的复杂性、楼板钢筋的影响和钢筋屈服强度的超强等因素，$M_{cy}^{a}>M_{by}^{a}$ 难以通过精确计算真正实现。《建筑抗震设计规范》采用在梁端实配钢筋不超过计算配筋 10％的前提下，将承载力不等式转化为内力设计值关系式，以增大柱端弯矩设计值的方法，并使不同抗震等级弯矩设计值有不同程度的差异。

《建筑抗震设计规范》规定，一、二、三级框架的梁柱节点处，除框架顶层和柱轴压比小于 0.15 者及框支梁与框支柱的节点外，柱端组合的弯矩设计值应符合下式要求：

$$\sum M_c = \eta_c \sum M_b \tag{5-1}$$

一级的框架结构和 9 度的一级框架可不符合上式要求，但应符合下式要求：

$$\sum M_c = 1.2 \sum M_{bua} \tag{5-2}$$

式中：$\sum M_c$——节点上下柱端截面顺时针或反时针方向组合的弯矩设计值之和，上下柱端的弯矩设计值，可按弹性分析分配；

$\sum M_b$——节点左右梁端截面反时针或顺时针方向组合的弯矩设计值之和，一级框架节点左右梁端均为负弯矩时，绝对值较小的弯矩应取零；

$\sum M_{bua}$——节点左右梁端截面反时针或顺时针方向实配的正截面抗震受弯承载力所对应的弯矩值之和，根据实配钢筋面积（计入梁受压筋和相关楼板钢筋）和材料强度标准值确定；

η_c——框架柱端弯矩增大系数；对框架结构，一级取 1.7，二级取 1.5，三级取 1.3，四级取1.2；对其他结构类型中的框架，一级可取 1.4，二级可取 1.2，三、四级可取 1.1。

当反弯点不在柱的层高范围内时，柱端截面组合的弯矩设计值可乘以上述柱端弯矩增大系数。

研究表明，框架结构的底层柱下端，在强震下不能避免出现塑性铰。为了提高抗震安全度，将框架结构底层柱下端弯矩设计值乘以增大系数，以加强底层柱下端的实际受弯承载力，推迟塑性铰的出现。故一、二、三、四级框架结构的底层，柱下端截面组合的弯矩设计值，应分别乘以增大系数 1.7、1.5、1.3 和 1.2。底层柱纵向钢筋宜按上下端的不利情况配置。

2）“强剪弱弯”内力调整

为了防止梁、柱在弯曲屈服前出现剪切破坏，就要使构件的实际受剪承载力大于实际受弯承载力。《建筑抗震设计规范》在配筋不超过计算配筋 10％的前提下，将弯剪之间承载力关系转化为内力设计表达式，采用不同的剪力增大系数，使“强剪弱弯”的程度有所差别。该系数同样考虑了材料实际强度和钢筋实际面积两个因素，对柱还考虑了轴向力的影响，并简化计算。

对于框架梁，《建筑抗震设计规范》规定，一、二、三级的框架梁，其梁端截面组合的剪力设计值应按下式调整：

$$V=\eta_{vb}(M_b^l+M_b^r)/l_n+V_{Gb} \tag{5-3}$$

一级的框架结构和9度的一级框架梁、连梁可不符合上式要求，但应符合下式要求：

$$V=1.1(M_{bua}^{l}+M_{bua}^{r})/l_n+V_{Gb} \tag{5-4}$$

式中：V——梁端截面组合的剪力设计值；

l_n——梁的净跨；

V_{Gb}——梁在重力荷载代表值(9度时高层建筑还应包括竖向地震作用标准值)作用下，按简支梁分析的梁端截面剪力设计值；

M_b^l、M_b^r——分别为梁左右端截面反时针或顺时针方向组合的弯矩设计值，一级框架两端弯矩均为负弯矩时，绝对值较小的弯矩应取零；

M_{bua}^l、M_{bua}^r——分别为梁左右端截面反时针或顺时针方向实配的正截面抗震受弯承载力所对应的弯矩值，根据实配钢筋面积(计入受压筋和相关楼板钢筋)和材料强度标准值确定；

η_{vb}——梁端剪力增大系数，一级可取1.3，二级可取1.2，三级可取1.1。

对于框架柱，《建筑抗震设计规范》规定一、二、三、四级的框架柱，其柱端截面组合的剪力设计值应按下式调整：

$$V=\eta_{vc}(M_c^b+M_c^t)/H_n \tag{5-5}$$

一级的框架结构和9度的一级框架可不符合上式要求，但应符合下式要求：

$$V=1.2(M_{cua}^b+M_{cua}^t)/H_n \tag{5-6}$$

式中：V——柱端截面组合的剪力设计值；

H_n——柱的净高；

M_c^t、M_c^b——分别为柱的上下端顺时针或反时针方向截面组合的弯矩设计值，应是已做强柱弱梁调整后的柱端弯矩；

M_{cua}^t、M_{cua}^b——分别为偏心受压柱的上下端顺时针或反时针方向实配的正截面抗震受弯承载力所对应的弯矩值，根据实配钢筋面积、材料强度标准值和轴压力等确定；

η_{vc}——柱剪力增大系数，对框架结构，一、二、三、四级可分别取1.5、1.3、1.2、1.1；对其他结构类型的框架，一、二、三、四级可分别取1.4、1.2、1.1、1.1。

因为框架结构的角柱承受双向地震作用，扭转效应对内力影响较大，且受力复杂，并对抵抗结构抗扭起重要作用，在设计中应予以加强，故《建筑抗震设计规范》规定，对一、二、三、四级框架的角柱，经“强柱弱梁”、“强剪弱弯”调整后的组合弯矩设计值、剪力设计值尚应乘以不小于1.10的增大系数。

3)“强节弱杆”内力调整

框架节点核芯区是框架梁、柱的公共部分，是保证框架承载力和延性的关键部位，节点失效意味着与之相连的梁、柱同时失效，且失效后难以修复。因此，应尽可能地保证节点核芯区的强度大于与之相连的杆件的强度，即达到“强节点弱杆件”的概念设计。

节点核芯区受力很复杂，主要承受压力和水平剪力的组合作用。图5-10表示在水平地震作用和竖向地震作用下节点核芯区受力。

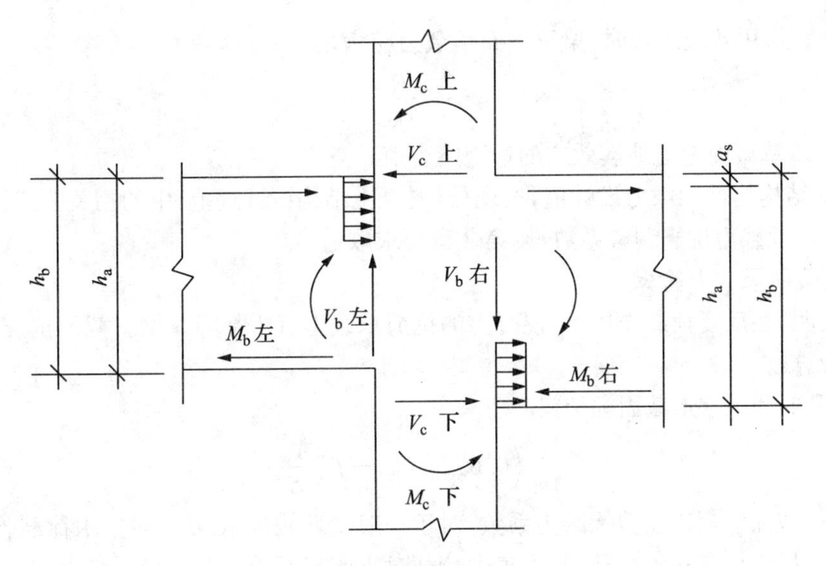

图 5-10 节点核芯区受力示意图

在确定节点剪力设计值时，应根据不同的抗震等级，按以下公式计算剪力：

一、二、三级框架

$$V_j=\frac{\eta_{jb}\sum M_b}{h_{b0}-a'_s}\left(1-\frac{h_{b0}-a'_s}{H_c-h_b}\right) \tag{5-7}$$

一级框架结构及 9 度的一级框架可不按上式确定，但应符合

$$V_j=\frac{1.15\sum M_{bua}}{h_{b0}-a'_s}\left(1-\frac{h_{b0}-a'_s}{H_c-h_b}\right) \tag{5-8}$$

式中：V_j——梁柱节点核芯区组合的剪力设计值；

H_c——柱的计算高度，可取节点上、下柱反弯点之间的距离；

h_{b0}——梁截面的有效高度，节点两侧梁截面高度不等时可取平均值；

h_b——梁的截面高度，节点两侧梁截面高度不等时取平均值；

a'_s——梁受压钢筋合力点至受压边缘的距离；

η_{jb}——节点剪力增大系数，对于框架结构，一级宜取 1.5，二级宜取 1.35，三级宜取 1.2；对于其他结构中的框架，一级宜取 1.35，二级宜取 1.2，三级宜取 1.1；

$\sum M_b$——节点左、右梁端反时针或顺时针方向截面组合的弯矩设计值之和，左右梁端均为负弯矩时，绝对值较小的弯矩应取零；

$\sum M_{bua}$——节点左、右梁端反时针或顺时针方向实配的抗震受弯承载力所对应的弯矩值之和，根据实配钢筋面积（考虑受压钢筋）和材料强度标准值确定。

5.3.3 截面抗震验算

1）框架梁

(1) 正截面承载力验算

考虑地震作用效应组合时，梁正截面承载力应满足

$$S \leqslant \frac{R}{\gamma_{RE}} \tag{5-9}$$

式中：S——验算截面考虑地震效应的弯矩组合值；

R——结构构件承载力设计值，按现行《混凝土结构设计规范》中的相关公式计算；

γ_{RE}——承载力抗震调整系数，按第3章要求取值。

(2) 斜截面承载力验算

试验表明，在反复荷载作用下，混凝土的抗剪承载力有所下降。梁斜截面抗震承载力验算按下式计算：

矩形、T形和工字形截面框架梁

$$V \leqslant \frac{1}{\gamma_{RE}}\left(0.6\alpha_{cv} f_t b h_0 + f_{yv}\frac{A_{sv}}{S}h_0\right) \tag{5-10}$$

式中：α_{cv}——截面混凝土受剪承载力系数，对于一般受弯构件取0.7；对集中荷载作用下(包括作用有多种荷载，其中集中荷载对支座截面或节点边缘所产生的剪力值占总剪力的75%以上的情况)的独立梁取$1.75/(1+\lambda)$，λ为计算截面的剪跨比，可取$\lambda=a/h_0$，a为集中荷载作用点至节点边缘的距离，当$\lambda<1.5$时取$\lambda=1.5$，当$\lambda>3$时取$\lambda=3$。

(3) 梁截面尺寸限制

当梁端截面剪压比$\mu=V/f_t bh_0$较大时，可能在梁端产生过大的主压应力，导致混凝土过早开裂，产生脆性的斜压破坏，此时即使多配腹筋对梁的抗剪承载力提高也不大，因此应限制梁端截面剪压比。考虑地震作用是反复荷载作用的不利情况，《建筑抗震设计规范》要求其截面组合的剪力设计值应满足：

跨高比大于2.5时　　$V \leqslant 0.2 f_c b h_0/\gamma_{RE}$　　(5-11)

跨高比小于2.5时　　$V \leqslant 0.15 f_c b h_0/\gamma_{RE}$　　(5-12)

式中：V——梁端截面的组合剪力设计值；

f_c——混凝土轴心抗压强度设计值；

b——梁截面宽度；

h_0——梁截面有效高度。

2) 框架柱

(1) 正截面承载力验算

考虑地震作用效应组合时，柱正截面应满足

$$S \leqslant \frac{R}{\gamma_{RE}} \tag{5-13}$$

式中符号含义同式(5-9)。

(2) 斜截面承载力验算

试验研究表明，在反复荷载作用下，框架柱斜截面破坏机理和主要影响因素与单调一次加载时相似，但轴向压力的有利影响和混凝土的抗剪承载力有所下降。所以，抗震设计时，柱斜截面承载力按下式计算：

N为压力

$$V \leqslant \frac{1}{\gamma_{RE}}\left(\frac{1.05}{\lambda+1} f_t b h_0 + f_{yv}\frac{A_{sv}}{s}h_0 + 0.056N\right) \tag{5-14}$$

N 为拉力
$$V\leqslant\frac{1}{\gamma_{RE}}\left(\frac{1.05}{\lambda+1}f_{t}bh_{0}+f_{yv}\frac{A_{sv}}{s}h_{0}-0.20N\right) \tag{5-15}$$

$$\lambda=\frac{M_{c}}{V_{c}h_{0}} \tag{5-16}$$

式中：V——柱端截面组合的剪力设计值；

N——与剪力设计值相应的轴向压(拉)力设计值；当 N 为压力且 $N>0.3f_{c}A_{c}$ 时，取 $N=0.3f_{c}A_{c}$；当 N 为拉力且右边括号内的计算值小于 $f_{yv}A_{sv}h_{0}/s$ 时，取 $N=f_{yv}A_{sv}h_{0}/s$，且 $f_{yv}A_{sv}h_{0}/s$ 值不小于 $0.36f_{t}bh_{0}$；

λ——剪跨比，应按柱端截面组合的弯矩计算值 M_{c}、对应的截面组合剪力计算值 V_{c} 及截面有效高度 h_{0} 确定，并取上下端计算结果的较大值；反弯点位于柱高中部的框架柱可按柱净高与 2 倍柱截面高度之比计算，当 $\lambda>3$ 时，取 $\lambda=3$，当 $\lambda<1$ 时取 $\lambda=1$。

s——箍筋间距；

f_{yv}——箍筋的屈服强度设计值；

A_{sv}——配置在同一截面内箍筋各肢面积和。

(3) 柱截面尺寸限制

与梁端截面设计相同，当剪压比 $\mu=V/f_{t}bh_{0}$ 较大时，将降低箍筋的抗剪效果，因此应限制柱端截面剪压比。考虑到地震作用属反复荷载作用的不利情况，柱截面组合的剪力设计值应符合下列要求：

剪跨比大于 2 时
$$V\leqslant 0.2f_{c}bh_{0}/\gamma_{RE} \tag{5-17}$$

剪跨比小于 2 时
$$V\leqslant 0.15f_{c}bh_{0}/\gamma_{RE} \tag{5-18}$$

式中：V——柱端截面组合的剪力设计值；

b——柱截面宽度；

h——柱截面有效高度。

3) 框架节点

(1) 剪压比限值

节点核芯区平均剪应力过大，将导致混凝土发生脆性的斜压破坏，箍筋未达到屈服而混凝土先被压碎。因此，要控制剪压比不太大，但节点核芯周围一般都有梁的约束，抗剪面积实际比较大，故与梁、柱相比，剪压比限值可适当放宽，一般应满足

$$V_{j}\leqslant 0.30\eta_{j}f_{c}b_{j}h_{j}/\gamma_{RE} \tag{5-19}$$

式中：η_{j}——正交梁的约束影响系数，楼板为现浇，梁柱的中线重合，四侧各梁截面宽度不小于该侧柱截面宽度的 1/2，且正交方向梁高度不小于框架梁高度的 3/4 时可采用 1.5，9 度时宜采用 1.25，其他情况均采用 1.0；

h_{j}——节点核芯区的截面高度，可采用验算方向的柱截面高度；

b_{j}——节点核芯区的截面有效验算宽度。

(2) 节点截面有效宽度

节点核芯区抗剪承载力，在一定意义上取决于核芯区传递剪力的有效抗剪面积大小，如果梁柱偏心或梁截面尺寸偏小，节点区应力分布将不均匀，致使核芯区抗剪强度不能充分发挥，相当于减小核芯区抗剪面积引起的节点抗剪能力的降低。《建筑抗震设计规范》通过计

算节点有效截面宽度 b_j来考虑这种降低。

当验算方向的梁截面宽度 b_b不小于该侧柱截面宽度 b_c的 1/2 时，$b_j=b_c$；

当验算方向的梁截面宽度小于该侧柱截面宽度的 1/2 时，$b_j=\min(b_c, b_b+0.5h_c)$；

当梁、柱的中线不重合且偏心距 $e\leqslant b_c/4$ 时，$b_j=\min(b_c, b_b+0.5h_c, 0.5(b_b+b_c)+0.25h_c-e)$。

(3) 受剪承载力计算

试验表明，节点核芯区混凝土初裂前，剪力主要由混凝土承担，箍筋应力很小，节点受力状态类似一个混凝土斜压杆；节点核芯区出现交叉斜裂缝后，剪力由箍筋与混凝土共同承担，节点受力类似于桁架。

由于节点核芯区处于复杂应力状态，其截面抗剪承载力的计算是在大量试验研究基础上提出的理论与经验相结合的公式。《建筑抗震设计规范》认为，节点核芯区的受剪承载力由混凝土斜压杆和水平箍筋两部分受剪承载力组成。因此，节点核芯区的截面抗震验算应按下列公式计算：

$$V_j\leqslant\frac{1}{\gamma_{RE}}\left(1.1\eta_j f_t b_j h_j+f_{yV}A_{sVj}\frac{h_{b0}-a'_s}{s}+0.05\eta_j N\frac{b_j}{b_c}\right) \tag{5-20}$$

9 度的一级，应符合

$$V_j\leqslant\frac{1}{\gamma_{RE}}\left(0.9\eta_j f_t b_j h_j+f_{yV}A_{sVj}\frac{h_{b0}-a'_s}{s}\right) \tag{5-21}$$

式中：N——对应于组合剪力设计值的上柱组合轴向压力较小值，$N>0.5f_c b_c h_c$，取 $N=0.5f_c b_c h_c$；当 N 为拉力时，$N=0$；

A_{sVj}——核芯区有效验算宽度范围内同一截面验算方向各肢箍筋的总截面面积。

5.3.4 抗震变形验算

框架结构抗震变形计算包括两个方面：一是多遇地震作用下结构的弹性变形验算，以满足“小震小坏”的要求；二是罕遇地震作用下结构的弹塑性变形验算，以满足“大震不倒”的要求。具体验算方法见第 3 章。

5.3.5 抗震构造措施

由于地震影响的不确定性，工程结构的地震反应及其破坏机理尚不十分清楚，工程结构的计算模型与其实际工作性状之间存在着差异等原因，结构设计中地震作用的计算方法是近似的。工程实践中，在重视理论分析的同时，也要重视抗震构造措施，因为它是保证规范所规定的抗震设防目标实现的必要条件之一。

1) 框架梁

(1) 梁截面尺寸

试验表明，若梁宽高比 b/h 过小，不利于约束混凝土，梁截面抗剪能力下降，侧向稳定性不易保证，也不利于形成梁铰型破坏机制，故截面高宽比不宜大于 4。在地震作用下，梁端塑性铰区混凝土保护层容易脱落，如果梁截面过小则截面损失比例较大，故截面宽度不宜小于

200 mm。为了对核芯区提供约束以提高节点受剪承载力，梁宽不宜小于柱宽的1/2。梁净跨与截面高度之比不宜过小，否则在反复弯剪作用下，斜裂缝将沿梁全长发展，产生脆性的剪切破坏，降低梁的延性和承载力，故梁净跨与截面高度之比不宜小于4。

(2) 梁纵筋配置

延性框架结构中，梁端塑性铰的形成及其转动能力是保证结构延性的重要因素。主要从以下方面保证梁端截面有足够的延性：

① 最大配筋率

试验表明，当纵向受拉钢筋配筋率很高时，梁受压区的高度相应加大，截面上受到的压力也变大，在弯矩达到峰值时，弯矩—曲率曲线很快出现下降(图5-11)；但当配筋率较低时，达到弯矩峰值后能保持相当长的水平段，因而大大提高了梁的延性和耗散能量的能力。因此，梁的变形能力随截面混凝土受压区的相对高度ξ的减小而增大。当$\xi=0.20\sim0.35$时，梁的位移延性可达3～4。控制梁受压区高度，也就控制了梁的纵向钢筋配筋率。《建筑抗震设计规范》规定，梁端纵向受拉钢筋的配筋率不应大于2.5%，且计入受压钢筋的梁端混凝土受压区高度和有效高度之比，一级不应大于0.25，二、三级不应大于0.35。限制受拉配筋率是为了避免高跨比较大的梁在未达到延性要求之前，梁端下部受压区混凝土过早达到极限压应变而破坏。

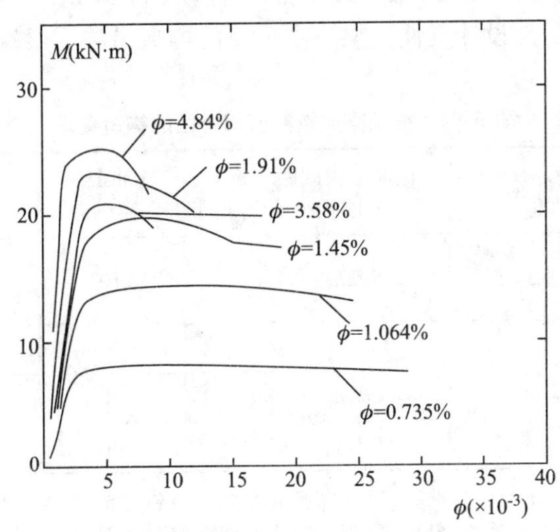

图5-11　纵向受拉钢筋配筋率对截面延性的影响

② 最小配筋率

框架梁纵向受拉钢筋的最小配筋率应符合表5-3的要求。

表5-3　框架梁纵向受拉钢筋的最小配筋百分率(%)

抗震等级	梁中位置	
	支　座	跨　中
一　级	0.4和$80f_t/f_y$中的较大值	0.3和$65f_t/f_y$中的较大值
二　级	0.3和$65f_t/f_y$中的较大值	0.25和$55f_t/f_y$中的较大值
三、四级	0.25和$55f_t/f_y$中的较大值	0.2和$45f_t/f_y$中的较大值

③ 通长筋

考虑到地震弯矩的不确定性，梁内反弯点位置可能变化，梁顶面和底面应配置一定的通长钢筋，沿梁全长顶面和底面至少应各配置两根通长的纵向钢筋，对一、二级抗震等级，钢筋直径不应小于 14 mm，且分别不应少于梁两端顶面和底面纵向受力钢筋中较大截面面积的 1/4；对三、四级抗震等级，钢筋直径不应小于 12 mm。

④ 梁端受压钢筋

梁端截面上配置一定数量的纵向受压钢筋，对梁的延性也有较大的影响。因为一定的受压钢筋不但可以减小混凝土受压区高度，还可增加负弯矩时的塑性转动能力，也可抵抗地震中梁底可能出现的正弯矩。所以框架梁梁端截面的底部和顶部纵向受力钢筋截面面积的比值 As'/As，除按计算确定外，一级抗震等级不应小于 0.5，二、三级抗震等级不应小于0.3。此比值也不宜过大，否则可能因梁端配筋过多而出现塑性铰向柱端转移的不利情况。

(3) 梁箍筋配置

震害与试验表明，梁端塑性铰分布范围约为梁高的 1.0～1.5 倍。为了增加对混凝土的约束，提高梁端塑性铰的变形能力，必须在梁端塑性铰区范围内设置加密箍筋，同时为防止纵筋过早压屈，对箍筋间距也应加以限制。试验表明，当箍筋间距小于 6～8d(d 为纵筋直径)时，混凝土压溃之前受压钢筋一般不致压屈，延性较好。因此，通过对梁端塑性铰区域进行加密形成梁端加密区，是设计延性框架一项重要的构造措施。梁端加密区箍筋配置应符合表 5-4 的要求。

表 5-4　框架梁梁端箍筋加密区的构造要求

<table>
<tr><th>抗震等级</th><th>加密区长度(mm)
取较大值</th><th>箍筋最大间距(mm)
取较小值</th><th>箍筋最小
直径(mm)</th><th>箍筋肢距 (mm)
取较大值</th></tr>
<tr><td>一级</td><td>$2h_b$，500</td><td>$6d$，$h_b/4$，100</td><td>10</td><td>20 倍箍筋直径，200</td></tr>
<tr><td>二级</td><td rowspan="3">$1.5h_b$，500</td><td>$8d$，$h_b/4$，100</td><td>8</td><td>20 倍箍筋直径，250</td></tr>
<tr><td>三级</td><td>$8d$，$h_b/4$，150</td><td>8</td><td>20 倍箍筋直径，250</td></tr>
<tr><td>四级</td><td>$8d$，$h_b/4$，150</td><td>6</td><td>300</td></tr>
</table>

注：表中 h_b 为截面高度，d 为纵向钢筋直径；当梁端纵向受拉钢筋配筋率大于 2%时，表中箍筋直径应增加 2 mm；梁端设置的第一个箍筋应距框架节点边缘不大于 50 mm。

非加密区的箍筋间距不宜大于加密区箍筋间距的 2 倍。沿梁全长箍筋的配箍率 ρ_{sv} 应符合下列规定：

一级抗震等级　　　　$\rho_{sv} \geqslant 0.30 f_t / f_{yv}$

二级抗震等级　　　　$\rho_{sv} \geqslant 0.28 f_t / f_{yv}$

三、四级抗震等级　　$\rho_{sv} \geqslant 0.26 f_t / f_{yv}$

2) 框架柱

(1) 柱截面尺寸

框架柱截面尺寸应符合下列要求：

① 截面的宽度和高度，四级或不超过 2 层时不宜小于 300 mm，一、二、三级且超过 2 层时不宜小于 400 mm；圆柱的直径，四级或不超过 2 层时不宜小于 350 mm，一、二、三级且超

过2层时不宜小于450 mm;柱截面尺寸过小会使框架侧移刚度不足,侧移过大。

② 柱截面长边和短边的边长比不宜大于3;截面高宽比过大,将导致框架结构两个方向侧移刚度相差过大,且不利于柱短边方向的稳定。

③ 柱剪跨比宜大于2,圆柱截面可按等面积的方形截面进行计算。剪跨比λ是反映柱截面所能承受的弯矩与剪力相对大小的一个参数。试验研究表明,剪跨比是影响钢筋混凝土柱破坏形态的最重要因素。λ>2时,称为长柱,多发生弯曲破坏,但仍需配置足够的抗剪箍筋;λ≤2时,称为短柱,多发生剪切破坏,但当提高混凝土等级并配有足够的抗剪箍筋后,可出现稍有延性的剪切受压破坏;λ≤1.5时,称为极短柱,一般都会发生剪切斜拉破坏,几乎没有延性。

(2) 柱纵筋配置

① 配置形式

考虑地震作用方向的不确定性和方便施工,柱内纵向钢筋宜对称配置。同时,为确保柱截面内核芯混凝土能受到较好的约束,增加柱的延性,对截面尺寸大于400 mm的柱,柱内纵向钢筋间距不宜大于200 mm。

② 配置数量

试验研究表明,柱屈服位移角在一定程度上受纵向受拉钢筋配筋率支配,大致随配筋率的增加呈线性增加。为设计延性框架,提高柱端屈服弯矩和变形能力,《建筑抗震设计规范》规定框架柱全部纵向受力钢筋的配筋百分率不应小于表5-5的规定,同时,每一侧的配筋率不应小于0.2%;对Ⅳ类场地上较高的高层建筑,最小配筋百分率应按表中数值增加0.1采用。

表5-5 柱截面纵向受力钢筋最小总配筋率(百分率)

柱类型	抗震等级			
	一级	二级	三级	四级
中柱、边柱	0.9(1.0)	0.7(0.8)	0.6(0.7)	0.5(0.6)
角柱、框支柱	1.1	0.9	0.8	0.7

注:(1) 表中括号内数值用于框架结构的柱。
(2) 钢筋强度标准值小于400 MPa时,表中数值应增加0.1;钢筋强度标准值为400 MPa时,表中数值应增加0.05。
(3) 混凝土强度等级高于C60时,上述数值应相应增加0.1。

试验表明,当柱的净高与截面高度或圆形截面直径的比值为3~4时,柱易发生黏结性剪切破坏;柱过大的配筋率也易产生黏结破坏并降低柱延性。因此,为减小这种破坏,《建筑抗震设计规范》规定,对采用HRB335、HRB400级钢筋的柱,总配筋率不应大于5%。对抗震等级为一级且剪跨比不大于2的柱,每侧纵向钢筋配筋率不宜大于1.2%,并应沿柱全长采用复合箍筋。

若边柱、角柱考虑地震组合作用产生拉力时,为避免柱受拉钢筋屈服后再受压时,由于包兴格效应导致纵筋压屈,柱内纵向钢筋总截面面积应比计算值增加25%。

(3) 柱箍筋配置

根据震害调查,框架柱的破坏主要集中在柱端1.0~1.5倍柱截面高度范围内。因此,柱内箍筋配置,除按承载力设计要求外,应遵循延性框架设计原则,在柱端易产生塑性铰处,采取箍筋加密措施。加密柱端箍筋可以有三方面作用:① 承担柱子剪力;② 通过箍筋对混凝土的约束提高混凝土抗压强度，改善柱的延性和抗震性能；③ 为纵向钢筋提供侧向支承，防止纵筋压曲。试验表明，当箍筋间距小于 6～8 倍柱的纵筋直径时，在受压混凝土压溃前，一般不会出现纵筋压曲现象。

① 箍筋加密区范围按下列规定采用：

A. 柱端，取截面高度(圆柱直径)、柱净高的 1/6 和 500 mm 三者的最大值。

B. 底层柱，柱根不小于柱净高的 1/3；当有刚性地面时，除柱端外尚应取刚性地面上下各 500 mm。

C. 剪跨比不大于 2 的柱和因设置填充墙等形成的柱净高与柱截面高度之比不大于 4 的柱，取全高。

D. 框支柱，取全高。

E. 一级和二级框架的角柱，取全高。

② 加密区箍筋构造

震害表明，在地震作用下，柱端混凝土保护层往往首先脱落，若无足够的箍筋对纵筋约束，纵筋可能压屈外鼓，同时，箍筋对柱混凝土起约束作用，阻止核芯混凝土的横向变形的能力与箍筋直径和间距大小有关。因此一般情况下，柱加密区箍筋直径和间距应符合表 5-6 的要求。至少每隔一根纵向钢筋宜在两个方向有箍筋约束；采用拉筋复合箍时，拉筋应紧靠纵向钢筋并勾住箍筋。

表 5-6　柱箍筋加密区箍筋的构造要求

抗震等级	最大间距(mm) 采用较小值	最小直径(mm)	最大肢距不宜大于
一	$6d$,100	ϕ10	200 mm
二	$8d$,100	ϕ8	250 mm 和 20 倍箍筋直径的较大值
三	$8d$,150(柱根 100)	ϕ8	250 mm 和 20 倍箍筋直径的较大值
四	$8d$,150(柱根 100)	ϕ6(柱根 ϕ8)	300 mm

注：(1) d 为柱纵筋最小直径。
(2) 柱根指框架底层柱的嵌固部位。
(3) 二级框架柱的箍筋直径不小于 ϕ10 时，最大间距可采用 150 mm；三级框架柱的截面尺寸不大于 400 mm 时，箍筋最小直径可采用 ϕ6；四级框架柱剪跨比不大于 2 时，箍筋直径不宜小于 ϕ8。

③ 柱箍筋加密区的最小体积配筋率

试验表明，在满足一定位移的条件下，约束箍筋的用量随轴压比的增大而增大，大致呈线形关系。加密区的最小体积配筋率按下式计算：

$$\rho_v = \frac{\lambda_v f_c}{f_{yv}} \tag{5-22a}$$

式中：ρ_v——柱箍筋加密区的体积配箍率，一、二、三、四级分别不应小于 0.8%、0.6%、0.4% 和 0.4%；计算复合螺旋箍的体积配箍率时，其非螺旋箍的箍筋体积应乘以折减系数 0.8；

f_c——混凝土轴心抗压强度设计值，强度等级低于 C35 时，应按 C35 计算；

f_{yv}——箍筋抗拉强度设计值；

λ_v——最小配箍特征值，按表 5-7 采用。

表 5-7 柱箍筋加密区的箍筋最小配箍特征值

抗震等级	箍筋形式	柱轴压比								
		≤0.3	0.4	0.5	0.6	0.7	0.8	0.9	1.0	1.05
一	普通箍、复合箍	0.10	0.11	0.13	0.15	0.17	0.20	0.23		
	螺旋箍、复合或连续复合矩形螺旋箍	0.08	0.09	0.11	0.13	0.15	0.18	0.21		
二	普通箍、复合箍	0.08	0.09	0.11	0.13	0.15	0.17	0.19	0.22	0.24
	螺旋箍、复合或连续复合矩形螺旋箍	0.06	0.07	0.09	0.11	0.13	0.15	0.17	0.20	0.22
三、四	普通箍、复合箍	0.06	0.07	0.09	0.11	0.13	0.15	0.17	0.20	0.22
	螺旋箍、复合或连续复合矩形螺旋箍	0.05	0.06	0.07	0.09	0.11	0.13	0.15	0.18	0.20

注：(1) 普通箍指单个矩形箍和单个圆形箍，复合箍指由矩形、多边形、圆形箍或拉筋组成的箍筋；复合螺旋箍指由螺旋箍与矩形、多边形、圆形箍或拉筋组成的箍筋；连续复合矩形螺旋箍指全部螺旋箍为同一根钢筋加工而成的箍筋。

(2) 框支柱宜采用螺旋箍或井字复合箍，其应比表内数值增加 0.02，且体积配箍率不应小于 1.5%。

(3) 剪跨比不大于 2 的柱宜采用复合螺旋箍或井字复合箍，其体积配箍率不应小于 1.2%，9 度一级时不应小于 1.5%。

体积配箍率的定义为：

$$\rho_v = \frac{n_1 A_{s1} l_1 + n_2 A_{s2} l_2}{A_{cor} S} \tag{5-22b}$$

式中：n_1、A_{s1}、l_1——箍筋沿截面横向的钢筋根数、单根钢筋截面面积和钢筋长度；

n_2、A_{s2}、l_2——箍筋沿截面纵向的钢筋根数、单根钢筋截面面积和钢筋长度；

A_{cor}、S——箍筋所围核心混凝土的面积和箍筋间距。

④ 非加密区箍筋

在水平地震作用下，为不致使柱受剪承载能力在层高范围内产生较大变化，同时考虑地震作用的不确定性和柱可能存在的受扭现象，为防止柱发生脆性的剪切破坏，柱非加密区箍筋除应满足承载力计算要求外，尚应满足如下规定：

A. 柱非加密区箍筋的体积配箍率，不宜小于加密区的 50%。

B. 箍筋间距，一、二级框架不应大于 10 倍纵向钢筋直径，三、四级框架不应大于 15 倍纵向钢筋直径。

(4) 轴压比

轴压比 μ 指考虑地震作用组合的框架柱轴向压力设计值 N 与柱全截面面积 A 和混凝土轴心抗压强度设计值 f_c 乘积之比值。轴压比是影响柱破坏形态和变形性能的另一重要因素。试验研究表明，受压构件的位移延性随轴压的增加而减小。为保证延性框架结构的实现，应限制柱的轴压比，其意义在于使柱尽量处于大偏心受压状态，避免出现延性差的小偏心破坏。柱轴压比不宜超过表 5-8 的规定。建造于Ⅳ类场地且较高的高层建筑，柱轴压比限值应适当减小。

表 5-8 柱轴压比限值

结构体系	抗震等级			
	一级	二级	三级	四级
框架结构	0.65	0.75	0.85	0.9
框架—抗震墙，板柱—抗震墙、框架—核心筒及筒中筒	0.75	0.85	0.90	0.95
部分框支剪力墙结构	0.6	0.7	—	

注：(1) 轴压比指柱组合的轴压力设计值与柱的全截面面积和混凝土轴心抗压强度设计值乘积之比值；对本规范规定不进行地震作用计算的结构，可取无地震作用组合的轴力设计值计算。

(2) 表内限值适用于剪跨比大于 2、混凝土强度等级不高于 C60 的柱；剪跨比不大于 2 的柱，轴压比限值应降低 0.05；剪跨比小于 1.5 的柱，轴压比限值应专门研究并采取特殊构造措施。

(3) 沿柱全高采用井字复合箍且箍筋肢距不大于 200 mm、间距不大于 100 mm、直径不小于 12 mm，或沿柱全高采用复合螺旋箍、螺旋间距不大于 100 mm、箍筋肢距不大于 200 mm、直径不小于 12 mm，或沿柱全高采用连续复合矩形螺旋箍、螺旋净距不大于 80 mm、箍筋肢距不大于200 mm、直径不小于 10 mm，轴压比限值均可增加 0.10。上述 3 种箍筋的最小配箍特征值均应按增大的轴压比由表 5-7 确定。

(4) 在柱的截面中部附加芯柱，其中另加的纵向钢筋的总面积不少于柱截面面积的 0.8%，轴压比限值可增加 0.05。此项措施与注(3)的措施共同采用时，轴压比限值可增加 0.15，但箍筋的体积配箍率仍可按轴压比增加 0.10 的要求确定。

(5) 柱轴压比不应大于 1.05。

3) 框架节点

(1) 纵筋锚固与连接

在反复地震作用下，钢筋与混凝土之间黏结作用较单调加载时有所降低，因此，结构抗震设计时应比非抗震设计有着更严格的锚固和搭接要求。

考虑地震作用后纵向钢筋最小锚固长度 l_{aE} 按下列公式计算：

一、二级抗震等级 $l_{aE}=1.15l_a$

三级抗震等级 $l_{aE}=1.05l_a$

四级抗震等级 $l_{aE}=1.00l_a$

式中：l_a——纵向受拉钢筋的锚固长度，按现行《混凝土结构设计规范》的规定取用。

纵向受力钢筋的连接应遵循下列要求：

对一级抗震等级，应采用机械连接接头，对二、三、四级抗震等级，宜采用机械连接接头，也可采用焊接接头或搭接接头，受力钢筋连接接头位置应避开梁端、柱端箍筋加密区；位于同一连接区段内的受力钢筋接头面积百分率不应超过 50%。

当采用搭接接头时，纵向受力钢筋的搭接长度 l_{lE} 应按下式计算：

$$l_{lE}=\xi l_{aE}$$

式中：ξ——受拉钢筋搭接长度修正系数，同一连接区段内的受力钢筋接头面积百分率不大于 25%时取 $\xi=1.2$，等于 50%时取 $\xi=1.40$，等于 100%时取 $\xi=1.6$。当同一连接区段内的受力钢筋搭接接头面积百分率为中间值时，ξ 按内插取值。

(2) 节点混凝土强度等级

节点区混凝土承受的剪力比梁端和柱端都大，所以要保证节点区的混凝土有较高的强度。《建筑抗震设计规范》要求，一级框架的梁、柱、节点混凝土强度等级均不宜低于 C30，其他各类构件不应低于 C20。当梁的混凝土强度等级比柱的低时，应使节点区的混凝土等级与柱相同。

(3) 节点区箍筋加密

框架节点核芯区箍筋的最大间距和最小直径宜按柱箍筋加密要求采用，一、二、三级框架节点核芯区配箍特征值分别不宜小于 0.12、0.10 和 0.08，且体积配箍率分别不宜小于 0.6%、0.5%和 0.4%。柱剪跨比不大于 2 的框架节点核芯区配箍特征值不宜小于核芯区上、下柱端的较大配箍特征值。

(4) 梁柱纵筋在节点区的锚固

纵筋在节点的锚固方式一般有两种：直线锚固和弯折锚固。在中柱一般用直线锚固，在端柱一般用弯折锚固。

① 顶层中节点柱纵向钢筋和边节点柱内侧纵向钢筋应伸至柱顶；当从梁底边计算的直线锚固长度不小于 l_{aE}时，可不必水平弯折，否则应向柱内或梁内、板内水平弯折，锚固段弯折前的竖直投影长度不应小于 $0.5l_{aE}$，弯折后的水平投影长度不宜小于 12 倍的柱纵向钢筋直径。

② 顶层端节点处，柱外侧纵向钢筋可与梁上部纵向钢筋搭接，搭接长度不应小于 $1.5l_{aE}$，且伸入梁内的柱外侧纵向钢筋截面面积不宜小于柱外侧全部纵向钢筋截面面积的 65%；在梁宽范围以外的柱外侧纵向钢筋可伸入现浇板内，其伸入长度与伸入梁内的相同。当柱外侧纵向钢筋的配筋率大于 1.2%时，伸入梁内的柱纵向钢筋宜分两批截断，其截断点之间的距离不宜小于 20 倍的柱纵向钢筋直径。

③ 梁上部纵向钢筋伸入端节点的锚固长度，直线锚固时不应小于 l_{aE}，且伸过柱中心线的长度不应小于 5 倍的梁纵向钢筋直径；当柱截面尺寸不足时，梁上部纵向钢筋应伸至节点对边并向下弯折，锚固段弯折前的水平投影长度不应小于 $0.4l_{aE}$，弯折后的竖直投影长度应取 15 倍的梁纵向钢筋直径。

④ 梁下部纵向钢筋的锚固与梁上部纵向钢筋相同，但采用 90°弯折方式锚固时，竖直段应向上弯入节点内。

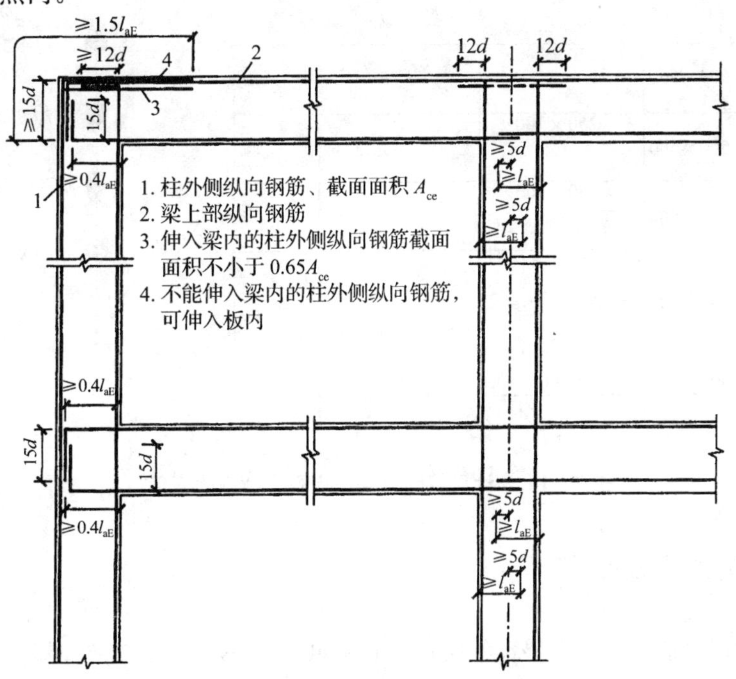

图 5-12 梁柱纵筋在节点的锚固

5.4　钢筋混凝土框架结构抗震设计实例

某四层钢筋混凝土框架结构，建筑面积约 4 000 m²，建筑层高均为 3.6 m，室内外高差 0.45 m，基础顶标高−0.945 m。结构安全等级为二级。基本风压 W_0=0.35 kN/m²，地面粗糙度为C类。基本雪压 S_0=0.35 kN/m²。抗震设防烈度 7 度，设计地震分组为第一组，设计地震基本加速度值为 0.1 g，抗震设防类别为标准设防类，场地类别为Ⅱ类。

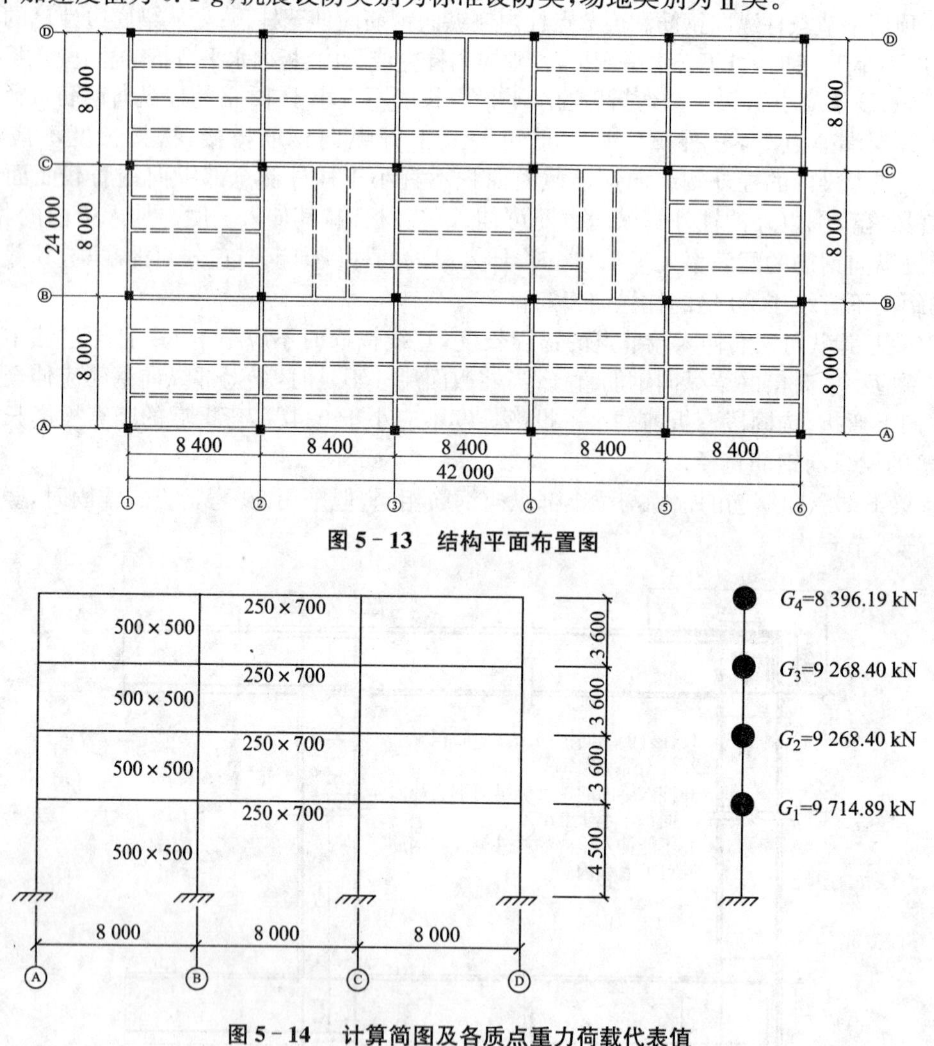

图 5－13　结构平面布置图

图 5－14　计算简图及各质点重力荷载代表值

5.4.1　重力荷载计算

恒荷载取全部，活荷载取 50%，各层重力荷载集中于楼屋盖标高处，其代表值为：四层 8 396.19 kN，三、二层均为 9 268.40 kN，一层为 9 714.89 kN。

5.4.2 梁柱刚度计算

梁、柱的线刚度计算结果分别见表 5-9、表 5-10。柱的侧移刚度 D 值见表 5-11。

表 5-9 梁线刚度 i_b 计算表

类别	层数	E_c (N/mm²)	$b\times h$ (mm×mm)	I_0(mm⁴)	l(mm)	$i=E_cI_0/l$	$i_b=1.5i$(边) /2.0i(中)
AB 梁	1~4	3.15×10^4	250×700	7.15×10^9	8 000	2.81×10^{10}	$4.22\times10^{10}/5.63\times10^{10}$
BC 梁	1~4	3.15×10^4	250×700	7.15×10^9	8 000	2.81×10^{10}	$4.22\times10^{10}/5.63\times10^{10}$
CD 梁	1~4	3.15×10^4	250×700	7.15×10^9	8 000	2.81×10^{10}	$4.22\times10^{10}/5.63\times10^{10}$

表 5-10 柱线刚度 i_c 计算表

层数	E_c(N/mm²)	$b\times h$ (mm×mm)	I_0(mm⁴)	h_c(mm)	$i_c=E_cI_0/h_c$(N·mm)
4,3,2	3.15×10^4	500×500	5.21×10^9	3 600	4.56×10^{10}
1	3.15×10^4	500×500	5.21×10^9	4 500	3.65×10^{10}

表 5-11 横向框架柱侧移刚度 D 值计算表

层数	柱高(m)	柱	根数	$\overline{K}$	α	D_j(N/mm)	楼层 D
4,3,2	3.6	1、6 轴框架边柱	4	0.926	0.316	13 334	444 420
		1、6 轴框架中柱	4	1.852	0.481	20 297	
		2、5 轴框架边柱	4	1.235	0.382	16 119	
		2、5 轴框架中柱	4	2.470	0.553	23 335	
		3、4 轴框架边柱	4	1.235	0.382	16 119	
		3、4 轴框架中柱	4	2.161	0.519	21 900	
1	4.5	1、6 轴框架边柱	4	1.158	0.525	11 343	321 222
		1、6 轴框架中柱	4	2.315	0.652	14 086	
		2、5 轴框架边柱	4	1.544	0.577	12 466	
		2、5 轴框架中柱	4	3.087	0.705	15 231	
		3、4 轴框架边柱	4	1.544	0.577	12 466	
		3、4 轴框架中柱	4	2.701	0.681	14 713	

注：表中，$\alpha=\dfrac{\overline{K}+0.5}{2+\overline{K}}$(底层)，$\alpha=\dfrac{\overline{K}}{\overline{K}+2}$(其他层)。

5.4.3 自振周期计算

按顶点位移法[①]计算，考虑填充墙对框架刚度的影响，取基本周期调整系数 $\varphi_t=0.7$。计

① 顶点位移法是根据结构在重力荷载水平作用时算得的顶点位移来推算结构基本频率或基本周期的一种方法。该方法考虑一质量均匀的悬臂直杆在均布荷载 q 作用下，若杆按弯曲振动，其基本周期 $T_b=1.6\sqrt{u_t}$，若杆按剪切振动，其基本周期 $T_b=1.8\sqrt{u_t}$，若体系按弯剪振动，则其基本周期可按 $T=1.7\sqrt{u_t}$ 计算。u_t 的单位为 m，T 的单位为 s。该公式可用于计算多层框架结构的基本周期，只是计算时需求得框架在重力荷载水平作用时的顶点位移即可。

算公式为 $T_1=1.7\varphi_t\sqrt{u_t}$，式中 u_t 为顶点位移(单位为 m)，见表 5－12。

表 5－12　结构顶点假想侧移计算

层次	G_i(kN)	V_{G_i}(kN)	$\sum D_i$(N/mm)	Δu_i(mm)	u_i(mm)
4	8 396.19	8 396.19	444 420	18.89	233.33
3	9 268.40	17 664.59	444 420	39.75	214.44
2	9 268.40	26 932.99	444 420	60.60	174.69
1	9 714.89	36 647.88	321 222	114.09	114.09

注：$T_1=1.7\times0.7\times\sqrt{0.233}=0.575$ s

5.4.4　横向水平地震作用计算

地震作用按 7 度设计，基本地震加速度 0.10 g，Ⅱ类场地，设计地震分组按第一组，则特征周期 $T_g=0.35$ s，水平地震影响系数最大值 $\alpha_{max}=0.08$，采用底部剪力法计算。由于 $T_1=0.575\text{ s}>1.4T_g=0.49$ s，故应考虑顶点附加地震作用。取顶部附加地震作用系数为：$\delta_n=0.08T_1+0.07=0.08\times0.575+0.07=0.116$。

地震影响系数 α_1 为

$$\alpha_1=\left(\frac{T_g}{T_1}\right)^{0.9}\alpha_{max}=\left(\frac{0.35}{0.575}\right)^{0.9}\times0.08=0.051$$

结构总的水平地震作用标准值

$$F_{Ek}=\alpha_1 G_{eq}=0.051\times31\,150.70=1\,588.69\text{ kN}$$

顶部附加地震作用

$$\Delta F_4=\delta_n F_{Ek}=0.116\times1\,588.69=184.29\text{ kN}$$

计算结果见表 5－13 和表 5－14。

表 5－13　横向水平地震作用下楼层剪力计算表

层数	H_i(m)	G_i(kN)	G_iH_i(kN·m)	$\frac{G_iH_i}{\sum G_jH_j}$(kN·m)	F_i(kN)	V_i(kN)
4	15.3	8 396.19	128 462	0.361 2	507.21	691.50
3	11.7	9 268.40	108 440	0.304 9	428.16	1 119.66
2	8.1	9 268.40	75 074	0.211 1	296.42	1 416.08
1	4.5	9 714.89	43 717	0.122 9	172.61	1 588.69

表 5-14　⑤轴框架横向水平地震作用下楼层剪力计算表

层数	$\sum D_i$(N/mm)	D_i(N/mm)	$D_i/\sum D_i$	$\sum F_i$(kN)	F_i(kN)	V_i(kN)
4	444 420	78 909	0.178	507.21	90.06	122.86
3	444 420	78 909	0.178	428.16	76.02	198.88
2	444 420	78 909	0.178	296.42	52.63	251.51
1	321 222	55 395	0.172	172.61	29.77	281.28

5.4.5　变形验算

因房屋高度小于 50 m，故仅考虑总框架的总体剪切变形。

根据《建筑抗震设计规范》(GB 50011—2010)第 5.5.1 条规定，层间弹性位移角限值$[\theta_e]=1/550$。由表 5-15 可知，最大层间弹性位移角发生在第一层，其值为 1/886<1/550，满足要求。

表 5-15　总框架横向水平地震作用下的位移验算

层数	h_i(mm)	Vi(kN)	$\sum D_i$(N/mm)	Δu_i(mm)	u_i	$\theta_i=\Delta u_i/h_i$
4	3 600	122.86	78 909	1.56	12.35	1/2 308
3	3 600	198.88	78 909	2.52	10.79	1/1 429
2	3 600	251.51	78 909	3.19	8.27	1/1 129
1	4 500	281.28	55 395	5.08	5.08	1/886

5.4.6　地震作用下框架的内力分析

取⑤轴框架进行计算分析，柱端和梁端的弯矩、剪力见表 5-16、表 5-17、表 5-18。

表 5-16　地震作用下 A、D 柱弯矩、剪力计算表

层数	h_i(m)	V_i(kN)	$\sum D_{ij}$(N/mm)	D_{i1}(N/mm)	V_{i1}(kN)	$\overline{K}$	y	M_{i1}^{b}	M_{i1}^{u}
4	3.6	122.86	78 909	16 119	25.10	1.235	0.412	37.23	53.13
3	3.6	198.88	78 909	16 119	40.63	1.235	0.450	65.82	80.45
2	3.6	251.51	78 909	16 119	51.38	1.235	0.500	92.48	92.48
1	4.5	281.28	55 395	12 466	63.30	1.544	0.596	169.77	115.08

表 5-17　地震作用下 B、C 柱弯矩、剪力计算表

层数	h_i(m)	V_i(kN)	$\sum D_{ij}$(N/mm)	D_{i1}(N/mm)	V_{i1}(kN)	$\overline{K}$	y	M_{i1}^{b}	M_{i1}^{u}
4	3.6	122.86	78 909	23 335	36.33	2.470	0.450	58.85	71.93
3	3.6	198.88	78 909	23 335	58.81	2.470	0.474	100.35	111.36
2	3.6	251.51	78 909	23 335	74.38	2.470	0.500	133.88	133.88
1	4.5	281.28	55 395	15 231	77.34	3.087	0.550	191.42	156.61

表 5-18　地震作用下梁端弯矩、剪力及柱轴力计算

层数	AB/CD 梁				BC 梁				A、D 柱	B、C 柱
	M_b^l	M_b^r	l	V_b	M_b^l	M_b^r	l	V_b	N	N
4	53.13	35.97	8.0	11.14	35.97	35.97	8.0	8.99	11.14	−2.15
3	117.68	85.11	8.0	25.35	85.11	85.11	8.0	21.28	36.49	−6.22
2	158.30	117.12	8.0	34.43	117.12	117.12	8.0	29.28	70.92	−11.37
1	207.56	145.25	8.0	44.10	145.25	145.25	8.0	36.31	115.02	−19.16

地震荷载作用下的框架弯矩图和框架梁端剪力及柱轴力图见图 5-15 和图 5-16。

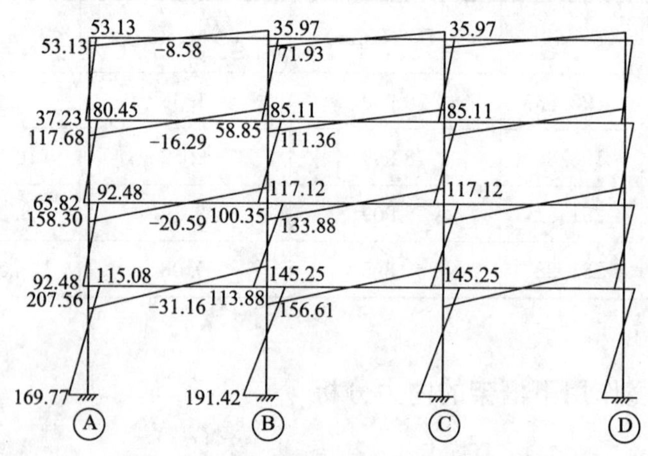

图 5-15　地震作用下框架弯矩图(kN·m)

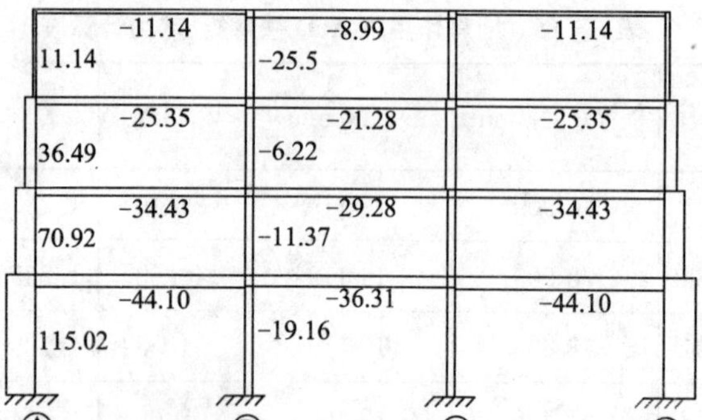

图 5-16　地震作用下框架梁端剪力及柱轴力图(kN)

5.4.7　竖向荷载作用下框架内力计算

竖向荷载作用系框架的内力计算方法采取弯矩二次分配法。在竖向荷载作用下梁端可以考虑塑性内力重分布，取弯矩调幅系数 0.8，楼面竖向荷载分别按恒荷载及全部活荷载计算。恒荷载、活荷载下框架弯矩计算、内力计算见图 5－17 至图 5－20。图中括号内数据为调幅后柱端、梁端弯矩。恒荷载作用下，框架的梁端剪力可根据梁上竖向荷载引起的剪力与梁端弯矩引起的剪力相叠加而得，顶层柱顶轴力由节点剪力和节点集中力叠加得到，柱底轴力为柱顶轴力加上柱的自重。其余层轴力计算同顶层，但需要考虑该层上部柱的轴力的传递。进行活荷载作用下框架内力计算时，柱轴力不考虑自重，其余同恒荷载。竖向荷载作用下梁端弯矩、剪力以及柱端轴力见表 5－19 至表 5－24。

上柱	下柱	右梁	左梁	上柱	下柱	右梁
	0.447	0.553	0.433	0.000	0.351	0.261
		-265.510	265.510		[17.79]	-306.890
	118.683	146.827	10.214	0.000	8.280	5.095
	38.758	5.107	73.414	0.000	-22.408	
	-19.608	-24.257	-22.086	0.000	-17.903	-11.017
	137.83	-137.83	327.05	0.000	-32.03	-312.81

上柱	下柱	右梁	左梁	上柱	下柱	右梁
0.309	0.309	0.382	0.321	0.260	0.260	0.159
		-250.860	285.120		[23.03]	-135.780
77.516	77.516	95.829	-55.331	-44.186	-44.186	-27.407
59.342	38.758	-27.666	47.915	4.140	-22.408	
-21.764	-21.764	-26.906	-9.517	-7.708	-7.708	-4.714
115.09	94.51	-209.60	268.19	-48.38	-74.93	-167.90

上柱	下柱	右梁	左梁	上柱	下柱	右梁
0.309	0.309	0.382	0.321	0.260	0.260	0.159
		-250.860	285.120		[23.03]	-135.780
77.516	77.516	95.829	-55.331	-44.186	-44.186	-27.407
38.758	41.267	-27.666	47.915	-22.408	-22.408	
-16.719	-16.719	-20.001	-0.613	-0.496	-7.708	-4.714
100.10	102.60	-202.70	277.09	-67.72	-74.93	-167.90

上柱	下柱	右梁	左梁	上柱	下柱	右梁
0.329	0.264	0.407	0.338	0.274	0.219	0.169
		-242.230	285.120		[23.03]	-135.780
82.533	66.227	102.100	-58.261	-47.195	-37.784	-29.121
38.758		-29.131	51.050	-22.408		
-3.167	-2.542	-3.918	-9.681	-7.842	-6.278	-4.840
118.12	63.69	-181.81	267.23	-77.45	-44.06	-169.75
柱底	31.84				-22.03	

图 5－17　恒荷载弯矩分配

注：图中，弯矩 17.99 kN·m 和 23.03 kN·m 为纵向框架梁偏心布置引起的偏心弯矩。由于篇幅原因，计算过程略。

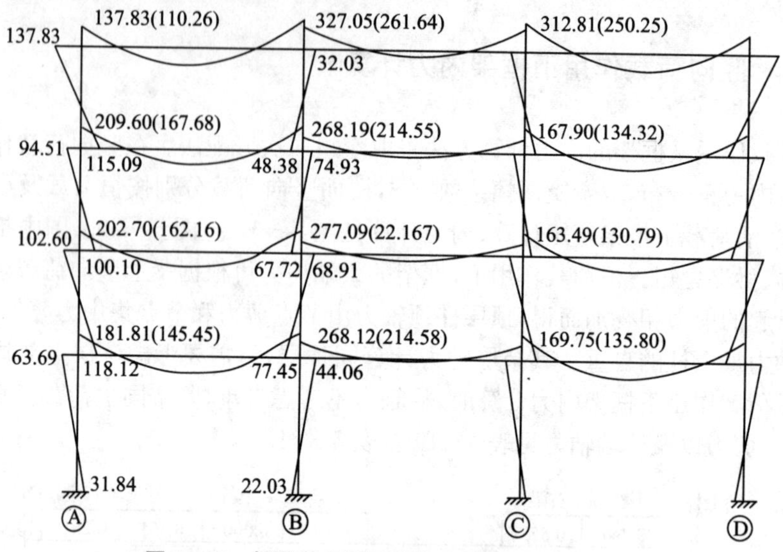

图 5-18　恒荷载作用下的框架弯矩图(kN·m)

上柱	下柱	右梁	左梁	上柱	下柱	右梁
	0.447	0.553	0.433	0.000	0.351	0.261
		-46.452	84.000		5.71	-59.600
	37.548	46.452	-13.038	0.000	-10.569	-6.504
	13.222	-6.519	23.226	0.000	-4.622	
	-2.996	-3.707	-8.056	0.000	-6.530	-4.018
	47.77	-44.77	86.13	0.000	-21.72	-70.12
0.309	0.309	0.382	0.321	0.260	0.260	0.159
		-85.580	88.730		6.42	-59.600
26.444	26.444	32.692	-11.412	-9.243	-9.243	-5.652
18.774	13.222	-5.706	16.346	4.622	-4.867	
-6.673	-6.673	-8.249	-2.201	-1.783	-1.783	-1.09
32.99	33.85	-66.84	91.46	-15.65	-15.89	-66.34
0.309	0.264	0.407	0.321	0.260	0.260	0.159
		-85.580	88.730		6.42	-59.600
26.444	26.444	32.692	-11.412	-9.243	-9.243	-5.652
13.222	14.078	-5.706	16.346	-4.622	-4.867	
-6.673	-6.673	-8.249	-2.201	-1.783	-1.783	-1.09
32.99	33.85	-66.84	91.46	-15.65	-15.89	-66.34
0.329	0.264	0.407	0.338	0.274	0.219	0.169
		-85.580	88.730		6.42	-59.600
28.156	22.593	34.831	-12.016	-9.734	-37.784	-6.008
13.222		-6.008	17.416	-4.622		
-2.373	-1.904	-2.936	-4.324	-3.503	-2.804	-2.162
39.01	20.69	-59.69	89.81	-17.86	-10.60	-67.77
	10.35				-5.30	

图 5-19　活荷载弯矩分配

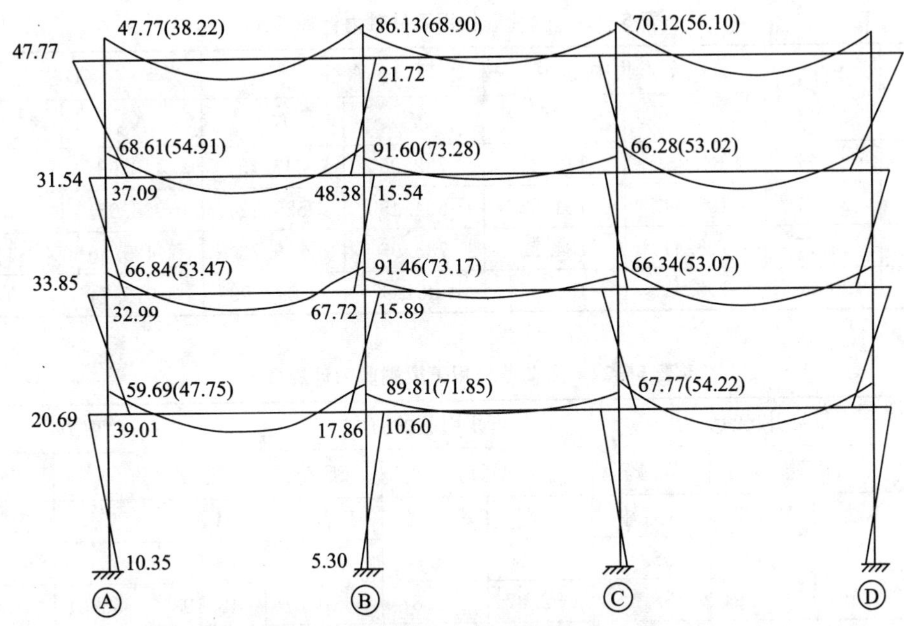

图 5-20 活荷载作用下的框架弯矩图(kN·m)

表 5-19 恒荷载作用下梁端剪力计算(kN)

	荷载引起的剪力			弯矩引起的剪力			总剪力		
	AB 跨		BC 跨	AB 跨		BC 跨	AB 跨		BC 跨
层数	A 端	B 左端	B 右端	A 端	B 左端	B 右端	V_a	V_b	$V_a = V_b$
4	162.56	−162.56	120.46	−23.65	−23.65	0	138.91	−186.21	120.46
3	155.63	−182.04	88.75	−7.32	−7.32	0	148.31	−189.36	88.75
2	155.63	−182.04	88.75	−9.30	−9.30	0	146.33	−191.34	88.75
1	155.63	−182.04	88.75	−10.80	−10.80	0	144.83	−192.84	88.75

表 5-20 恒荷载作用下调幅后的梁端弯矩和剪力(调幅系数 β=0.8)

	弯矩(kN·m)			剪力(kN)		
	AB 跨		BC 跨	AB 跨		BC 跨
层数	A 端	B 左端	B 右端	A 端	B 左端	B 右端
4	−110.26	261.64	−250.25	143.64	−181.48	120.46
3	−167.68	214.55	−134.32	149.77	−187.9	88.75
2	−162.16	221.67	−130.79	148.19	−189.48	88.75
1	−145.45	214.58	−135.80	146.99	−190.68	88.75

表 5-21 恒荷载作用下柱轴力计算(kN)

层数	柱自重(kN)	节点集中力		A柱		B柱	
		A	B	$N_{顶}$	$N_{底}$	$N_{顶}$	$N_{底}$
4	24.77	84.05	142.31	222.96	247.73	448.98	473.75
3	24.77	108.41	184.22	504.45	529.22	936.08	960.85
2	24.77	108.41	184.22	783.96	808.73	1 425.16	1 449.93
1	30.96	108.41	184.22	1 061.97	1 092.93	1 915.74	1 946.70

表 5-22 活荷载作用下梁端剪力计算(kN)

	荷载引起的剪力			弯矩引起的剪力			总剪力		
	AB跨		BC跨	AB跨		BC跨	AB跨		BC跨
层数	A端	B左端	B右端	A端	B左端	B右端	V_a	V_b	$V_a=V_b$
4	50.4	−50.4	38.4	−4.80	−4.80	0	45.60	−55.20	38.4
3	51.06	−53.94	38.4	−2.87	−2.87	0	48.19	−56.81	38.4
2	51.06	−53.94	38.4	−3.08	−3.08	0	47.98	−57.02	38.4
1	51.06	−53.94	38.4	−3.77	−3.77	0	47.29	−57.71	38.4

表 5-23 活荷载作用下调幅后的梁端弯矩和剪力(调幅系数 $\beta=0.8$)

	弯矩(kN·m)			剪力(kN)		
	AB跨		BC跨	AB跨		BC跨
层数	A端	B左端	B右端	A端	B左端	B右端
4	−38.22	68.9	−56.1	46.56	−54.24	38.4
3	−54.91	73.28	−53.02	48.76	−56.24	38.4
2	−53.47	73.17	−53.07	48.6	−56.4	38.4
1	−47.75	71.85	−54.22	48.04	−56.96	38.4

表 5-24 活荷载作用下柱轴力计算(kN)

层数	柱自重(kN)	节点集中力		A柱		B柱	
		A	B	$N_{顶}$	$N_{底}$	$N_{顶}$	$N_{底}$
4	24.77	16.80	45.69	62.40	62.40	139.29	139.29
3	24.77	16.80	51.32	127.39	127.39	285.82	285.82
2	24.77	16.80	51.32	192.17	192.17	432.56	432.56
1	30.96	16.80	51.32	256.26	256.26	579.99	579.99

5.4.8 框架梁柱内力组合

以第一层 AB 轴间框架梁和 A 轴上第 1、2 层框架柱为例说明内力组合。内力组合前，框架梁各内力值需要换算到支座边缘(M_b、V_b)。

均布荷载作用下:$M_b = M - Vb/2$,$V_b = V - qb/2$;

三角形荷载作用下:$M_b = M - Vb/2$,$V_b = V - qb/4$;

风荷载作用下:$M_b = M - Vb/2$,$V_b = V$。

结构构件的地震作用效应和其他荷载效应基本组合的荷载效应设计值应按式(3－70)进行,梁、柱的内力组合结果分别见表5－25和表5－26。

表5－25　框架梁内力组合表

层数	截面位置	内力	S_{Gk}		S_{Qk}		S_{Ek} → ←		$\gamma_G S_{GE}+1.3S_{Ek}$			
									→		←	
			中心	边缘	中心	边缘	中心	边缘	$\gamma_G=1.2$	$\gamma_G=1.0$	$\gamma_G=1.2$	$\gamma_G=1.0$
一层	A端	M	−145.5	−108.7	−47.8	−35.7	±217.6	±206.5	116.6	141.9	−420.3	−395.0
		V	147.0	144.3	48.0	48.0	∓44.1	∓44.1	144.6	111.0	259.3	225.6
	B左端	M	214.6	166.9	71.9	57.6	±145.3	±134.2	409.3	370.2	60.4	21.2
		V	−190.7	−188.0	−57.0	−57.0	∓44.1	∓44.1	−317.1	−273.8	−202.5	−159.2

注:(1) 表中M量纲为kN·m,V的量纲为kN。

(2) 表中弯矩以按顺时针方向为正,反之为负;剪力以使隔离体顺时针转动为正,反之为负。

表5－26　第5轴框架柱内力组合表

层次	截面位置	内力	S_{Gk}	S_{Qk}	S_{Ek}		$\gamma_G S_{GE}+1.3S_{Ek}$			
					→	←	$\gamma_G=1.2$ →	$\gamma_G=1.0$ →	$\gamma_G=1.2$ ←	$\gamma_G=1.0$ ←
二层	A柱顶	M	65.82	21.78	−61.66	25.66	11.894	−3.448	125.41	110.07
		V	−61.3	−20.2	51.4	−51.4	−18.86	−4.58	−152.5	−138.22
		N	−784	−192.2	70.9	−70.9	−963.95	−787.93	−1148.29	−972.27
	A柱底	M	111.97	36.98	−87.36	87.36	42.98	16.89	270.12	244.03
		N	−808.7	−192.2	70.9	−70.9	−993.59	−812.63	−1177.93	−996.97
一层	A柱顶	M	50.98	16.56	−77.12	32.82	−29.14	−41.00	113.78	101.93
		V	−21.2	−6.9	63.3	−63.3	52.71	57.64	−111.87	−106.94
		N	−1 062	−256.3	115	−115	−1 278.68	−1 040.65	−1 577.68	−1 339.65
	A柱底	M	31.8	10.4	−169.8	169.8	−176.34	−183.74	265.14	257.74
		N	−1 092.9	−256.3	115	−115	−1 315.76	−1 071.55	−1 614.76	−1 370.55

注:(1) 表中M量纲为kN·m,N、V的量纲为kN。

(2) 表中弯矩和剪力均绕柱端截面顺时针方向旋转为正,反之为负;轴力受拉为正。

(3) 弯矩值已经调整到控制截面。以恒荷载作用下二层柱为例,近似取框架梁截面形心为板底位置,距板顶0.1 m,换算如下:柱顶$M=102.6-(0.7-0.1)\times61.3=65.82$ kN·m;柱底$M=118.1-(0.7-0.6)\times61.3=111.97$ kN·m。

竖向荷载作用与水平荷载作用在梁内产生的跨中最大组合弯矩设计值M_{bmax}一般并不在跨度的中央,其精确值应按作图法或解析法确定。本设计中跨中最大组合弯矩的计算利用解析法，求解过程以一层 AB 段梁为例。

$$P_{GE1} = G_k + 0.5Q_k = 69.80 + 0.5 \times 33.60 = 86.60 \text{ kN}$$

$$P_{GE2} = G_k + 0.5Q_k = 125.49 + 0.5 \times 37.8 = 144.39 \text{ kN}$$

(1) 左震组合 $S=1.2S_{GEk}+1.3S_{Ek}$ 情况

$M_A=116.6 \text{ kN}\cdot\text{m}, M_B=409.3 \text{ kN}\cdot\text{m}, l_n=7.5 \text{ m}$

$V_A=1.2\times(5.8P_{GE1}+3.85P_{GE1}+1.9P_{GE2}+0.5\times7.5^2 g_{k2}+5.6\times4.7\times g_{k1})/l_n-(M_A+M_B)/l_n$

$=1.2(5.8\times86.6+3.86\times86.6+1.9\times144.39+0.5\times7.5^2\times4.07+5.6\times4.7\times6.67)/7.5-(116.6+439.3)/7.5$

$=224.00-70.12=153.88 \text{ kN}$

$V_{2左}=153.88-1.2\times(6.67+4.07)\times3.65-1.2\times86.6=2.95 \text{ kN}\cdot\text{m}$

$V_{2右}=153.88-1.2\times(6.67+4.07)\times3.65-1.2\times86.6\times2=-100.97 \text{ kN}\cdot\text{m}$

可见，梁间剪力为 0 处位于集中荷载作用位置 2 处。

梁底部最大弯矩为：

$M_{b\max}=116.6+153.88\times3.65-0.5\times1.2\times(6.67+4.07)\times3.65^2-1.2\times86.6\times1.95$
$=389.77 \text{ kN}\cdot\text{m}$

(2) 左震组合 $S=1.0S_{GEk}+1.3S_{Ek}$ 情况

$$M_A=141.9 \text{ kN}\cdot\text{m}, M_B=370.2 \text{ kN}\cdot\text{m}, l_n=7.5 \text{ m}$$

按照(1)的方法计算梁端剪力，$V_A=118.51 \text{ kN}$

$V_{1右}=118.51-1.0\times(6.67+4.07)\times1.7-1.0\times86.6=13.65 \text{ kN}\cdot\text{m}$

$V_{2左}=118.51-1.0\times(6.67+4.07)\times3.65-1.0\times86.6=-7.29 \text{ kN}\cdot\text{m}$

可见，梁间剪力为 0 处位于集中荷载作用位置 1 和 2 之间，离 1 点距离 $x=V_{1右}/q=13.65/10.74=1.27 \text{ m}$。

梁底部最大弯矩为：

$M_{b\max}=141.9+118.51\times2.97-0.5\times(6.67+4.07)\times2.97^2-86.6\times1.27=336.53 \text{ kN}\cdot\text{m}$

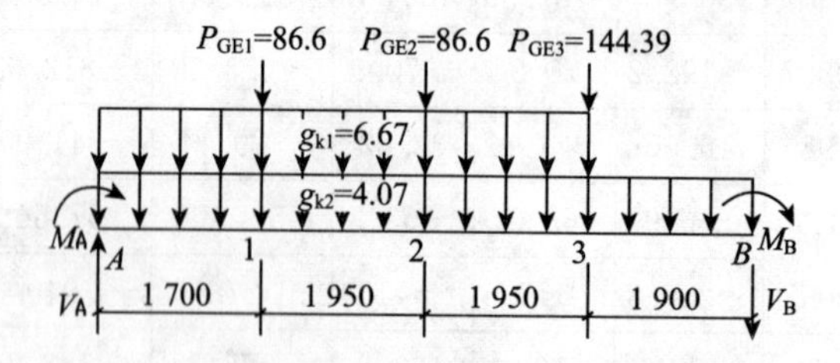

图 5-21　第一层梁 AB 荷载(单位:kN,kN/m)

(3) 右震组合 $S=1.2S_{GEk}+1.3S_{Ek}$ 情况

$$M_A=-420.3 \text{ kN}\cdot\text{m}, M_B=60.4 \text{ kN}\cdot\text{m}, l_n=7.5 \text{ m}$$

按照(1)的方法计算梁端剪力，$V_A=271.99 \text{ kN}$

$V_{2右}=271.99-1.2\times(6.67+4.07)\times3.65-1.2\times86.6\times2=17.11 \text{ kN}\cdot\text{m}$

$V_{3左}=271.99-1.2\times(6.67+4.07)\times5.60-1.2\times86.6\times2=-8.02 \text{ kN}\cdot\text{m}$

可见，梁间剪力为 0 处位于集中荷载作用位置 2 和 3 之间。距离 2 点 $x=V_{2右}/q=17.11/12.88=1.33 \text{ m}$。

梁底部最大弯矩为：

$M_{bmax}=-420.3+271.99\times4.98-0.5\times1.2\times(6.67+4.07)\times4.98^2-1.2\times86.6\times(1.33+3.28)=295.33\ kN\cdot m$

(4) 右震组合 $S=1.0S_{GEk}+1.3S_{Ek}$ 情况

$$M_A=-395.0\ kN\cdot m, M_B=21.2\ kN\cdot m, l_n=7.5\ m$$

按照(1)的方法计算梁端剪力，$V_A=236.63\ kN$

$$V_{3左}=236.63-(6.67+4.07)\times5.6-86.6\times2=3.29\ kN\cdot m$$

$$V_{3右}=236.63-(6.67+4.07)\times5.6-86.6\times2-144.39=-141.10\ kN\cdot m$$

可见，梁间剪力为 0 处位于集中荷载作用位置 3 处。

梁底部最大弯矩为：

$M_{bmax}=-395.0+236.63\times5.6-0.5\times(6.67+4.07)\times5.6^2-86.6\times(1.95+3.9)=255.11\ kN\cdot m$

5.4.9 内力调整

1) 框架梁“强剪弱弯”调整

根据式(5-3)，对于抗震等级为一、二、三级的框架梁端剪力设计值 V 应按下式调整：

$$V=\eta_{vb}(M_b^l+M_b^r)/l_n+V_{Gb}$$

本例建筑结构高度 15.3 m<24 m，按照表 5-3，框架抗震等级为三级。对于三级框架而言，$\eta_{vb}=1.1$。

按简支梁计算梁端剪力：

$$\begin{aligned}V_{GA}&=(5.8P_{GE1}+3.85P_{GE1}+1.9P_{GE2}+0.5\times7.5^2g_{k2}+5.6\times4.7\times g_{k1})/l_n\\&=(5.8\times86.6+3.86\times86.6+1.9\times144.39+0.5\times7.5^2\times4.07+5.6\times4.7\times6.67)/7.5\\&=186.67\ kN(\uparrow)\end{aligned}$$

$$\begin{aligned}V_{GB}&=V_{GA}-2\times P_{GE1}-P_{GE2}-7.5\times g_{k2}-5.6g_{k1}=186.67-2\times86.6-144.39-7.5\times4.07-5.6\times6.67\\&=-198.80\ kN(\uparrow)\end{aligned}$$

右震 $V_{AB}=-1.1\times(-395.0+21.2)/7.5+1.0\times186.67=241.49\ kN$

右震 $V_{AB}=-1.1\times(-420.3+60.4)/7.5+1.2\times186.67=276.79\ kN$

左震 $V_{BA}=-1.1\times(409.3+116.6)/7.5-1.2\times198.80=-315.69\ kN$

左震 $V_{BA}=-1.1\times(141.9+372.0)/7.5-1.0\times198.80=-274.17\ kN$

所以，梁 AB 最大设计剪力 $V_{max}=V_{BA}=-315.69\ kN$。

2) “强柱弱梁”调整

根据式(5-1)，对于抗震等级为一、二、三级的框架结构的梁柱节点处，除框架顶层和柱轴压比小于 0.15 外，柱端弯矩设计值应按下式调整：

$$\sum M_c=\eta_c\sum M_b$$

本例为三级框架，$\eta_c=1.3$。

下面以 A 轴上第一层梁柱节点为例。

$0.15Af_c = 0.15 \times 500 \times 500 \times 16.7 = 626.25 \times 10^3 \text{N} = 626.25\ \text{kN} < N_{min} = 1040.65\ \text{kN}$，要考虑强柱弱梁要求。

二层 A 柱柱底截面：

$$M_A = 1.3 \sum M_b / \sum M_c = 1.3 \times 420.3 \times 270.12/(270.12 + 113.78) = 384.451\ \text{kN} \cdot \text{m}$$

一层 A 柱柱顶截面：

$$M_A = 1.3 \sum M_b / \sum M_c = 1.3 \times 420.3 \times 113.78/(270.12 + 113.78) = 161.94\ \text{kN} \cdot \text{m}$$

底层 A 柱柱底截面：

$$M_A = 1.3 \times 265.12 = 344.66\ \text{kN} \cdot \text{m}$$

3）框架柱"强剪弱弯"调整

按照式(5-5)，一、二、三级框架柱端剪力设计值应按下式调整：

$$V = \eta_{vc}(M_c^t + M_c^b)/H_n$$

本例为三级框架结构，$\eta_{vc} = 1.2$。

一层 A 柱：$V = 1.2 \times (161.94 + 344.66)/(4.5 - 0.6) = 155.88\ \text{kN}$

4）"强节点弱杆件"调整

以第一层 AB 梁与 A 轴柱的节点为例。

按照表 5-18，柱的计算高度 $H_c = (1 - 0.596) \times 4\,500 + 0.5 \times 3\,600 = 3\,618\ \text{mm}$

$$V_j = \frac{\eta_{jb} \sum M_b}{h_{b0} - \alpha'_s}\left(1 - \frac{h_{b0} - \alpha'_s}{H_c - h_b}\right) = \frac{1.2 \times 420.3 \times 10^6}{660 - 40}\left(1 - \frac{660 - 40}{3618 - 700}\right) = 640.64 \times 10^3 \text{N}$$

5.4.10 截面抗震设计

1）梁截面设计

以第一层框架梁 AB 为例。

(1) 选取最不利内力

梁端弯矩：$M_{max} = -420.3\ \text{kN} \cdot \text{m}$，梁间剪力 $V_{max} = 315.69\ \text{kN}$，梁底弯矩：$M_{max} = 389.77\ \text{kN} \cdot \text{m}$。

(2) 梁正截面受弯承载力计算

抗震设计中，对于楼面现浇的框架结构，梁支座负弯矩按矩形截面计算纵筋数量，跨中正弯矩按 T 形截面计算纵筋数量。

① 跨间最大弯矩处

按 T 形截面设计，翼缘计算宽度 b'_f 按跨度考虑，取 $b'_f = 8\,000/3 = 2\,667\ \text{mm}$，梁内纵向钢筋采用 HRB 400 钢筋，混凝土强度等级为 C35。

$h_0 = h - a = 700 - 40 = 660\ \text{mm}$

$$\alpha_1 f_c b'_f h'_f (h_0 - h'_f/2) = 1.0 \times 16.7 \times 2\,667 \times 100 \times (660 - 100/2)$$
$$= 2\,716\ \text{kN} \cdot \text{m} > 389.77\ \text{kN} \cdot \text{m}$$

属于第一类 T 形截面。

$$\alpha_s = \frac{\gamma_{RE} M}{\alpha_1 f_c b'_f h_0^2} = \frac{0.75 \times 389.77 \times 10^6}{1.0 \times 16.7 \times 2\,667 \times 660^2} = 0.015$$

$$\xi=1-\sqrt{1-2\alpha_s}=0.015<\xi_b=0.35$$

$$A_s=\frac{\alpha_1 f_c b_f' \xi h_0}{f_y}=\frac{1.0\times16.7\times2\ 667\times0.015\times660}{360}=1\ 225\ \text{mm}^2$$

选筋 4 Φ 20(实配 $A_s=1\ 257\ \text{mm}^2$)。

$$\rho=\frac{1\ 257}{250\times660}=0.76\%>\rho_{\min}=\max\left\{0.45\frac{f_t}{f_y},0.2\%\right\}=0.2\%\text{，满足要求。}$$

梁端截面受压区相对高度：

$$\xi=\frac{f_y A_s}{\alpha_1 f_c b_f' h_0}=\frac{360\times1\ 257}{1.0\times16.7\times2\ 667\times660}=0.015<\xi_b=0.35\text{，满足要求。}$$

② 支座截面处

将跨中截面的梁底钢筋 4 Φ 20 伸入支座，作为支座负弯矩作用下的受压钢筋，则 $A_s'=1\ 257\ \text{mm}^2$，然后再计算相应的受拉钢筋 A_s。

$$\alpha_s=\frac{\gamma_{RE}M-f_y'A_s'(h_0-a')}{\alpha_1 f_c b_f' h_0^2}=\frac{0.75\times420.3\times10^6-360\times1\ 257\times(660-40)}{1.0\times16.7\times2\ 667\times660^2}$$

$$=0.001\ 8$$

$$\xi=1-\sqrt{1-2\alpha_s}=0.001\ 8<\xi_b=0.35$$

由 $x=\xi h_0=0.001\ 8\times660=1.188\ \text{mm}<2\alpha_s'=80\ \text{mm}$

说明 A_s'有富余，且达不到屈服，可近似取：

$$A_s=\frac{\gamma_{RE}M}{f_y(h_0-\alpha_s')}=\frac{0.75\times420.3\times10^6}{360\times(660-40)}=1\ 412\ \text{mm}^2$$

钢筋选配 5 Φ 20 (实配 $A_s=1\ 527\ \text{mm}^2$)。

$$\rho=\frac{1\ 527}{250\times660}=0.9\%>\rho_{\min}=\max\left\{0.45\frac{f_t}{f_y},0.2\%\right\}=0.2\%\text{，满足要求。}$$

且 $A_s'/A_s=1\ 257/1\ 527=0.82>0.3$，满足要求。

(3) 梁斜截面受剪承载力计算

为了使梁端有足够的抗剪承载力，实现"强剪弱弯"，防止梁在弯曲屈服前先发生剪切破坏。

根据式(5-11)，考虑地震作用组合的框架梁，当跨高比 $l_0/h=8\ 000/700=11.4>2.5$ 时，其受剪截面应符合下列条件：$V=315.69\ \text{kN}\leqslant0.20f_c bh_0/\gamma_{RE}=0.20\times16.7\times250\times660/0.85=648.35\times10^3\text{N}=648.35\ \text{kN}$，满足要求。

梁端加密区箍筋根据表 5-6 的要求，梁端加密区箍筋选用双肢箍Φ 8@100。箍筋选用 HRB 400，则

$$V_{cs}=\left(0.42f_t bh_0+f_{yv}\frac{A_{sv}}{s}h_0\right)/\gamma_{RE}=\left(0.42\times1.57\times250\times660+360\times\frac{2\times50.3}{100}\times660\right)/0.85$$

$$=409.21\times10^3N=409.21\ \text{kN}>V=315.69\ \text{kN}$$

满足要求。

$$\rho_{sv}=nA_{sv1}/bs=2\times50.3/(250\times100)=0.40\%>\rho_{svmin}=0.24f_t/f_{yv}=0.104\%$$

满足要求。

加密区的长度取 $\max\{1.5h_b,500\}=1\ 050\ \text{mm}$；非加密区 8@200，箍筋配置满足构造要求。

由于梁腹板高度 $h_w=660-100=560\ \text{mm}>450\ \text{mm}$，由《混凝土结构设计规范》(GB 50010—2010)相关条规可知，在梁的两个侧面应沿高度配置纵向构造钢筋，每侧纵向构造钢

筋(不包括梁上、下部受力钢筋及架立钢筋)的截面面积不应小于腹板截面面积的 $0.1\% bh_w$，且其间距不宜大于 200 mm，每侧取 3 Φ 10。

2) 柱截面设计

内力选择，框架柱正截面承载力验算，选择如下几组内力：

(1) $|M_{max}|$及对应的 N。

(2) N_{max}及对应的 M。

(3) N_{min}及对应的 M。

下面以第一层 A 柱的第①组内力为例。

$M_上=161.94\ \text{kN}\cdot\text{m}, M_下=344.66\ \text{kN}\cdot\text{m}, N=1\ 614.76\ \text{kN}, V=155.88\ \text{kN}$

纵筋、箍筋均采用 HRB 400 钢筋，混凝土强度等级为 C35。

本建筑为现浇楼盖，底层柱的计算长度 $l_0=4\ 500\ \text{mm}, l_0/h=4\ 500/500=9$。

在偏心受压构件的正截面承载力计算中，应计入轴向压力在偏心方向存在的附加偏心距 e_a，其值应取 20 mm 和偏心方向截面最大尺寸的 1/30 两者中的较大值。故 $e_a=\max\{20, 500/30\}=20\ \text{mm}$。

$$b=500\ \text{mm}, h=500\ \text{mm}, a=40\ \text{mm}, h_0=500-40=460\ \text{mm}$$

实际工程中，柱一般为偏压构件，进行弹性分析时，需要分析是否考虑挠曲效应的不利影响。根据《混凝土结构设计规范》(GB 50010—2010)第 6.2.3 条，弯矩作用平面内截面对称的偏心受压构件，当同一主轴方向的杆端弯矩比 $M_1/M_2 \leqslant 0.9$ 且轴压比 $\mu \leqslant 0.9$ 时，若构件的长细比满足 $l_c/i \leqslant 34-12M_1/M_2$ 的要求，可不考虑轴向压力在该方向挠曲杆件中产生的附加弯矩影响。构件按单曲率弯曲时取 M_1/M_2 正值，否则取负值。

偏心方向的回转半径：

$$i=\sqrt{I/A}=\sqrt{\left(\frac{1}{12}\times 500\times 500^3\right)/(500\times 500)}=144$$

$$l_c/i=4\ 500/144=31.25>34-12M_1/M_2=28.4$$

故需考虑附加弯矩

$$M=C_m\eta_{ns}M_2$$

$$C_m=0.7+0.3M_1/M_2=0.7+0.3\times 161.94/344.66=0.84$$

$$\zeta_c=\frac{0.5f_cA}{\gamma_{RE}N}=\frac{0.5\times 16.7\times 500\times 500}{0.8\times 1614.76\times 1000}=1.61>1.0 \text{ 取 } \zeta_c=1.0$$

$$\eta_{ns}=1+\frac{1}{1\ 300(M_2/N+e_a)/h_0}\left(\frac{l_c}{h}\right)^2\zeta_c$$

$$=1+\frac{1}{1\ 300\times(344.66\times 10^3/1\ 614.76+20)/460}\times 9^2\times 1.0=1.123$$

$$M=C_m\eta_{ns}M_2=0.84\times 1.123\times 344.66=356.1\ \text{kN}\cdot\text{m}$$

(1) 剪跨比和轴压比验算

剪跨比 $$\lambda=\frac{M}{Vh_0}=\frac{265.14\times 10^6}{111.87\times 10^3\times 460}=5.15>2$$

轴压比 $$\mu_N=\frac{N}{f_cbh}=\frac{1\ 614.76\times 10^3}{16.7\times 500\times 500}=0.387<[\mu]=0.85$$

符合要求。

(2) 正截面受弯承载力计算

$M=356.1\ \mathrm{kN\cdot m}, N=1\ 614.76\ \mathrm{kN}$

$e_i=M/N+e_a=356.1\times1\ 000/1\ 614.76+20=240.53\ \mathrm{mm}$

$e=e_i+h/2-a=240.53+500/2-40=450.53\ \mathrm{mm}$

$$x=\frac{\gamma_{RE}N}{\alpha_1 f_c b}=\frac{0.8\times1\ 614.76\times1\ 000}{1.0\times16.7\times500}=154\ \mathrm{mm}<\xi_b h_0=0.518\times460=238.3\ \mathrm{mm}$$

所以判断为大偏心受压构件。

$$A_s=A'_s=\frac{\gamma_{RE}Ne-\alpha_1 f_c bx(h_0-x/2)}{f'_y(h_0-\alpha'_s)}$$

$$=\frac{0.8\times1\ 614.76\times10^3\times450.53-1.0\times16.7\times500\times154\times(460-154/2)}{360\times(460-40)}$$

$$=592.0\ \mathrm{mm}^2$$

每侧选配 3Φ 18 钢筋，实配面积 $A_s=A'_s=762\ \mathrm{mm}^2>\rho_{min}bh=0.2\%\times500\times500=500\ \mathrm{mm}^2$，满足要求。

全截面纵筋实配 8Φ 18，$A_{s总}=2\ 032\ \mathrm{mm}^2>A_{smin}=0.75\%\times500\times500=1\ 875\ \mathrm{mm}^2$，满足要求。

(3) 轴心受压验算

$l_0/b=4\ 500/500=9$，查《混凝土结构设计规范》表 6.2.15 得 $\varphi=0.996$。

$$\rho'=\frac{A'_s}{bh}=\frac{2\ 032}{500\times500}=0.81\%<3\%$$

$$N_u=0.9\varphi[f_cA+f'_yA'_s]=0.9\times0.996\times[16.7\times500\times500+360\times2\ 032]$$

$$=3\ 086.74\times10^3\mathrm{N}=3\ 086.74\ \mathrm{kN}>N=1\ 614.76\ \mathrm{kN}$$

满足要求。

(4) 斜截面受剪承载力计算

对于剪跨比大于 2 的框架柱，根据式(5-17)，其截面尺寸与剪力设计值应符合下式的要求：

$0.20f_cbh_0/\gamma_{RE}=0.20\times16.7\times500\times500/0.85=982.35\times10^3\mathrm{N}=982.35\ \mathrm{kN}\geqslant 155.88\ \mathrm{kN}$，满足要求。

根据《混凝土结构设计规范》规定，斜截面受剪承载力应按下式计算：

$$V_c\leqslant\frac{1}{\gamma_{RE}}\left(\frac{1.05}{\lambda+1}f_t\,\mathrm{bh_0}+f_{yv}\frac{A_{sv}}{s}h_0+0.056\ N\right)$$

因 $\lambda>3$，故取 $\lambda=3$，$N=1\ 614.76\ \mathrm{kN}>0.3f_cA_c=0.3\times16.7\times500\times500=1\ 252.5\times10^3\mathrm{N}=1\ 252.5\ \mathrm{kN}$，取 $N=1\ 252.5\ \mathrm{kN}$。

$$155.88\times10^3\leqslant\frac{1}{0.85}\left(\frac{1.05}{3+1}\times1.57\times500\times460+360\times\frac{A_{sv}}{s}\times460+0.056\times1\ 252.5\times10^3\right)$$

由上式求得 $A_{sv}/s<0$，故按构造配箍，设置Φ 8@100 三肢箍筋，允许肢距为 max{250，20 d}=max{250，160}=250 mm，本例肢距为 150.6 mm，满足要求。

柱根加密区长度应取不小于该层柱净高的(4 500－700)/3=1 267 mm，上端加密区长度=max{h_c，500，$H_n/6$}=max{500，500，4 800/6}=800 mm。

(5) 验算体积配筋率

三级框架结构柱，柱端箍筋加密区箍筋体积配筋率应满足：$\rho_v \geqslant \max\{\lambda_v f_c/f_{yv}, 0.4\%\}$。

对于复合箍筋，当轴压比为 0.387 时，查表得最小配箍特征值 $\lambda_v = 0.068$，故

$\max\{\lambda_v f_c/f_{yv}, 0.4\%\} = \max\{0.068 \times 16.7/360, 0.4\%\} = 0.4\%$

$$\rho_v = \frac{n_1 A_{sv1} l_1 + n_2 A_{sv2} l_2}{A_{cor} S} = \frac{6 \times 452 \times 50.3}{444 \times 444 \times 100} = 0.69\% > 0.4\%$$

满足要求。

在柱箍筋加密区外，箍筋的体积配筋率不宜小于加密区配筋率的一半；对三、四级抗震等级，箍筋间距不应大于 $15d$，此处 d 为纵向钢筋直径。因此柱的非加密区箍筋采用Φ 8@200 三肢复合箍筋。

3）节点设计

节点区箍筋按照框架柱加密区配置，即采用Φ 8@100 三肢箍，采用 HRB 400 钢筋，混凝土强度等级采用 C35。

（1）尺寸验算

$0.3\eta_j f_c b_j h_j/\gamma_{RE} = 0.3 \times 1.0 \times 16.7 \times 500 \times 500/0.85 = 1\ 473.53 \times 10^3\ \text{N} > V_j = 640.64\ \text{kN}$，满足要求。

（2）抗震受剪承载力验算

对应的上柱组合轴向压力较小值 $N_{min} = 996.97\ \text{kN}$。

$0.5 f_c b_j h_j = 0.5 \times 16.7 \times 500 \times 500 = 2087.5 \times 10^3\ \text{N} > N_{min} = 996.97\ \text{kN}$，故取 $N = 996.97\ \text{kN}$。

$$\frac{1}{\gamma_{RE}}\left(1.1\eta_j f_t b_j h_j + 0.05\eta_j N \frac{b_j}{b_c} + f_{yv} A_{svj} \frac{h_{b0} - a'_s}{s}\right)$$

$$= \frac{1}{0.85}\left(1.1 \times 1.0 \times 1.57 \times 500 \times 500 + 0.05 \times 1.0 \times 996.97 \times 10^3 + 360 \times 3 \times 50.3 \times \frac{660 - 40}{100}\right)$$

$$= 962.83 \times 10^3\ \text{N} = 962.83\ \text{kN} > V_j = 640.64\ \text{kN}$$

（3）验算体积配筋率

三级框架节点核芯区配箍特征值不宜小于 0.08，且体积配箍率不宜小于 0.04%。

$$\max\{\lambda_v f_c/f_{yv}, 0.4\%\} = \max\{0.08 \times 16.7/360, 0.4\%\} = 0.4\%$$

$$\rho_v = \frac{n_1 A_{sv1} l_1 + n_2 A_{sv2} l_2}{A_{cor} S} = \frac{6 \times 452 \times 50.3}{444 \times 444 \times 100} = 0.69\% > 0.4\%$$

满足要求。

复习思考题

1. 多、高层钢筋混凝土结构房屋抗震设计为什么要限制其最大高度和高宽比？
2. 多、高层钢筋混凝土结构设计时为什么要划分抗震等级？是如何划分的？
3. 多、高层钢筋混凝土结构的抗震设计对楼屋盖有什么要求？
4. 多、高层钢筋混凝土框架结构设计流程是怎样的？
5. 在设计多、高层钢筋混凝土框架结构时，为何要进行内力调整？
6. 如何设计结构合理的破坏机制？
7. 什么是“强柱弱梁”“强剪弱弯”原则？在设计中如何体现？
8. 怎样保证框架梁柱节点的抗震性能？如何进行节点设计？

6 多层砌体房屋和底部框架砌体房屋的抗震设计

砌体结构房屋的墙体是由块体和砂浆砌筑而成的，块体和砂浆具有脆性性质，抗拉、抗弯及抗剪能力都很低，因此砌体结构房屋的抗震性能相对较差，不及钢结构和钢筋混凝土结构房屋，在国内外历次强震中的破坏率都很高。砌体结构房屋在我国的建筑工程中使用很广泛，在我国建筑业中的比例占到约60%～70%，尤其在住宅建筑中，使用比例高达80%。因此，对地震区的砌体结构房屋进行抗震设计是很有必要的。

6.1 多层砌体房屋的震害

6.1.1 震害现象

在历次地震中，砌体结构房屋的震害有以下形式：

1) *房屋倒塌*

房屋倒塌是最严重的破坏形式。房屋倒塌分整体倒塌和局部倒塌两种形式。当结构下部特别是底层墙体的抗震强度不足时，易造成房屋的底层倒塌，从而导致房屋整体倒塌。当结构上部墙体抗震强度不足时，上部结构倒塌，形成局部倒塌。另外，当结构平立面体型复杂且处理不当，或个别部位连接不好时，也容易造成局部倒塌。

2) *墙体开裂、破坏*

在地震作用下，与水平地震作用走向大体一致的墙体，由于墙体的主拉应力达到强度限值而会产生斜裂缝。在地震反复作用下，又多形成交叉斜裂缝。如果墙体高宽比接近1，则墙体出现X形交叉裂缝；如果墙体的高宽比较小，则在墙体中间部位出现水平裂缝，如图6-1所示。

(a) 高宽比较大的墙

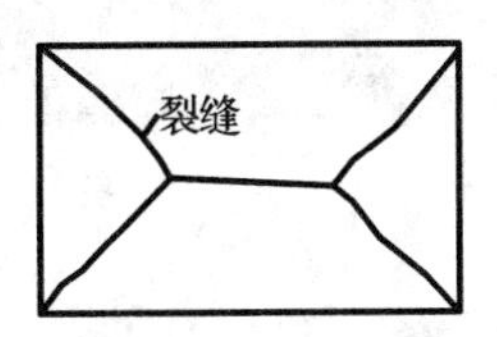

(b) 高宽比较小的墙

图6-1 不同高宽比墙的破坏特征

3) *墙角破坏*

墙角位于房屋的尽端，本身受房屋的约束作用相对较弱，再加上地震对于房屋尽端的扭转效应比较大，所以墙角处受力复杂，易应力集中，导致比较严重的震害，如图 6－2 所示。墙角的破坏形式有受剪斜裂缝、受压竖向裂缝、块材被压碎及墙角脱落。

图 6－2　墙角破坏

4）纵横墙连接破坏

纵横墙连接处由于受到双向水平地震作用影响，受力复杂，易产生应力集中现象，造成破坏。同时，纵横墙连接不可靠、纵横墙的砌筑咬槎质量差，也造成纵横墙连接处的破坏。在地震作用下，纵横墙连接处会出现竖向裂缝、纵墙外闪甚至倒塌。图 6－3 为唐山地震时，一幢 3 层招待所由于内外墙未咬砌，同时横墙上又无圈梁和外墙拉结，导致外墙全部甩出。

图 6－3　外墙甩出

5）楼梯间破坏

楼梯间的刚度一般较大，受到的地震作用往往比其他部位大。同时，楼梯间墙体在高度方向缺乏各层楼板的侧向支承，尤其是顶层，墙体有一层半楼层的高度，约束作用减弱，空间整体刚度小，易造成破坏。而且楼梯间的墙体往往受嵌入墙内的楼梯段的削弱，所以，楼梯间的震害往往比其他部位严重。

图 6-4 为汶川大地震时，砖混结构楼梯间的倒塌。图 6-5 为都江堰中学教学楼楼梯间的破坏。

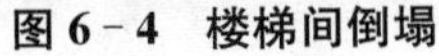
图 6-4 楼梯间倒塌

图 6-5 楼梯间破坏

6) 楼盖与屋盖的破坏

楼板(屋面板)在墙上的搁置长度不够，或者缺乏可靠的拉结措施，地震时楼板会塌落。

7) 附属构件的破坏

突出屋面的楼梯间、电梯间、女儿墙、烟囱等附属结构，由于地震时鞭梢效应的影响，破坏尤其严重。图 6-6 为汶川地震时，突出屋面的景观构架倒塌。

图 6-6 附属结构破坏

6.1.2 震害规律

砌体房屋的震害，大体上存在以下规律：

(1) 对于刚性楼盖房屋，上层的破坏轻，下层的破坏重；而对于柔性楼盖房屋，上层的破坏重，下层的破坏轻。

(2) 横墙承重房屋的震害轻于纵墙承重房屋。

(3) 坚实地基上的房屋震害轻于软弱地基和非均匀地基上的房屋震害。

(4) 外廊式房屋往往地震破坏较重。

(5) 预制楼板结构比现浇楼板结构破坏重。

(6) 房屋两端、转角、楼梯间、附属结构震害较重。

6.2 多层砌体房屋抗震设计一般规定

砌体结构房屋的平、立面布置及结构体系的选择，对于结构的抗震性能影响非常大，属于抗震概念设计的范畴。

6.2.1 建筑布置和结构体系的基本要求

1) 平、立面布置

房屋的平、立面布置应尽可能简单、规则、对称，避免采用不规则的平、立面。

2) 结构体系

应优先采用横墙承重或纵横墙共同承重的结构体系，不应采用砌体墙和混凝土墙混合承重的结构体系。

纵墙承重的结构体系，由于横向支承少，纵墙易产生平面外弯曲破坏而导致结构倒塌，因此，对多层砌体房屋应优先采用横墙承重结构方案，其次考虑纵横墙共同承重的结构方案，尽可能避免纵墙承重方案。

砌体墙和混凝土墙混合承重时，由于两种材料性能不同，易出现墙体各个被击破的现象，故应避免。

3) 纵横墙的布置

(1) 宜均匀对称，沿平面内宜对齐，沿竖向应上下连续，且纵横向墙体的数量不宜相差过大。纵横墙均匀对称布置，可使各墙垛受力基本相同，避免薄弱部位的破坏。

(2) 平面轮廓凹凸尺寸，不应超过典型尺寸的 50%；当平面轮廓凹凸尺寸超过典型尺寸的 25%时，房屋转角处应采取加强措施。

(3) 楼板局部大洞口的尺寸不宜超过楼板宽度的 30%，且不应在墙体两侧同时开洞。

(4) 房屋错层的楼板高差超过 500 mm 时，应按两层计算；错层部位的墙体应采取加强措施。

(5) 同一轴线上的窗间墙宽度宜均匀；墙面洞口的面积，6、7 度时不宜大于墙面总面积的 55%，8、9 度时不宜大于 50%。

(6) 在房屋宽度方向的中部应设置内纵墙，其累计长度不宜小于房屋总长度的 60%(高宽比大于 4 的墙段不计入)。

4) 防震缝的设置

房屋有下列情况之一时宜设置防震缝，缝两侧均应设置墙体，缝宽应根据烈度和房屋高度确定，可采用 70～100 mm：

(1) 房屋立面高差在 6 m 以上。

(2) 房屋有错层，且楼板高差大于层高的 1/4。

(3) 各部分结构刚度、质量截然不同。

(4) 楼梯间不宜设置在房屋的尽端或转角处。

(5) 不应在房屋转角处设置转角窗。房屋转角处不应设窗，避免局部破坏严重。

(6) 横墙较少、跨度较大的房屋，宜采用现浇钢筋混凝土楼、屋盖。

6.2.2　房屋的总高度和层数

震害调查资料表明：砌体结构房屋随层数的增多，高度的加大，破坏程度也随之加重，倒塌率随房屋的层数近似成正比增加。因此，对房屋的高度与层数作出限制是必要的。我国《建筑抗震设计规范》(GB 50011—2010)对砌体结构房屋的总高度与层数的限值见表 6-1。

表 6-1　房屋的层数和总高度限值(m)

房屋类别		最小抗震墙厚度(mm)	烈度和设计基本地震加速度											
			6		7				8				9	
			0.05 g		0.10 g		0.15 g		0.20 g		0.30 g		0.40 g	
			高度	层数	高度	层数	高度	层数	高度	层数	高度	层数	高度	层数
多层砌体房屋	普通砖	240	21	7	21	7	21	7	18	6	15	5	12	4
	多孔砖	240	21	7	21	7	18	6	18	6	15	5	9	3
	多孔砖	190	21	7	18	6	15	5	15	5	12	4	—	—
	小砌块	190	21	7	21	7	18	6	18	6	15	5	9	3

注：(1) 房屋的总高度指室外地面到主要屋面板板顶或檐口的高度，半地下室从地下室室内地面算起，全地下室和嵌固条件好的半地下室应允许从室外地面算起；对带阁楼的坡屋面应算到山尖墙的 1/2 高度处。

(2) 室内外高差大于 0.6 m 时，房屋总高度应允许比表中数据适当增加，但增加量应少于 1.0 m。

(3) 乙类设防的多层砌体房屋仍按本地区设防烈度查表，但层数应减少一层且总高度应降低 3 m。

(4) 本表小砌块砌体房屋不包括配筋混凝土空心小型砌块砌体房屋。

横墙较少(同一楼层内开间大于 4.2 m 的房间占该层总面积的 40%～80%)的多层砌体房屋，总高度应比表 6-1 的规定降低 3 m，层数相应减少一层；各层横墙很少(同一楼层内开间大于 4.2 m 的房间占该层总面积的 80%以上)的多层砌体房屋，还应再减少一层。

6、7 度且丙类设防的横墙较少的多层砌体房屋，当按规定采取加强措施并满足抗震承载力要求时，其高度和层数应允许仍按表 6-1 的规定采用。

采用蒸压灰砂砖和蒸压粉煤灰砖砌体的房屋，当砌体的抗剪强度仅达到普通黏土砖砌体的 70%时，房屋的层数应比普通砖房减少一层，总高度应减少 3 m；当砌体的抗剪强度达到普通黏土砖砌体的取值时，房屋的层数和高度同普通砖房屋。

多层砌体承重房屋的层高，不应超过 3.6 m。

当使用功能确有需要时，采用约束砌体等加强措施的普通砖房屋，层高不应超过 3.9 m。

6.2.3 房屋的高宽比

当房屋的高宽比大时，在地震时易发生整体弯曲破坏。我国《建筑抗震设计规范》(GB 50011—2010)对多层砌体房屋不要求做弯曲强度的验算，但多层砌体房屋发生整体弯曲破坏的震害是存在的。为了保证房屋的稳定性，房屋的总高度和总宽度的最大比值应满足表6-2的要求。

表6-2 房屋最大高宽比

烈 度	6	7	8	9
最大高宽比	2.5	2.5	2.0	1.5

注：(1) 单面走廊房屋的总宽度不包括走廊宽度。
(2) 建筑平面接近正方形时，其高宽比宜适当减小。

6.2.4 抗震横墙间距的限值

房屋的空间刚度对房屋的抗震性能影响很大，而抗震横墙的间距又直接影响到房屋的空间刚度。当横墙数量多、间距小时，结构的空间刚度大，抗震性能好；反之，结构的抗震性能就差。另外，横墙间距过大，纵墙的侧向支撑就少，纵墙易发生出平面破坏。再者，横墙间距过大，楼盖在水平地震作用下的支承点的间距就大，楼盖刚度可能不足，从而影响水平地震作用传递到相邻墙体。因此，为了保证结构的空间刚度，保证楼盖具有传递水平地震作用给承重墙体的水平刚度，避免纵墙出平面破坏，抗震横墙间距不应太大，具体限值见表6-3。

表6-3 房屋抗震横墙最大间距(m)

房屋类别		烈 度			
		6	7	8	9
多层砌体房屋	现浇或装配整体式钢筋混凝土楼、屋盖	15	15	11	7
	装配式钢筋混凝土楼、屋盖	11	11	9	4
	木屋盖	9	9	4	—

注：(1) 多层砌体房屋的顶层，除木屋盖外的最大横墙间距应允许适当放宽，但应采取相应的加强措施。
(2) 多孔砖抗震横墙厚度为190 mm时，最大横墙间距应比表中数值减少3 m。

6.2.5 房屋的局部尺寸限制

房屋局部尺寸的影响，有时仅造成局部的破坏，并未造成结构倒塌，但某些重要部位的局部破坏则会影响整个结构的抗震能力，严重时会引起倒塌，所以有必要限制房屋的局部尺寸。表6-4为《建筑抗震设计规范》(GB 50011—2010)规定的房屋局部尺寸限值。

表 6-4　房屋的局部尺寸限值(m)

部　位	6 度	7 度	8 度	9 度
承重窗间墙最小宽度	1.0	1.0	1.2	1.5
承重外墙尽端至门窗洞边的最小距离	1.0	1.0	1.2	1.5
非承重外墙尽端至门窗洞边的最小距离	1.0	1.0	1.0	1.0
内墙阳角至门窗洞边的最小距离	1.0	1.0	1.5	2.0
无锚固女儿墙(非出入口处)的最大高度	0.5	0.5	0.5	0.0

注:(1) 局部尺寸不足时,应采取局部加强措施弥补,且最小宽度不宜小于 1/4 层高和表列数据的 80%。
(2) 出入口处的女儿墙应有锚固。

6.3　多层砌体房屋抗震计算

《建筑抗震设计规范》规定,多层砌体房屋可不进行竖向地震作用下的抗震强度验算,也可不进行水平地震作用下整体弯曲强度的验算。因此,多层砌体房屋抗震强度验算是指水平地震作用下砌体墙间的抗震抗剪强度的验算。

6.3.1　计算简图

当多层砌体结构房屋按上节要求进行结构布置后,可认为在其水平地震作用下的变形以层间剪切变形为主。因此,可采用图 6-7 所示的计算简图。

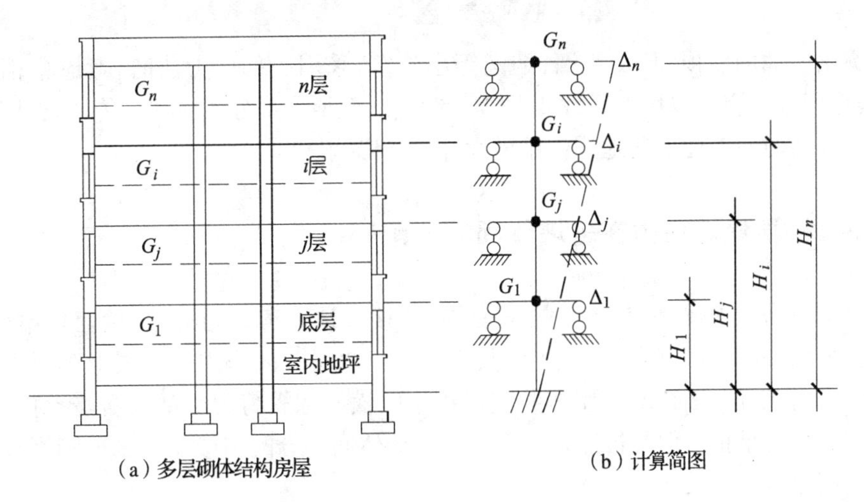

(a) 多层砌体结构房屋　　(b) 计算简图

图 6-7　多层砌体结构的计算简图

计算多层砌体结构房屋的地震作用时,应以防震缝所划分的结构单元作为计算单元。将楼、屋盖上的重力荷载代表值以及墙体上下各一半范围内的重力荷载全部集中于楼、屋盖标高处。

计算简图中底部固定端按下述规定确定：当基础埋置较浅时，取为基础顶面；当基础埋置较深时，取为室外地坪下 0.5 m 处；当设有整体刚度很大的全地下室时，取为地下室顶板顶部；当地下室整体刚度较小或为半地下室时，取为地下室室内地坪处，此时，地下室顶板也算一层楼面。

6.3.2 地震作用计算

按上节要求进行结构布置后，多层砌体结构房屋的质量和刚度沿高度分布均匀，且以剪切变形为主，可用底部剪力法来确定地震作用。由于多层砌体结构房屋纵向或横向承重墙体的数量较多，房屋的侧移刚度都较大，因此结构的基本周期较短，一般不超过 0.3 s。所以，结构底部总水平地震作用的标准值 F_{Ek} 按下式确定：

$$F_{Ek}=\alpha_{max}G_{eq} \tag{6-1}$$

式中：F_{Ek}——结构总水平地震作用标准值；

α_{max}——水平地震作用影响系数最大值；

G_{eq}——结构等效总重力荷载代表值，按 $G_{eq}=0.85\sum G_i$ 计算，其中 G_i 为集中于第 i 质点的重力荷载代表值。

多层砌体房屋的自振周期较短，不需要考虑顶部附加地震作用，因此，各质点的水平地震作用标准值为

$$F_i=\frac{G_iH_i}{\sum_{j=1}^{n}G_jH_j}F_{Ek} \tag{6-2}$$

作用于第 i 楼层的水平地震剪力 V_i 为 i 层以上各层地震作用之和，即

$$V_i=\sum_{j=i}^{n}F_j \tag{6-3}$$

对于突出屋面的屋顶间、女儿墙、烟囱等小建筑，采用底部剪力法时，考虑鞭梢效应影响，其地震作用效应应乘以增大系数 3，即 $V_n=3F_n$。但增大部分不应往下传递，也即计算下层层间地震剪力时不考虑上述地震作用增大部分的影响。

6.3.3 楼层地震剪力在各墙体间的分配

在多层砌体房屋中，墙体是主要抗侧力构件，楼层地震剪力通过楼、屋盖传给各墙体。由于墙体在平面外的抗侧刚度很小，所以假定沿某一水平方向作用的楼层地震剪力全部由同一层墙体中与该方向平行的各墙体共同承担。即横向地震剪力全部由横墙承担，纵向地震剪力全部由纵墙承担。但是楼层地震剪力在各墙体间的分配与楼盖的水平刚度以及各墙体的抗侧刚度等因素有关。

1）墙体侧移刚度

假定墙体下端固定，上端嵌固，在墙体顶端施加一单位力，则墙体在单位力作用下产生的侧移为墙体的侧移柔度。侧移柔度的倒数即为墙体的侧移刚度。

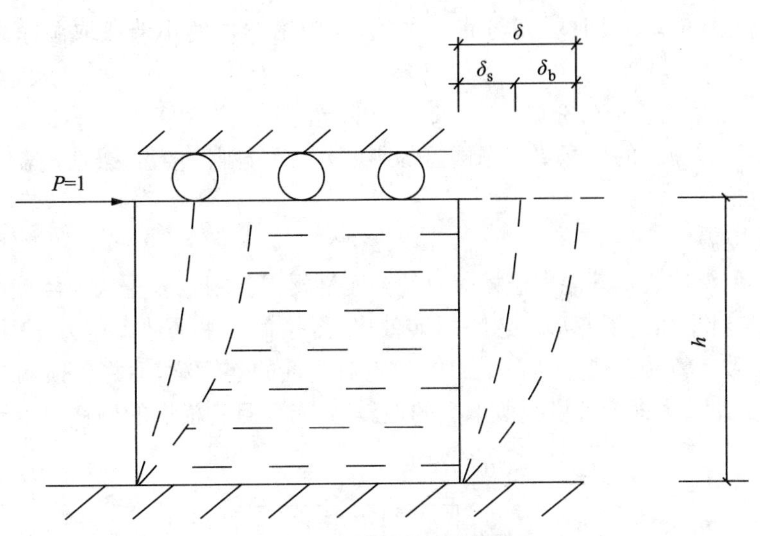

图 6-8 墙体的侧移柔度

墙体在侧向力作用下的变形一般包括弯曲变形和剪切变形两部分。

弯曲变形为
$$\delta_b=\frac{h^3}{12EI}=\frac{1}{Et}\cdot\left(\frac{h}{b}\right)^3 \tag{6-4}$$

剪切变形为
$$\delta_s=\frac{\xi h}{AG}=3\cdot\frac{1}{Et}\cdot\frac{h}{b} \tag{6-5}$$

式中：h——墙体高度；

A——墙体的水平截面积，$A=bt$；

b、t——墙体的宽度和厚度；

I——墙体的水平截面惯性矩，$I=\frac{1}{12}b^3t$；

E——砌体弹性模量；

G——砌体剪切模量，一般取 $G=0.4E$；

ξ——截面剪应力不均匀系数，对矩形截面取 $\xi=1.2$。

墙体的总变形为弯曲变形和剪切变形之和，即 $\delta=\delta_b+\delta_s$。因此墙体的侧移刚度为

$$K=\frac{1}{\delta}=\frac{1}{\delta_b+\delta_s} \tag{6-6}$$

随着墙体高宽比的不同，弯曲变形和剪切变形在总变形中所占的比例也不同。

当高宽比 $\frac{h}{b}<1$ 时，可只考虑剪切变形，则

$$K=\frac{1}{\delta_s}=\frac{Etb}{3h} \tag{6-7}$$

当高宽比 $1\leqslant\frac{h}{b}\leqslant4$ 时，同时考虑弯曲变形和剪切变形，则

$$K=\frac{1}{\delta_b+\delta_s}=\frac{Et}{\frac{h}{b}\left[\left(\frac{h}{b}\right)^2+3\right]} \tag{6-8}$$

当高宽比 $\frac{h}{b}>4$ 时，由于侧移柔度值很大，可不考虑墙体侧移刚度，即取 $K=0$。

在计算高宽比时，一般取层高与墙长之比，对门窗洞边的小墙段取洞净高与洞侧墙宽之比。

2）横向楼层地震剪力的分配

横向楼层地震剪力的分配要考虑楼盖的刚度，下面分刚性楼盖、柔性楼盖和中等刚性楼盖3种情况讨论。

（1）刚性楼盖

现浇和装配整体式钢筋混凝土楼盖可视为刚性楼盖。刚性楼盖认为楼盖在平面内刚度为无穷大，在自身平面内无变形。忽略扭转效应时，楼盖在水平地震剪力作用下做平动，各点的变形均一致。将楼盖视为其在平面内为绝对刚性的连续梁，而将各横墙看成是该梁的弹性支座，各支座反力即为各横墙所承受的地震剪力，而且各横墙的侧移均相等。

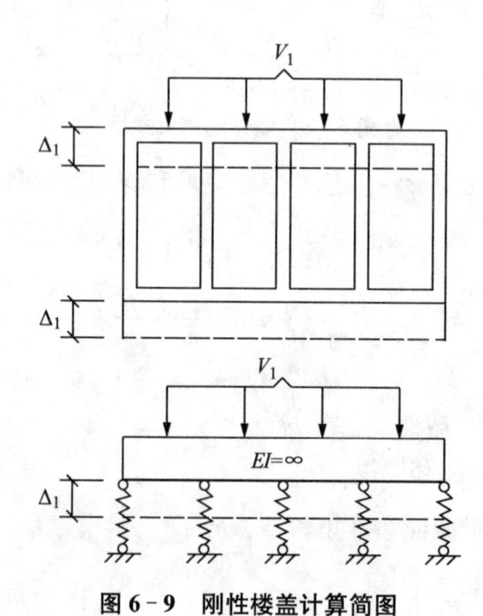

图6-9　刚性楼盖计算简图

对于刚性楼盖，各道横墙所承担的地震剪力可按照各道横墙的侧移刚度比例来分配，即

$$V_{ij}=\frac{K_{ij}}{\sum_{j=1}^{m}K_{ij}}V_i \tag{6-9}$$

式中：V_{ij}——第i层第j道墙体分配到的地震剪力；

V_i——第i楼层的地震剪力；

K_{ij}——第i层第j道墙体的侧移刚度（第i层共m道横墙）。

当同一层墙体材料及高度均相同时，可按各墙体的横截面面积比例进行分配：

$$V_{ij}=\frac{A_{ij}}{\sum_{j=1}^{m}A_{ij}}V_i \tag{6-10}$$

式中：A_{ij}——第i层第j道墙体的净横截面面积。

（2）柔性楼盖

木楼盖、轻钢楼盖等可视为柔性楼盖。柔性楼盖即楼盖在自身平面内刚度很小，在水平地震剪力作用下，楼盖变形除平移外还有弯曲变形。楼盖在各处的变形不一致，变形曲线也不连续，可近似地认为整个楼盖为分段简支于各片横墙的多跨简支梁，各片横墙可独立变形。

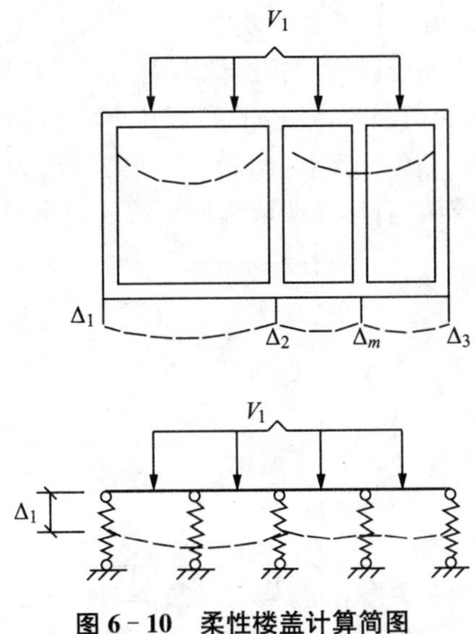

图 6-10　柔性楼盖计算简图

此时，各横墙所承担的地震作用，可按照该墙所承担的重力荷载代表值的比例进行分配，即

$$V_{ij}=\frac{G_{ij}}{G_i}V_i \tag{6-11}$$

式中：G_{ij}——第 i 层第 j 道墙与左右两侧相邻横墙之间各一半楼盖面积上所承担的重力荷载代表值之和；

G_i——第 i 层楼盖上所承担的总重力荷载代表值。

当楼盖上重力荷载分布均匀时，上述计算可简化为按各墙与两侧横墙之间各一半楼盖面积比例进行分配，即

$$V_{ij}=\frac{S_{ij}}{S_i}V_i \tag{6-12}$$

式中：S_{ij}——第 i 层第 j 道墙与左右两侧相邻横墙之间各一半楼盖面积之和；

S_i——第 i 层楼盖的总面积。

(3) 中等刚性楼盖

装配式钢筋混凝土楼盖属于中等刚性楼盖，楼盖刚度介于刚性与柔性之间。对这种楼盖，可采用前述两种分配方法的平均值，即

$$V_{ij}=\frac{1}{2}\left(\frac{K_{ij}}{\sum_{j=1}^{m}K_{ij}}+\frac{G_{ij}}{G_i}\right)V_i \tag{6-13}$$

当墙高相同，所用材料相同，且楼盖上重力荷载均匀分布时，可简化为

$$V_{ij}=\frac{1}{2}\left(\frac{A_{ij}}{A_i}+\frac{S_{ij}}{S_i}\right)V_i \tag{6-14}$$

3) 纵向楼层地震剪力的分配

房屋的纵向长度一般都比较大，所以无论何种类型的楼盖，纵向水平刚度都很大。因

此，不论是何种楼盖，在纵向分配地震剪力时都按刚性楼盖考虑，也即按纵墙的侧移刚度比例进行分配。

4）在同一道墙上各墙段间地震剪力的分配

同一道墙上，门窗洞口之间墙段所承担的地震剪力可按墙段的侧移刚度比例进行分配。

当墙体上同时开有门洞和窗洞时，墙段的高宽比 h/b 为洞净高与洞侧墙宽之比。由于各墙段的高宽比不同，因此其侧移刚度也不同。洞高的取法为：窗间墙取窗洞高；门间墙取门洞高；门窗之间的墙段取窗洞高；尽端墙取紧靠尽端的门洞或窗洞高。如图 6－11 所示。

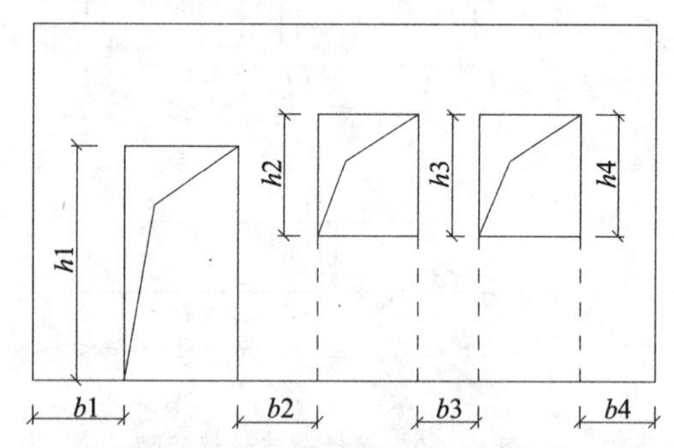

图 6－11　开洞时墙段高度的取值

对设置构造柱的小开口墙段按毛墙面计算的刚度，可根据开洞率乘以表 6－5 的洞口影响系数。

表 6－5　墙段洞口影响系数

开洞率	0.10	0.20	0.30
影响系数	0.98	0.94	0.88

注：(1) 开洞率为洞口水平截面积与墙段水平毛截面积之比，相邻洞口之间净宽小于 500 mm 的墙段视为洞口。

(2) 洞口中线偏离墙段中线大于墙段长度的 1/4 时，表中影响系数值折减 0.9；门洞的洞顶高度大于层高 80%时，表中数据不适用；窗洞高度大于 50%层高时，按门洞对待。

6.3.4　墙体抗震承载力验算

我国《建筑抗震设计规范》(GB 50011—2010)规定，各类砌体(普通砖、多孔砖、混凝土小砌块)沿阶梯形截面破坏的抗震抗剪强度设计值应按下列公式确定：

$$f_{vE}=\xi_N f_v \tag{6-15}$$

式中：f_{vE}——砌体沿阶梯形截面破坏的抗震抗剪强度设计值；

f_v——非抗震设计的砌体抗剪强度设计值，应按《砌体结构设计规范》(GB 50003—2011)采用；

ξ_N——砌体抗震抗剪强度的正应力影响系数，应按表 6－6 采用。

表 6－6 砌体抗震抗剪强度的正应力影响系数

砌体类别	σ_0/f_v							
	0.0	1.0	3.0	5.0	7.0	10.0	12.0	≥16.0
普通砖、多孔砖	0.80	0.99	1.25	1.47	1.65	1.90	2.05	—
小砌块	—	1.23	1.69	2.15	2.57	3.02	3.32	3.92

注：σ_0 为对应于重力荷载代表值的砌体截面平均压应力。

当墙体或墙段的水平地震剪力确定以后，即可进行墙体的抗震承载力验算。可只选择抗震不利墙段(从属面积较大、局部截面较小或竖向压应力较小的墙段)进行验算。

墙体截面抗震验算设计表达式的一般形式为

$$S \leqslant \frac{R}{\gamma_{RE}} \tag{6-16}$$

式中：S——结构构件内力组合的设计值，包括组合的弯矩、轴向力和剪力设计值；

R——结构构件承载力设计值；

γ_{RE}——承载力抗震调整系数，应按表 6－7 采用。

表 6－7 砌体承载力抗震调整系数

结 构 构 件	受 力 状 态	γ_{RE}
无筋、网状配筋和水平配筋砖砌体剪力墙	受 剪	1.0
两端均设构造柱、芯柱的砌体剪力墙	受 剪	0.9
组合砖墙、配筋砌块砌体剪力墙	偏心受压、受拉和受剪	0.85
自承重墙	受 剪	0.75
无筋砖柱	偏心受压	0.9
组合砖柱	偏心受压	0.85

1) 普通砖、多孔砖墙体的截面抗震受剪承载力验算

(1) 一般情况下的验算

$$V \leqslant \frac{f_{vE}A}{\gamma_{RE}} \tag{6-17}$$

式中：V——墙体地震剪力设计值，为地震剪力标准值的 1.3 倍；

f_{vE}——砌体沿阶梯形截面破坏的抗震抗剪强度设计值；

A——墙体横截面面积，多孔砖取毛截面面积；

γ_{RE}——承载力抗震调整系数。

(2) 水平配筋墙体的抗震承载力验算

采用水平配筋的墙体，应按下式验算：

$$V \leqslant \frac{1}{\gamma_{RE}}(f_{vE}A + \zeta_s f_{yh} A_{sh}) \tag{6-18}$$

式中：A——墙体横截面面积，多孔砖取毛截面面积；

f_{yh}——水平钢筋抗拉强度设计值；

A_{sh}——层间墙体竖向截面的总水平钢筋面积，其配筋率应不小于 0.07%且不大于 0.17%；

ζ_s——钢筋参与工作系数，可按表 6-8 采用。

表 6-8　钢筋参与工作系数

墙体高宽比	0.4	0.6	0.8	1.0	1.2
ζ_s	0.10	0.12	0.14	0.15	0.12

(3) 同时考虑水平钢筋和钢筋混凝土构造柱影响时的截面抗震承载力验算

当按式(6-17)、式(6-18)验算不满足要求时，可计入基本均匀设置于墙段中部、截面不小于 240 mm×240 mm(墙厚 190 mm 时为 240 mm×190 mm)且间距不大于 4 m 的构造柱对受剪承载力的提高作用，按下列简化方法验算：

$$V \leqslant \frac{1}{\gamma_{RE}}[\eta_c f_{vE}(A-A_c)+\zeta_c f_t A_c+0.08 f_{yc} A_{sc}+\zeta_s f_{yh} A_{sh}] \tag{6-19}$$

式中：A_c——中部构造柱的横截面总面积(对横墙和内纵墙，$A_c>0.15A$ 时取 $0.15A$；对外纵墙，$A_c>0.25A$ 时取 $0.25A$)；

f_t——中部构造柱的混凝土轴心抗拉强度设计值；

A_{sc}——中部构造柱的纵向钢筋截面总面积(配筋率不小于 0.6%，大于 1.4%时取 1.4%)；

f_{yh}，f_{yc}——分别为墙体水平钢筋、构造柱钢筋抗拉强度设计值；

ζ_c——中部构造柱参与工作系数，居中设一根时取 0.5，多于一根时取 0.4；

η_c——墙体约束修正系数，一般情况下取 1.0，构造柱间距不大于 3.0 m 时取 1.1；

A_{sh}——层间墙体竖向截面的总水平钢筋面积，无水平钢筋时取 0.0。

2) 混凝土小砌块墙体的截面抗震受剪承载力验算

$$V \leqslant \frac{1}{\gamma_{RE}}[f_{vE}A+(0.3 f_t A_c+0.05 f_y A_s)\zeta_c] \tag{6-20}$$

式中：f_t——芯柱混凝土轴心抗拉强度设计值；

A_c——芯柱截面总面积；

A_s——芯柱钢筋截面总面积；

ζ_c——芯柱参与工作系数，可按表 6-9 采用。

表 6-9　芯柱参与工作系数

填孔率 ρ	$\rho<0.15$	$0.15\leqslant\rho<0.25$	$0.25\leqslant\rho<0.5$	$\rho\geqslant0.5$
ζ_c	0.0	1.0	1.10	1.15

注：填孔率指芯柱根数(含构造柱和填实孔洞数量)与孔洞总数之比。

6.4　多层砌体房屋抗震构造措施

砌体结构的抗震构造措施尤其重要。多层砌体结构房屋的防倒塌以及构件之间的连接等问题主要是通过抗震构造措施来保证的。

6.4.1　设置钢筋混凝土构造柱与芯柱

在多层砌体结构房屋中设置钢筋混凝土构造柱或芯柱，是一项重要的抗震构造措施。其中芯柱是指在小砌块墙体上下贯通的孔洞中，插入钢筋并浇灌混凝土而形成的柱子。墙体中设置构造柱或芯柱后，墙体的抗剪强度可以提高10%～30%，最重要的是，墙体的变形能力可以大大提高，而且构造柱与圈梁所形成的约束体系可以有效防止墙体的散落，提高房屋的抗倒塌能力。从汶川地震的震害情况看，按要求设置构造柱和圈梁的结构，震害普遍比不设或设置不合理的结构要轻。

1) *多层砖砌体房屋*

(1) 钢筋混凝土构造柱的设置要求

多层砖砌体房屋的构造柱设置部位，一般情况下应符合表6-10的要求。

表6-10　多层砖砌体房屋构造柱设置要求

<table>
<tr><th colspan="4">房屋层数</th><th colspan="2" rowspan="2">设置部位</th></tr>
<tr><th>6度</th><th>7度</th><th>8度</th><th>9度</th></tr>
<tr><td>四、五</td><td>三、四</td><td>二、三</td><td></td><td rowspan="3">楼梯、电梯间四角，楼梯斜梯段上下端对应的墙体处；
外墙四角和对应转角；
错层部位横墙与外纵墙交接处；
大房间内外墙交接处；
较大洞口两侧</td><td>隔12 m或单元横墙与外纵墙交接处；
楼梯间对应的另一侧内横墙与外纵墙交接处</td></tr>
<tr><td>六</td><td>五</td><td>四</td><td>二</td><td>隔开间横墙(轴线)与外墙交接处；
山墙与内纵墙交接处</td></tr>
<tr><td>七</td><td>≥六</td><td>≥五</td><td>≥三</td><td>内墙(轴线)与外墙交接处；
内墙的局部较小墙垛处；
内纵墙与横墙(轴线)交接处</td></tr>
</table>

注：较大洞口，内墙指不小于2.1 m的洞口；外墙在内外墙交接处已设置构造柱时允许适当放宽，但洞侧墙体应加强。

外廊式和单面走廊式的多层房屋，应根据房屋增加一层的层数，按表6-10的要求设置构造柱，且单面走廊两侧的纵墙均应按外墙处理。

教学楼、医院等横墙较少的房屋，应根据房屋增加一层的层数，按表6-10的要求设置构造柱。当教学楼、医院等横墙较少的房屋为外廊式或单面走廊式时，应按上述外廊式和单面走廊式的多层房屋的要求设置构造柱；但6度不超过四层、7度不超过三层和8度不超过两层时应按增加两层的层数对待。

各层横墙很少的房屋，应按增加两层的层数设置构造柱。

采用蒸压灰砂砖和蒸压粉煤灰砖的砌体房屋，当砌体的抗剪强度仅达到普通黏土砖砌体的70%时，应根据增加一层的层数按上述要求设置构造柱；但6度不超过四层、7度不超过三层和8度不超过两层时，应按增加两层的层数对待。

(2) 构造柱的构造要求

多层砖砌体房屋的构造柱应符合下列构造要求：

① 构造柱最小截面可采用180 mm×240 mm(墙厚190 mm时为180 mm×190 mm)，纵向钢筋宜采用$4\phi12$，箍筋间距不宜大于250 mm，且在柱上下端应适当加密；6、7度时超过

六层、8 度时超过五层和 9 度时，构造柱纵向钢筋宜采用 4ϕ14，箍筋间距不应大于200 mm；房屋四角的构造柱应适当加大截面及配筋。

② 设置钢筋混凝土构造柱时必须先砌墙，后浇构造柱。构造柱与墙连接处应砌成马牙槎，沿墙高每隔 500 mm 设 2ϕ6 水平钢筋和 ϕ4 分布短筋平面内点焊组成的拉结网片或 ϕ4 点焊钢筋网片，每边伸入墙内不宜小于 1 m，如图 6－12 所示(不同墙厚、不同位置的连接构造参照相应图集)。6、7 度时底部 1/3 楼层，8 度时底部 1/2 楼层，9 度时全部楼层，上述拉结钢筋网片应沿墙体水平通长设置。

③ 构造柱与圈梁连接处，构造柱的纵筋应在圈梁纵筋内侧穿过，保证构造柱纵筋上下贯通。

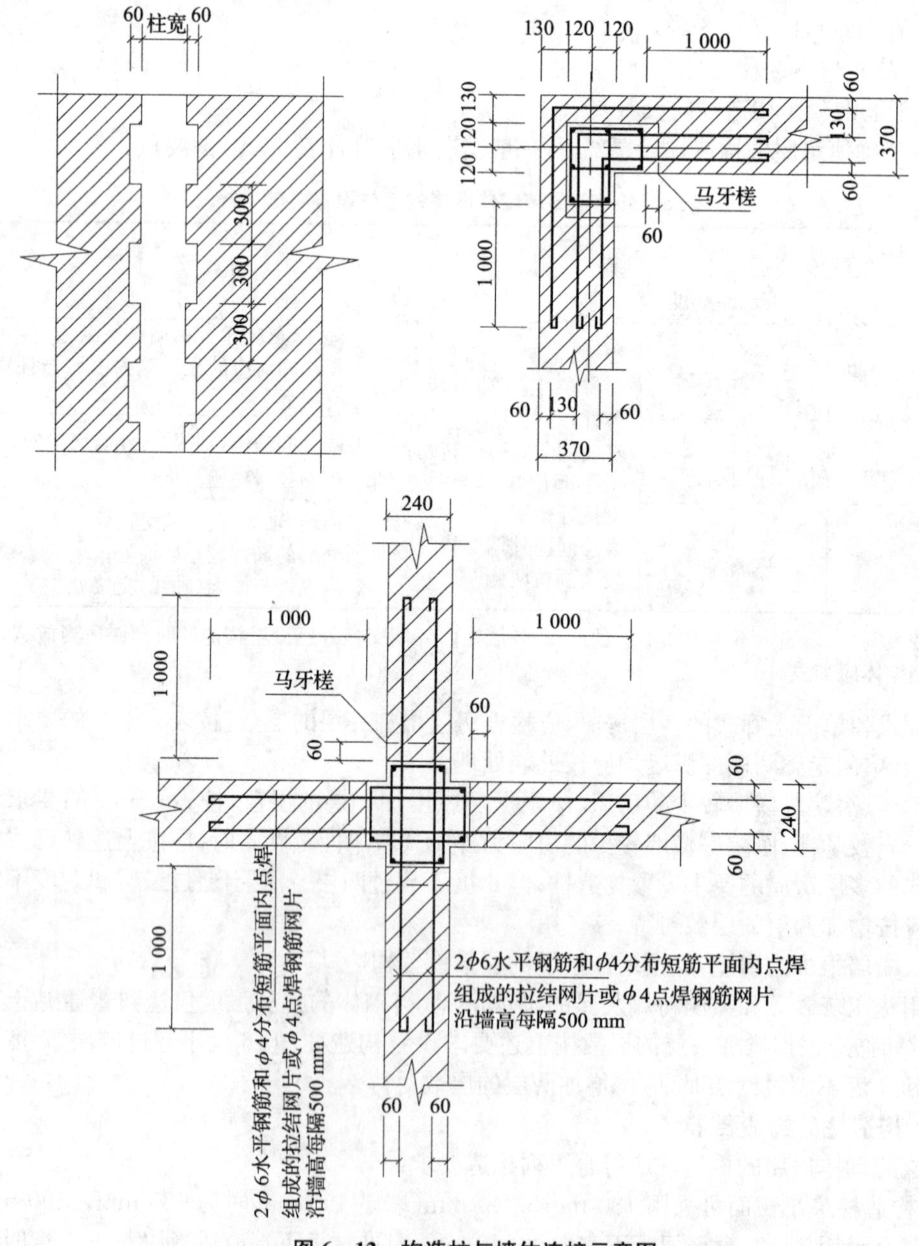

图 6－12　构造柱与墙体连接示意图

④ 构造柱可不单独设置基础，但应伸入室外地面下 500 mm，或与埋深小于 500 mm 的基础圈梁相连。

⑤ 房屋高度和层数接近表 6－1 的限值时，纵、横墙内构造柱间距尚应符合下列要求：

A. 横墙内的构造柱间距不宜大于层高的 2 倍；下部 1/3 楼层的构造柱间距适当减小。

B. 当外纵墙开间大于 3.9 m 时，应另设加强措施。内纵墙的构造柱间距不宜大于4.2 m。

2）小砌块房屋

（1）芯柱的设置要求

多层小砌块房屋的钢筋混凝土芯柱应按表 6－11 的要求来设置。

表 6－11　多层小砌块房屋芯柱设置要求

房屋层数				设置部位	设置数量
6 度	7 度	8 度	9 度		
四、五	三、四	二、三		外墙转角，楼梯、电梯间四角；楼梯斜梯段上下端对应的墙体处； 大房间内外墙交接处； 错层部位横墙与外纵墙交接处； 隔 12 m 或单元横墙与外纵墙交接处	外墙转角，灌实 3 个孔； 内外墙交接处，灌实 4 个孔； 楼梯斜段上下端对应的墙体处，灌实 2 个孔
六	五	四		同上； 隔开间横墙（轴线）与外纵墙交接处	
七	六	五	二	同上； 各内墙（轴线）与外纵墙交接处； 内纵墙与横墙（轴线）交接处和洞口两侧	外墙转角，灌实 5 个孔； 内外墙交接处，灌实 4 个孔； 内墙交接处，灌实 4～5 个孔； 洞口两侧各灌实 1 个孔
	七	≥六	≥三	同上； 横墙内芯柱间距不大于 2 m	外墙转角，灌实 7 个孔； 内外墙交接处，灌实 5 个孔； 内墙交接处，灌实 4～5 个孔； 洞口两侧各灌实 1 个孔

注：外墙转角、内外墙交接处、楼梯电梯间四角等部位，应允许采用钢筋混凝土构造柱代替部分芯柱。

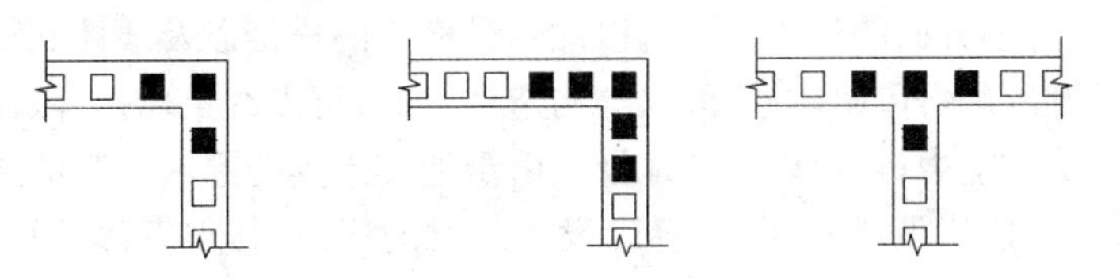

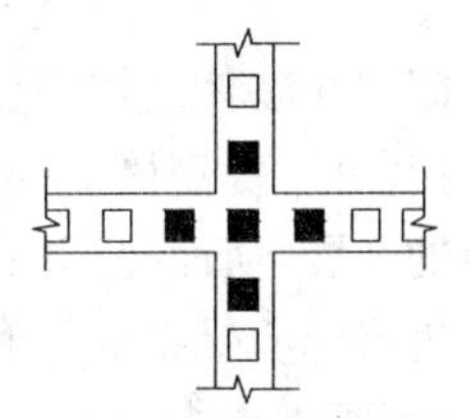

(a) 外墙转角灌实3个孔　(b) 外墙转角灌实5个孔　(c) 内墙交接处灌实4个孔　(d) 内墙交接处灌实5个孔

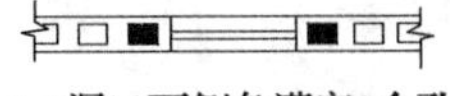

(e) 洞口两侧各灌实1个孔

图 6－13　芯柱灌孔示意图

对外廊式和单面走廊式的多层房屋、横墙较少的房屋、各层横墙很少的房屋，尚应分别按多层砖砌体房屋关于增加层数的对应要求，按表 6－11 的要求设置芯柱。

(2) 芯柱的构造要求

多层小砌块房屋的芯柱,应符合下列构造要求:

① 小砌块房屋芯柱截面不宜小于 120 mm×120 mm。

② 芯柱混凝土强度等级不应低于 Cb20。

③ 芯柱的竖向插筋应贯通墙身且与圈梁连接;插筋不应小于 1ϕ12,6、7 度时超过五层、8 度时超过四层和 9 度时,插筋不应小于 1ϕ14。

④ 芯柱应伸入室外地面下 500 mm 或与埋深小于 500 mm 的基础圈梁相连。

⑤ 为提高墙体抗震受剪承载力而设置的芯柱,宜在墙体内均匀布置,最大净距不宜大于 2.0 m。

⑥ 多层小砌块房屋墙体交接处或芯柱与墙体连接处应设置拉结钢筋网片,网片可采用直径 4 mm 的钢筋点焊而成,沿墙高间距不大于 600 mm,并应沿墙体水平通长设置。6、7 度时底部 1/3 楼层,8 度时底部 1/2 楼层,9 度时全部楼层,上述拉结钢筋网片沿墙高间距不大于 400 mm。

(3) 小砌块房屋中替代芯柱的钢筋混凝土构造柱的要求

① 构造柱截面不宜小于 190 mm×190 mm,纵向钢筋宜采用 4ϕ12,箍筋间距不宜大于 250 mm,且在柱上下端宜适当加密;6、7 度时超过五层、8 度时超过四层和 9 度时,构造柱纵向钢筋宜采用 4ϕ14,箍筋间距不应大于 200 mm;外墙转角的构造柱可适当加大截面及配筋。

② 构造柱与砌块墙连接处应砌成马牙槎,与构造柱相邻的砌块孔洞,6 度时宜填实,7 度时应填实,8、9 度时应填实并插筋。构造柱与砌块墙之间沿墙高每隔 600 mm 设置 ϕ4 点焊拉结钢筋网片,并应沿墙体水平通长设置。6、7 度时底部 1/3 楼层,8 度时底部 1/2 楼层,9 度全部楼层,上述拉结钢筋网片沿墙高间距不大于 400 mm。

③ 构造柱与圈梁连接处,构造柱的纵筋应穿过圈梁,保证构造柱纵筋上下贯通。

④ 构造柱可不单独设置基础,但应伸入室外地面下 500 mm,或与埋深小于 500 mm 的基础圈梁相连。

6.4.2 合理设置圈梁

圈梁在砌体结构中可以发挥多方面的作用。它可以加强纵横墙的连接以及墙体和楼盖的连接;可以提高楼盖的水平刚度和房屋整体性;圈梁与构造柱一起,可以约束墙体,限制斜裂缝的开展,从而提高墙体的抗震能力;还可以有效地抵抗由于地震或其他原因引起的地基不均匀沉降所带来的不利影响。震害调查表明,凡合理设置圈梁的房屋,其震害都较轻;否则,震害要重得多。

1) *多层砖砌体房屋*

(1) 设置要求

多层砖砌体房屋的现浇钢筋混凝土圈梁设置应符合下列要求:

装配式钢筋混凝土楼、屋盖或木屋盖的砖房,应按表 6-12 的要求设置圈梁;纵墙承重时,抗震横墙上的圈梁间距应比表 6-12 的要求适当加密。

表 6-12 多层砖砌体房屋现浇钢筋混凝土圈梁设置要求

墙 类	烈 度		
	6、7	8	9
外墙和内纵墙	屋盖处及每层楼盖处	屋盖处及每层楼盖处	屋盖处及每层楼盖处
内横墙	同上； 屋盖处间距不应大于 4.5 m； 楼盖处间距不应大于 7.2 m； 构造柱对应部位	同上； 各层所有横墙，且间距不应大于 4.5 m； 构造柱对应部位	同上； 各层所有横墙

现浇或装配整体式钢筋混凝土楼、屋盖与墙体有可靠连接的房屋，应允许不另设圈梁，但楼板沿抗震墙体周边均应加强配筋并应与相应的构造柱钢筋可靠连接。

(2) 构造要求

多层砖砌体房屋的现浇钢筋混凝土圈梁的构造应符合下列要求：

① 圈梁应闭合，遇有洞口圈梁应上下搭接。圈梁宜与预制板设在同一标高处或紧靠板底。

② 圈梁在表 6-12 中要求的间距内无横墙时，应利用梁或板缝中配筋替代圈梁。

③ 圈梁的截面高度不应小于 120 mm，配筋应符合表 6-13 的要求；按要求增设的基础圈梁，截面高度不应小于 180 mm，配筋不应小于 4ϕ12。

表 6-13 多层砖砌体房屋圈梁配筋要求

配 筋	烈 度		
	6、7	8	9
最小纵筋	4ϕ10	4ϕ12	4ϕ14
最大箍筋间距(mm)	250	200	150

2) 多层小砌块房屋

多层小砌块房屋的现浇钢筋混凝土圈梁的设置位置应按多层砖砌体房屋圈梁的要求设置，圈梁宽度不应小于 190 mm，配筋不应少于 4ϕ12，箍筋间距不应大于 200 mm。

多层小砌块房屋的层数，6 度时超过五层、7 度时超过四层、8 度时超过三层和 9 度时，在底层和顶层的窗台标高处，沿纵横墙应设置通长的水平现浇钢筋混凝土带；其截面高度不小于 60 mm，纵筋不少于 2ϕ10，并应有分布拉结钢筋；其混凝土强度等级不应低于 C20。

水平现浇混凝土带亦可采用槽形砌块替代模板，纵筋和拉结钢筋不变。

6.4.3 加强构件间的连接

砌体结构房屋的整体性较差，因此，加强结构各构件之间的连接，对于提高房屋的整体抗震能力来说是一项重要的抗震构造措施。

1) 楼屋盖的构造要求

楼、屋盖是房屋的重要横隔，除了保证楼、屋盖本身刚度和整体性外，还必须与墙体有足够的支承长度或可靠拉结，才能保证地震作用的有效传递和房屋的整体性。

多层砖砌体房屋的楼、屋盖应符合下列要求：

(1) 现浇钢筋混凝土楼板或屋面板伸进纵、横墙内的长度，均不应小于 120 mm。

(2) 装配式钢筋混凝土楼板或屋面板，当圈梁未设在板的同一标高时，板端伸进外墙的长度不应小于 120 mm，伸进内墙的长度不应小于 100 mm 或采用硬架支模连接，在梁上不应小于 80 mm 或采用硬架支模连接。

(3) 当板的跨度大于 4.8 m 并与外墙平行时，靠外墙的预制板外侧边应与墙或圈梁拉结。

(4) 房屋端部大房间的楼盖，6 度时房屋的屋盖和 7～9 度时房屋的楼、屋盖，当圈梁设在板底时，钢筋混凝土预制板应相互拉结，并应与梁、墙或圈梁拉结。

楼、屋盖的钢筋混凝土梁或屋架应与墙、柱(包括构造柱)或圈梁可靠连接；不得采用独立砖柱。跨度不小于 6 m 大梁的支承构件应采用组合砌体等加强措施，并满足承载力要求。

坡屋顶房屋的屋架应与顶层圈梁可靠连接，檩条或屋面板应与墙、屋架可靠连接，房屋出入口处的檐口瓦应与屋面构件锚固。采用硬山搁檩时，顶层内纵墙顶宜增砌支承山墙的踏步式墙垛，并设置构造柱。

2) 墙体及其他构件间的连接

多层砌体房屋，应加强墙体之间和构件之间相互拉结，以提高房屋的整体性，减轻或避免地震作用时的破坏。

6、7 度时长度大于 7.2 m 的大房间，以及 8、9 度时外墙转角及内外墙交接处，应沿墙高每隔 500 mm 配置 2ϕ6 的通长钢筋和 ϕ4 分布短筋平面内点焊组成的拉结网片或 ϕ4 点焊网片。

对于丙类设防的横墙较少的多层砌体房屋，当总高度和层数接近或达到表 6-1 规定限值时，应采取下列加强措施：

(1) 房屋的最大开间尺寸不宜大于 6.6 m。

(2) 同一结构单元内横墙错位数量不宜超过横墙总数的 1/3，且连续错位不宜多于 2 道；错位的墙体交接处均应增设构造柱，且楼、屋面板应采用现浇钢筋混凝土板。

(3) 横墙和内纵墙上洞口的宽度不宜大于 1.5 m；外纵墙上洞口的宽度不宜大于 2.1 m 或开间尺寸的一半；且内外墙上洞口位置不应影响内外纵墙与横墙的整体连接。

(4) 所有纵横墙均应在楼、屋盖标高处设置加强的现浇钢筋混凝土圈梁，圈梁的截面高度不宜小于 150 mm，上下纵筋各不应少于 3ϕ10，箍筋不小于 ϕ6，间距不大于 300 mm。

(5) 所有纵横墙交接处及横墙的中部，均应增设满足下列要求的构造柱：在纵、横墙内的柱距不宜大于 3.0 m，最小截面尺寸不宜小于 240 mm×240 mm(墙厚 190 mm 时为 240 mm×190 mm)，配筋宜符合表 6-14 的要求。

(6) 同一结构单元的楼、屋面板应设置在同一标高处。

(7) 房屋底层和顶层的窗台标高处，宜设置沿纵横墙通长的水平现浇钢筋混凝土带；其截面高度不小于 60 mm，宽度不小于墙厚，纵向钢筋不少于 2ϕ10，横向分布筋的直径不小于 ϕ6 且其间距不大于 200 mm。

表 6 - 14　增设构造柱的纵筋和箍筋设置要求

<table>
<tr><th rowspan="2">位　置</th><th colspan="3">纵向钢筋</th><th colspan="3">箍　　筋</th></tr>
<tr><th>最大配筋率(%)</th><th>最小配筋率(%)</th><th>最小直径(mm)</th><th>加密区范围(mm)</th><th>加密区间距(mm)</th><th>最小直径(mm)</th></tr>
<tr><td>角　柱</td><td rowspan="2">1.8</td><td rowspan="2">0.8</td><td>14</td><td>全高</td><td rowspan="3">100</td><td rowspan="3">6</td></tr>
<tr><td>边　柱</td><td>14</td><td rowspan="2">上端 700
下端 500</td></tr>
<tr><td>中　柱</td><td>1.4</td><td>0.6</td><td>12</td></tr>
</table>

预制阳台，6、7 度时应与圈梁和楼板的现浇板带可靠连接，8、9 度时不应采用预制阳台。

门窗洞处不应采用砖过梁；过梁支承长度，6～8 度时不应小于 240 mm，9 度时不应小于 360 mm。

丙类设防的横墙较少的多层小砌块房屋的总高度和层数接近或达到表 6 - 1 规定限值时，应符合上述相关要求。其中，墙体中部的构造柱可采用芯柱替代，芯柱的灌孔数量不应少于 2 孔，每孔插筋的直径不应小于 18 mm。

另外，多层砌体结构中的非承重墙体等非结构构件应符合下列要求：

后砌的非承重隔墙应沿墙高每隔 500～600 mm 配置 2ϕ6 拉结钢筋与承重墙或柱拉结，每边伸入墙内不应少于 500 mm；8 度和 9 度时，长度大于 5 m 的后砌隔墙，墙顶尚应与楼板或梁拉结，独立墙肢端部及大门洞边宜设钢筋混凝土构造柱。

烟道、风道、垃圾道等不应削弱墙体；当墙体被削弱时，应对墙体采取加强措施；不宜采用无竖向配筋的附墙烟囱或出屋面的烟囱。

不应采用无锚固的钢筋混凝土预制挑檐。

6.4.4　重视楼梯间的设计

楼梯间在发生地震时起着疏散人流的作用，而楼梯间又往往震害比较严重。例如汶川地震中，有许多房屋的楼梯或墙体倒塌，造成人员在楼梯间伤亡比较集中，所以楼梯间的抗震设计显得尤为重要。

楼梯间应符合下列构造要求：

(1) 顶层楼梯间横墙和外墙应沿墙高每隔 500 mm 设 2ϕ6 通长钢筋和 ϕ4 分布短钢筋平面内点焊组成的拉结网片或 ϕ4 点焊网片；7～9 度时其他各层楼梯间墙体应在休息平台或楼层半高处设置 60 mm 厚、纵向钢筋不应少于 2ϕ10 的钢筋混凝土带或配筋砖带，配筋砖带不少于 3 皮，每皮的配筋不少于 2ϕ6，砂浆强度等级不应低于 M7.5 且不低于同层墙体的砂浆强度等级。

(2) 楼梯间及门厅内墙阳角处的大梁支承长度不应小于 500 mm，并应与圈梁连接。

(3) 装配式楼梯段应与平台板的梁可靠连接，8、9 度时不应采用装配式楼梯段；不应采用墙中悬挑式踏步或踏步竖肋插入墙体的楼梯，不应采用无筋砖砌栏板。

(4) 突出屋顶的楼梯、电梯间，构造柱应伸到顶部，并与顶部圈梁连接，所有墙体应沿墙高每隔 500 mm 设 2ϕ6 通长钢筋和 ϕ4 分布短筋平面内点焊组成的拉结网片或 ϕ4 点焊网片。

6.5　多层砌体房屋抗震设计实例

【例6-1】 某四层砖砌体结构房屋，其平面、剖面尺寸如图6-14所示。横墙承重体系，楼、屋盖均采用预制钢筋混凝土空心板，楼梯间突出屋面。已知砖的强度等级为MU10，砂浆强度等级为M5。抗震设防烈度为7度，设计地震分组为第一组，设计基本地震加速度值为0.10 g。场地类别为Ⅱ类。未注明者外墙厚均为370 mm，内墙厚均为240 mm。门洞口尺寸未注明者，内门尺寸为1 000 mm×2 400 mm，窗洞尺寸为1 500 mm×2 100 mm。试验算该楼房墙体的抗震承载力。

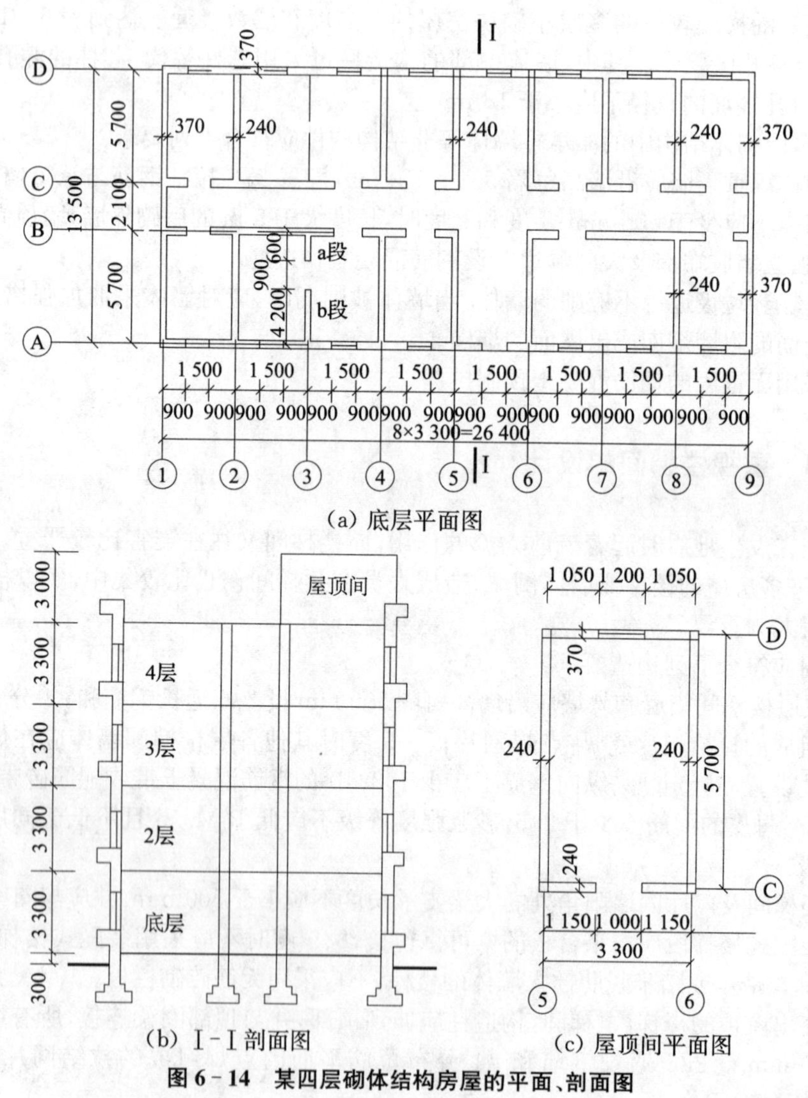

图6-14　某四层砌体结构房屋的平面、剖面图

【解】 (1) 计算各楼层重力荷载代表值

各楼层的重力荷载代表值应包括：楼面（或屋面）自重的标准值，楼（屋）面活荷载的

50%，上下楼层各一半墙体自重。对于突出屋面的楼梯间，单独作为一个质点来考虑。计算结果如下：

屋顶间顶盖处　$G_5=198.6$ kN

四层　$G_4=3957.4$ kN

三层　$G_3=4579.5$ kN

二层　$G_2=4579.5$ kN

一层　$G_1=4920.3$ kN

(2) 计算结构底部的总水平地震作用

抗震设防烈度为 7 度，设计基本地震加速度值为 0.10 g，所以 $\alpha_{max}=0.08$。

总水平地震作用的标准值为

$$F_{Ek}=\alpha_{max}G_{eq}=\alpha_{max}\times 0.85\sum G_i$$
$$=0.08\times 0.85\times(198.6+3957.4+4579.5\times 2+4920.3)$$
$$=1\,240.0\text{ kN}$$

(3) 计算各楼层的水平地震剪力

各楼层的水平地震剪力如表 6-15 所示。

表 6-15 各楼层的水平地震作用及地震剪力标准值

	G_i(kN)	H_i(m)	G_iH_i(kN·m)	$\frac{G_iH_i}{\sum_{j=1}^{5}G_jH_j}$	F_i(kN)	V_i(kN)
屋顶间	198.6	17	3 376.2	0.021	25.868	77.603
4	3 957.4	14	55 403.6	0.342	424.491	450.359
3	4 579.5	10.7	49 000.65	0.303	375.433	825.792
2	4 579.5	7.4	33 888.3	0.209	259.645	1 085.437
1	4 920.3	4.1	20 173.23	0.125	154.563	1 240.0
$\sum$	18 235.3		161 842			

不需考虑顶部附加地震作用，所以各楼层的水平地震作用按 $F_i=\frac{G_iH_i}{\sum_{j=1}^{5}G_jH_j}F_{Ek}$ 计算。

各楼层水平地震剪力按 $V_i=\sum_{j=i}^{5}F_j$ 计算。

注意屋顶间考虑鞭梢效应，地震剪力取计算值的 3 倍，即

$$V_5=3F_5=3\times 25.868=77.604\text{ kN}$$

(4) 抗震承载力验算

① 横向地震作用下，横墙抗剪承载力验算

因③轴墙体开洞，截面积较小，所以进行抗震验算。④轴、⑥轴及⑧轴墙体的从属面积较大，也应进行验算，本例取底层③轴墙体和④轴墙体为例分别进行验算。

A. 底层③轴墙体抗震验算

③ 轴墙体横截面面积 $A_{13}=\left(5.7+\frac{0.24+0.37}{2}-0.9\right)\times 0.24=1.225\ \text{m}^2$

底层横墙总截面面积 $A_1=(13.5+0.37)\times 0.37\times 2+\left(5.7+\frac{0.24+0.37}{2}\right)\times 0.24\times 11$

$+\left(5.7+\frac{0.24+0.37}{2}-0.9\right)\times 0.24=27.342\ \text{m}^2$

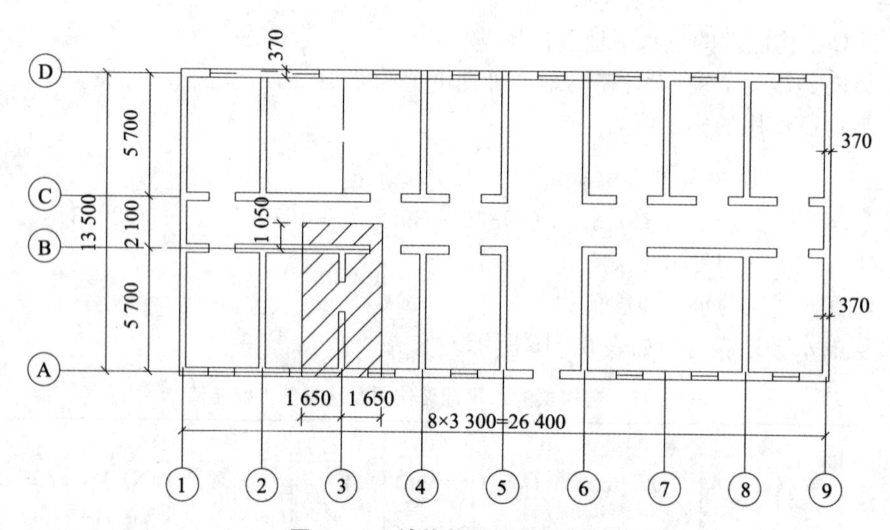

图 6－15 墙体从属面积示意图

③ 轴墙体所承担的重力荷载面积 $S_{13}=3.3\times\left(5.7+\frac{0.37}{2}+\frac{2.1}{2}\right)=22.89\ \text{m}^2$

底层总面积 $S_1=(26.4+0.37)\times(13.5+0.37)=371.30\ \text{m}^2$

③ 轴墙体所承担的水平地震剪力设计值为

$$V_{13}=\frac{1}{2}\left(\frac{A_{13}}{A_1}+\frac{S_{13}}{S_1}\right)V_1=\frac{1}{2}\times\left(\frac{1.225}{27.342}+\frac{22.89}{371.30}\right)\times 1240=66.0\ \text{kN}$$

③ 轴墙体有门洞 0.9 m×2.1 m，将墙分为 a、b 两段，计算墙段高宽比时，墙段 a、b 的高 h 取为 2.1 m，则

a 墙段的高宽比为 $1<\frac{h}{b}=\frac{2.1}{0.6+0.12}=2.92<4$

b 墙段的高宽比为 $\frac{h}{b}=\frac{2.1}{4.2+0.37/2}=0.479<1$

a 墙段的侧移刚度为

$$K_a=\frac{Et}{\frac{h}{b}\left[\left(\frac{h}{b}\right)^2+3\right]}=\frac{Et}{2.92\times(2.92^2+3)}=0.030Et$$

b 墙段的侧移刚度为

$$K_b=\frac{Etb}{3h}=\frac{Et}{3\times 0.479}=0.696Et$$

各墙段分配到的水平地震剪力为

a 墙段 $V_a=\frac{K_a}{K_a+K_b}V_{13}=\frac{0.030Et}{0.030Et+0.696Et}\times 66.0=2.727\ \text{kN}$

b 墙段 $V_b=\frac{K_b}{K_a+K_b}V_{13}=\frac{0.696Et}{0.030Et+0.696Et}\times 66.0=63.272\ \text{kN}$

已知各墙段在半层高处的平均压应力(用墙体所负担的竖向荷载除以墙体的横截面面积即可求得)为

a 墙段 $\sigma_0=0.65\ \text{N/mm}^2$

b 墙段 $\sigma_0=0.47\ \text{N/mm}^2$

采用 M5 级砂浆,$f_v=0.11\text{N/mm}^2$

对 a 墙段,$\frac{\sigma_0}{f_v}=\frac{0.65}{0.11}=5.91$,查表 6-6 得 $\xi_N=1.591$,则

$$f_{vE}=\xi_N f_v=1.591\times 0.11=0.175\ \text{N/mm}^2$$

$$A=240\times(600+120)=172\ 800\ \text{mm}^2,\gamma_{RE}=1.0$$

$$\frac{f_{vE}A}{\gamma_{RE}}=\frac{0.175\times 172\ 800}{1.0}=30\ 240\ \text{N}=30.24\ \text{kN}>V_a=2.727\times 1.3=3.545\ \text{kN}$$

满足要求。

对 b 墙段,$\frac{\sigma_0}{f_v}=\frac{0.47}{0.11}=4.27$,查表 6-6 得 $\xi_N=1.420$,则

$$f_{vE}=\xi_N f_v=1.420\times 0.11=0.156\ \text{N/mm}^2$$

$$A=240\times(4\ 200+185)=1\ 052\ 400\ \text{mm}^2,\gamma_{RE}=1.0$$

$$\frac{f_{vE}A}{\gamma_{RE}}=\frac{0.156\times 1\ 052\ 400}{1.0}=164\ 170\ \text{N}=164.17\ \text{kN}>V_b=63.272\times 1.3=82.254\ \text{kN}$$

满足要求。

B. 底层④轴墙体抗震验算

④ 轴墙体横截面面积 $A_{14}=\left(5.7+\frac{0.24+0.37}{2}\right)\times 0.24\times 2=2.88\ \text{m}^2$

④ 轴墙体所承担的重力荷载面积

$$S_{14}=\left(5.7+\frac{0.37}{2}+\frac{2.1}{2}\right)\times\left(\frac{3.3+6.6}{2}+3.3\right)=57.21\ \text{m}^2$$

④ 轴墙体所承担的水平地震剪力设计值为

$$V_{14}=\frac{1}{2}\left(\frac{A_{14}}{A_1}+\frac{S_{14}}{S_1}\right)V_1=\frac{1}{2}\times\left(\frac{2.88}{27.342}+\frac{57.21}{371.30}\right)\times 1\ 240=160.8\ \text{kN}$$

已知各墙段在半层高处的平均压应力为 $\sigma_0=0.44\ \text{N/mm}^2$

采用 M5 级砂浆,$f_v=0.11\text{N/mm}^2$

$\frac{\sigma_0}{f_v}=\frac{0.44}{0.11}=4$,查表 6-6,得 $\xi_N=1.36$,则

$$f_{vE}=\xi_N f_v=1.36\times 0.11=0.150\ \text{N/mm}^2$$

$$\gamma_{RE}=1.0$$

$$\frac{f_{vE}A}{\gamma_{RE}}=\frac{0.150\times 2\ 880\ 000}{1.0}=432\ 000\ \text{N}=432\ \text{kN}>V_{14}=160.8\times 1.3=209.0\ \text{kN}$$

满足要求。

② 纵向地震作用下，纵墙抗剪承载力验算

外纵墙窗洞削弱墙体，窗间墙截面较小，为不利墙段，应进行抗震验算。此处以底层 A 轴外纵墙为例进行验算。纵墙各墙肢比较均匀，因此刚度比可近似按墙肢截面面积比例计算。

A 轴墙体横截面面积 $A_{1A}=(26.4+0.37-1.5\times8)\times0.37=5.465\ \text{m}^2$

底层纵墙总截面面积 $A_1=(26.4+0.37-1.5\times8)\times0.37\times2+(26.4+0.37)\times0.24\times2-1.0\times0.24\times11-(3.3-0.24)\times2\times0.24=19.671\ \text{m}^2$

A 轴墙体所承担的水平地震剪力设计值为

$$V_{1A}=\frac{A_{1A}}{A_1}V_1=\frac{5.465}{19.671}\times1\ 240=344.50\ \text{kN}$$

已知 A 轴纵墙在半层高处的平均压应力为 $\sigma_0=0.52\ \text{N/mm}^2$

采用 M5 级砂浆，$f_\text{v}=0.11\ \text{N/mm}^2$，$\dfrac{\sigma_0}{f_\text{v}}=\dfrac{0.52}{0.11}=4.73$，查表 6-6，得 $\xi_\text{N}=1.470$，则

$$f_\text{vE}=\xi_\text{N}f_\text{v}=1.470\times0.11=0.162\ \text{N/mm}^2$$

$$A=A_{1A}=5\ 465\ 000\ \text{mm}^2,\gamma_\text{RE}=1.0$$

$$\frac{f_\text{vE}A}{\gamma_\text{RE}}=\frac{0.162\times5\ 465\ 000}{1.0}=885\ 330\ \text{N}=885.33\ \text{kN}>V_{1A}=344.5\times1.3=447.85\ \text{kN}$$

满足要求。

6.6 底部框架—抗震墙砌体房屋的抗震设计

底部框架—抗震墙砌体房屋是指房屋的底层或底部两层采用钢筋混凝土框架—抗震墙，而上部采用砌体墙的房屋。这类房屋多用于临街建筑，底层或底部两层设置商店、餐厅或银行等，上部设置住宅或办公室。由于底部可以满足使用功能的大空间需求，造价又比多层钢筋混凝土框架房屋低，施工也比较方便，因此在一些地区仍在兴建。

6.6.1 震害特点

底部框架—抗震墙砌体房屋的上部纵横墙较密，抗侧刚度大，而底部为框架—抗震墙，抗侧移刚度比上部小，是典型的上刚下柔的结构体系。这种竖向刚度的突变，使得房屋的侧移主要集中在相对薄弱的底层，而上部各层的相对侧移很小。所以地震时，这类房屋的震害比较严重，震害多发生在底层，表现为上轻下重，往往是底层破坏严重，进而危及整个房屋的安全。汶川大地震时，底部框架—抗震墙砌体房屋的震害也是比较普遍的，图 6-16 为汶川大地震时，青川县 5 层底部框架—抗震墙菜场发生坍塌。

图 6-16　房屋倒塌

6.6.2　抗震概念设计

1) 结构布置

底部框架—抗震墙砌体房屋的结构布置应符合下列要求：

(1) 上部的砌体墙体与底部的框架梁或抗震墙，除楼梯间附近的个别墙段外均应对齐。

(2) 房屋的底部，应沿纵横两方向设置一定数量的抗震墙，并应均匀对称布置。6 度且总层数不超过 5 层的底层框架—抗震墙砌体房屋，应允许采用嵌砌于框架之间的约束普通砖砌体或小砌块砌体的砌体抗震墙，但应计入砌体墙对框架的附加轴力和附加剪力进行底层的抗震验算，且同一方向不应同时采用钢筋混凝土抗震墙和约束砌体抗震墙；其余情况，8 度时应采用钢筋混凝土抗震墙，6、7 度时应采用钢筋混凝土抗震墙或配筋小砌块砌体抗震墙。

(3) 底层框架—抗震墙砌体房屋的纵横两个方向，第二层计入构造柱影响的侧向刚度与底层侧向刚度的比值，6、7 度时不应大于 2.5，8 度时不应大于 2.0，且均不应小于 1.0。

(4) 底部两层框架—抗震墙砌体房屋纵横两个方向，底层与底部第二层侧向刚度应接近，第三层计入构造柱影响的侧向刚度与底部第二层侧向刚度的比值，6、7 度时不应大于 2.0，8 度时不应大于 1.5，且均不应小于 1.0。

(5)底部框架—抗震墙砌体房屋的抗震墙应设置条形基础、筏式基础等整体性好的基础。

2) 房屋总高度和层数的限值

底部框架—抗震墙砌体房屋总高度越大，层数越多，震害越严重。《建筑抗震设计规范》(GB 50011—2010)规定，底部框架—抗震墙砌体房屋，不允许用于乙类设防，具体的总高度和层数限值见表 6-16。表中底部框架—抗震墙砌体房屋的最小砌体墙厚是指上部砌体房屋部分。

表 6-16 底部框架—抗震墙砌体房屋总高度和层数限值

房屋类别		最小抗震墙厚度(mm)	烈度(设计基本地震加速度)											
			6		7				8				9	
			0.05 g		0.10 g		0.15 g		0.20 g		0.30 g		0.40 g	
			高度	层数	高度	层数	高度	层数	高度	层数	高度	层数	高度	层数
底部框架—抗震墙砌体房屋	普通砖 多孔砖	240	22	7	22	7	19	6	16	5	—	—	—	—
	多孔砖	190	22	7	19	6	16	5	13	4	—	—	—	—
	小砌块	190	22	7	22	7	19	6	16	5	—	—	—	—

底部框架—抗震墙砌体房屋的底部，层高不应超过 4.5 m；当底层采用约束砌体抗震墙时，底层的层高不应超过 4.2 m。

3) 抗震横墙间距的限值

底部框架—抗震墙砌体房屋的抗震横墙间距限值应符合表 6-17 的要求。

表 6-17 房屋抗震横墙最大间距(m)

房屋类别		烈度			
		6	7	8	9
底部框架—抗震墙砌体房屋	上部各层	同多层砌体房屋			—
	底层或底部两层	18	15	11	—

4) 框架与抗震墙的抗震等级

底部框架—抗震墙砌体房屋的钢筋混凝土结构部分，除应符合本节规定外，尚应符合第 5 章的有关要求。底部混凝土框架的抗震等级，6、7、8 度应分别按三、二、一级采用；混凝土墙体的抗震等级，6、7、8 度应分别按三、三、二级采用。

6.6.3 抗震计算

1) 水平地震作用及层间地震剪力计算

对于质量和刚度沿高度分布比较均匀的底部框架—抗震墙砌体房屋，抗震计算可采用底部剪力法，按前述方法计算，计算过程中不需考虑顶部附加地震作用。

底部框架—抗震墙砌体房屋的地震作用效应，应按下列规定调整：

(1) 对底层框架—抗震墙砌体房屋，底层的纵向和横向地震剪力设计值均应乘以增大系数；其值应允许根据第二层与底层侧向刚度比值的大小在 1.2～1.5 范围内选用，第二层与底层侧向刚度比值大者应取大值。

$$V'_1 = \eta_1 V_1 = \eta_1 F_{\mathrm{Ek}} \tag{6-21}$$

$$\eta_1 = \sqrt{\lambda_1} \tag{6-22}$$

$$\lambda_1 = \frac{K_2}{K_1} = \frac{\sum K_{\mathrm{bw2}}}{\sum K_{\mathrm{f1}} + \sum K_{\mathrm{w1}} + \sum K_{\mathrm{bw1}}} \tag{6-23}$$

式中：η_1——房屋底层剪力增大系数；

λ_1——房屋二层与底层侧移刚度之比；

K_1，K_2——底层、二层的侧移刚度；

K_{f1}——底层一榀框架的侧移刚度；

K_{w1}——底层一片钢筋混凝土抗震墙的侧移刚度；

K_{bw1}——底层一片砌体抗震墙的侧移刚度；

K_{bw2}——二层一片砌体抗震墙的侧移刚度。

按式(6-22)计算的 $\eta_1<1.2$ 时，取 $\eta_1=1.2$；当 $\eta_1>1.5$ 时，取 $\eta_1=1.5$。

(2) 对底部两层框架—抗震墙房屋，底层和第二层的纵向和横向地震剪力设计值亦均应乘以增大系数；其值应允许根据侧向刚度比在 1.2～1.5 范围内选用，第三层与第二层侧向刚度比值大者应取大值。

第三层与底部第二层的侧移刚度比，也可参照上述方法计算。

2) 地震剪力分配

(1) 上部砌体部分水平地震剪力应按下列原则分配：

① 现浇和装配整体式钢筋混凝土楼、屋盖等刚性楼盖建筑，宜按抗侧力构件侧移刚度的比例分配。

② 普通预制板的装配式钢筋混凝土楼、屋盖的建筑，按抗侧力构件侧移刚度比例和其从属面积上重力荷载代表值比例的平均值分配。

(2)底部框架和抗震墙的剪力需要考虑两道设防的思想来分配，具体如下：

① 抗震墙的地震剪力

地震期间，当抗震墙未开裂时，由于其具有很大的初始弹性刚度，而框架侧移刚度小，当按刚度分配地震剪力时，绝大部分的底层地震剪力分配给抗震墙。因此，《建筑抗震设计规范》(GB 50011—2010)规定：底层或底部两层的纵向和横向地震剪力设计值应全部由该方向的抗震墙承担，并按各抗震墙侧向刚度比例分配。

一片钢筋混凝土抗震墙所承担的地震剪力为

$$V_w=\frac{K_w}{\sum K_w+\sum K_{bw}}V \tag{6-24}$$

一片砖砌体抗震墙所承担的地震剪力为

$$V_{bw}=\frac{K_{bw}}{\sum K_w+\sum K_{bw}}V \tag{6-25}$$

② 框架柱的地震剪力

底层抗震墙开裂之后，由于刚度下降，此时，框架柱和抗震墙之间会发生内力重分配。底层框架作为第二道防线，其地震剪力设计值可按底层框架和抗震墙的有效侧向刚度进行分配。有效侧向刚度的取值为：框架不折减，混凝土墙或配筋混凝土小砌块砌体墙可乘以折减系数 0.30；约束普通砖砌体或小砌块砌体抗震墙可乘以折减系数 0.20。底层框架承担的地震剪力可按下式计算：

$$V_f=\frac{K_f}{\sum K_f+0.3\sum K_w+0.2\sum K_{bw}}V \tag{6-26}$$

式中：V_f——一榀框架承担的地震剪力；

K_f——一榀框架的弹性刚度；

K_w——一片钢筋混凝土抗震墙的弹性刚度；

K_{bw}——一片砖抗震墙的弹性刚度；

V——楼层地震剪力。

3）地震倾覆力矩和框架柱的附加轴力

底部框架—抗震墙砌体房屋应由两种不同承重和抗侧力体系构成，且上重下轻。因此，对底层和底部两层框架—抗震墙砌体房屋，应考虑地震倾覆力矩对底层和底部两层结构构件的影响。

（1）地震倾覆力矩的计算

在底部框架—抗震墙砌体房屋中，作用于整个房屋底层的地震倾覆力矩为

$$M_1 = \sum_{i=2}^{n} F_i(H_i - H_1) \tag{6-27}$$

式中：M_1——作用于房屋底层的地震倾覆力矩；

F_i——i 质点的水平地震作用标准值；

H_i——i 质点计算高度；

H_1——底层框架的计算高度。

在底部两层框架—抗震墙砌体房屋中，作用于整个房屋第二层的地震倾覆力矩为

$$M_2 = \sum_{i=3}^{n} F_i(H_i - H_2) \tag{6-28}$$

式中：M_2——作用于整个房屋第二层的地震倾覆力矩；

H_2——底部二层的计算高度。

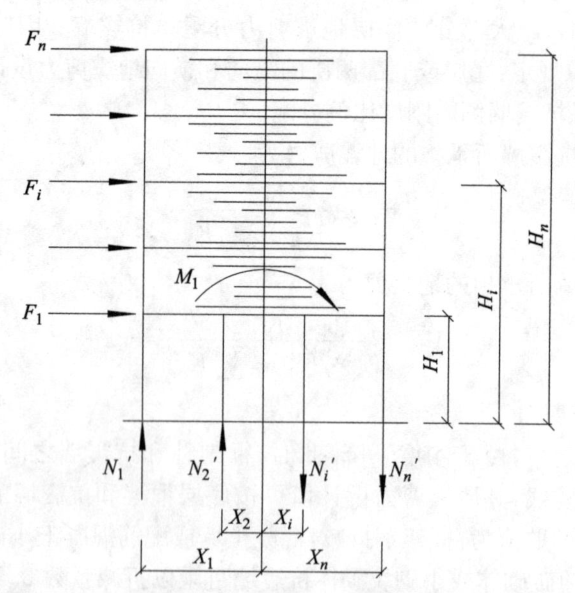

图 6-17 底部框架—抗震墙砌体房屋倾覆力矩及柱轴力

（2）地震倾覆力矩的分配

地震倾覆力矩形成楼层转角，而不是侧移。该力矩使底部抗震墙产生附加弯矩和底部框架柱产生附加轴力。因此，按抗震设计规范，可将倾覆力矩近似地按底部抗震墙和框架的

有效侧向刚度的比例分配确定。

一片抗震墙承担的倾覆力矩为

$$M_w = \frac{K'_w}{\sum K'_w + \sum K'_f} M_1 \tag{6-29}$$

一榀框架承担的倾覆力矩为

$$M_f = \frac{K'_f}{\sum K'_w + \sum K'_f} M_1 \tag{6-30}$$

式中：K'_w——底层一片抗震墙的平面转动刚度为

$$K'_w = \frac{1}{\frac{h}{EI} + \frac{1}{C_\varphi I_\varphi}} \tag{6-31}$$

K'_f——一榀框架沿自身平面内的转动刚度为

$$K'_f = \frac{1}{\frac{h}{E\sum A_i x_i^2} + \frac{1}{C_z F'_i x_i^2}} \tag{6-32}$$

式中：I, I_φ——抗震墙水平截面和基础底面对形心轴的惯性矩；

C_z, C_φ——地基抗压和抗弯刚度系数；

A_i, F_i'——一榀框架中第 i 根柱子水平截面面积和基础底面积；

x_i——第 i 根柱子到所在框架中和轴的距离。

由于框架承担的倾覆力矩的作用，在框架柱中产生的附加轴力可按下式计算：

$$N_{ci} = \pm \frac{A_i x_i}{\sum_{i=1}^{n} A_i x_i^2} M_f \tag{6-33}$$

另外，当抗震墙之间楼盖长宽比大于 2.5 时，框架柱各轴线承担的地震剪力和轴向力，尚应计入楼盖平面内变形的影响。

4）钢筋混凝土托墙梁的计算

对于钢筋混凝土托墙梁，在计算其地震组合内力时，应采用合适的计算简图。若考虑上部墙体与托墙梁的组合作用，应计入地震时墙体开裂对组合作用的不利影响，可调整有关的弯矩系数、轴力系数等计算参数。

偏于安全，可简化计算。对托墙梁上部各层墙体不开洞和跨中 1/3 范围内开一个洞口的情况，采用折减荷载的办法：托墙梁弯矩计算时，由重力荷载代表值产生的弯矩，四层以下全部计入组合，四层以上可有所折减，取不小于四层的数值计入组合；对托墙梁剪力计算时，由重力荷载产生的剪力不折减。

5）底部框架与抗震墙抗震验算

（1）底层框架柱的轴向力和剪力，应计入砖墙或小砌块墙引起的附加轴向力和附加剪力，其值可按下列公式确定：

$$N_f = V_w H_f / l \tag{6-34}$$

$$V_f = V_w \tag{6-35}$$

式中：V_w——墙体承担的剪力设计值，柱两侧有墙时可取二者的较大值；

N_f——框架柱的附加轴压力设计值；

V_f——框架柱的附加剪力设计值；

H_f, l——分别为框架的层高和跨度。

(2) 嵌砌于框架之间的普通砖墙或小砌块墙及两端框架柱，其抗震受剪承载力应按下式验算：

$$V \leqslant \frac{1}{\gamma_{REc}} \sum \frac{M_{yc}^{u} + M_{yc}^{l}}{H_0} + \frac{1}{\gamma_{REw}} \sum f_{vE} A_{w0} \tag{6-36}$$

式中：V——嵌砌普通砖墙或小砌块墙及两端框架柱剪力设计值；

A_{w0}——砖墙或小砌块墙水平截面的计算面积，无洞口时取实际截面的 1.25 倍，有洞口时取截面净面积，但不计入宽度小于洞口高度 1/4 的墙肢截面面积；

M_{yc}^{u}, M_{yc}^{l}——分别为底层框架柱上下端的正截面受弯承载力设计值，可按现行国家标准《混凝土结构设计规范》(GB 50010—2010)非抗震设计的有关公式取等号计算；

H_0——底层框架柱的计算高度，两侧均有砌体墙时取柱净高的 2/3，其余情况取柱净高；

γ_{REc}——底层框架柱承载力抗震调整系数，可采用 0.8；

γ_{REw}——嵌砌普通砖墙或小砌块墙承载力抗震调整系数，可采用 0.9。

6.6.4 抗震构造措施

1) 上部墙体构造要求

底部框架—抗震墙砌体房屋的上部墙体应设置钢筋混凝土构造柱或芯柱，并应符合下列要求：

(1) 设置部位

钢筋混凝土构造柱、芯柱的设置部位，应根据房屋的总层数分别按表 6-10 和表 6-11 的规定设置。

(2) 构造柱、芯柱的构造要求

除应符合多层砌体房屋的相关规定外，钢筋混凝土构造柱、芯柱尚应符合下列要求：.

砖砌体墙中构造柱截面不宜小于 240 mm×240 mm(墙厚 190 mm 时为 240 mm×190 mm)。

构造柱的纵向钢筋不宜少于 4ϕ14，箍筋间距不宜大于 200 mm；芯柱每孔插筋不应小于 1ϕ14，芯柱之间应每隔 400 mm 设 ϕ4 焊接钢筋网片。

(3) 与其他构件的连接

构造柱、芯柱应与每层圈梁连接，或与现浇楼板可靠拉接。

2) 过渡层墙体构造要求

过渡层墙体应符合下列构造要求：

(1) 上部砌体墙的中心线宜同底部的框架梁、抗震墙的中心线相重合；构造柱或芯柱宜与框架柱上下贯通。

(2) 过渡层应在底部框架柱、混凝土墙或约束砌体墙的构造柱所对应处设置构造柱或芯柱；墙体内的构造柱间距不宜大于层高；芯柱除按表 6-11 设置外，最大间距不宜大于

1 m。

(3) 过渡层构造柱的纵向钢筋6、7度时不宜少于4ϕ16，8度时不宜少于4ϕ18。过渡层芯柱的纵向钢筋，6、7度时不宜少于每孔1ϕ16，8度时不应少于每孔1ϕ18。一般情况下，纵向钢筋应锚入下部的框架柱或混凝土墙内；当纵向钢筋锚固在托墙梁内时，托墙梁的相应位置应加强。

(4) 过渡层的砌体墙在窗台标高处，应设置沿纵横墙通长的水平现浇钢筋混凝土带；其截面高度不小于60 mm，宽度不小于墙厚，纵向钢筋不少于2ϕ10，横向分布筋的直径不小于6 mm且其间距不大于200 mm。此外，砖砌体墙在相邻构造柱间的墙体，应沿墙高每隔360 mm设置2ϕ6通长水平钢筋和ϕ4分布短筋平面内点焊组成的拉结网片或ϕ4点焊钢筋网片，并锚入构造柱内；小砌块砌体墙芯柱之间沿墙高应每隔400 mm设置ϕ4通长水平点焊钢筋网片。

(5) 过渡层的砌体墙，凡宽度不小于1.2 m的门洞和2.1 m的窗洞，洞口两侧宜增设截面不小于120 mm×240 mm(墙厚190 mm时为120 mm×190 mm)的构造柱或单孔芯柱。

(6) 当过渡层的砌体抗震墙与底部框架梁、墙体不对齐时，应在底部框架内设置托墙转换梁，并且过渡层砖墙或砌块墙应另外采取加强措施。

3) 底部钢筋混凝土墙要求

底部框架—抗震墙砌体房屋的底部采用钢筋混凝土墙时，其截面和构造应符合下列要求：

(1) 底部的钢筋混凝土抗震墙周边应设置梁(或暗梁)和边框柱(或框架柱)组成的边框；边框梁的截面宽度不宜小于墙板厚度的1.5倍，截面高度不宜小于墙板厚度的2.5倍；边框柱的截面不宜小于墙板厚度的2倍。

(2) 抗震墙墙板的厚度不宜小于160 mm，且不应小于墙板净高的1/20；墙体宜开设洞口形成若干墙段，各墙段的高宽比不宜小于2。

(3) 抗震墙的竖向和横向分布钢筋的配筋率均不应小于0.30%，并应采用双排布置；双排分布钢筋间拉筋的间距不应大于600 mm，直径不应小于6 mm。

4) 底层砌体墙的要求

(1) 底层框架—抗震墙砖房

当6度设防的底层框架—抗震墙砖房的底层采用约束砖砌体墙时，其构造应符合下列要求：

① 砖墙厚不应小于240 mm，砌筑砂浆强度等级不应低于M10，应先砌墙后浇框架。

② 沿框架柱每隔300 mm配置2ϕ8水平钢筋和ϕ4分布短筋平面内点焊组成的拉结网片，并沿砖墙水平通长设置；在墙体半高处尚应设置与框架柱相连的钢筋混凝土水平系梁。

③ 墙长大于4 m时和洞口两侧，应在墙内增设钢筋混凝土构造柱。

(2) 底层框架—抗震墙砌块房屋

当6度设防的底层框架—抗震墙砌块房屋的底层采用约束小砌块砌体墙时，其构造应符合下列要求：

① 墙厚不应小于190 mm，砌筑砂浆强度等级不应低于M10，应先砌墙后浇框架。

② 沿框架柱每隔400 mm配置2ϕ8水平钢筋和ϕ4分布短筋平面内点焊组成的拉结网片，并沿砌块墙水平通长设置；在墙体半高处尚应设置与框架柱相连的钢筋混凝土水平系

梁，系梁截面不应小于 190 mm×190 mm，纵筋不应小于 4ϕ12，箍筋直径不应小于 ϕ6，间距不应大于 200 mm。

③ 墙体在门、窗洞口两侧应设置芯柱，墙长大于 4 m 时，应在墙内增设芯柱；其余位置宜采用钢筋混凝土构造柱替代芯柱。芯柱和钢筋混凝土构造柱均应符合多层小砌块房屋中对芯柱和钢筋混凝土构造柱的构造要求。

5）框架柱要求

底部框架—抗震墙砌体房屋的框架柱应符合下列要求：

(1) 柱的截面不应小于 400 mm×400 mm，圆柱直径不应小于 450 mm。

(2) 柱的轴压比，6 度时不宜大于 0.85，7 度时不宜大于 0.75，8 度时不宜大于 0.65。

(3) 柱的纵向钢筋最小总配筋率，当钢筋的强度标准值低于 400MPa 时，中柱在 6、7 度时不应小于 0.9%，8 度时不应小于 1.1%，边柱、角柱及混凝土抗震墙端柱在 6、7 度时不应小于 1.0%，8 度时不应小于 1.2%。

(4) 柱的箍筋直径，6、7 度时不小于 8 mm，8 度时不小于 10 mm，并应全高加密箍筋，间距不大于 100 mm。

(5) 柱的最上端和最下端组合的弯矩设计值应乘以增大系数，一、二、三级抗震时，增大系数分别按 1.5、1.25 和 1.15 采用。

6）楼盖要求

底部框架—抗震墙砌体房屋的楼盖应符合下列要求：

(1) 过渡层的底板应采用现浇钢筋混凝土板，板厚不应小于 120 mm，并应少开洞、开小洞，当洞口尺寸大于 800 mm 时，洞口周边应设置边梁。

(2) 其他楼层，采用装配式钢筋混凝土楼板时均应设现浇圈梁，采用现浇钢筋混凝土楼板时应允许不另设圈梁，但楼板沿抗震墙体周边均应加强配筋并应与相应的构造柱可靠连接。

7）托墙梁

梁的截面宽度不应小于 300 mm，截面高度不应小于跨度的 1/10。

箍筋的直径不应小于 8 mm，间距不应大于 200 mm；梁端在 1.5 倍梁高且不小于 1/5 梁净跨范围内，以及上部墙体的洞口处和洞口两侧各 500 mm 且不小于梁高的范围内，箍筋间距不应大于 100 mm。

沿梁高应设腰筋，数量不应少于 2ϕ14，间距不应大于 200 mm。

梁的纵向受力钢筋和腰筋应按受拉钢筋的要求锚固在柱内，且支座上部的纵向钢筋在柱内的锚固长度应符合钢筋混凝土框支梁的有关要求。

8）材料要求

底部框架—抗震墙砌体房屋的材料强度等级，应符合下列要求：

(1) 框架柱、混凝土墙和托墙梁的混凝土强度等级，不应低于 C30。

(2) 过渡层砌体块材的强度等级不应低于 MU10，砖砌体砌筑砂浆强度等级不应低于 M10，砌块砌体砌筑砂浆强度等级不应低于 Mb10。

6.7　底部框架—抗震墙砌体房屋抗震设计实例

【例 6-2】 某四层底层框架—抗震墙砖房，底层为商店，上部三层为住宅，底层平面、二层平面及剖面简图如图 6-18 所示。已知，底层框架柱截面尺寸为 400 mm×400 mm，两层山墙为钢筋混凝土抗震墙，楼梯间处墙体为砖填充墙。除卫生间隔墙厚度为 120 mm 外，其余所有墙厚均为 240 mm。底层混凝土强度等级为 C30，底层和二层砖强度等级均为 MU10，砂浆强度等级为 M10；三、四层砖强度等级为 MU10，砂浆强度等级为 M7.5。各楼层重力荷载代表值为：$G_1=7\ 380$ kN，$G_2=G_3=6\ 532$ kN，$G_4=4\ 870$ kN。该房屋建造地区抗震设防烈度为 7 度，场地为Ⅱ类，设计地震分组为第一组，设计基本地震加速度值为 0.15 g。试确定底层框架柱所承担的剪力、弯矩和轴力。

【解】 (1)计算底部总剪力

采用底部剪力法计算。

设防烈度为 7 度，设计基本地震加速度值为 0.15 g，对应的 $\alpha_{\max}=0.12$。

底部总水平地震作用的标准值为

$$F_{Ek}=\alpha_{\max}G_{eq}=0.12\times0.85\times(7\ 380+6\ 532+6\ 532+4\ 870)=2\ 582\ \text{kN}$$

各楼层的水平地震剪力如表 6-18 所示。

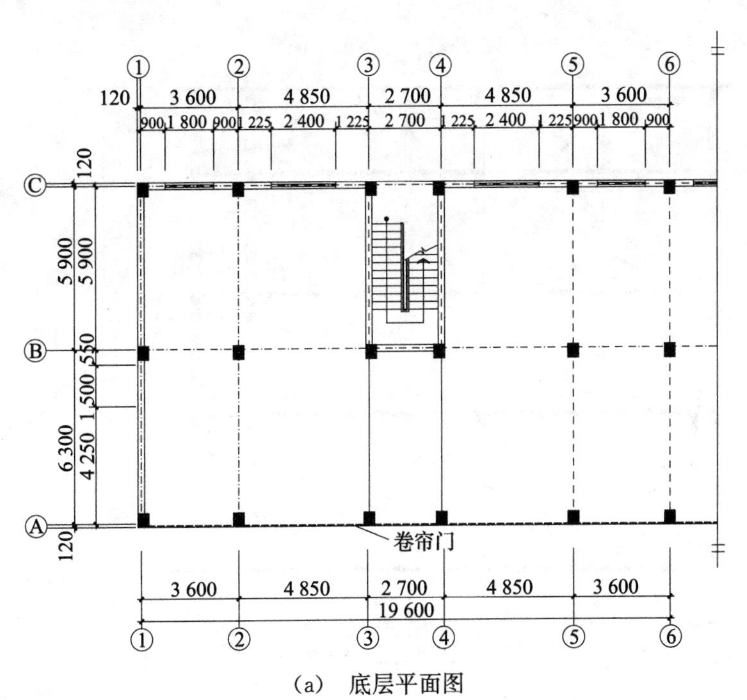

(a)　底层平面图

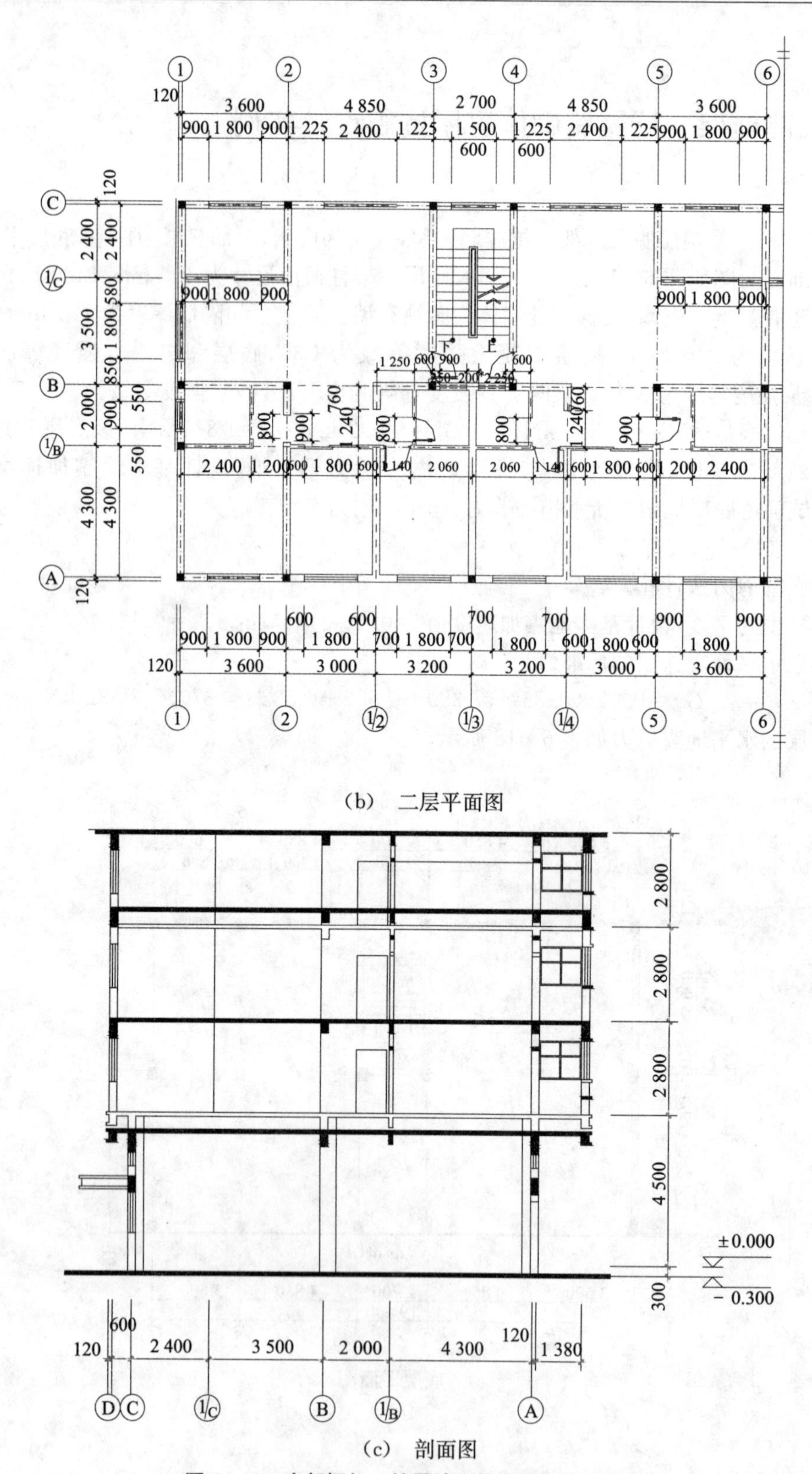

(b) 二层平面图

(c) 剖面图

图 6-18 底部框架—抗震墙砌体房屋平面、剖面图

表 6-18 各楼层的水平地震作用及地震剪力标准值

层	G_i(kN)	H_i(m)	G_iH_i(kN·m)	$\frac{G_iH_i}{\sum_{j=1}^{4}G_jH_j}$	F_i(kN)	V_i(kN)
4	4 870	13.4	65 258	0.293	757.81	757.81
3	6 532	10.6	69 239.2	0.311	804.04	1 561.85
2	6 532	7.8	50 949.6	0.229	591.65	2 153.5
1	7 380	5.0	36 900	0.166	428.50	2 582
$\sum$	25 314		222 346.8			

底部框架—抗震墙砌体房屋，不需考虑顶部附加地震作用，所以各楼层的水平地震作用按 $F_i=\frac{G_iH_i}{\sum_{j=1}^{4}G_jH_j}F_{Ek}$ 计算。

(2) 计算第二层计入构造柱影响的侧向刚度与底层侧移刚度之比

① 底层框架的侧移刚度

混凝土为 C30，弹性模量 $E_c=3.0\times10^7\ \text{kN/m}^2$

单根柱的侧移刚度 $K_c=\frac{12EI}{H^3}=\frac{12\times3.0\times10^7\times0.4^4/12}{4.8^3}=6\ 944.4\ \text{kN/m}$

一榀框架的侧移刚度 $K_{f1}=3\times K_c=3\times6\ 944.4=20\ 833.3\ \text{kN/m}$

十二榀框架的侧移刚度

$$\sum K_{f1}=12\times K_{f1}=12\times20\ 833.3=249\ 999.6\ \text{kN/m}$$

② 底层钢筋混凝土抗震墙的侧移刚度

钢筋混凝土抗震墙的侧移刚度应考虑剪切变形和弯曲变形，可用下式计算：

$$K_w=\frac{1}{\frac{H^3}{12EI}+\frac{3H}{EA}}$$

两道钢筋混凝土抗震横墙的侧移刚度为

$$\sum K_w=\frac{2}{\frac{H^3}{12EI}+\frac{3H}{EA}}=\frac{2}{\frac{4.8^3}{12\times3.0\times10^7\times\frac{0.24\times(6.3-0.28\times2)^3}{12}}}+$$

$$\frac{2}{\frac{4.8^3}{12\times3.0\times10^7\times\frac{0.24\times(5.9-0.4)^3}{12}}+\frac{3\times4.8}{3.0\times10^7\times0.24\times(6.3+5.9+0.24-0.4\times3)}}$$

$$=5\ 691\ 519.6\ \text{kN/m}$$

③ 底层总的横向侧移刚度

$$K_1=\sum K_f+\sum K_w=249\ 999.6+5\ 691\ 519.6=5\ 941\ 519.2\ \text{kN/m}$$

④ 二层砖墙的横向侧移刚度

二层砖墙采用 MU10 砖，砂浆为 M10

$E=1\ 600f=1\ 600\times1.89\times10^3=3.024\times10^6(\text{kN/m}^2)$

构造柱的截面面积为 240 mm×240 mm

二层砖横墙的截面面积为

$A=2\times0.24\times[(6.3+5.9+0.24)\times2-1.8-0.9+(6.3+0.24)\times5-0.9\times2-1.24\times2+(5.9+0.24)\times2+2.4\times2-1.0\times2]-2\times17\times0.24^2=29.568\ \text{m}^2$

计入构造柱影响的侧向刚度为

$$K_2=\frac{EA}{3H}+\frac{12EI}{H^3}=\frac{3.024\times10^6\times29.568}{3\times2.8}+34\times\frac{12\times3.0\times10^7\times0.24^4/12}{2.8^3}$$

$$=10\ 798\ 639.8\ \text{kN/m}$$

⑤ 二层与底层侧向刚度比验算

$$\lambda_1=\frac{K_2}{K_1}=\frac{10\ 798\ 639.8}{5\ 941\ 519.2}=1.82$$

位于 1.0～2.5 之间，满足规范要求。

(3) 框架柱的内力计算

① 底层剪力调整

$$\eta_1=\sqrt{\lambda_1}=\sqrt{1.82}=1.35$$

$$V'_1=\eta_1V_1=\eta_1F_{\text{Ek}}=1.35\times2\ 582=3\ 485.7\ \text{kN}$$

② 一榀框架分配的剪力

$$V_{\text{f}}=\frac{K_{\text{f1}}}{\sum K_{\text{f}}+0.3\sum K_{\text{w}}}V'_1=\frac{20\ 833.3}{249\ 999.6+0.3\times5\ 691\ 519.6}\times3\ 485.7=37.1\ \text{kN}$$

③ 单根框架柱分担的地震剪力为

$$V_{\text{c}}=\frac{V_{\text{f}}}{3}=\frac{37.1}{3}=12.4\ \text{kN}$$

④ 框架柱的柱端弯矩

根据砌体结构设计规范，反弯点距柱底为 0.55 倍柱高度，所以

柱上端弯矩　$M^{上}=V_{\text{c}}\times0.55H=12.4\times0.55\times4.8=32.7\ \text{kN}\cdot\text{m}$

柱下端弯矩　$M^{下}=V_{\text{c}}\times(1-0.55)H=12.4\times(1-0.55)\times4.8=26.8\ \text{kN}\cdot\text{m}$

⑤ 柱轴力

作用于底层的倾覆力矩为

$$M_1=\sum_{i=2}^{n}F_i(H_i-H_1)=591.65\times2.8+804.04\times5.6+757.81\times8.4$$

$$=12\ 524.8\ \text{kN}\cdot\text{m}$$

可将倾覆力矩近似的按底部抗震墙和框架的有效侧向刚度的比例分配确定。

一榀框架承担的倾覆力矩为

$$M_{\text{f}}=\frac{K_{\text{f1}}}{\sum K_{\text{w}}+\sum K_{\text{f}}}M_1=\frac{20\ 833.3}{5\ 691\ 519.6+249\ 999.6}\times12\ 524.8=43.92\ \text{kN}\cdot\text{m}$$

倾覆力矩引起框架柱的附加轴力　$N_{ci}=\pm\dfrac{A_ix_i}{\sum\limits_{i=1}^{n}A_ix_i^2}M_{\text{f}}=\pm\dfrac{x_i}{\sum x_i^2}M_{\text{f}}$

以C轴为参照点,求出单榀框架的形心位置 x 和各柱形心到框架形心的距离 x_1,x_2,x_3,如图6-19所示。

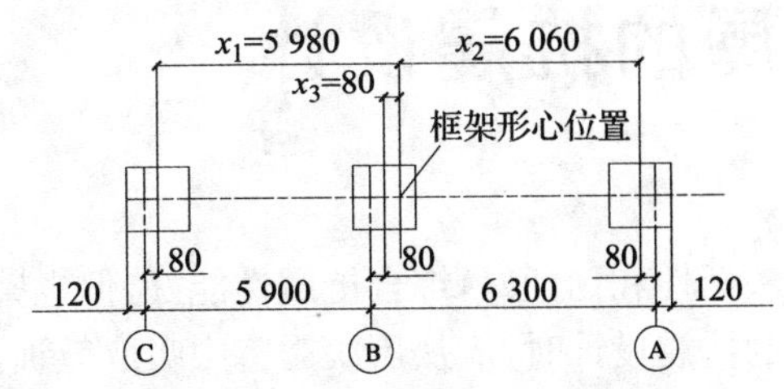

图6-19 单榀框架形心位置计算

$$x=\frac{\sum(A_i x_i)}{\sum A_i}=\frac{0.08+5.98+12.12}{3}=6.06\text{ m}$$

$$x_1=5.98\text{ m},x_2=0.08\text{ m},x_3=6.06\text{ m}$$

$$N_{c1}=\pm\frac{5.98}{5.98^2+0.08^2+6.06^2}\times 43.92=\pm 3.62\text{ kN}$$

$$N_{c2}=\pm\frac{0.08}{5.98^2+0.08^2+6.06^2}\times 43.92=\pm 0.05\text{ kN}$$

$$N_{c3}=\pm\frac{6.06}{5.98^2+0.08^2+6.06^2}\times 43.92=\pm 3.67\text{ kN}$$

复习思考题

1. 砌体结构房屋有哪些震害?
2. 砌体结构的抗震概念设计主要包括哪些内容?
3. 多层砌体结构的地震作用如何计算?楼层地震剪力如何分配到墙体上?
4. 多层砌体结构房屋的抗震构造措施包括哪些内容?
5. 简述多层砌体结构中设置构造柱的作用。
6. 简述多层砌体结构中设置圈梁的作用。
7. 分析底部框架—抗震墙砌体房屋抗震设计的一般要求。

7 钢结构房屋的抗震设计

钢结构强度高、重量轻、延性和韧性好，综合抗震性能好，但也曾发生过在地震中倒塌的重大事故。在进行钢结构的抗震设计时，应从历次震害中吸取教训，除了在强度和刚度上提高结构的抗力外，还要从如何增大钢结构在往复荷载作用下的塑性变形能力和耗能能力，以及减小地震作用方面全面考虑，做到既经济又可靠。

7.1 钢结构的震害特点

同混凝土结构相比，钢结构具有优越的强度、韧性或延性、强度重量比，总体上看抗震性能好、抗震能力强。尽管如此，焊接、连接、冷加工等工艺技术以及腐蚀环境将影响钢材的材性。如果在设计、施工、维护等方面出现问题，就会造成损害或者破坏。

历次地震表明，在同等场地、地震烈度条件下，钢结构房屋的震害要较钢筋混凝土结构房屋的震害小得多。表 7-1 和表 7-2 分别给出 1985 年 9 月墨西哥城大地震和 1976 年的唐山大地震钢结构和钢筋混凝土结构破坏情况对比。

表 7-1　1985 年墨西哥城地震钢结构和钢筋混凝土结构破坏情况

建造年份	钢结构		钢筋混凝土结构	
	倒　塌	严重破坏	倒　塌	严重破坏
1957 年以前	7	1	27	16
1957—1976 年	3	1	51	23
1976 年以后	0	0	4	6

表 7-2　1976 年唐山地震唐山钢铁厂结构破坏情况

结构形式	总建筑面积(万 m^2)	倒塌和严重破坏比例	中等破坏比例
钢结构	3.67	0%	9.3%
钢筋混凝土结构	4.06	23.2%	47.9%
砌体结构	3.09	41.2%	20.9%

钢结构的震害主要有节点连接的破坏、构件的破坏以及结构的整体倒塌 3 种形式。

7.1.1　节点连接的破坏

1）框架梁柱节点区的破坏

1994 年美国诺斯里奇(Northridge)地震和 1995 年日本阪神地震均造成了很多梁柱刚性节点的破坏。

图 7-1 是诺斯里奇地震时，H 形截面的梁柱节点的典型破坏形式。由图中可见，大多数节点破坏发生在梁端下翼缘处的柱中，这可能是由于混凝土楼板与钢梁共同作用，使下翼缘应力增大，而下翼缘与柱的连接焊缝又存在较多缺陷造成的。图 7-2 示出了焊缝连接处的多种失效模式。保留施焊时设置的衬板，造成下翼缘坡口熔透焊缝的根部不能清理和补焊，在衬板和柱翼缘板之间形成了一条“人工缝”，在该处形成的应力集中促进了脆性破坏的发生，这可能是造成破坏的重要施工工艺原因。

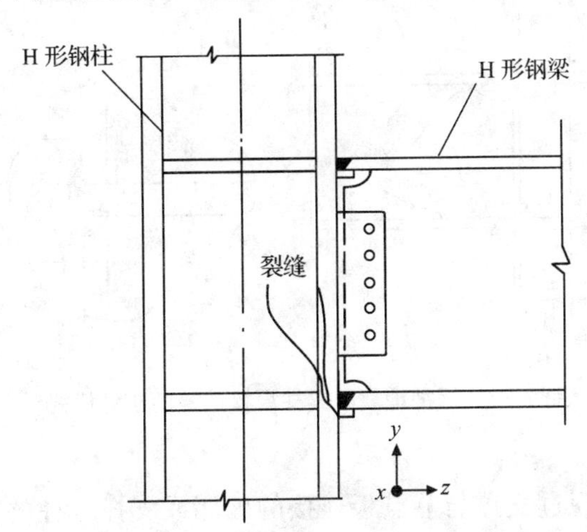

图 7-1　诺斯里奇地震中的梁柱节点破坏

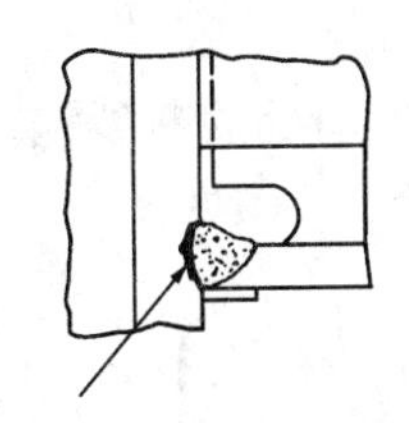

(a) 焊缝—柱交界处完全断开

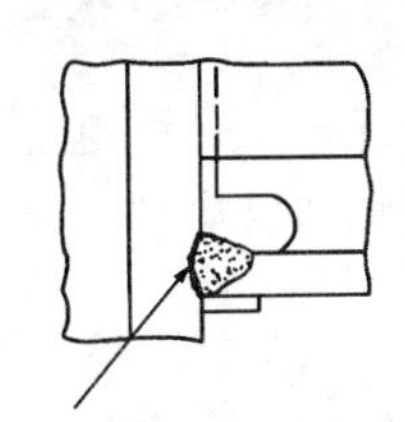

(b) 焊缝—柱交界处部分断开

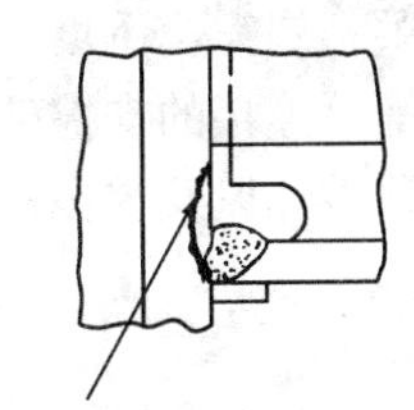

(c) 沿柱翼缘向上扩展，完全断开

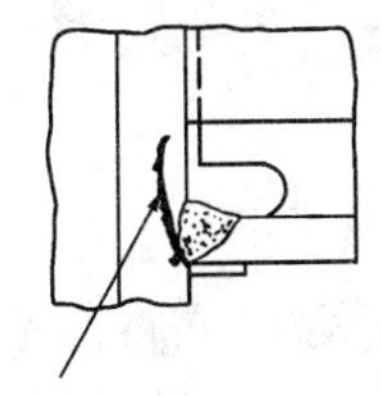

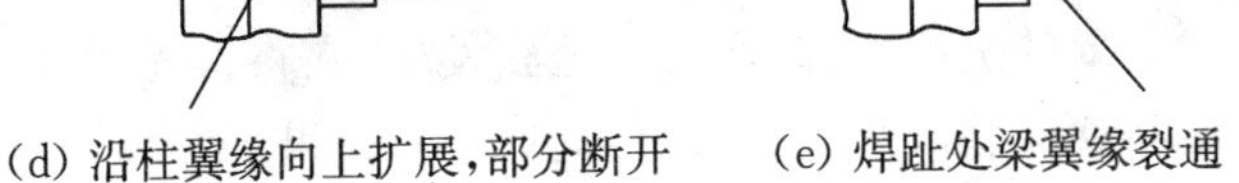

(d) 沿柱翼缘向上扩展，部分断开

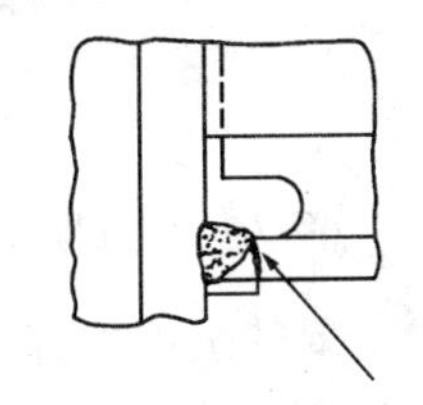

(e) 焊趾处梁翼缘裂通

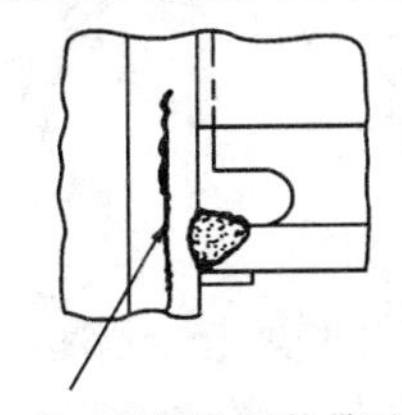

(f) 柱翼缘层状撕裂

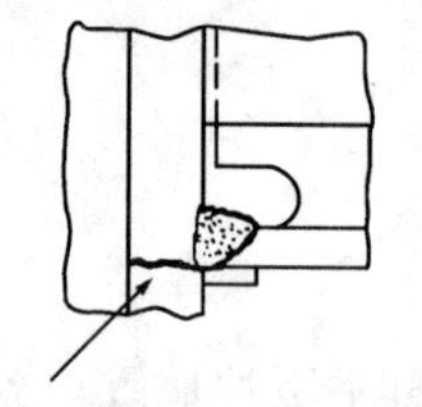

(g) 柱翼缘裂通(水平方向或倾斜方向)

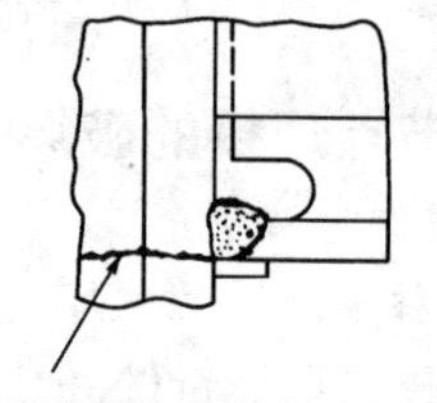

(h) 裂缝穿过柱翼缘和部分腹板

图 7-2 诺斯里奇地震中梁柱焊接连接处的失效模式

图 7-3(a)是阪神地震中带有外伸横隔板的箱形柱与 H 形钢梁刚性节点的破坏形式。图 7-3(b)中的“1”代表了梁翼缘断裂模式;“2”及“3”代表了焊缝热影响区的断裂模式;“4”代表柱横隔板断裂模式。上述连接破坏时,梁翼缘已有显著的屈服或局部屈曲现象。此外,连接裂缝主要向梁的一侧扩展,这主要和采用外伸的横隔板构造有关。

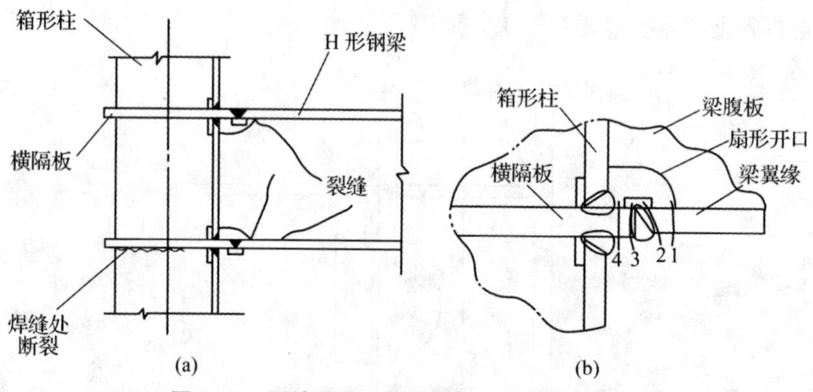

图 7-3 阪神地震中梁柱焊接连接的破坏模式

2) 支撑连接的破坏

在多次地震中都出现过支撑与节点板连接的破坏或支撑与柱的连接的破坏。1980 年在日本的宫城县大地震中,一栋两层的框架—支撑结构(两层仓库),由于支撑节点的断裂,使仓库的第一层完全倒塌。

采用螺栓连接的支撑破坏形式如图 7-4 所示,包括支撑截面削弱处的断裂、节点板端部剪切滑移破坏以及支撑杆件螺孔间剪切滑移破坏。

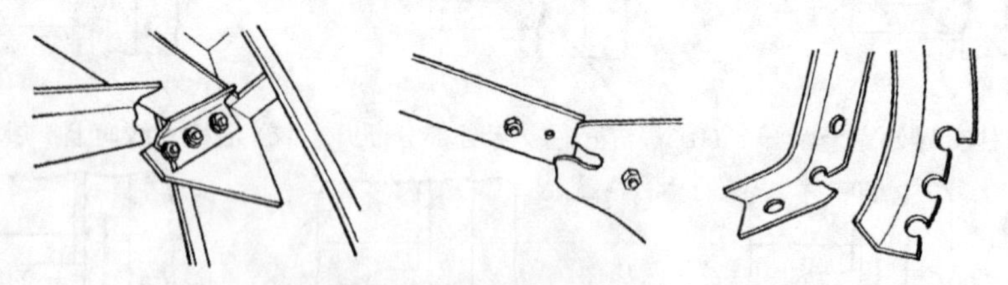

图 7-4 支撑连接破坏

支撑是框架—支撑结构中最主要的抗侧力部分,一旦地震发生,它将首先承受水平地震作用,如果某层的支撑发生破坏,将使该层成为薄弱楼层,造成严重后果。

7.1.2 构件的破坏

1）支撑杆件的整体失稳、局部失稳和断裂破坏

在框架—支撑结构中，这种破坏形式是非常普遍的现象。支撑杆件可近似看成两端简支轴心受力构件，在风荷载和多遇地震作用下，保持弹性工作状态，只要设计得当，一般不会失去整体稳定。在罕遇地震作用下，中心支撑构件会受到巨大的往复拉压作用，一般都会发生整体失稳现象，并进入塑性屈服状态，耗散能量。但随着拉压循环次数的增多，承载力会发生退化现象。图 7-5 是 2008 年汶川地震中某厂房支撑杆的断裂破坏，由图中可以看出，支撑的破坏明显先于其他构件，较好的保护了结构的完整性。

图 7-5 支撑杆件的断裂

当支撑构件的组成板件宽厚比较大时，往往伴随着整体失稳出现板件的局部失稳现象，进而引发低周疲劳和断裂破坏，这在以往的震害中并不少见。试验研究表明，要防止板件在往复塑性应变作用下发生局部失稳，进而引发低周疲劳破坏，必须对支撑板件的宽厚比进行限制，且应比塑性设计的还要严格。

2）钢柱脆性断裂

在 1995 年阪神地震中，位于芦屋市海滨城高层住宅小区的 21 栋巨型钢框架结构的住宅楼中，共有 57 根钢柱发生了断裂，所有箱形截面柱的断裂均发生在 14 层以下的楼层里，且均为脆性受拉断裂，断口呈水平状，如图 7-6 所示。分析原因认为：① 竖向地震及倾覆力矩在柱中产生较大的拉力；② 箱形截面柱的壁厚达 50 mm，厚板焊接时过热，使焊缝附近钢材延性降低；③ 钢柱暴露于室外，当时正值日本的严冬，钢材温度低于零度；④ 有的钢柱断裂发生在拼接焊缝附近，这里可能正是焊接缺陷构成的薄弱部位。

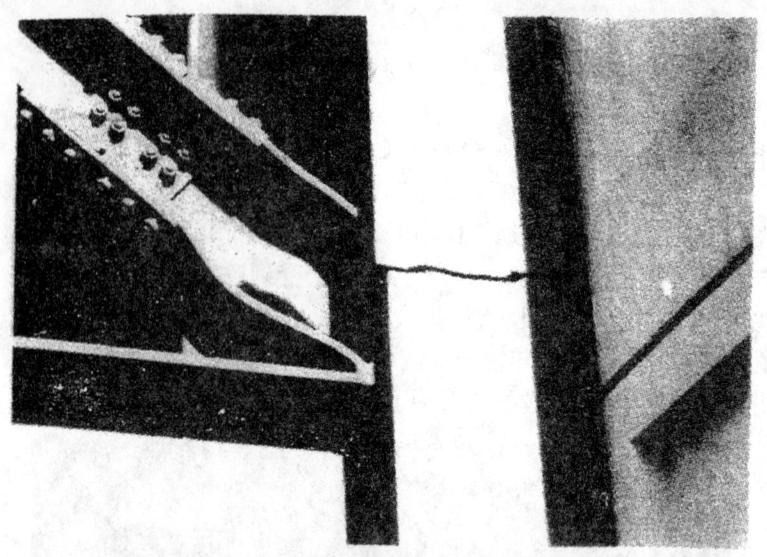

图 7-6　一幢 19 层钢结构建筑在第六层产生钢柱断裂、梁及支撑开裂、支撑屈曲

7.1.3　结构的倒塌破坏

1985 年墨西哥大地震中，墨西哥市 Pino Suarez 综合大楼的 3 个 22 层的钢结构塔楼之一倒塌，其余两栋也发生了严重破坏，其中一栋已接近倒塌。这 3 栋塔楼的结构体系均为框架—支撑结构，细部构造也相同，其结构的平面布置如图 7-7 所示。

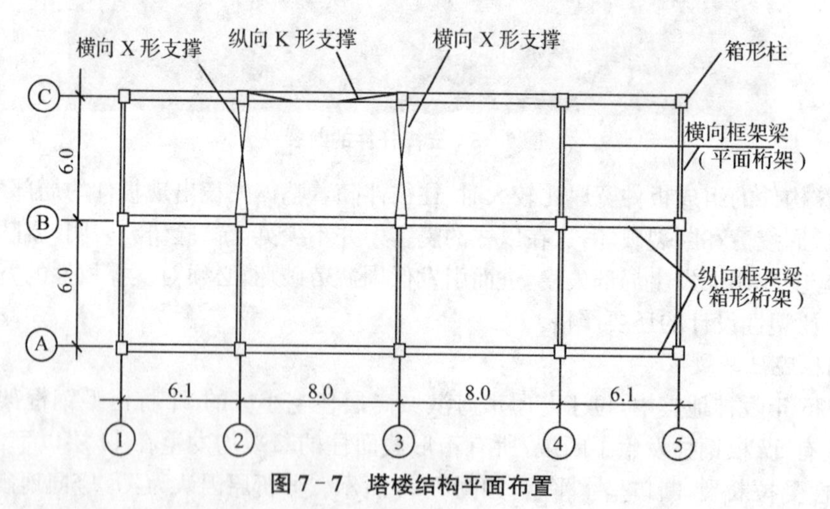

图 7-7　塔楼结构平面布置

分析表明，塔楼发生倒塌和严重破坏的主要原因之一，是由于纵横向垂直支撑偏位设置，导致刚度中心和质量重心相距太大，在地震中产生了较大的扭转效应，致使钢柱的作用力大于其承载力，引发了 3 栋完全相同的塔楼的严重破坏或倒塌。由此可见，规则对称的结构体系对抗震将十分有利。

1995 年阪神地震中，也有钢结构房屋倒塌，倒塌的房屋大多是 1971 年以前建造的，当时日本钢结构设计规范尚未修订，抗震设计水平还不高。在同一地震中，按新规范设计建造的钢结构房屋的倒塌数要少得多，说明震害的严重与否，和结构的抗震设计水平有很大关系。

7.2　多高层钢结构的抗震体系与布置

7.2.1　多高层钢结构的体系

多层钢结构的体系主要有框架体系、框架—支撑(抗震墙板)体系等。

1) 框架体系

框架体系是由沿纵横向方向的多榀框架构成及承担水平荷载的抗侧力结构，它也是承担竖向荷载的结构。这类结构的抗侧力能力主要取决于梁柱构件和节点的强度与延性，故常采用刚性连接节点。

2) 框架—支撑体系

框架—支撑体系是在框架体系中沿结构的纵、横两个方向均匀布置一定数量的支撑所形成的结构体系。在框架—支撑体系中，框架是剪切型结构，底部层间位移大；支撑为弯曲型结构，底部层间位移小，两者并联，可以明显减小建筑物下部的层间位移，因此在相同的侧移限值标准的情况下，框架—支撑体系可以用于比框架体系更高的房屋。

支撑体系的布置由建筑要求及结构功能来确定，一般布置在端框架中、电梯井周围等处。支撑类型的选择与是否抗震有关，也与建筑的层高、柱距以及建筑使用要求，如人行通道、门洞和空调管道设置等有关，因此需要根据不同的设计条件选择适宜的类型。常用的支撑体系有中心支撑和偏心支撑。

(1) 中心支撑

中心支撑是指斜杆与横梁及柱汇交于一点，或两根斜杆与横杆汇交于一点，也可与柱子汇交于一点，但汇交时均无偏心距。根据斜杆的不同布置形式，可形成X形支撑、单斜支撑、人字形支撑、K形支撑及V形支撑等类型，如图7-8所示。

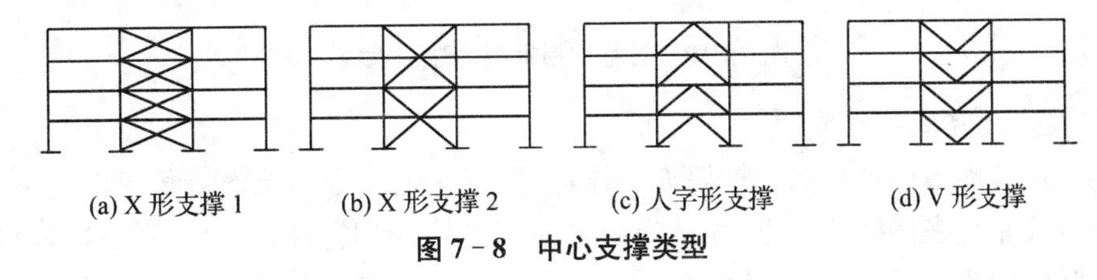

图7-8　中心支撑类型

(2) 偏心支撑

偏心支撑是指支撑斜杆的两端，至少有一端与梁相交(不在柱节点处)，另一端可在梁与柱交点处连接，或偏离另一根支撑斜杆一段长度与梁连接，并在支撑斜杆杆端与柱子之间构成一消能梁段，或在两根支撑斜杆之间构成一消能梁段的支撑，如图7-9所示。

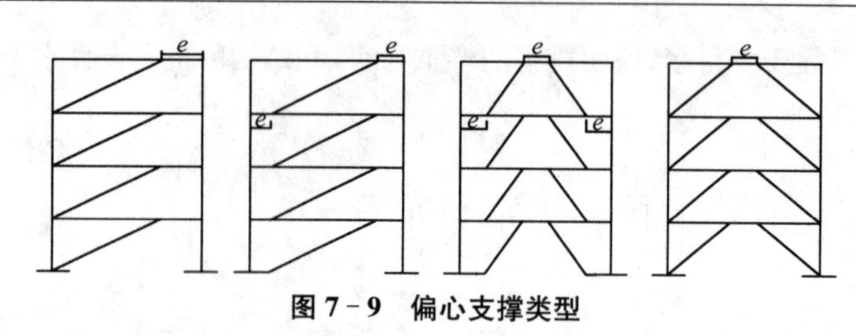

图 7 - 9　偏心支撑类型

纯框架结构延性好，抗震性能好，但由于抗侧刚度较差，不宜用于层数太高的建筑。框架—中心支撑结构抗侧刚度大，适用于层数较多的建筑，但由于支撑构件的滞回性能较差，耗散的地震能量有限，因此抗震性能不如纯框架。框架—偏心支撑结构可通过偏心连梁 e 的剪切屈服，耗散地震能量，同时又能保证支撑不丧失整体稳定，抗震性能优于框架—中心支撑结构。图 7 - 10 中给出的中心支撑框架和偏心支撑框架在往复水平荷载作用下的滞回性能试验曲线就说明了这一点。

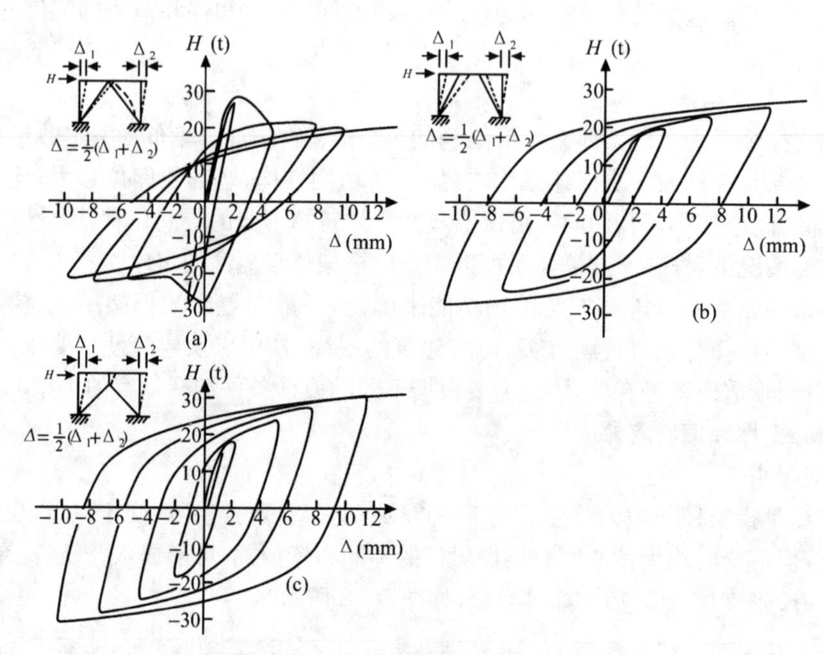

图 7 - 10　各种支撑框架的滞回性能

3）框架—抗震墙板体系

框架—抗震墙板体系是以钢框架为主体，并配置一定数量的抗震墙板。由于抗震墙板可以根据需要布置在任何位置上，因此布置灵活。另外，抗震墙板可以分开布置，两片以上抗震墙并联体较宽，从而可减小抗侧力体系等效高宽比，提高结构的抗推和抗倾覆能力。抗震墙板主要有以下 3 种类型。

(1) 钢抗震墙板

钢抗震墙板一般需采用厚钢板，其上下两边缘和左右两边缘可分别与框架梁和框架柱连接，一般采用高强度螺栓连接。钢板抗震墙板承担沿框架梁、柱周边的地震作用，不承担框架梁上的竖向荷载。非抗震设防及按 6 度抗震设防的建筑，采用钢板抗震墙可不设置加劲肋。按 7 度及 7 度以上抗震设防的建筑，宜采用带纵向和横向加劲肋的钢板抗震墙，且加劲肋宜两面设置。

（2）内藏钢板支撑抗震墙板

内藏钢板支撑抗震墙板是以钢板为基本支撑，外包钢筋混凝土墙板的预制构件。内藏钢板支撑可做成中心支撑也可做成偏心支撑，但在高烈度地区，宜采用偏心支撑。预制墙板仅在钢板支撑斜杆的上下端节点处与钢框架梁相连，除该节点部位外与钢框架的梁或柱均不相连，留有间隙，因此，内藏钢板支撑抗震墙仍是一种受力明确的钢支撑。由于钢支撑有外包混凝土，故可不考虑平面内和平面外的屈曲。墙板对提高框架结构的承载能力和刚度，以及在强震时吸收地震能量方面均有重要作用。

（3）带竖缝混凝土抗震墙板

普通整块钢筋混凝土墙板由于初期刚度过高，地震时首先斜向开裂，发生脆性破坏而退出工作，造成框架超载而破坏，为此提出了一种带竖缝的抗震墙板。它在墙板中设有若干条竖缝，将墙分割成一系列延性较好的壁柱。多遇地震时，墙板处于弹性阶段，侧向刚度大，墙板如同由壁柱组成的框架板承担水平抗震。罕遇地震时，墙板处于弹塑性阶段而在柱壁上产生裂缝，壁柱屈服后刚度降低，变形增大，起到耗能减震的作用。

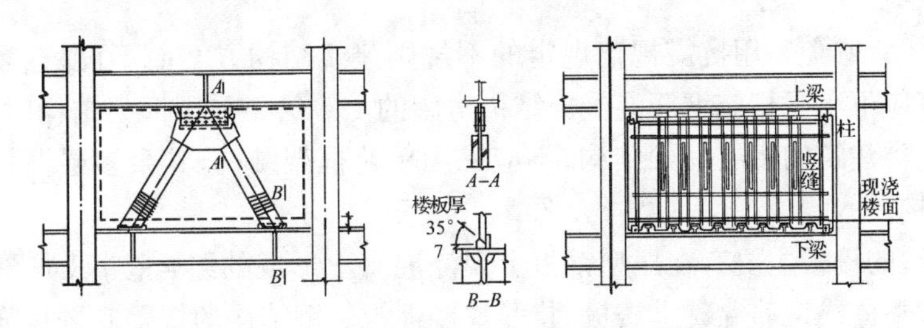

（a）内藏钢板剪力墙与框架连接　　（b）带竖缝剪力墙与框架连接

图 7－11　框架—抗震墙板结构

上述结构体系有一定的使用范围，如《建筑抗震设计规范》规定，抗震等级为一、二级的钢结构房屋宜采用偏心支撑、带竖缝钢筋混凝土抗震墙板、内藏钢板支撑钢筋混凝土墙板或屈曲约束支撑等消能支撑及筒体结构。对高层钢结构，上述结构体系如果无法满足刚度的要求，则需要采用刚度更大的结构体系，如框筒体系、桁架筒体系、筒中筒体系、束筒体系、巨型框架体系等。

7.2.2　多高层钢结构的布置原则

1）钢结构房屋适用最大高度和最大高宽比

结构类型的选择关系到结构的安全性、实用性和经济性，可根据结构总体高度和抗震设防烈度确定结构类型和最大使用高度见表 4－3。

影响结构宏观性能的另一个尺度是结构高宽比，即房屋总高度与结构平面最小宽度的比值，这一参数对结构刚度、侧移、振动模态有直接影响。《建筑抗震设计规范》规定，钢结构民用房屋的最大高宽比不宜超过表 4－5 的规定。

2）钢结构的抗震等级

钢结构房屋应根据设防分类、烈度和房屋高度采用不同的抗震等级，并应符合相应的计算和构造措施要求。丙类建筑的抗震等级应按表 7－3 确定。甲、乙类设防的建筑结构，其抗震设防标准的确定，按现行国家标准《建筑工程抗震设防分类标准》的规定处理。

表 7－3 钢结构房屋的抗震等级

房屋高度	烈度			
	6	7	8	9
≤50 m	/	四	三	二
>50 m	四	三	二	一

注：(1) 高度接近或等于高度分界时，应允许结合房屋不规则程度和场地、地基条件确定抗震等级。
(2) 一般情况，构件的抗震等级应与结构相同；当某个部位各构件的承载力均满足 2 倍地震作用组合下的内力要求时，7～9 度的构件抗震等级应允许按降低一度确定。
(3) 本章“一、二、三、四级”即“抗震等级为一、二、三、四级”的简称。

3) 钢结构的布置

(1) 基本要求

钢结构房屋宜避免采用抗震规范规定的不规则建筑结构方案而不设防震缝；需要设置防震缝时，缝宽应不小于相应钢筋混凝土结构房屋的 1.5 倍。采用框架结构时，高层的框架结构以及甲、乙类建筑的多层框架结构，不应采用单跨框架结构，其余多层框架结构不宜采用单跨框架结构。

钢结构房屋的楼板主要有在压型钢板上现浇混凝土形成的组合楼板(如图 7－12)和非组合楼板、装配整体式钢筋混凝土楼板、装配式楼板等。钢结构的楼盖宜采用压型钢板现浇钢筋混凝土组合楼板或非组合楼板。对 6、7 度时不超过 50 m 的钢结构尚可采用装配整体式钢筋混凝土楼板，亦可采用装配式楼板或其他轻型楼盖；对转换层楼盖或楼板有大洞口等情况，必要时可设置水平支撑。采用压型钢板钢筋混凝土组合楼板和现浇钢筋混凝土楼板时，应与钢梁有可靠连接。采用装配式、装配整体式或轻型楼板时，应将楼板预埋件与钢梁焊接，或采取其他保证楼盖整体性的措施。

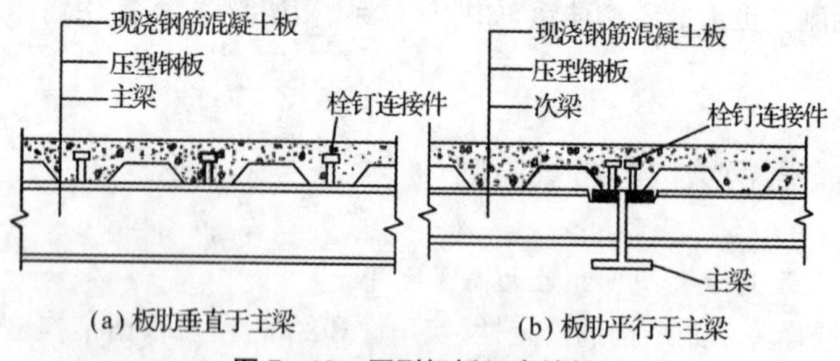

图 7－12 压型钢板组合楼板

(2) 钢框架—支撑结构布置

采用框架—支撑结构时，支撑框架在两个方向的布置均宜基本对称，支撑框架之间楼盖的长宽比不宜大于 3。三、四级且高度不超过 50 m 的钢结构宜采用中心支撑，有条件时也可采用偏心支撑、屈曲约束支撑等消能支撑。

中心支撑框架宜采用交叉支撑，也可采用人字支撑或单斜杆支撑，不宜采用 K 形支撑；

支撑的轴线应交汇于梁柱构件轴线的交点，确有困难时偏离中心不应超过支撑杆件宽度，并应计入由此产生的附加弯矩。当中心支撑采用只能受拉的单斜杆体系时，应同时设置不同倾斜方向的两组斜杆，且每组中不同方向单斜杆的截面面积在水平方向的投影面积之差不得大于10%。

偏心支撑框架的每根支撑应至少有一端与框架梁连接，并在支撑与梁交点和柱之间或同一跨内另一支撑与梁交点之间形成消能梁段。

(3) 钢框架—筒体结构布置

钢框架—筒体结构，在必要时可设置由筒体外伸臂或外伸臂和周边桁架组成的加强层。

(4) 钢结构房屋的地下室设置要求

钢结构房屋根据工程情况可设计或不设计地下室，设置地下室时，框架—支撑(抗震墙板)结构中竖向连续布置的支撑(抗震墙板)应延伸至基础；钢框架柱应至少延伸至地下一层。超过 50 m 的钢结构房屋应设置地下室。其基础埋置深度，当采用天然地基时不宜小于房屋总高度的 1/15；当采用桩基时，桩承台埋深不宜小于房屋总高度的 1/20。

7.3 多高层钢结构的抗震计算

7.3.1 地震作用计算

多层建筑钢结构的抗震设计采用两阶段设计方法，即第一阶段设计应按多遇地震计算地震作用，第二阶段设计应按罕遇地震计算地震作用。

钢结构的基本自振周期可以采用顶点位移法计算，但注意非结构构件影响系数应取偏大值(高层取 0.9)。考虑到与钢筋混凝土结构的区别，在进行钢结构地震作用计算时，阻尼比宜按下列规定采用：

(1) 多遇地震下的计算，高度不大于 50 m 时可取 0.04；高度大于 50 m 且小于 200 m 时，可取 0.03；高度不小于 200 m 时，宜取 0.02。

(2) 当偏心支撑框架部分承担的地震倾覆力矩大于结构总地震倾覆力矩的 50%时，其阻尼比可比(1)款相应增加 0.005。

(3) 罕遇地震下的分析，阻尼比可取 0.05。

多层建筑钢结构的地震作用计算方法有：底部剪力法、振型分解反应谱法和时程分析法。高层建筑钢结构应根据不同情况，分别采用不同的地震作用计算方法。

7.3.2 地震作用下的内力与位移计算

1) 多遇地震作用时

钢结构在进行内力和位移计算时，对于框架—支撑、框架—抗震墙板以及框筒等结构常采用矩阵位移法。对框架梁，可不按柱轴线处的内力而按梁端内力设计。对工字形截面柱，宜计入梁柱节点域剪切变形对结构侧移的影响；对箱形柱框架、中心支撑框架和不超过50 m的钢结构，其层间位移计算可不计入梁柱节点域剪切变形的影响，近似按框架轴线进行分析。

钢框架—支撑结构的斜杆可按端部铰接杆计算；中心支撑框架的斜杆轴线偏离梁柱轴线交点不超过支撑杆件的宽度时，仍可按中心支撑框架分析，但应计及由此产生的附加弯矩。对于筒体结构，可将其按位移相等原则转化为连续的竖向悬臂筒体，采用有限样条法对其进行计算。

在预估杆截面时，内力和位移的分析可采用近似方法。在水平载荷作用下，框架结构可采用D值法进行简化计算；框架—支撑（抗震墙）可简化为平面抗侧力体系，分析时将所有框架合并为总框架，所有竖向支撑（抗震墙）合并为总支撑（抗震墙），然后进行协同工作分析。此时，可将总支撑（抗震墙）当作一悬臂梁。

当结构中地震作用下的重力附加弯矩大于初始弯矩的1/10时，钢结构应计入重力二阶效应的影响。进行二阶效应的弹性分析时，应按现行国家标准《钢结构设计规范》的有关规定，在每层柱顶附加考虑假想水平力。

2）罕遇地震作用时

高层钢结构第二阶段的抗震验算应采用时程分析法对结构进行弹塑性时程分析，其结构计算模型可以采用杆系模型、剪切型层模型、剪弯型模型或剪弯协同工作模型。在采用杆系模型分析时，柱、梁的恢复力模型可采用二折线型，其滞回模型可不考虑刚度退化。钢支撑和消能梁段等构件的恢复力模型，应按杆件特性确定。采用层模型分析时，应采用计入有关构件弯曲、轴向力、剪切变形影响的等效层剪切刚度，层恢复力模型的骨架曲线可采用静力弹塑性方法进行计算，可简化为二折线或三折线，并尽量与计算所得骨架曲线接近。在对结构进行静力塑性计算时，应同时考虑水平地震作用与重力载荷。构件所用材料的屈服强度和极限强度应采用标准值。对新型、特殊的杆件和结构，其恢复力模型宜通过实验确定。

7.3.3 构件内力组合与设计原则

构件设计内力的组合方法见前章。在抗震设计中，一般高层钢结构可不考虑风荷载及竖向地震作用，但对于高度大于60 m的高层钢结构则须考虑风荷载的作用，在9度区尚须考虑竖向地震作用。

在钢结构抗震设计时，应对各构件内力进行调整，调整方法如下：

(1) 框架部分按刚度分配计算得到的地震层剪力应乘以增大系数。其值不小于结构底部总地震剪力25%和框架部分计算最大层剪力1.8倍的较小值。

(2) 对于偏心支撑框架结构，为了确保消能梁段能进入弹塑性工作，消耗地震输入能量，与消能梁段相连构件的内力设计值，应按下列要求调整：① 支撑斜杆的轴力设计值，应取与支撑斜杆相连接的消能梁段达到受剪承载力时支撑斜杆轴力与增大系数的乘积，其增大系数，一级不应小于1.4，二级不应小于1.3，三级不应小于1.2；② 位于消能梁段同一跨的框架梁内力设计值，应取消能梁段达到受剪承载力时框架梁内力与增大系数的乘积；其增大系数，一级不应小于1.3，二级不应小于1.2，三级不应小于1.1；③ 框架柱的内力设计值，应取消能梁段达到受剪承载力时柱内力与增大系数的乘积，其增大系数，一级不应小于1.3，二级不应小于1.2,三级不应小于1.1。

(3) 内藏钢支撑钢筋混凝土墙板和带竖缝钢筋混凝土墙板应按有关规定计算，带竖缝钢筋混凝土墙板可仅承受水平荷载产生的剪力，不承受竖向荷载产生的压力。

(4) 钢结构转换层下的钢框架柱,地震内力应乘以增大系数,其值可采用1.5。

7.3.4 侧移控制

在小震下(弹性阶段),过大的层间变形会造成非结构构件的破坏,而在大震下(弹塑性阶段),过大的变形会造成结构的破坏或倒塌,因此,应限制结构的侧移,使其不超过一定的数值。

在多遇地震下,钢结构的层间侧移标准值应不超过层高的1/250。结构平面端部构件的最大侧移不得超过质心侧移的1.3倍。

在罕遇地震下,钢结构的层间侧移不应超过层高的1/50。同时,结构层间侧移的延性比对于纯框架、偏心支撑框架、中心支撑框架、有混凝土抗震墙的钢框架应分别大于3.5、3.0、2.5和2.0。

7.4 多高层钢结构的抗震设计

7.4.1 钢框架结构的抗震设计

1) 结构构件抗震验算

钢结构构件的抗震验算通常包括强度验算、稳定性验算和长细比(刚度)验算,其验算公式与静力验算公式相同,但需要考虑承载力抗震调整系数,即

$$S \leqslant \frac{R}{\gamma_{RE}} \tag{7-1}$$

式中:γ_{RE}——承载力抗震调整系数,除另有规定外,应按表3-11采用;

R——结构构件承载力设计值。

2) 强柱弱梁验算

强柱弱梁是抗震设计的基本要求,在地震作用下,塑性效应在梁端形成而不应在柱端形成,此时框架具有较大的内力重分布和消能能力。为此柱端应比梁端有更大的承载能力储备,因此除下列情况之一外,节点左右梁端和上下柱端的全塑性承载力应符合下列要求:

(1) 柱所在楼层的受剪承载力比相邻上一层的受剪承载力高出25%。

(2) 柱轴压比不超过0.4,或符合 $N_2 \leqslant \varphi A_c f$ 时(N_2 为2倍地震作用下的组合轴力设计值)。

(3) 与支撑斜杆相连的节点。

等截面梁与柱连接时

$$\sum W_{pc}\left(f_{yc}-\frac{N}{A_c}\right) \geqslant \eta \sum W_{pb} f_{yb} \tag{7-2}$$

梁端扩大、加盖板或采用RBS(骨形)的梁与柱连接时

$$\sum W_{pc}\left(f_{yc}-\frac{N}{A_c}\right)\geqslant\sum(\eta W'_{pb}f_{yb}+M_v) \tag{7-3}$$

式中：W_{pc}，W_{pb}——分别为计算平面内交会于节点的柱和梁的塑性截面模量；

W'_{pb}——框架梁塑性铰所在截面的梁全塑性截面模量；

f_{yc}，f_{yb}——分别为柱和梁的钢材屈服强度；

N——按设计地震作用组合得出的柱轴力；

A_c——框架柱的截面积；

η——强柱系数，一级取1.15，二级取1.10，三级取1.05；

M_v——梁塑性铰剪力对柱面产生的附加弯矩，$M_v=V_p\cdot x$；

V_p——塑性铰剪力；

x——塑性铰至柱面的距离，塑性铰可取梁端部变截面翼缘的最小处。

3) 强节点验算

为了保证在大地震作用下，柱和梁连接的节点域腹板不致局部失稳，以利于吸收和耗散地震能量，在柱与梁连接处，柱应设置与梁上下翼缘位置对应的加劲肋，使之与柱翼缘相包围处形成梁柱节点域。节点域柱腹板的厚度，一方面要满足腹板局部稳定要求，另一方面还应满足节点域的抗剪要求。研究表明，节点域既不能太厚，也不能太薄。太厚了使节点域不能发挥耗能作用，太薄了将使框架的侧向位移太大。节点域的屈服承载力应满足下式的要求：

$$\psi(M_{pb1}+M_{pb2})/V_p\leqslant(4/3)f_{yv} \tag{7-4}$$

工字形截面柱 $$V_p=h_{b1}h_{c1}t_w \tag{7-5}$$

箱形截面柱 $$V_p=1.8h_{b1}h_{c1}t_w \tag{7-6}$$

圆管截面柱 $$V_p=(\pi/2)h_{b1}h_{c1}t_w \tag{7-7}$$

工字形截面柱和箱形截面柱的节点域应按下列公式验算：

$$t_w\geqslant(h_b+h_c)/90 \tag{7-8}$$

$$(M_{b1}+M_{b2})/V_p\leqslant(4/3)f_v/\gamma_{RE} \tag{7-9}$$

式中：M_{pb1}，M_{pb2}——分别为节点域两侧梁的全塑性受弯承载力；

V_p——节点域的体积；

f_v——钢材的抗剪强度设计值；

f_{yv}——钢材的屈服抗剪强度，取$f_{yv}=f_y/\sqrt{3}$，f_y为钢材的屈服强度；

ψ——折减系数，三、四级取0.6，一、二级取0.7；

h_{b1}，h_{c1}——分别为梁翼缘厚度中点间的距离和柱翼缘(或钢管直径线上管壁)厚度中点间的距离；

t_w——柱在节点域的腹板厚度；

M_{b1}，M_{b2}——分别为节点域两侧梁的弯矩设计值；

γ_{RE}——节点域承载力抗震调整系数，取0.75。

7.4.2 钢框架—中心支撑结构的抗震设计

在反复荷载作用下，支撑斜杆反复受压、受拉，且受压屈曲后的变形增大较大，转而受拉

时不能完全拉直，造成受压承载力再次降低，即出现弹塑性屈曲后承载力退化现象。支撑杆件屈曲后，最大承载力的降低是明显的，长细比越大，退化程度越严重。在计算支撑杆件时应考虑这种情况。支撑斜杆的受压承载力应按下式验算：

$$N/(\varphi A_{br}) \leqslant \psi f/\gamma_{RE} \tag{7-10}$$

$$\psi=\frac{1}{1+0.35\lambda_n} \tag{7-11}$$

$$\lambda_n=(\lambda/\pi)\sqrt{f_{ay}/E} \tag{7-12}$$

式中：N——支撑斜杆的轴向力设计值；

A_{br}——支撑斜杆的截面面积；

φ——轴心受压构件的稳定系数；

ψ——受循环荷载时的强度降低系数；

λ_n——支撑斜杆的正则化长细比；

E——支撑斜杆钢材的弹性模量；

f_{ay}——钢材屈服强度；

γ_{RE}——支撑稳定破坏承载力抗震调整系数。

对人字形支撑，当支撑腹杆在大震下受力压屈曲后，其承载力将下降，导致横梁在支撑连接处出现向下的不平衡集中力，可能引起横梁破坏和楼板下陷，并在横梁两端出现塑性铰；V 形支撑的情况类似，仅当斜杆失稳时楼板不是下陷而是向上隆起，不平衡力方向相反。因此，设计时要求除顶层和出屋面房间的梁外，人字支撑和 V 形支撑的横梁在支撑连接处应保持连续，该横梁应承受支撑斜杆传来的内力，并按不计入支撑支点作用的梁验算重力荷载和支撑屈曲时不平衡力下的承载力。不平衡力应按受拉支撑的最小屈服承载力和受压支撑最大屈曲承载力的 0.3 倍计算。必要时，可将人字形和 V 形支撑沿竖向交替设置或采用拉链柱(图 7-13)，以减小支撑横梁的截面。

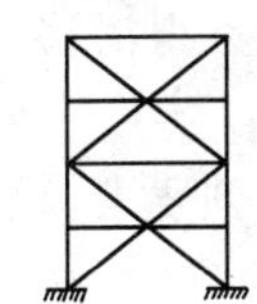

(a) 人字形和 V 形支撑交替布置

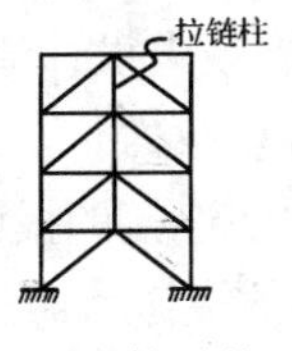

(b) 拉链柱

图 7-13　人字支撑的布置

7.4.3　钢框架—偏心支撑结构的抗震设计

偏心支撑框架的设计原则是强柱、强支撑和弱消能梁段，即在大地震时消能梁段屈服形成塑性铰，且具有稳定的滞回性能，即使消能梁段进入应变硬化阶段，支撑斜杆、柱和其余梁段仍保持弹性。设计良好的偏心支撑框架，除柱脚有可能出现塑性铰外，其他塑性铰均出现在梁段上。偏心支撑框架的每根支撑应至少一端与梁连接，并在支撑与梁交点和柱之间或同一跨内另一支撑与梁交点之间形成消能梁段。消能梁段的受剪承载力应按下列规定验算。

当 $N \leqslant 0.15Af$ 时　$V \leqslant \varphi V_l/\gamma_{RE}$　　(7-13)

$$V_l=0.58A_w f_{ay} \text{或} V_l=2M_{lp}/a\text{，取较小值}$$

$$A_w=(h-2t_f)t_w \tag{7-14}$$

$$M_{lp}=fW_p \tag{7-15}$$

当 $N>0.15Af$ 时 $V\leqslant \varphi V_{lc}/\gamma_{RE}$ (7-16)

$$V_{lc}=0.58A_w f_{ay}\sqrt{1-[N/(Af)]^2}$$

或 $$V_{lc}=2.4M_{lp}[1-N/(Af)]/a\text{，取较小值}$$

式中：N,V——分别为消能梁段的轴力设计值和剪力设计值；

V_l,V_{lc}——分别为消能梁段受剪承载力和计入轴力影响的受剪承载力；

M_{lp}——消能梁段的全塑性受弯承载力；

A,A_w——分别为消能梁段的截面面积和腹板截面面积；

W_p——消能梁段的塑性截面模量；

a,h——分别为消能梁段的净长和截面高度；

t_w,t_f——分别为消能梁段的腹板厚度和翼缘厚度；

f,f_{ay}——分别为消能梁段钢材的抗压强度设计值和屈服强度；

φ——系数，可取 0.9；

γ_{RE}——消能梁段承载力抗震调整系数，取 0.75。

支撑斜杆与消能梁连接的承载力不得小于支撑的承载力。若支撑须抵抗弯矩，支撑与梁的连接应采用刚接，并按抗压弯连接设计。

7.4.4 钢结构抗侧力体系构件连接的抗震设计

钢结构连接的设计原则是强连接弱构件，钢结构构件的连接应按地震组合内力进行弹性设计，并应进行极限承载力验算。在第一阶段，钢结构抗侧力体系构件连接的承载力设计值，不应小于相邻构件的承载力设计值；高强度螺栓连接不得滑移；在第二阶段，连接的极限承载力应大于构件的屈服承载力。

钢结构抗侧力体系构件连接的极限承载力应符合下列要求：

(1) 梁与柱刚性连接的极限承载力，应按下列公式验算：

$$M_u^j\geqslant \alpha M_p \tag{7-17}$$

$$V_u^j\geqslant 1.2(M_p/l_n)+V_{Gb} \tag{7-18}$$

(2) 支撑与框架连接和梁、柱、支撑的拼接承载力，应按下列公式验算：

支撑连接和拼接 $N_{ubr}^j\geqslant \alpha A_{br}f_v$ (7-19)

梁的拼接 $M_{ub,sp}^j\geqslant \alpha M_p$ (7-20)

柱的拼接 $M_{uc,sp}^j\geqslant \alpha M_{pc}$ (7-21)

(3) 柱脚与基础的连接承载力，应按下列公式验算：

$$M_{u,base}^j\geqslant \alpha M_{pc} \tag{7-22}$$

式中：M_p,M_{pc}——分别为梁的塑性受弯承载力和考虑轴力影响时柱的塑性受弯承载力；

V_{Gb}——重力荷载代表值(9 度时高层建筑尚应包括地震作用标准值)作用下，按简支梁分析的梁端截面剪力设计值；

l_n——梁的净跨；

A_{br}——支撑杆件的截面面积；

M_u^j，V_u^j——分别为连接的极限受弯、受剪承载力；

N_{ubr}^j，$M_{ub,sp}^j$，$M_{uc,sp}^j$——分别为支撑、梁、柱拼接的极限受拉(压)、受弯承载力；

$M_{u,base}^j$——柱脚的极限受弯承载力；

α——连接系数，可按表7-4采用。

表7-4　钢结构抗震设计的连接系数

母材牌号	梁柱连接		支撑连接/构件拼接		柱　脚	
	焊　接	螺栓连接	焊　接	螺栓连接		
Q235	1.40	1.45	1.25	1.30	埋入式	1.2
Q345	1.30	1.35	1.20	1.25	外包式	1.2
Q345GJ	1.25	1.30	1.15	1.20	外露式	1.1

注：(1) 屈服强度高于Q345的钢材，按Q345的规定采用。

(2) 屈服强度高于Q345GJ的GJ钢材，按Q345GJ的规定采用。

(3) 翼缘焊接腹板栓接时，连接系数分别按表中连接形式取用。

7.5　多高层钢结构的抗震构造

我国《建筑抗震设计规范》针对不同的钢结构体系，规定了相应的抗震构造措施。这些措施虽不尽相同，但其目的和手段却是一样的，那就是通过限制受压构件的长细比、梁平面外的长细比、构件组成板件的宽厚比、采取措施增强连接节点的承载能力以及控制制作和施工质量等手段，达到结构在罕遇地震作用下能承受较大的往复塑性变形、吸收和耗散地震输入的能量而不倒塌的目的。

7.5.1　钢框架结构抗震构造

1) 框架梁柱的长细比

长细比和轴压比均较大的柱，其延性较小，且容易发生整体失稳。对柱的长细比作限制，就能控制二阶效应对柱极限承载力的影响。为了保证框架柱具有较好的延性，地震区柱的长细比不宜太大，一级不应大于60 $\sqrt{235/f_{ay}}$，二级不应大于80 $\sqrt{235/f_{ay}}$，三级不应大于100 $\sqrt{235/f_{ay}}$，四级时不应大于120 $\sqrt{235/f_{ay}}$。

为了降低梁柱构件的长细比，可以设置侧向支承。梁柱构件受压翼缘应根据需要设置侧向支承；梁柱构件在出现塑性铰的截面，上下翼缘均应设置侧向支承；相邻两支承点间的构件长细比，应符合现行国家标准《钢结构设计规范》的有关规定。

2）板件宽厚比

在钢结构梁柱构件设计中，除了考虑承载力和整体稳定问题外，还必须考虑构件的局部稳定问题。防止板件局部失稳的有效方法是限制其宽厚比。框架梁、柱的板件宽厚比限值如表 7-5 所示。

表 7-5　框架梁、柱的板件宽厚比限值

板件名称		抗震等级			
		一　级	二　级	三　级	四　级
柱	工字形截面翼缘外伸部分	10	11	12	13
	工字形截面腹板	43	45	48	52
	箱形截面壁板	33	36	38	40
梁	工字形和箱形截面翼缘外伸部分	9	9	10	11
	箱形截面翼缘在两腹板之间部分	30	30	32	36
	工字形截面和箱形截面腹板	$72-120N_b/(Af)$ $\leqslant 60$	$72-100N_b/(Af)$ $\leqslant 65$	$80-110N_b/(Af)$ $\leqslant 70$	$85-120N_b/(Af)$ $\leqslant 75$

注：表列数值适用于 Q235 钢，采用其他牌号钢材时，应乘以 $\sqrt{235/f_{ay}}$；$N_b/(Af)$为梁的轴压比。

3）梁柱连接构造

框架梁与框架柱的连接宜采用柱贯通型，梁贯通型较少采用。柱在两个互相垂直的方向都与梁刚接时宜采用箱形截面，在梁翼缘连接处设置隔板。隔板采用电渣焊时，壁板厚度不应小于 16 mm，小于此限时可改用工字形柱或采用贯通式隔板。当柱仅在一个方向与梁刚接时，宜采用工字形截面，并将柱腹板置于刚接框架平面内。

工字形柱（绕强轴）和箱形柱与梁刚接时（图 7-14），应符合下列要求：

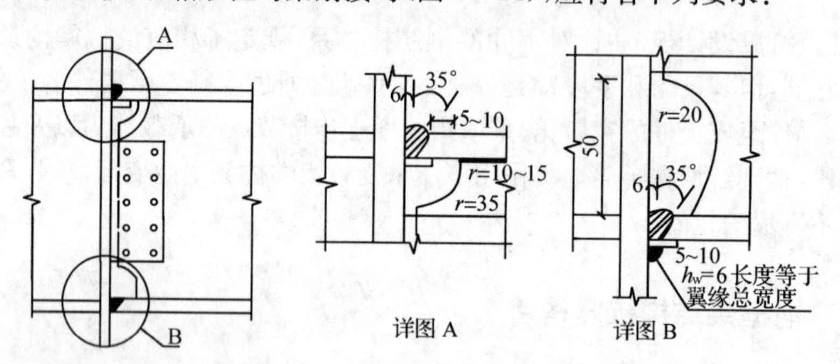

图 7-14　框架梁与柱的现场连接

（1）梁翼缘与柱翼缘间应采用全熔透坡口焊缝；一级抗震时，应检验焊缝的 V 形切口冲击韧性，其夏比冲击韧性在－20℃时不低于 27J。

（2）柱在梁翼缘对应位置应设置横向加劲肋（隔板），加劲肋（隔板）厚度不应小于梁翼缘厚度，强度与梁翼缘相同。

（3）梁腹板宜采用摩擦型高强度螺栓与柱连接板连接（经工艺试验合格能确保现场焊接质量时，可用气体保护焊进行焊接）；腹板角部应设置焊接孔，孔形应使其端部与梁翼缘全焊透焊缝完全隔开。

(4) 腹板连接板与柱的焊接，当板厚不大于 16 mm 时应采用双面角焊缝，焊缝有效厚度应满足等强度要求，且不小于 5 mm；板厚大于 16 mm 时采用 K 形坡口对接焊缝。该焊缝宜采用气体保护焊，且板端应绕焊。

(5) 一级和二级抗震时，宜采用能将塑性铰自梁端外移的端部扩大形连接、梁端加盖板或骨形连接。

框架梁采用悬臂梁段与柱刚性连接时(图 7－15)，悬臂梁段与柱应采用全焊接连接，此时上下翼缘焊接孔的形式宜相同；梁的现场拼接可采用翼缘焊接腹板螺栓连接或全部螺栓连接。

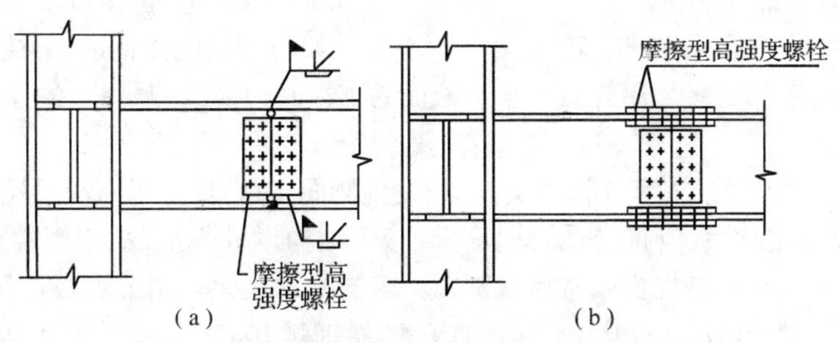

图 7－15　框架柱与梁悬臂段的连接

箱形柱在与梁翼缘对应位置设置的隔板，应采用全熔透对接焊缝与壁板相连。工字形柱的横向加劲肋与柱翼缘，应采用全熔透对接焊缝连接，与腹板可采用角焊缝连接。

梁与柱刚性连接时，柱在梁翼缘上下各 500 mm 的范围内，柱翼缘与柱腹板间或箱形柱壁板间的连接焊缝应采用全熔透坡口焊缝。框架柱接头宜位于框架梁上方 1.3 m 附近，或柱净高的一半，取二者较小值。上下柱的对接接头应采用全熔透焊缝，柱拼接接头上下各 100 mm 范围内，工字形柱翼缘与腹板间及箱形柱角部壁板间的焊缝，应采用全熔透焊缝。

当节点域的腹板厚度不满足验算规定时，应采取加厚柱腹板或采取贴焊补强板的措施。补强板的厚度及其焊缝应按传递补强板所分担剪力的要求设计。

钢结构的刚接柱脚宜采用埋入式，也可采用外包式；6、7 度不超过 50 m 时也可采用外露式柱脚。

7.5.2　钢框架—中心支撑框架结构的抗震构造

1) 中心支撑的长细比和宽厚比限值

支撑杆件的长细比，按压杆设计时，不应大于 $120\sqrt{235/f_{ay}}$；中心支撑杆一、二、三级时不得采用拉杆，四级时可采用拉杆，其长细比不宜大于 180。

支撑杆件的板件宽厚比，不应大于表 7－6 规定的限值。采用节点板连接时，应注意节点板的强度和稳定。

表 7-6 钢结构中心支撑板件宽厚比限值

板件名称	抗震等级			
	一 级	二 级	三 级	四 级
翼缘外伸部分	8	9	10	13
工字形截面腹板	25	26	27	33
箱形截面壁板	18	20	25	30
圆管外径与壁厚比	38	40	40	42

注:表列数值适用于 Q235 钢,采用其他牌号钢材应乘以 $\sqrt{235/f_{ay}}$,圆管乘以 $235/f_{ay}$。

2) 中心支撑节点的构造

一、二、三级,支撑宜采用 H 型钢制作,两端与框架可采用刚接构造,梁柱与支撑连接处应设置加劲肋;一级和二级采用焊接工字形截面的支撑时,其翼缘与腹板的连接宜采用全熔透连续焊缝。

梁在其与 V 形支撑或人字支撑相交处,应设置侧向支承;该支承点与梁端支承点间的侧向长细比(λ_y)以及支承力,应符合现行国家标准《钢结构设计规范》关于塑性设计的规定。

支撑与框架连接处,支撑杆端宜做成圆弧。若支撑和框架采用节点板连接,应符合现行国家标准《钢结构设计规范》关于节点板在连接杆件每侧有不小于 30°夹角的规定;一、二级时,支撑端部至节点板最近嵌固点(节点板与框架构件连接焊缝的端部)垂直于支撑杆件轴线方向的直线,不应小于节点板厚度的 2 倍。

框架—中心支撑结构的框架部分,当房屋高度不高于 100 m 且框架部分按计算分配的地震作用不大于结构底部总地震剪力的 25%时,一、二、三级的抗震构造措施可按框架结构降低一级的相应要求采用。其他抗震构造措施,应符合本章 7.5.1 节对框架结构抗震构造措施的规定。

7.5.3 钢框架—偏心支撑框架结构的抗震构造

1) 构件的长细比与宽厚比

偏心支撑框架的支撑杆件长细比不应大于 $120\sqrt{235/f_{ay}}$,支撑杆件的板件宽厚比不应超过现行国家标准《钢结构设计规范》规定的轴心受压构件在弹性设计时的宽厚比限值。

消能梁段的屈服强度越高,屈服后的延性越差,消能能力越小,因此消能梁段的钢材屈服强度不应大于 345 MPa。消能梁段及与消能梁段同一跨内的非消能梁段,其板件的宽厚比不应大于表 7-7 规定的限值。

表 7-7 偏心支撑框架梁的板件宽厚比限值

板件名称		宽厚比限值
翼缘外伸部分		8
腹 板	当 $N/(Af) \leqslant 0.14$ 时	$90[1-1.65N/(Af)]$
	当 $N/(Af) > 0.14$ 时	$33[2-5N/(Af)]$

注:表列数值适用于 Q235 钢,采用其他牌号钢材应乘以 $\sqrt{235/f_{ay}}$。

2) 消能梁段的构造

当 $N>0.16Af$ 时，消能梁段的长度应符合下列规定：

当 $\rho(A_w/A)<0.3$ 时 $\qquad a<1.6M_{lp}/V_l \qquad (7-23)$

当 $\rho(A_w/A)\geqslant 0.3$ 时 $\qquad a\leqslant[1.15-0.5\rho(A_w/A)]1.6M_{lp}/V_l \qquad (7-24)$

$$\rho=N/V$$

式中：a——消能梁段的长度；

ρ——消能梁段轴向力设计值与剪力设计值之比。

消能梁段的腹板不得贴焊补强板，也不得开洞。消能梁段与支撑连接处，应在其腹板两侧配置加劲肋，加劲肋的高度应为梁腹板高度，一侧的加劲肋宽度不应小于$(b_t/2-t_w)$，厚度不应小于 $0.75t_w$和 10 mm 的较大值。

消能梁段应按下列要求在其腹板上设置中间加劲肋：

(1) 当 $a\leqslant 1.6M_{lp}/V_l$时，加劲肋间距不大于$(30t_w-h/5)$。

(2) 当 $2.6M_{lp}/V_l<a\leqslant 5M_{lp}/V_l$时，应在距消能梁段端部 $1.5b_f$处配置中间加劲肋，且中间加劲肋间距不应大于$(52t_w-h/5)$。

(3) 当 $1.6M_{lp}/V_l<a\leqslant 2.6M_{lp}/V_l$时，中间加劲肋的间距宜在上述二者间线性插入。

(4) 当 $a>5M_{lp}/V_l$时，可不配置中间加劲肋。

(5) 中间加劲肋应与消能梁段的腹板等高，当消能梁段截面高度不大于 640 mm 时，可配置单侧加劲肋，消能梁段截面高度大于 640 mm 时，应在两侧配置加劲肋，一侧加劲肋的宽度不应小于$(b_f/2-t_w)$，厚度不应小于 t_w和 10 mm。

消能梁段两端上下翼缘应设置侧向支撑，支撑的轴力设计值不得小于消能梁段翼缘轴向承载力的 6%，即 $0.06b_ft_ff$；偏心支撑框架梁的非消能梁段上下翼缘，应设置侧向支撑，支撑的轴力设计值不得小于梁翼缘轴向承载力的 2%，即 $0.02b_ft_ff$。

3) 消能梁段与柱连接的构造

消能梁段与柱连接时，其长度不得大于 $1.6M_{lp}/V_l$，且应满足相关标准的规定。消能梁段翼缘与柱翼缘之间应采用坡口全熔透对接焊缝连接，消能梁段腹板与柱之间应采用角焊缝(气体保护焊)连接；角焊缝的承载力不得小于消能梁段腹板的轴向力、剪力和弯矩同时作用时的承载力。消能梁段与柱腹板连接时，消能梁段翼缘与横向加劲板间应采用坡口全熔透焊缝，其腹板与柱连接板间应采用角焊缝(气体保护焊)；角焊缝的承载力不得小于消能梁段腹板的轴力、剪力和弯矩同时作用时的承载力。

4) 其他构造

框架—偏心支撑结构的框架部分，当房屋高度不高于 100 m 且框架部分按计算分配的地震作用不大于结构底部总地震剪力的 25%时，一、二、三级的抗震构造措施可按框架结构降低一级的相应要求采用。其他抗震构造措施，应符合本章 7.5.1 节对框架结构抗震构造措施的规定。

复习思考题

1. 多、高层钢结构在强震作用下节点破坏的主要原因是什么？
2. 钢框架—中心支撑体系和钢框架—偏心支撑体系的抗震工作机理各有何特点？
3. 避免梁柱节点、支撑构件发生失稳破坏对改善结构整体抗震性能有何作用？

4. 偏心支撑框架体系有何优缺点?

5. 楼盖与钢梁有哪些可靠的连接措施?为什么在进行罕遇烈度下结构地震反应分析时不考虑楼板与钢梁的共同工作?

6. 为什么要对地震作用效应进行调整?

7. 为什么要设置加强层?

8. 在设计和构造上如何保证钢框架—偏心支撑体系的塑性铰出现在消能阶段?

9. 高层钢结构抗震设计中所采用的反应谱与一般钢结构相比有何不同?为什么?

10. 高层钢结构抗震设计中,“强柱弱梁”的设计原则是如何实现的?

11. 钢框架结构、钢框架—中心支撑结构、钢框架—偏心支撑结构、钢框架—抗震墙板结构多道抗震防线的设计思路是什么?

12. 为什么骨形连接和开口式连接技术可以提高梁柱构件的抗震能力,两种连接方式的工作机理有何不同?

13. 高层钢结构的构件设计,为什么要对板件的宽厚比提出更高的要求?

14. 高层钢结构在第一阶段设计和第二阶段设计验算中,阻尼比有何不同?为什么?

8 单层厂房抗震设计

单层厂房在工业建筑中应用广泛，按其主要承重构件材料的不同，单层厂房可分为钢筋混凝土柱厂房、钢结构厂房和砖柱厂房等。我国的单层工业厂房和类似的工业生产用房，大多数为装配式钢筋混凝土柱厂房。仅跨度在 12～15 m 以内、高度在 4～5 m 以下且无桥式吊车的中、小型车间和仓库采用砖柱(墙垛)承重的结构；跨度在 36 m 以上且有重型吊车的厂房常采用钢结构。本章主要介绍单层钢筋混凝土柱厂房和钢结构厂房抗震设计方法及要求。

8.1 震害分析

和其他结构相比较，单层厂房的震害相对较轻，且主要是围护结构的破坏。震害调查表明，当地震烈度为 6、7 度时，少数除围护端体开裂或外闪及突出屋面的天窗架局部损坏外，厂房主体结构基本完好；当地震烈度为 8 度时，围护墙体严重破坏，部分墙体局部倒塌，主体结构的排架柱和天窗架立柱出现开裂等不同程度的破坏，屋盖和柱间支撑系统出现杆件压屈或节点拉脱；当地震烈度为 9 度或更为强烈时，围护墙体大面积倒塌，突出屋面的天窗架倾倒，屋面局部塌落，支撑系统大部分压屈，主体结构严重破坏甚至倒塌。

不少震害资料还表明，震害的轻重与场地类别有密切关系。当结构自振周期与场地卓越周期相接近时，震害加重，这是因为建筑物与地基土产生类共振现象。另外，厂房纵向的震害一般较横向严重。

8.1.1 房盖系统震害

单层厂房屋盖分为无檩体系和有檩体系，多数采用的是无檩屋盖，即大型屋面板，少数采用有檩屋盖。相比而言，在地震作用下，无檩屋盖的破坏较为严重。

1) 无檩屋盖

无檩屋盖的大型屋面板在地震作用(主要为纵向地震作用)下，与屋架上弦的连接发生破坏，从而错动移位，该现象在 7 度时就有发生，8 度时较为普遍，9 度及以上高烈度时，常因移位较大而引起屋面板从屋架上坠落，导致机器设备破坏，由于屋架上弦失去平面外支撑而失稳倾斜，甚至倒塌(图 8 - 1)。产生这种震害的原因是，屋面板与屋架上弦或与天窗架焊接不牢，或者屋面板大肋上预埋件锚固强度不足，从而引起屋面板与屋架之间的拉脱。

2) 天窗架

下沉式天窗，在地震中一般无震害，性能明显优于突出屋顶天窗。由于“鞭梢效应”的影响,突出屋顶的天窗是最容易破坏的部位(图 8-2)。在地震作用下,如果天窗架垂直支撑设计不合理,会引起支撑杆件的压屈失稳、折断,还会引起支撑与天窗架之间连接的失效(如焊缝拉断、钢板与锚筋脱开及预埋件拔出),所有这些均可以导致天窗架平面外失稳倾斜,甚至倒塌而砸塌屋面板。

3) 屋架

在地震作用下屋架震害表现为:屋架端节间上弦杆剪断及梯形屋架端头竖杆水平剪断;屋架端部支承大型屋面板的支墩被切断或预埋件松胶。这是因为屋架两端的剪力最大,而在非抗震计算时,屋架端节间的上弦杆及端部竖杆计算的内力很小,设计的截面及配筋较弱,当受到较大的纵向地震作用时,因设计强度不足而破坏。另外,屋架的平面外支撑(如屋面板)失效时,也可能引起屋架倾斜倒塌(图 8-1)。

图 8-1　屋架倒塌

图 8-2　天窗破坏

4) 有檩屋盖

有檩体系的震害比无檩体系轻。主要表现为屋面檩条的移位、下滑和塌落。此震害产生的主要原因是屋架与檩条之间连接不好,尤其在屋面坡度较大的情况下,更易造成移位和下滑。如海城地震中鞍山某厂和唐山地震中天津某厂,均发生屋面瓦大量塌落的震害;而屋面支撑系统完整且屋面瓦与檩条、檩条与屋架牢固拉结的,甚至在唐山地震中的 10 度区,屋盖也基本完好。

8.1.2　排架柱系统震害

排架柱是单层钢筋混凝土柱厂房的主要抗侧力构件。在设计中,即使未考虑地震作用,但已考虑了风荷载的作用,因此,排架柱仍具有一定的抗侧力刚度。在地震烈度为 7～9 度时,未发生因排架柱折断、倾倒而导致整个厂房倒塌的震害;在 10 度时,也很少发生倒塌现象。但排架柱的局部震害较普遍,其主要震害特点如下。

1）柱头

厂房屋盖的重量较重，其重量和地震作用时的荷载效应均通过屋架与柱头间的连接节点传递到排架柱，因此柱与屋架的连接节点是个重要部位。在外部较大荷载作用下，屋架与柱头的连接处，会发生因连接焊缝强度不足引起的焊缝切断或因预埋件锚固筋的锚固强度不足引起的锚固筋被拔出，使连接破坏；如果节点连接强度足够，柱头在反复地震作用下处于剪压复合的受力状态，因此柱头混凝土可能被剪压而出现斜裂缝，甚至压酥剥落。柱头的这些破坏均可以导致屋架下落(图 8-3)。

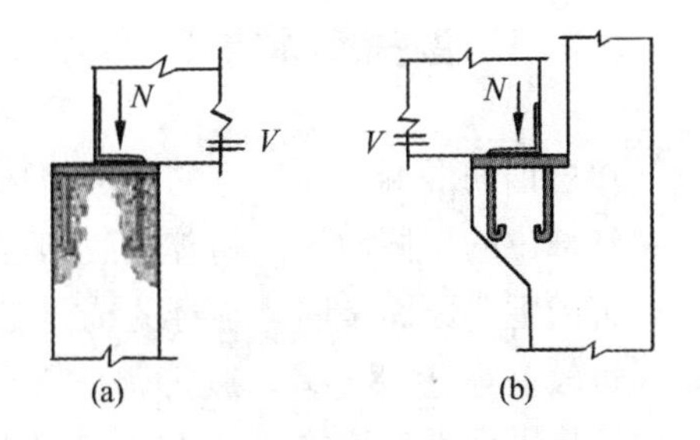

图 8-3　屋架与柱头、柱肩节点的破坏

2）牛腿位置

上柱截面较弱，但却承受着屋盖及吊车的横向水平地震作用引起的较大剪力，柱子处于压弯剪复合受力状态，在牛腿顶面变截面处，由于刚度突变将引起应力的集中，易产生水平裂缝，甚至折断。

3）柱根

下柱在窗台以下靠近地面处，由于刚性地面对下柱的嵌固作用，较大的弯矩使得柱根位置出现水平裂缝或环状裂缝，严重时可使混凝土剥落，织筋压曲，导致柱根错位、折断(图 8-4)。

图 8-4　排架柱破坏

4）高低跨厂房中柱

高低跨厂房的中柱常采用柱肩(牛腿)支承低跨屋架，在地震作用下，该处常出现水平裂缝和竖向裂缝。其原因是地震时由于高阶振型的影响，两不等高屋盖产生相反方向的运动，这使得柱肩(牛腿)受到较大的水平拉力，导致该处被拉裂。

5）柱间支撑

柱间支撑是厂房纵向抗震的主要抗侧力构件，承受了绝大部分的纵向地震力。柱间支撑长细比过大，在 8、9 度时容易压屈。其破坏主要出现在 8 度及 8 度以上地域区，7 度区出现破坏较少。破坏的主要特征是支撑斜杆的压屈或支撑与柱的连接节点拉脱。节点拉脱也较多出现于上柱支撑，但下柱支撑的下节点破坏最为严重。

8.1.3 围护墙体震害

单层钢筋混凝土柱厂房的围护墙(纵墙和山墙)是出现震害较多的部位,墙体的震害,因材料和部位的不同而异。随着地震烈度的增加,将出现外闪、开裂直至倒塌的现象,出现这些震害的主要原因是墙体本身的抗震能力低,墙体与主体结构缺乏牢固拉结,高大墙体的稳定性也较差等(图 8-5)。震害调查表明,砌体围护墙,尤其是山墙,凡与柱没形成牢固拉结或山墙抗风柱不到顶的,在 6 度时就可能外倾或倒塌;封檐墙和山墙的山尖部分由于鞭梢效应的影响,动力反应大,在地震中往往破坏较早也较重;对采用钢筋混凝土大型墙板与柱柔性连接,或采用轻质墙板围护墙的厂房结构,在 8、9 度时也基本完好,显示出良好的抗震性能。

图 8-5 墙体倒塌

8.1.4 钢结构厂房震害

根据单层钢结构厂房的震害实例分析,其主要震害是柱间支撑的失稳变形和连接节点的断裂或拉脱,柱脚锚栓剪断和拉断,以及锚栓锚固过短所致的拔出破坏。亦有少量厂房的屋盖支撑杆件失稳变形或连接节点板开裂破坏。图 8-6 是汶川地震中破坏的一个跨度很小的钢结构汽车修理厂房。

图 8-6 钢结构厂房

8.2 抗震设计的基本要求

震害调查研究表明，单层钢筋混凝土柱厂房的抗震性能，既取决于各结构构件的抗震能力，又取决于结构整体的抗震能力。对单层钢筋混凝土柱厂房进行设计时，不仅要验算各构件、节点或连接以及支撑的抗震承载力，还需要依据概念设计的思想，在结构的体形及总体布置等方面采取有效的措施，提高厂房的整体抗震性能，满足抗震设防的基本要求。

8.2.1 结构布置

厂房的平面和竖向布置应力求体形简单、规则、对称和均匀，尽量避免体形复杂、凹凸变化，尽可能选用矩形平面体形，对多跨厂房宜等高等长，减轻扭转效应的影响。

厂房的结构布置应使整个厂房的质量与刚度分布均匀、对称，质量中心和刚度中心尽可能重合，各部分在地震作用下变形协调，避免局部刚度突变和应力集中。在具体布置时，应充分考虑下列因素：

(1) 多跨厂房宜等高和等长，高低跨厂房不宜采用一端开口的结构布置。

(2) 厂房的贴建房屋和构筑物，不宜布置在厂房角部和紧邻防震缝处。

(3) 厂房体形复杂或有贴建的房屋和构筑物时，宜设防震缝；在纵横跨交接处、大柱网厂房或不设柱间支撑的钢筋混凝土柱厂房，防震缝宽度可采用100～150 mm，其他情况可采用50～90 mm。钢结构厂房防震缝的宽度应根据设防烈度、与相邻房屋可能碰撞的最高点高度、厂房的结构布置情况确定，不宜小于混凝土柱厂房防震缝宽度的1.5倍。当设防烈度高或厂房较高时，或当厂房坐落在较软弱场地土或有明显扭转效应时，需适当增加。

(4) 两个主厂房之间的过渡跨至少应有一侧采用防震缝与主厂房脱开。

(5) 厂房内上起重机的铁梯不应靠近防震缝设置；多跨厂房各跨上起重机的铁梯不宜设置在同一横向轴线附近。钢结构厂房内设有桥式起重机时，起重机梁系统构件与厂房框架柱的连接应能可靠地传递纵向水平地震作用。

(6) 厂房内的工作平台、刚性工作间宜与厂房主体结构脱开。

(7) 厂房的同一结构单元内，不应采用不同的结构型式；厂房端部应设屋架，不应采用山墙承重；厂房单元内不应采用横墙和排架混合承重。

(8) 厂房柱距宜相等，各柱列的侧移刚度宜均匀，当有抽柱时，应采取抗震加强措施。

(9) 钢结构厂房的横向抗侧力体系，可采用刚接框架、铰接框架、门式刚架或其他结构体系，厂房的纵向抗侧力体系，8、9度应采用柱间支撑，6、7度宜采用柱间支撑，也可采用刚接框架。

8.2.2 屋盖体系

对屋盖体系的要求是应尽可能选用轻型屋盖、下沉式屋盖，减轻屋盖重量和降低屋盖重心,同时,应设置合理有效的支撑体系,使整个屋盖具有良好的空间整体性和有效的刚度,减轻地震的作用。

1) 天窗架的设置

天窗的存在削弱了厂房屋盖的整体性,在地震时,该部位是薄弱环节,产生的震害较多也较重。突出屋面的门形天窗架,地震时位移反应较大,特别是在纵向地震作用下,由于高振型的影响往往造成天窗架与支撑的破坏,对屋盖和厂房抗震不利。为了保证天窗和整个厂房的安全,必须减轻天窗屋盖的重量及地震反应。因此,天窗架的设置宜满足下列要求:

(1) 天窗宜采用突出屋面较小的避风型天窗,有条件或9度时宜采用下沉式天窗。

(2) 突出屋面的天窗宜采用钢天窗架;6~8度时,可采用矩形截面杆件的钢筋混凝土天窗架。

(3) 天窗架不宜从厂房结构单元第一开间开始设置;8度和9度时,天窗架宜从厂房单元端部第三柱间开始设置。

(4) 天窗屋盖、端壁板和侧板宜采用轻型板材,不应采用端壁板代替端天窗架。

2) 屋架的设置

经过抗震设计的屋架都具有一定的抗震能力,震害调查表明,很少出现因屋架结构破坏而引起的过重震害。但由于屋架的材料及结构形式的不同,在地震作用下,它们之间也存在着差异。厂房屋架在设置时应根据厂房跨度、柱距和抗震设防的要求综合考虑,尽可能采用具有较好抗震性能的钢屋架或重心较低的预应力混凝土、钢筋混凝土屋架。另外,还需符合下列要求:

(1) 跨度不大于15 m时,可采用钢筋混凝土屋面梁。

(2) 跨度大于24 m,或8度Ⅲ、Ⅳ类场地和9度时,应优先采用钢屋架。

(3) 柱距为12 m时,可采用预应力混凝土托架(梁);当采用钢屋架时,亦可采用钢托架(梁)。

(4) 有突出屋面天窗架的屋盖不宜采用预应力混凝土或钢筋混凝土空腹屋架。

(5) 8度(0.30 g)和9度时,跨度大于24 m的厂房不宜采用大型屋面板。

3) 屋盖的支撑

屋盖支撑是保证屋盖整体刚度的重要条件,它能有效地保证屋盖的整体性,在地震作用下,当屋面板因发生错动、移位或附落不能提供屋架的平面外有效支承时,屋盖支撑将是保证屋盖整体刚度的第二道防线,避免整体屋盖的倒塌。

(1) 单层钢筋混凝土柱厂房

单层钢筋混凝土柱厂房屋盖的结构形式分为有檩体系和无檩体系,设计屋盖支撑系统时,应按照屋盖的结构形式合理设置,保证屋盖系统的整体刚度。有檩屋盖的支撑布置应符合表8-1的要求;无檩屋盖的支撑布置应符合表8-2的要求;有中间井式天窗时应符合表8-3的要求。

表 8-1 有檩屋盖的支撑布置

<table>
<tr><td colspan="2" rowspan="2">支撑名称</td><td colspan="3">烈　度</td></tr>
<tr><td>6、7 度</td><td>8 度</td><td>9 度</td></tr>
<tr><td rowspan="4">屋架支撑</td><td>上弦横向支撑</td><td>单元端开间各设一道</td><td>单元端开间及厂房单元长度大于 66 m 的柱间支撑开间各设一道；
天窗开洞范围的两端各增设局部支撑一道</td><td rowspan="3">单元端开间及厂房单元长度大于 42 m 的柱间支撑开间各设一道；
天窗开洞范围的两端各增设局部的上弦横向支撑一道</td></tr>
<tr><td>下弦横向支撑</td><td colspan="2" rowspan="2">同非抗震设计</td></tr>
<tr><td>跨中竖向支撑</td></tr>
<tr><td>端部竖向支撑</td><td colspan="3">屋架端部高度大于 900 mm 时，单元端开间及柱间支撑开间各设一道</td></tr>
<tr><td rowspan="2">天窗架支撑</td><td>上弦横向支撑</td><td>厂房单元天窗端开间各设一道</td><td rowspan="2">单元天窗端开间及每隔 30 m 各设一道</td><td rowspan="2">厂房单元天窗端开间及每隔 18 m 各设一道</td></tr>
<tr><td>两侧竖向支撑</td><td>厂房单元天窗端开间及每隔36 m 各设一道</td></tr>
</table>

表 8-2 无檩屋盖的支撑布置

<table>
<tr><td colspan="3" rowspan="2">支撑名称</td><td colspan="3">烈　度</td></tr>
<tr><td>6、7</td><td>8</td><td>9</td></tr>
<tr><td rowspan="6">屋架支撑</td><td colspan="2">上弦横向支撑</td><td>屋架跨度小于 18 m 时同非抗震设计，跨度不小于 18 m 时在厂房单元端开间各设一道</td><td colspan="2">单元端开间及柱间支撑开间各设一道，天窗开洞范围的两端各增设局部支撑一道</td></tr>
<tr><td colspan="2">上弦通长水平系杆</td><td rowspan="4">同非抗震设计</td><td>沿屋架跨度不大于 15 m 设一道，但装配整体式屋面可仅在天窗开洞范围内设置；围护墙在屋架上弦高度有现浇圈梁时，其端部处可不另设</td><td>沿屋架跨度不大于 12 m 设一道，但装配整体式屋面可仅在天窗开洞范围内设置；围护墙在屋架上弦高度有现浇圈梁时，其端部处可不另设</td></tr>
<tr><td colspan="2">下弦横向支撑</td><td rowspan="2">同非抗震设计</td><td rowspan="2">同上弦横向支撑</td></tr>
<tr><td colspan="2">跨中竖向支撑</td></tr>
<tr><td rowspan="2">两端竖向支撑</td><td>屋架端部高度≤900 mm</td><td>单元端开间各设一道</td><td>单元端开间及每隔 48 m 各设一道</td></tr>
<tr><td>屋架端部高度>900 mm</td><td>单元端开间各设一道</td><td>厂房单元端开间及柱间支撑开间各设一道</td><td>单元端开间、柱间支撑开间及每隔 30 m 各设一道</td></tr>
<tr><td rowspan="2">天窗架支撑</td><td colspan="2">天窗两侧竖向支撑</td><td>单元天窗端开间及每隔 30 m 各设一道</td><td>厂房单元天窗端开间及每隔 24 m 各设一道</td><td>厂房单元天窗端开间及每隔 18 m 各设一道</td></tr>
<tr><td colspan="2">上弦横向支撑</td><td>同非抗震设计</td><td>天窗跨度≥9 m 时，厂房单元天窗端开间及柱间支撑开间各设一道</td><td>单元端开间及柱间支撑开间各设一道</td></tr>
</table>

表 8-3　中间井式天窗无檩屋盖支撑布置

<table>
<tr><th colspan="2">支撑名称</th><th>6、7 度</th><th>8 度</th><th>9 度</th></tr>
<tr><td colspan="2">上弦横向支撑
下弦横向支撑</td><td>厂房单元端开间各设一道</td><td colspan="2">厂房单元端开间及柱间支撑开间各设一道</td></tr>
<tr><td colspan="2">上弦通长水平系杆</td><td colspan="3">天窗范围内屋架跨中上弦节点处设置</td></tr>
<tr><td colspan="2">下弦通长水平系杆</td><td colspan="3">天窗两侧及天窗范围内屋架下弦节点处设置</td></tr>
<tr><td colspan="2">跨中竖向支撑</td><td colspan="3">有上弦横向支撑开间设置，位置与下弦通长系杆相对应</td></tr>
<tr><td rowspan="2">两端竖向支撑</td><td>屋架端部高度≤900 mm</td><td>同非抗震设计</td><td colspan="2">有上弦横向支撑开间，且间距不大于 48 m</td></tr>
<tr><td>屋架端部高度>900 mm</td><td>厂房单元端开间各设一道</td><td>有上弦横向支撑开间，且间距不大于 48 m</td><td>有上弦横向支撑开间，且间距不大于 30 m</td></tr>
</table>

(2) 单层钢结构厂房

单层钢结构厂房按规定应设置完整的屋盖支撑系统，屋盖支撑系统(包括系杆)的布置和构造应满足的主要功能是：保证屋盖的整体性(主要指屋盖各构件之间不错位)，屋盖横梁平面外的稳定性，保证屋盖和山墙水平地震作用传递路线的合理、简捷，且不中断。

单层钢结构厂房结构形式分为有檩体系和无檩体系。有檩屋盖主要是指彩色涂层压形钢板、硬质金属面夹芯板等轻型板材和屋面檩条组成的屋盖。对于有檩屋盖，宜将主要横向支撑设置在上弦平面，水平地震作用通过上弦平面传递，相应的，屋架亦应采用端斜杆上承式，其横向支撑、竖向支撑、纵向天窗架支撑的布置，宜符合表 8-4 的要求。

表 8-4　有檩屋盖的支撑系统布置

<table>
<tr><th colspan="2" rowspan="2">支撑名称</th><th colspan="3">烈　度</th></tr>
<tr><th>6、7</th><th>8</th><th>9</th></tr>
<tr><td rowspan="5">屋架支撑</td><td>上弦横向支撑</td><td>厂房单元端开间及每隔 60 m 各设一道</td><td>厂房单元端开间及上柱柱间支撑开间各设一道</td><td>同 8 度，且天窗开洞范围的两端各增设局部上弦横向支撑一道</td></tr>
<tr><td>下弦横向支撑</td><td colspan="3">同非抗震设计；当屋架端部支撑在屋架下弦时，同上弦横向支撑</td></tr>
<tr><td>跨中竖向支撑</td><td colspan="2">同非抗震设计</td><td>屋架跨度大于等于 30 m 时，跨中增设一道</td></tr>
<tr><td>两侧竖向支撑</td><td colspan="3">屋架端部高度大于 900 mm 时，单元端开间及柱间支撑开间各设一道</td></tr>
<tr><td>下弦通长水平系杆</td><td>同非抗震设计</td><td colspan="2">屋架两端和屋架竖向支撑处设置；与柱刚接时，屋架端节间处按控制下弦平面外长细比不大于 150 设置</td></tr>
<tr><td rowspan="2">纵向天窗架支撑</td><td>上弦横向支撑</td><td>天窗架单元两端开间各设一道</td><td>天窗架单元两端开间及每隔 54 m 各设一道</td><td>天窗架单元两端开间及每隔 48 m 各设一道</td></tr>
<tr><td>两侧竖向支撑</td><td>天窗架单元端开间及每隔 42 m 各设一道</td><td>天窗架单元端开间及每隔 36 m 各设一道</td><td>天窗架单元端开间及每隔 24 m 各设一道</td></tr>
</table>

无檩屋盖是指通用的1.5 m×6.0 m预制大型屋面板，大型屋面板与屋架的连接需保证3个角点牢固焊接，才能起到上弦水平支撑的作用。屋架的主要横向支撑应设置在传递厂房框架支座反力的平面内，其横向支撑、竖向支撑、纵向天窗架支撑的布置，宜符合表8-5的要求。

表8-5 无檩屋盖的支撑系统布置

<table>
<tr><th colspan="3" rowspan="2">支撑名称</th><th colspan="3">烈度</th></tr>
<tr><th>6、7</th><th>8</th><th>9</th></tr>
<tr><td rowspan="5">屋架支撑</td><td colspan="2">上、下弦横向支撑</td><td>屋架跨度小于18 m时同非抗震设计；屋架跨度不小于18 m时，在厂房单元端开间各设一道</td><td colspan="2">厂房单元端开间及上柱支撑开间各设一道；天窗开洞范围的两端各增设局部上弦支撑一道；当屋架端部支撑在屋架上弦时，其下弦横向支撑同非抗震设计</td></tr>
<tr><td colspan="2">上弦通长水平系杆</td><td rowspan="4">同非抗震设计</td><td colspan="2">在屋脊处、天窗架竖向支撑处、横向支撑节点处和屋架两端处设置</td></tr>
<tr><td colspan="2">下弦通长水平系杆</td><td colspan="2">屋架竖向支撑节点处设置；当屋架与柱刚接时，在屋架端节间处按控制下弦平面外长细比不大于150设置</td></tr>
<tr><td rowspan="2">竖向支撑</td><td>屋架跨度<30 m</td><td>厂房单元两端开间及上柱支撑各开间屋架端部各设一道</td><td>同8度设防，且每隔42 m在屋架端部设置</td></tr>
<tr><td>屋架跨度≥30 mm</td><td>厂房单元的端开间，屋架1/3跨度处和上柱支撑开间内的屋架端部设置，并应与上、下弦横向支撑相对应</td><td>同8度设防，且每隔36 m在屋架端部设置</td></tr>
<tr><td rowspan="3">纵向天窗架支撑</td><td colspan="2">上弦横向支撑</td><td>天窗架单元两端开间各设一道</td><td colspan="2">天窗架单元端开间及柱间支撑开间各设一道</td></tr>
<tr><td rowspan="2">竖向支撑</td><td>跨中</td><td>跨度不小于12 m时在中央设置，其道数与两侧相同</td><td colspan="2">跨度不小于9 m时在中央设置，其道数与两侧相同</td></tr>
<tr><td>两侧</td><td>天窗架单元端开间及每隔36 m设置</td><td>天窗架单元端开间及每隔30 m设置</td><td>天窗架单元端开间及每隔24 m设置</td></tr>
</table>

注：(1) 本表为矩形或梯形屋架端部支承在屋架下弦或与柱刚接的情况。当屋架支承在屋架上弦时，下弦横向支撑同非抗震设计。
(2) 支撑杆宜采用型钢，设置交叉支撑时，支撑杆的容许长细比限值取为350。

屋盖纵向水平支撑的布置，尚应符合下列规定：当采用托架支承屋盖横梁的屋盖结构时，应沿厂房单元全长设置纵向水平支撑；对于高低跨厂房，在低跨屋盖横梁端部支承处，应沿屋盖全长设置纵向水平支撑；纵向柱列局部柱间采用托架支承屋盖横梁时，应沿托架的柱间及向其两侧至少各延伸一个柱间设置屋盖纵向水平支撑；当设置沿结构单元全长的纵向水平支撑时，应与横向水平支撑形成封闭的水平支撑体系。多跨厂房屋盖的纵向水平支撑间距布置相隔一般不宜超过两跨，至多不得超过三跨；高跨和低跨宜各自按相同的水平支撑平面标高组合成相对独立的封闭支撑体系。

8.2.3 结构构件

1）排架柱设置

钢筋混凝土柱是厂房主要的承重构件，它支撑着整个屋盖系统，因而它的抗震性能决定了整个厂房结构的抗震能力。按抗震要求设计排架柱时，确定柱子截面要考虑足够的刚度，同时要避免柱子的抗侧刚度过大而不利于抗震，另外也要保证柱子具有一定的延性，使其在进入弹塑性变形阶段仍具有足够的变形和承载能力。

排架柱分为单肢柱和双肢柱。单肢柱的抗震性能较好，但自重较大，使用上受到一定限制；双肢柱的自重较轻，但抗震性能不好。因此，要根据具体情况合理地确定柱的类型，设置应符合下列要求：

(1) 8度和9度时，宜采用矩形、工字形截面柱或斜腹杆双肢柱，不宜采用薄壁工字形柱、腹板开孔工字形柱、预制腹板的工字形柱和管柱。

(2) 柱底至室内地坪以上500 mm范围内和阶形柱的上柱宜采用矩形截面。

2）柱间支撑

柱间支撑是保证厂房纵向刚度和承受纵向地震作用的重要抗侧力构件。不设柱间支撑，或柱间支撑设置不当，地震时会导致柱列纵向变位过大，柱子沿纵向开裂，整个厂房的纵向震害加剧，甚至倒塌。因而在抗震设计时，柱间支撑的设置是必不可少的，而且设置必须合理，应符合下列要求：

(1) 按厂房单元布置柱间支撑。一般情况下，应在厂房单元中部配套设置上、下柱间支撑，且下柱支撑应与上柱支撑配套设置；对于有吊车或8度和9度的厂房，宜在厂房单元两端增设上柱支撑；当厂房单元较长或8度Ⅲ、Ⅳ类场地和9度时，可在厂房单元中部1/3区段内设置两道柱间支撑。

(2) 8度时跨度不小于18 m的多跨厂房中的柱和9度时多跨厂房各柱，柱顶宜设置通长水平压杆，此压杆可与梯形屋架支座处通长水平系杆合并设置，钢筋混凝土系杆端头与屋架间的空隙应采用混凝土填实。

(3) 柱间支撑的杆件应采用型钢，支撑形式应采用交叉式，其斜杆与水平面的交角不宜大于55°。为避免支撑杆件的失稳破坏，应控制柱间支撑的长细比，其最大长细比不宜超过表8-6的规定值。

表8-6 交叉支撑斜杆的最大长细比

位置	烈度			
	6度和7度 Ⅰ、Ⅱ类场地	7度Ⅲ、Ⅳ类场地 和8度Ⅰ、Ⅱ类场地	8度Ⅲ、Ⅳ类场地 和9度Ⅰ、Ⅱ类场地	9度Ⅲ、 Ⅳ类场地
上柱支撑	250	250	200	150
下柱支撑	250	200	150	150

8.2.4 围护墙体

围护墙体是单层厂房的非结构构件，布置时要考虑不能对主体结构产生不利影响，还必须重视墙体自身的抗震性能。

(1) 单层钢筋混凝土柱厂房的围护墙体宜采用轻质墙板或钢筋混凝土大型墙板，因为其强度高、整体性好，震害明显轻于砌体围护墙；当外侧柱距为 12 m 时应采用轻质墙板或钢筋混凝土大型墙板；刚性围护墙沿纵向宜均匀对称布置，不宜一侧为外贴式，另一侧为嵌砌式或开敞式，不宜一侧采用砌体墙一侧采用轻质墙板；不等高厂房的高跨封墙和纵横向厂房交接处的悬墙宜采用轻质墙板，采用砌体时不应直接砌在低跨屋面上；8、9 度时应采用轻质墙板。

(2) 单层钢结构厂房的围护墙体应优先采用轻型板材。

8.3 抗震验算

单层厂房按本规范的规定采取抗震构造措施并符合下列条件之一时，可不进行横向和纵向抗震验算：

(1) 7 度Ⅰ、Ⅱ类场地，柱高不超过 10 m 且结构单元两端均有山墙的单跨和等高多跨厂房(锯齿形厂房除外)。

(2) 7 度和 8 度(0.20 g)Ⅰ、Ⅱ类场地的露天吊车栈桥。

厂房抗震计算时，应根据屋盖高差和吊车设置情况，分别采用单质点、双质点或多质点模型计算地震作用。有吊车的厂房，当按平面框(排)架进行抗震计算时，对设置一层吊车的厂房，在每跨可取 2 台吊车，多跨时不多于 4 台。当按空间框架进行抗震计算时，吊车取实际台数。

轻质墙板或与柱柔性连接的预制钢筋混凝土墙板，应计入墙体的全部自重，但不应计入刚度。与柱贴砌且与柱拉结的砌体围护墙，应计入全部自重，在平行于墙体方向计算时可计入等效刚度，其等效刚度系数可根据柱列侧移的大小取 0.2～0.6。

一般单层厂房需要进行水平地震作用下横向和纵向抗侧力构件的抗震强度验算。沿厂房横向的主要抗侧力构件是由柱、屋架(屋面梁)组成的排架和刚性横墙；沿厂房纵向的主要抗侧力构件是由柱、柱间支撑、吊车梁、连系梁组成的柱列和刚性纵墙。

8.3.1 抗震验算方向

1) 地面运动方向

地震时的地面运动是极其复杂的，具有多方向分量。就直角坐标而言，沿 3 个主轴方向，强震仪均已记录到多次地震的大量加速度记录；沿水平面的转动分量也是存在的。因为关于地面运动转动分量的研究尚未达到实用阶段，目前的工程抗震设计，一般均仅考虑沿直角坐标系 3 个主轴方向的地面运动平动分量。

2) 抗震强度验算方向

一般单层厂房，主要构件都是正放、正交的，没有斜交构件(支撑系统是以一个构件的方向为准，而不按其中杆件的方向确定)，而且厂房横向和纵向的主要抗侧力构件是不重复的，沿厂房横向是排架和山墙，沿厂房纵向是柱间支撑和纵墙，纵向柱列中的柱在纵向第一道抗震防线中是次要构件,在纵向第二道抗震防线中才是主要构件。所以,除沿厂房纵向和横向均存在很大偏心的双向偏心结构,在抗震分析中应考虑双向水平地面运动的同时作用外,对于对称结构厂房以及仅一个主轴方向存在偏心的单向偏心结构厂房,仅需考虑单向水平地震作用。不过,应将水平地震作用分别平行于厂房纵轴或横轴,分别进行厂房的纵向和横向抗震强度验算。

8.3.2 单层厂房的横向抗震计算

厂房在横向地震作用下的分析,可以采用考虑屋盖平面的弹性变形,按多质点空间结构分析。目前国内许多设计院已拥有按空间结构分析厂房内力的电算程序。另一种就是按平面铰接排架计算的方法,这是一种简化计算法,便于手算。但由于与实际情况有些出入,计算结果还需进行修正。下面介绍的是按平面排架计算的内力分析方法。

单层厂房的横向抗震计算,与静力计算一样,取单榀排架作为计算单元。由于在计算周期和计算地震作用时采取的简化假定各不相同,因此其计算简图和重力荷载集中方法要分别考虑。

1) 计算简图

进行动力分析,需要确定厂房的自振周期。此时可根据厂房类型和质量分布的不同,取重量集中在不同标高处、下端固定于基础顶面的竖直弹性杆作为计算简图。等高排架可简化为单自由度体系,如图 8-7(a)所示。不等高排架,可按不同高度处屋盖的数量和屋盖之间的连接方式,简化成多自由度体系。例如,当屋盖位于两个不同高度处时,可简化为二自由度体系,如图 8-7(b)所示。图 8-7(c)示出了在 3 个高度处有屋盖时的计算简图。应注意的是,在图 8-7(c)中,当 $H_1=H_2$时,仍为三质点体系。

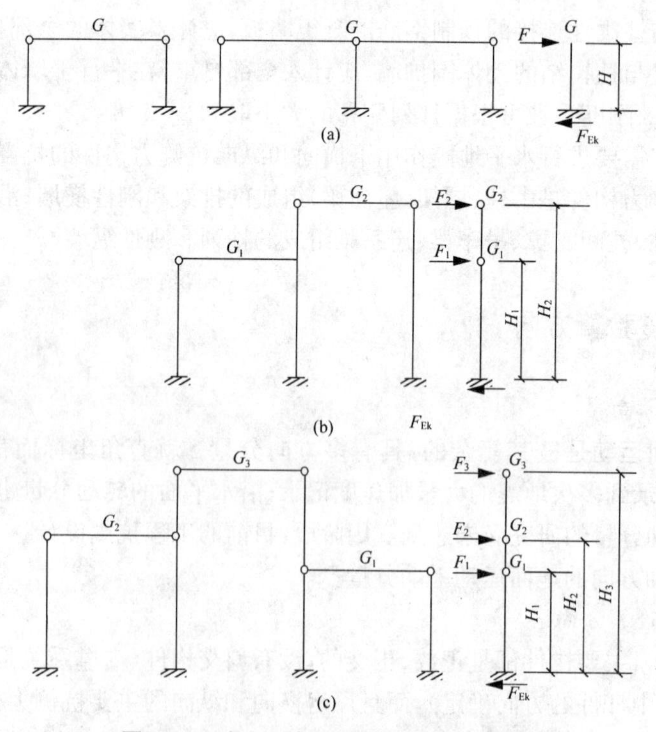

图 8-7 确定厂房自振周期的计算简图

(1) 计算自振周期时的质量集中

根据前述质量集中的原理，在计算自振周期时，各集中质量的重量可计算如下。

① 等高厂房

图 8-7(a)中等高厂房 G_1 的计算式为

$$G_1=1.0G_{屋盖}+0.5G_{吊车梁}+0.25G_{柱}+0.25G_{纵横} \tag{8-1}$$

② 不等高厂房

图 8-7(b)中不等高厂房 G_1 的计算式为

$$G_1=1.0G_{低跨屋盖}+0.5G_{低跨吊车梁}+0.25G_{低跨边柱}+0.25G_{低跨纵墙}+1.0G_{高跨吊车梁(中柱)} \\ +0.25G_{中柱下柱}+0.5G_{中柱上柱}+0.5G_{高跨封墙} \tag{8-2}$$

图 8-7(b)中不等高厂房 G_2 的计算式为

$$G_2=1.0G_{高跨屋盖}+0.5G_{高跨吊车梁(边跨)}+0.25G_{高跨边柱}+0.25G_{高跨外纵墙}+0.5G_{中柱上柱}+0.5G_{高跨封墙} \tag{8-3}$$

上面各式中，$G_{屋盖}$ 等均为重力荷载代表值(屋盖的重力荷载代表值包括作用于屋盖处的活荷载和檐墙的重力荷载代表值)。上面还假定高低跨交接柱上柱的各一半分别集中于低跨和高跨屋盖处。

高低跨交接柱的高跨吊车梁的质量可集中到低跨屋盖，也可集中到高跨屋盖，应以就近集中为原则。当集中到低跨屋盖时，如前所述，质量集中系数为 1.0；当集中到高跨屋盖时，质量集中系数为 0.5。

吊车桥架对排架的自振周期影响很小。因此，在计算自振周期时可不考虑其对质点质量的贡献，这样做一般是偏于安全的。

(2) 计算地震作用时的质量集中

在计算地震作用时，各集中质量的质量可计算如下。

① 等高厂房

图 8-7(a)中等高厂房 G_1 的计算式为

$$G_1=1.0G_{屋盖}+0.75G_{吊车梁}+0.5G_{柱}+0.5G_{纵墙} \tag{8-4}$$

② 不等高厂房

图 8-7(b)中不等高厂房 G_1 的计算式为

$$G_1=1.0G_{低跨屋盖}+0.75G_{低跨吊车梁}+0.5G_{低跨边柱}+0.5G_{低跨纵墙} \tag{8-5}$$

图 8-7(b)中不等高厂房 G_2 的计算式为

$$G_2=1.0G_{高跨屋盖}+0.75G_{高跨吊车梁(边梁)}+0.5G_{高跨边柱}+0.5G_{高跨外纵墙}+0.5G_{中柱上柱}+0.5G_{高跨封墙} \tag{8-6}$$

确定厂房的地震作用时，对等高有桥式吊车的厂房，除将厂房重力荷载按前述弯矩等效原则集中于屋盖标高处外，还应考虑吊车桥架的重力荷载；如系硬钩吊车，尚应考虑最大吊重的 30%。一般是把某跨吊车桥架的重力荷载集中于该跨任一柱吊车梁的顶面标高处。如两跨不等高厂房均设有吊车，则在确定厂房地震作用时可按 4 个集中质点考虑(图 8-8)。应注意的是这种模型仅在计算地震作用时才能采用，在计算结构的动力特性(如周期等)时，是不能采用这种模型的。这是因为吊车桥架是局部质量，此局部质量不能有效地对整体结构的动力特性产生明显的影响。

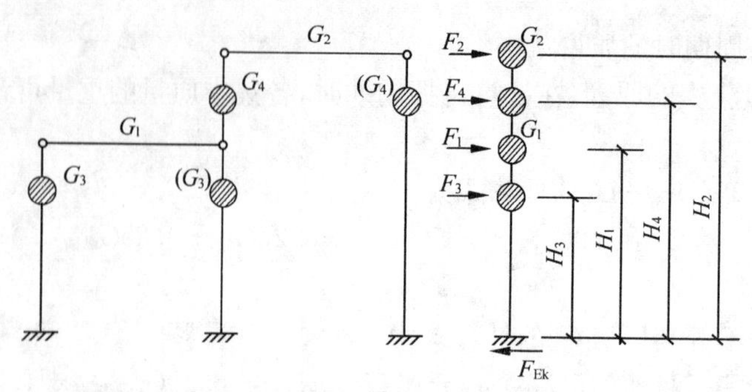

图 8-8　确定有桥式吊车厂房地震作用的计算简图

2）自振周期的计算

计算简图确定后，就可用前面讲过的方法计算基本自振周期。对单自由度体系，自振周期 T 的计算公式为

$$T=2\pi\sqrt{\frac{m}{k}} \tag{8-7}$$

式中：m——质量；

k——刚度。

对多自由度体系，可用能量法计算基本自振周期 T_1，公式为

$$T_1 = 2\pi\sqrt{\frac{\sum_{i=1}^{n} m_i n\,\frac{2}{i}}{\sum_{i=1}^{n} G_i u_i}} \tag{8-8}$$

式中：m_i，G_i——分别为第 i 质点的质量和重量；

u_i——在全部 $G_i(i=1,\cdots,n)$沿水平方向的作用下第 i 质点的侧移；

n——自由度数。

抗震规范规定，按平面排架计算厂房的横向地震作用时，排架的基本自振周期应考虑纵墙及屋架与柱连接的固结作用。因此，按上述公式算出的自振周期还应进行如下调整：由钢筋混凝土屋架或钢屋架与钢筋混凝土柱组成的排架，有纵墙时取周期计算值的 80%，无纵墙时取 90%。

3）排架地震作用的计算

（1）底部剪力法

一般情况下，单层厂房平面排架的横向水平地震作用均可以采用底部剪力法计算。用底部剪力法计算地震作用时，总地震作用的标准值为

$$F_{\mathrm{ek}}=\alpha_1 G_{\mathrm{eq}} \tag{8-9}$$

式中：α_1——相应于基本周期 T_1 的地震影响系数；

G_{eq}——等效重力荷载代表值，单质点体系取全部重力荷载代表值，多质点体系取全部重力荷载代表值的 85%。当为二质点体系时，由于较为接近单质点体系，G_{eq} 也可取全部重力荷载代表值的 95%。

质点 i 的水平地震作用标准值为

$$F_i = \frac{G_i H_i}{\sum_{j=1}^{n} G_j H_j} F_{\mathrm{ek}} \tag{8-10}$$

式中:G_i,H_i——分别为第 i 质点的重力荷载代表值和至柱底的距离;

n——体系的自由度数目。

求出各质点的水平地震作用后,就可用结构力学方法求出相应的排架内力。底部剪力法的缺点是很难反映高振型的影响。

(2) 振型分解法

对较为复杂的厂房,例如高低跨高度相差较大的厂房,采用底部剪力法计算时,由于不能反映高振型的影响,误差较大。高低跨相交处柱牛腿的水平拉力主要由高振型引起,此拉力的计算是底部剪力法无法实现的。在这些情况下,就需要采用振型分解法。

采用振型分解法的计算简图与底部剪力法相同,每个质点有一个水平自由度。用前面介绍过的振型分解法的标准过程,就可求出各振型各质点处的水平地震作用,从而求出各振型的地震内力。总的地震内力则为各振型地震内力按平方和开方的组合。

对二质点的高低跨排架,用柔度法计算较方便,相应的振型分解法的计算步骤如下:

① 计算平面排架各振型的自振周期、振型幅值和振型参与系数

记二质点的水平位移坐标分别为 x_1 和 x_2,其质量分别为 m_1 和 m_2,第一、二振型的圆频率分别为 ω_1 和 ω_2,则有

$$\frac{1}{\omega_{12}^2}=\frac{1}{2}\left[(m_1\delta_{11}+m_2\delta_{22})\pm\sqrt{(m_1\delta_{11}-m_2\delta_{22})^2+4m_1m_2\delta_{12}\delta_{21}}\right] \tag{8-11}$$

取 $\omega_1<\omega_2$,则第一、二自振周期分别为

$$T_1=\frac{2\pi}{\omega_1},\quad T_2=\frac{2\pi}{\omega_2} \tag{8-12}$$

记第 i 振型第 j 点的幅值为 $X_{ij}(i,j=1,2)$,则有

$$\left.\begin{aligned}X_{ij}=1,\quad X_{12}=\frac{1-m_1\delta_{11}\omega\frac{2}{1}}{m_2\delta_{12}\omega\frac{2}{1}}\\ X_{21}=1,\quad X_{22}=\frac{1-m_1\delta_{11}w\frac{2}{2}}{m_2\delta_{12}\omega\frac{2}{2}}\end{aligned}\right\} \tag{8-13}$$

第一、二振型参与系数

$$\left.\begin{aligned}y_1=\frac{m_1X_{11}+m_2X_{12}}{m_1X_{11}^2+m_2X_{12}^2}\\ y_2=\frac{m_1X_{21}+m_2X_{22}}{m_1X_{21}^2+m_2X_{22}^2}\end{aligned}\right\} \tag{8-14}$$

② 计算各振型的地震作用和地震内力

记第 i 振型第 j 质点的地震作用为 F_{ij},则有

$$F_{ij}=a_ir_iX_{ij}G_j\quad(i,j=1,2) \tag{8-15}$$

即

$$\left.\begin{aligned}F_{11}=a_1r_1X_{11}G_1\\ F_{12}=a_1r_1X_{12}G_1\\ F_{21}=a_2r_2X_{21}G_1\\ F_{22}=a_2r_2X_{22}G_2\end{aligned}\right\} \tag{8-16}$$

然后按结构力学方法求出各振型的地震内力。

(3) 计算最终的地震内力

设某一内力 S 在第一振型的地震作用下的值为 S_1，在第二振型的地震作用下的值为 S_2，则该地震内力的最终值 $S_{最终}$ 为

$$S_{最终}=\sqrt{S_1^2+S_2^2} \tag{8-17}$$

4)考虑空间工作和扭转影响的内力调整

显然，上述计算仅考虑了单个平面排架。当厂房的布置引起明显的空间作用或扭转影响时，应对前面求出的内力进行相应的调整。

规范规定，对于钢筋混凝土屋盖的单层钢筋混凝土柱厂房，按上述方法确定基本自振周期且按平面排架计算排架柱的地震剪力和弯矩，当符合下列要求时，可考虑空间工作和扭转影响：

(1) 设防烈度不高于 8 度。根据震害调查资料，8 度区的单层厂房，山墙一般完好，此时山墙承受横向地震作用是可靠的。在 9 度区，厂房山墙破坏较重，有的还出现倒塌，说明地震作用已不能传给山墙。故在高于 8 度的地震区，不能考虑厂房的空间作用。

(2) 山墙(横墙)的间距 L_t 与厂房总跨度 B 之比 $L_t/B\leqslant 8$ 或 $B>12$ m。当厂房仅一端有山墙或横墙时，L_t 取所考虑排架至山墙或横墙的距离，对高低跨相差较大的不等高厂房，总跨度 B 不包括低跨，这一条是由实测研究结果所提供的。当 $B>12$ m 或 $B<12$ m，但 $L_t/B\leqslant 8$ 时，屋盖的横向刚度较大，能保证屋盖横向变形以剪切变形为主，因为考虑空间作用影响的调整，是在假定厂房横向以剪切变形为主的基础上确定的。这一限制是为了保证厂房空间作用而对钢筋混凝土屋盖刚度所提出的最低要求。

(3) 山墙(或横墙)的厚度不小于 240 mm，开洞所占的水平截面积不超过 50%，并与屋盖系统有良好的连接。对山墙厚度和孔洞削弱的限制，主要是为了保证地震作用由屋盖传到山墙，而山墙又有足够的强度不致破坏。

(4) 柱顶高度不大于 15 m。对于 7 度、8 度区，高度大于 15 m 厂房山墙的抗震经验不多，考虑到当厂房较高时山墙的稳定性和山墙与侧墙转角处应力分布复杂，为此对厂房高度给以限制，以保证安全。

当符合上述要求时，为考虑空间作用和扭转影响，排架柱的弯矩和剪力应分别乘以相应的调整系数(高低跨交接处的上柱除外)，调整系数的值可按表 8-7 采用。

表 8-7 钢筋混凝土柱(除高低跨交接处上柱外)考虑空间作用和扭转影响的效应调整系数

屋盖	山墙		屋盖长度(m)											
			≤30	36	42	48	54	60	66	72	78	84	90	96
钢筋混凝土无檩屋盖	两端山墙	等高厂房			0.75	0.75	0.75	0.8	0.8	0.8	0.85	0.85	0.85	0.9
		不等高厂房			0.85	0.85	0.85	0.9	0.9	0.9	0.95	0.95	0.95	1.0
	一端山墙		1.05	1.15	1.2	1.25	1.3	1.3	1.3	1.3	1.35	1.35	1.35	1.35

续表 8-7

屋盖	山墙		屋盖长度(m)											
			≤30	36	42	48	54	60	66	72	78	84	90	96
钢筋混凝土有檩屋盖	两端山墙	等高厂房			0.8	0.85	0.9	0.95	0.95	1.0	1.0	1.05	1.05	1.1
		不等高厂房			0.85	0.9	0.95	1.0	1.0	1.05	1.05	1.1	1.1	1.15
	一端山墙		1.0	1.05	1.1	1.1	1.15	1.15	1.15	1.2	1.2	1.2	1.25	1.25

5）高低跨交接处上柱地震作用效应的调整

当排架按第二主振型振动时，高跨横梁和低跨横梁的运动方向相反，使高低跨交接处上柱的两端之间产生了较大的相对位移。由于上柱的长度一般较短，侧移刚度较大，故此处产生的地震内力也较大。按底部剪力法计算时，由于主要反映了第一主振型的情况，算得的高低跨交接处上柱的地震内力偏小较多。因此，抗震设计规范规定，高低跨交接处的钢筋混凝土柱的支承低跨屋盖牛腿以上各截面，按底部剪力法求出的地震弯矩和剪力应乘以增大系数 η，其值可按下式采用：

$$\eta=\zeta\left(1+1.7\frac{n_b}{n_o}\cdot\frac{G_{EL}}{G_{Eh}}\right) \tag{8-18}$$

式中：ζ——不等高厂房高低跨交接处的空间工作影响系数，可按表 8-8 采用；

n_b——高跨的跨数；

n_o——计算跨数，仅一侧有低跨时应取总跨数，两侧均有低跨时应取总跨数与高跨跨数之和；

G_{EL}——集中于交接处一侧各低跨屋盖标高处的总重力荷载代表值；

G_{Eh}——集中于高跨柱顶标高处的总重力荷载代表值。

表 8-8　高低跨交接处钢筋混凝土上柱空间工作影响系数

屋盖	山墙	屋盖长度(m)										
		≤36	42	48	54	60	66	72	78	84	90	96
钢筋混凝土无檩屋盖	两端山墙		0.7	0.76	0.82	0.88	0.94	1.0	1.06	1.06	1.06	1.06
	一端山墙	1.25										
钢筋混凝土有檩屋盖	两端山墙		0.9	1.0	1.05	1.1	1.1	1.15	1.15	1.15	1.2	1.2
	一端山墙	1.05										

6）吊车桥架引起的地震作用效应增大系数

在单层厂房中，吊车桥架是一个较大的移动质量，地震时它将引起厂房的强烈局部振动，从而使吊车桥架所在排架的地震作用效应突出增大，造成局部严重破坏。因此，对有吊车的厂房，应将吊车梁顶面标高处的上柱截面内力乘以由吊车桥架引起的地震作用效应增大系数。

表 8-9　吊车桥架引起的地震剪力和弯矩增大系数

屋盖类型	山　墙	边　柱	高低跨柱	其他中柱
钢筋混凝土无檩屋盖	两端山墙	2.0	2.5	3.0
	一端山墙	1.5	2.0	2.5
钢筋混凝土有檩屋盖	两端山墙	1.5	2.0	2.5
	一端山墙	1.5	2.0	2.0

7) 排架内力组合和构件强度验算

(1) 内力组合

内力组合是指地震作用引起的内力(即作用效应,考虑到地震作用是往复作用,故内力符号可正可负)以及与其相应的竖向荷载(即结构自重、雪荷载和积灰荷载,有吊车时还应考虑吊车的竖向荷载)引起的内力,根据可能出现的最不利荷载组合情况进行组合。在单层厂房排架的地震作用效应组合中,一般不考虑风荷载效应,不考虑吊车横向水平制动力引起的内力,也不考虑竖向地震作用。从而可得单层厂房的地震作用效应组合的表达式为

$$S=\gamma_G C_G G_E+\gamma_{Eh}C_{Eh}E_{hk} \tag{8-19}$$

式中:γ_G——重力荷载分项系数,一般应采用 1.2;

γ_{Eh}——水平地震作用分项系数,取$\gamma_{Eh}=1.3$;

C_G,C_{Eh}——重力荷载作用与水平地震作用下的荷载效应系数;

G_E——重力荷载代表值;

E_{hk}——水平地震作用标准值。

(2) 柱的截面抗震验算

排架柱一般按偏心受压构件验算其截面承载力。验算的一般表达式为

$$S\leqslant\frac{R}{\gamma_{RE}} \tag{8-20}$$

式中:S——截面的作用效应;

R——相应的承载力设计值;

γ_{RE}——承载力抗震调整系数,对钢筋混凝土偏心受压柱,当轴压比小于 0.15 时取 0.75,当轴压比大于 0.15 时取 0.80。

两个主轴方向柱距均不小于 12 m,无桥式吊车且无柱间支撑的大柱网厂房,柱截面验算时应同时考虑两个主轴方向的水平地震作用,并应考虑位移引起的附加弯矩。

8 度和 9 度时,高大山墙的抗风柱应进行平面外的截面抗震验算。

(3) 支承低跨屋盖牛腿的水平受拉钢筋抗震验算

为防止高低跨交接处支承低跨屋盖的牛腿在地震中竖向拉裂,应按下式确定牛腿的水平受拉钢筋截面面积 A_S:

$$A_S\geqslant\left(\frac{N_G a}{0.85h_0 f_y}+1.2\frac{N_E}{f_y}\right)\gamma_{RE} \tag{8-21}$$

式中:N_G——柱牛腿面上重力荷载代表值产生的压力设计值;

a——牛腿面上重力作用点至下柱近侧边缘的距离,当小于 $0.3h_0$ 时采用 $0.3h_0$;

h_0——牛腿根部截面(最大竖向截面)的有效高度;

N_E——柱牛腿面上地震组合的水平拉力设计值；

f_y——钢筋抗拉强度设计值；

γ_{RE}——承载力抗震调整系数，其值可采用1.0。

(4) 其他部位的抗震验算

当抗风柱与屋架下弦相连接时，连接点应设在下弦横向支撑的节点处，并且应对下弦横向支撑杆件的截面和连接节点进行抗震承载力验算。

当工作平台和刚性内隔墙与厂房主体结构连接时，应采用与厂房实际受力相适应的计算简图，以考虑工作平台和刚性内隔墙对厂房的附加地震作用影响。

8.3.3 厂房的纵向抗震计算

大量震害表明，在纵向水平地震作用下，厂房结构的破坏程度大于横向地震作用下的破坏，并且厂房沿纵向的破坏多数发生在中柱列，这是由于整个屋盖在平面内发生了变形，外纵向围护墙也承担了部分地震作用，致使各柱列承受的地震作用不同，中柱列承受了较多的地震作用，总体结构的水平地震作用的分配表现出显著的空间作用。因此，怎样选取合适的计算模型进行厂房纵向地震的效应分析，减轻结构沿纵向的破坏是十分必要的。

1) 修正刚度法

此法适用于钢筋混凝土无檩和有檩屋盖及有较完整支撑系统的轻型屋盖，并且柱顶标高不大于15 m且平均跨度不大于30 m的单跨或等高多跨的钢筋混凝土柱厂房。这种情况下，厂房屋盖的纵向水平刚度较大，空间作用显著，需要考虑屋盖的空间作用及纵向维护墙与屋盖变形对柱列侧移的影响。

(1) 计算思路

① 取整个抗震缝区段为纵向计算单元。

② 在确定厂房的纵向自振周期时，首先假定整个屋盖为一刚性盘体，把所有柱列的纵向刚度加在一起，按“单质点体系”计算。

③ 确定地震作用在各柱列之间的分配时，只有当屋盖的刚度为无限大时，才仅与柱列刚度这唯一因素成正比，而当屋盖并非绝对刚性时，地震作用的分配系数应根据柱列的实际侧移来考虑。修正刚度法仍采用按柱列刚度比例分配地震作用，但对屋盖的空间作用及纵向围护墙对柱列侧移的影响做了考虑。在具体计算中，通过系数 ψ_3（表8-10）来反映纵向围护墙的刚度对柱列侧移量的影响；用 ψ_4（表8-11）反映纵向采用砖围护墙时，中柱列支撑的强弱对柱列侧移量的影响，边柱列可采用 $\psi_4=1.0$。

(2) 基本周期

厂房纵向自振周期计算简图可取图8-9，用修正刚度法计算纵向地震作用时，对于柱顶高度不超过15 m且平均跨度不超过30 m的单跨或等高多跨的钢筋混凝土柱砖围墙厂房，其纵向基本周期亦可按下列经验公式确定：

$$T_1=0.23+0.000\ 25\psi_1 l\sqrt{H^3} \tag{8-22}$$

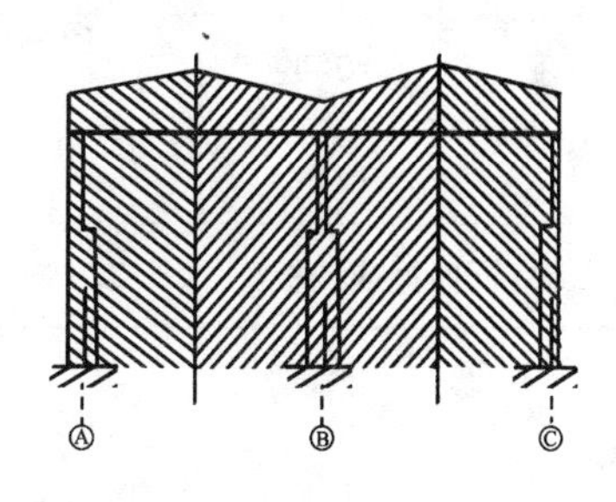

图8-9 厂房纵向周期计算简图

式中：ψ_1——屋盖类型系数，为大型屋面板钢筋混凝土

屋架时可采用1.0,为钢屋架时取0.85;

l——厂房跨度(m),多跨厂房时可取各跨的平均值;

H——基础顶面至柱顶的高度(m)。

对于敞开、半敞开或墙板与柱子柔性连接的厂房,基本周期 T_1 尚应乘以围护墙影响系数 ψ_2,$\psi_2=2.6-0.002l\sqrt{H^3}$,$\psi_2$ 小于1.0时取1.0。

(3) 柱列地震作用

① 无吊车厂房

作用于第 i 柱列柱顶标高处的地震作用标准值为

$$F_i = \alpha_1 G_{eq}\frac{K_{ai}}{\sum K_{ai}} \tag{8-23}$$

$$K_{ai}=\psi_3 \cdot \psi_4 \cdot K_i \tag{8-24}$$

式中:α_1——相应于厂房纵向基本自振周期的水平地震影响系数;

G_{eq}——厂房单元柱列总等效重力荷载代表值(kN);

$$G_{eq}=1.0G_{屋盖}+0.5G_{雪}+0.5G_{灰}+0.5G_{柱}+0.5G_{横墙}+0.7G_{纵墙} \tag{8-25}$$

K_{ai}——i 柱列柱顶的调整侧移刚度;

K_i——i 柱列柱顶的总侧移刚度,应包括 i 柱列内柱子和上、下柱间支撑的侧移刚度及纵墙的折减侧移刚度的总和,贴砌的砖围护墙侧移刚度的折减系数,可根据柱列侧移值的大小,采用0.2~0.6;

ψ_3——柱列侧移刚度的围护墙影响系数,可按表8-10采用;有纵向砖围护墙的四跨或五跨厂房,由边柱列数起的第三柱列,可按表内相应数值的1.15倍采用;

ψ_4——柱列侧移刚度的柱间支撑影响系数,纵向为砖围护墙时,边柱列可采用1.0,中柱列可按表8-11采用。

表8-10 围护墙影响系数

围护墙类别和烈度		柱列和屋盖类别				
		边柱列	中柱列			
			无檩屋盖		有檩屋盖	
240砖墙	370砖墙		边跨无天窗	边跨有天窗	边跨无天窗	边跨有天窗
	7度	0.85	1.7	1.8	1.8	1.9
7度	8度	0.85	1.5	1.6	1.6	1.7
8度	9度	0.85	1.3	1.4	1.4	1.5
9度		0.85	1.2	1.3	1.3	1.4
无墙、石棉瓦或挂板		0.9	1.1	1.1	1.2	1.2

表 8-11　纵向采用砖围护墙的中柱列柱间支撑影响系数

厂房单元内设置下柱支撑的柱间数	中柱列下柱支撑斜杆的长细比					中柱列无支撑
	≤40	41～80	81～120	121～150	>150	
一柱间	0.9	0.95	1.0	1.1	1.25	1.4
二柱间			0.9	0.95	1.0	

② 有吊车厂房

在确定第 i 柱列柱顶标高处的地震作用时(图 8-10)，式(8-23)中的 G_{eq} 应按下式确定：

$$G_{eq}=1.0G_{屋盖}+0.5G_{雪}+0.5G_{灰}+0.1G_{柱}+0.5G_{横墙}+0.7G_{纵墙} \tag{8-26}$$

$$F_{ci}=\alpha_1 G_{ci}\frac{H_{ci}}{H_i} \tag{8-27}$$

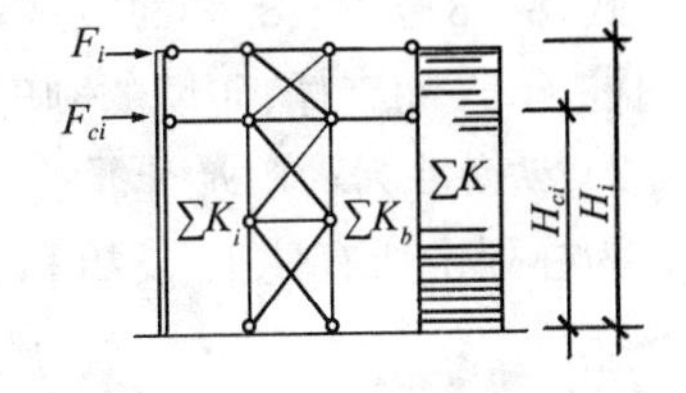

图 8-10　柱列地震作用

式中：G_{ci}——集中于 i 柱列吊车梁顶标高处的等效重力荷载代表值(kN)；

$$G_{ci}=0.4G_{柱}+1.0(G_{吊车梁}+0.5G_{吊车}) \tag{8-28}$$

H_{ci}，H_i——第 i 柱列吊车梁顶高度及柱列柱顶高度(m)。

(4) 构件地震作用

① 无吊车厂房

第 i 柱列中，一根柱子、一片支撑或一片砖墙所分担的纵向地震作用分别为

$$\left.\begin{aligned}F_{ci}&=\frac{K_c}{K_i}F_i\\F_{bi}&=\frac{K_b}{K_i}F_i\\F_{wi}&=\frac{K_w}{K_i}F_i\end{aligned}\right\} \tag{8-29}$$

式中：K_{ci}，K_{bi}——分别为一根柱子、一片支撑的弹性侧移刚度；

K_{wi}——贴砌砖围护墙的侧移刚度，应考虑墙开裂而引起的刚度折减，可根据柱列侧移值的大小取刚度折减系数为0.2～0.6。

② 有吊车厂房

第 i 柱列上的地震作用与柱列侧移之间的关系可用式(8-30)表示，式中符号见图 8-11。

$$\begin{pmatrix}F_i\\F_{ci}\end{pmatrix}=\begin{pmatrix}K_{11}&K_{12}\\K_{21}&K_{22}\end{pmatrix}\begin{pmatrix}u_{i1}\\u_{i2}\end{pmatrix} \tag{8-30}$$

由式(8-30)可以求得柱列侧移 u_{i1}、u_{i2}。

根据同一柱列的柱子、支撑和砖墙在柱顶标高处及吊车梁顶处变形协调的原则，第 i 柱列，柱子所分担的纵向地震作用为

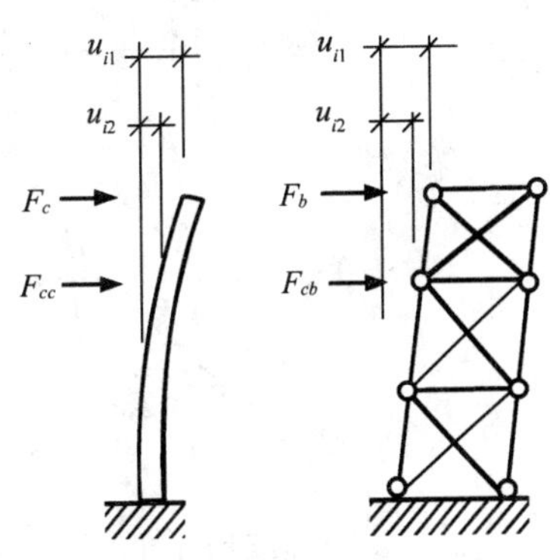

图 8-11　构件地震作用

$$\left.\begin{aligned}F_c&=K_{11}^c u_{i1}+K_{12}^c u_{i2}\\F_{cc}&=K_{21}^c u_{i1}+K_{22}^c u_{i2}\end{aligned}\right\} \tag{8-31}$$

第 i 柱列柱间支撑所分担的纵向地震作用为

$$\left.\begin{aligned}F_{\mathrm{b}}&=K_{11}^{\mathrm{b}}u_{i1}+K_{12}^{\mathrm{b}}u_{i2}\\F_{\mathrm{cb}}&=K_{21}^{\mathrm{b}}u_{i1}+K_{22}^{\mathrm{b}}u_{i2}\end{aligned}\right\}\tag{8-32}$$

第 i 柱列砖墙所分担的纵向地震作用为

$$\left.\begin{aligned}F_{\mathrm{w}}&=K_{11}^{\mathrm{w}}u_{i1}+K_{12}^{\mathrm{w}}u_{i2}\\F_{\mathrm{cw}}&=K_{21}^{\mathrm{w}}u_{i1}+K_{22}^{\mathrm{w}}u_{i2}\end{aligned}\right\}\tag{8-33}$$

式(8-31)、式(8-32)及式(8-33)中 K_{11}^{c}、K_{22}^{c}、K_{11}^{b}、K_{12}^{b}、K_{22}^{b}、K_{11}^{w}、K_{12}^{w}、K_{22}^{w} 为第 i 柱列中的柱子、柱间支撑、砖墙的刚度系数。

2）纵向柱列的刚度计算

为柱列中所有柱子、支撑和墙体的刚度之和，即

$$K_{\mathrm{b}}=\sum K_{\mathrm{c}}+\sum K_{\mathrm{b}}+\sum K_{\mathrm{w}}$$

柱列的刚度矩阵，可由柱列柔度矩阵求逆得到。第 i 柱列刚度矩阵等于该柱列各抗侧力构件（柱、支撑和砖墙）刚度矩阵之和。

(1) 柱（图 8-12）

设第 i 柱列有 n 根柱，其刚度矩阵为

$$K^{\mathrm{c}}=\begin{pmatrix}K_{11}^{\mathrm{c}} & K_{12}^{\mathrm{c}}\\K_{21}^{\mathrm{c}} & K_{22}^{\mathrm{c}}\end{pmatrix}=(\delta^{\mathrm{c}})^{-1}=\frac{1}{|\delta|}\begin{pmatrix}\delta_{22}^{\mathrm{c}} & -\delta_{21}^{\mathrm{c}}\\-\delta_{12}^{\mathrm{c}} & \delta_{11}^{\mathrm{c}}\end{pmatrix}\tag{8-34}$$

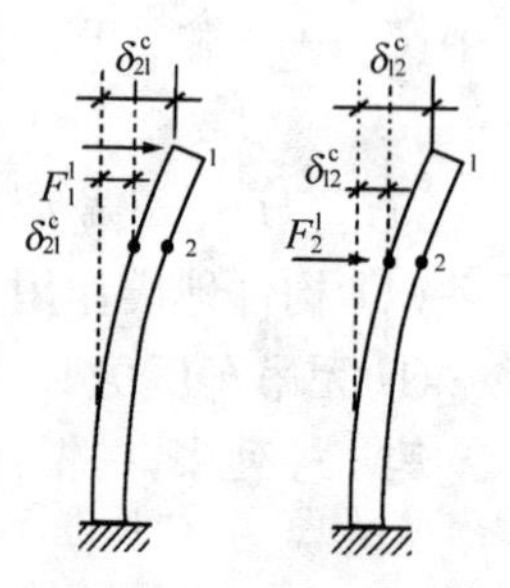

图 8-12　单柱侧移

式中

$$|\delta|=n(\delta_{11}^{\mathrm{c}}\delta_{22}^{\mathrm{c}}-\delta_{12}^{\mathrm{c}}\delta_{21}^{\mathrm{c}})$$

δ_{jk}^{c}——单根柱的柔度系数，它等于单根柱在 k 点作用单位力（$F=1$），在 j 点产生的侧移（j、$k=1,2$）；

K_{jk}^{c}——柱列柱子的刚度系数。

(2) 支撑

设第 i 柱列有 m 片支撑。

① 图 8-13 中所示的柔性支撑，即 $\lambda>150$。

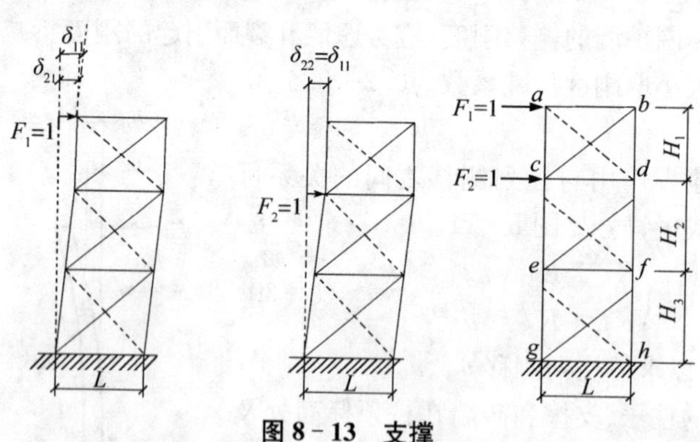

图 8-13　支撑

图 8-13 中虚线所示的斜杆，因长细比超过 150，基本上不参与受压工作，确定其计算简图时只能考虑单杆受拉。

当水平杆及两边柱子的截面面积越大，轴向变形可略去不计时，根据结构力学方法可得柔度系数

$$\left.\begin{aligned}\delta_{11}^{b}&=\frac{1}{EL^{2}}\left(\frac{l_1^3}{A_1}+\frac{l_2^3}{A_2}+\frac{l_3^3}{A_3}\right)\\ \delta_{22}^{b}&=\delta_{12}^{b}=\delta_{21}^{b}=\frac{1}{EL^{2}}\left(\frac{l_2^3}{A_2}+\frac{l_3^3}{A_3}\right)\end{aligned}\right\}\tag{8-35}$$

当需要考虑水平杆的变形时，则为

$$\left.\begin{aligned}\delta_{11}^{b}&=\frac{1}{EL^{2}}\left(\frac{l_1^3}{A_1}+\frac{l_2^3}{A_2}+\frac{l_3^3}{A_3}+\frac{L}{E}\left(\frac{1}{A'_1}+\frac{1}{A'_2}+\frac{1}{A'_3}\right)\right)\\ \delta_{22}^{b}&=\delta_{12}^{b}=\delta_{21}^{b}=\frac{1}{EL^{2}}\left(\frac{l_2^3}{A_2}+\frac{l_3^3}{A_3}\right)+\frac{L}{E}\left(\frac{1}{A'_2}+\frac{1}{A'_3}\right)\end{aligned}\right\}\tag{8-36}$$

② 半刚性支撑($\lambda=40\sim150$)

杆件的长细比小于150，具有一定的抗压强度和刚度，计算时，需考虑图中虚线杆件的抗压作用。当略去水平杆及两边柱子的轴向变形并考虑压杆参加工作时

$$\left.\begin{aligned}\delta_{11}^{b}&=\frac{1}{EL^{2}}\left(\frac{1}{1+\varphi_1}\cdot\frac{l_1^3}{A_1}+\frac{1}{1+\varphi_2}\cdot\frac{l_2^3}{A_2}+\frac{1}{1+\varphi_3}\cdot\frac{l_3^3}{A_3}\right)\\ \delta_{22}^{b}&=\delta_{12}^{b}=\delta_{21}^{b}=\frac{1}{EL^{2}}\left(\frac{1}{1+\varphi_2}\cdot\frac{l_2^3}{A_2}+\frac{1}{1+\varphi_3}\cdot\frac{l_3^3}{A_3}\right)\end{aligned}\right\}\tag{8-37}$$

式中：φ_i——斜杆在轴心受压时的稳定系数，按《钢结构设计规范》采用。

③ 刚性支撑($\lambda<40$)

各杆类型的支撑，只要杆件的长细比小于40，则属于小柔度杆，受压时就不致失稳，压杆的工作状态与拉杆一样，可以充分发挥其全截面的强度。刚性支撑在单层厂房中一般不用，在多层厂房中用得较多。刚性交叉支撑的柔度，在略去水平杆的轴向变形时为

$$\left.\begin{aligned}\delta_{11}^{b}&=\frac{1}{2EL^{2}}\left(\frac{l_1^3}{A_1}+\frac{l_2^3}{A_2}+\frac{l_3^3}{A_3}\right)\\ \delta_{22}^{b}&=\delta_{12}^{b}=\delta_{21}^{b}=\frac{1}{2EL^{2}}\left(\frac{l_2^3}{A_2}+\frac{l_3^3}{A_3}\right)\end{aligned}\right\}\tag{8-38}$$

(3) 砖墙(图8-14)

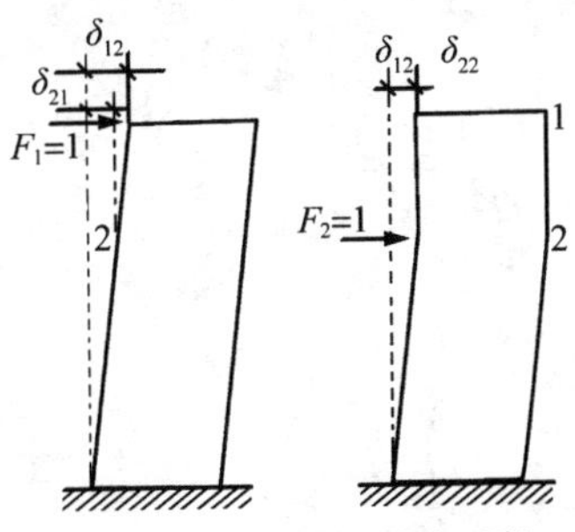

图8-14 墙体的柔度系数

其刚度矩阵等于柔度矩阵的逆矩阵

$$K^{w}=\begin{pmatrix}K_{11}^{w} & K_{12}^{w}\\ K_{21}^{w} & K_{22}^{w}\end{pmatrix}=(\delta^{w})^{-1}=\frac{1}{|\delta|}\begin{pmatrix}\delta_{22}^{w} & -\delta_{21}^{w}\\ -\delta_{12}^{w} & \delta_{11}^{w}\end{pmatrix}\tag{8-39}$$

式中：$|\delta|=\delta_{11}^{w}\delta_{22}^{w}-\delta_{12}^{w}\delta_{21}^{w}=\delta_{11}^{w}\delta_{22}^{w}-\delta^{w}{}_{12}^{2}$

δ_{jk}^{w}——第i柱列砖墙的柔度系数，它等于单片墙在k点作用单位力($F=1$)，在j点产生的侧移(j、$k=1,2$)。

K_{jk}^{w}——墙体的刚度系数。

关于δ_{jk}^{w}的计算：

① 在柱间嵌砌墙的顶部作用单位水平力(图8-15)，当考虑其弯曲和剪切变形时，在该处产生的侧移可按下式计算：

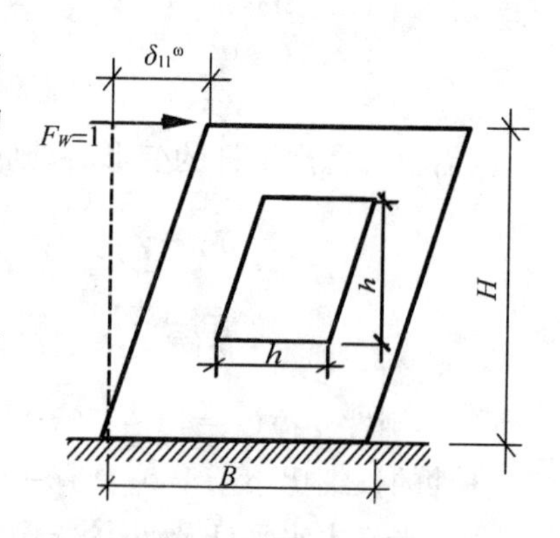

图8-15　嵌砌墙的侧移

$$\delta_{11}^{w}=\frac{H^3}{3EI_w}+\frac{\zeta H}{GA_w} \tag{8-40}$$

若取$G=0.4E$，$\zeta=1.2$，$A_w=tB$，$I_w=tB^3/12$，并将它们分别代入式(8-40)，再引入$\rho=H/B$，整理可得

$$\delta_{11}^{w}=\frac{4\rho^3+3\rho}{Et} \tag{8-41}$$

当墙面开洞时，应考虑洞口对墙体刚度削弱的影响，即增大墙体侧移变形，可以通过乘以开洞影响系数k来反映。同时，考虑持续地震作用下砖墙开裂后刚度应降低，对于贴砌的砖围护墙，可根据柱列侧移值的大小，取侧移刚度折减系数$\gamma=0.2\sim0.6$。最后的墙体柔度计算公式可表示为

$$\delta_{11}^{w}=\frac{k(4\rho^3+3\rho)}{\gamma Et} \tag{8-42}$$

式中：k——开洞影响系数；

B,H——墙面尺寸；

E——砌体弹性模量；

t——砖墙厚度。

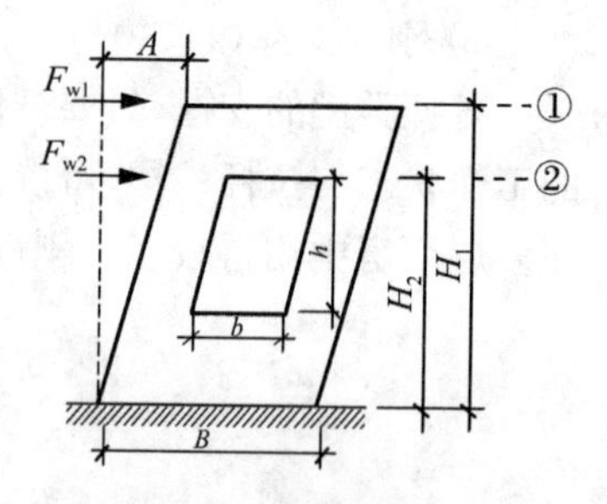

图8-16　嵌砌墙的侧移(两个集中力作用时)

② 当有吊车时，柱列地震作用考虑两个水平集中力，与此相应，在砖墙上分配有两个地震作用力F_{w1}、F_{w2}(图8-16)。

此时墙体侧移仍可按式(8-42)计算，柔度系数为

$$\left.\begin{aligned}\delta_{11}^{w}&=\frac{K_1(4\rho_1^3+3\rho_1)}{\gamma Et}\\ \delta_{22}^{w}=\delta_{21}^{w}=\delta_{12}^{w}&=\frac{K_2(4\rho_2^3+3\rho_2)}{\gamma Et}\end{aligned}\right\} \tag{8-43}$$

式中

$$K_1=\frac{(1+\alpha_1)^2}{(1-\alpha_1)^2};\alpha_1=\frac{bh}{BH_1};\rho_1=\frac{H_1}{B};$$

$$K_2=\frac{(1+\alpha_2)^2}{(1-\alpha_2)^2};\alpha_2=\frac{bh}{BH_2};\rho_2=\frac{H_2}{B}$$

③ 对于多层多肢贴砌砖墙，如图8-16所示的厂房贴砌纵墙，洞口将砖墙分为侧移刚度不同的若干层。

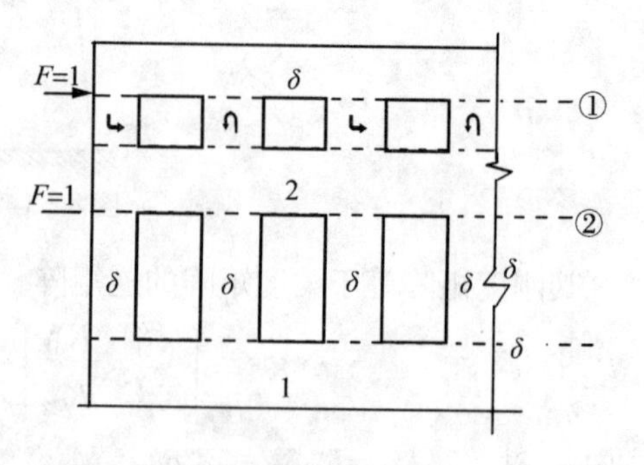

图8-17　多层多肢贴砌砖墙的侧移

在计算各层墙体的侧移刚度时，对于窗洞上下的墙体可以只考虑剪切变形，窗间墙可视为两端嵌固的墙段。在计算窗间墙段的刚度时，可同

时考虑剪切变形和弯曲变形，即对于第 i 层 j 段窗间墙的刚度取 $K_{ij}=Et/(\rho^3+3\rho)$（其中 ρ 为第 i 层 j 段墙的高宽比），故该层墙的刚度为 $K_i=\sum K_{ij}$，墙体的侧移 $\delta_i=1/K_i$。墙体在单位水平力作用下的侧移 δ 等于各层砖墙侧移 δ_i 之和。

若需求某 1、2 两个高度处的墙体刚度时，可先求山墙体侧移 δ_{11}、δ_{12}、δ_{21}、δ_{22} 建立柔度矩阵(δ)，并由(δ)求得墙体侧移刚度，在考虑刚度折减后得

$$\left.\begin{aligned}K_{11}^{w}&=\gamma\delta_{22}^{w}/|\delta|\\K_{22}^{w}&=\gamma\delta_{11}^{w}/|\delta|\\K_{12}^{w}&=K_{21}^{w}=\gamma\delta_{12}^{w}/|\delta|\end{aligned}\right\}\tag{8-44}$$

以上各式中的 γ 为砖墙的刚度折减系数。

3) 柱间支撑的抗震验算

(1) 柔性支撑

图 8-13 中交叉支撑的斜杆的内力为

$$\left.\begin{aligned}&N_{ad}=N_{cf}=N_{eh}=0 \qquad N_{be}=F_1l_1/L\\&N_{de}=(F_1+F_2)l_2/L \qquad N_{fg}=(F_1+F_2)l_3/L\end{aligned}\right\}\tag{8-45}$$

(2) 半刚性支撑

图 8-13 中，交叉支撑的斜杆截面可仅按抗拉验算，并考虑压杆参与一部分工作，斜杆计算拉力为

$$\left.\begin{aligned}&N_{bc}=\frac{1}{1+\psi_c\varphi_1}F_1\frac{l_1}{L}\\&N_{de},N_{fg}=\frac{1}{1+\psi_c\varphi_i}(F_1+F_2)\frac{l_i}{L}\quad(i=2,3)\end{aligned}\right\}\tag{8-46}$$

式中：ψ_c——压杆卸载系数，当压杆长细比为 60、100 和 200 时，可分别采用 0.7、0.6 和 0.5；

φ_i——第 i 节间斜杆轴心受压稳定系数，按《钢结构设计规范》采用。

(3) 截面承载力验算

在求出斜杆内力之后，即可按下式进行杆件截面的承载力验算：

$$\sigma=\frac{N_i}{A_i}\leqslant\frac{f}{\gamma_{RE}}\tag{8-47}$$

式中：N_i——杆件轴向拉力设计值；

A_i——杆件截面面积；

σ——杆件轴向拉应力设计值；

f——材料的强度设计值，3 号钢 $f=215\ N/mm^2$；

γ_{RE}——承载力抗震调整系数，取 0.8。

8.4 抗震构造措施

8.4.1 单层钢筋混凝土柱厂房

1) 屋盖系统

(1) 有檩屋盖

有檩屋盖构件的连接及支撑布置，应符合下列要求：檩条应与混凝土屋架(屋面梁)焊牢，并应有足够的支承长度；双脊檩应在跨度 1/3 处相互拉结；压型钢板应与檩条可靠连接，瓦楞铁、石棉瓦等应与檩条拉结。

(2) 无檩屋盖

无檩屋盖构件的连接及支撑布置，应符合下列要求：大型屋面板应与屋架(屋面梁)焊牢，靠柱列的屋面板与屋架(屋面梁)的连接焊缝长度不宜小于 80 mm；6 度和 7 度时，有天窗厂房单元的端开间，或 8 度和 9 度时各开间，宜将垂直屋架方向两侧相邻的大型屋面板的顶面彼此焊牢；8 度和 9 度时，大型屋面板端头底面的预埋件宜采用角钢并与主筋焊牢；非标准屋面板宜采用装配整体式接头，或将板四角切掉后与屋架(屋面梁)焊牢；屋架(屋面梁)端部顶面预埋件的锚筋，8 度时不宜少于 4ϕ10，9 度时不宜少于 4ϕ12。

(3) 屋盖支撑

屋盖支撑应符合下列要求：天窗开洞范围内，在屋架脊点处应设上弦通长水平压杆；8 度Ⅲ、Ⅳ类场地和 9 度时，梯形屋架端部上节点应沿厂房纵向设置通长水平压杆；屋架跨中竖向支撑在跨度方向的间距，6～8 度时不大于 15 m，9 度时不大于 12 m；当仅在跨中设一道时，应设在跨中屋架屋脊处；当设两道时，应在跨度方向均匀布置；屋架上、下弦通长水平系杆与竖向支撑宜配合设置；柱距不小于 12 m 且屋架间距 6 m 的厂房，托架(梁)区段及其相邻开间应设下弦纵向水平支撑；屋盖支撑杆件宜用型钢。

(4) 天窗架

突出屋面的混凝土天窗架，其两侧墙板与天窗立柱宜采用螺栓连接，使节点在纵向地震作用下有一定的纵向变形能力。如采用焊接等刚性连接方式，由于延性较低，容易造成应力集中而震害加重。

(5) 屋架的截面和配筋

混凝土屋架的截面和配筋，应符合下列要求：屋架上弦第一节间和梯形屋架端竖杆的配筋，6 度和 7 度时不宜少于 4ϕ12，8 度和 9 度时不宜少于 4ϕ14；梯形屋架的端竖杆截面宽度宜与上弦宽度相同；拱形和折线形屋架上弦端部支撑屋面板的小立柱，截面不宜小于 200 mm×200 mm，高度不宜大于 500 mm，主筋宜采用 Π 形，6 度和 7 度时不宜少于 4ϕ12，8 度和 9 度时不宜少于 4ϕ14，箍筋可采用 ϕ6，间距宜为 100 mm。

2) 柱与柱间支撑

(1) 厂房柱

厂房柱子的箍筋，应符合下列要求：柱头（取柱顶以下 500 mm 并不小于柱截面长边尺寸）、上柱（取阶形柱自牛腿面至起重机梁顶面以上 300 mm 高度范围内）、牛腿（取全高）、柱根（取下柱柱底至室内地坪以上 500 mm）、柱间支撑与柱连接节点和柱变位受平台等约束的部位（取节点上、下各 300 mm）范围内柱的箍筋应加密；加密区箍筋间距不应大于 100 mm，箍筋肢距和最小直径应符合表 8－12 的规定。

表 8－12　柱加密区箍筋最大肢距和最小箍筋直径

<table>
<tr><th colspan="2">烈度和场地类别</th><th>6 度和 7 度
Ⅰ、Ⅱ类场地</th><th>7 度Ⅲ、Ⅳ类场地和
8 度Ⅰ、Ⅱ类场地</th><th>8 度Ⅲ、Ⅳ类场地和 9 度</th></tr>
<tr><td colspan="2">箍筋最大肢距(mm)</td><td>300</td><td>250</td><td>200</td></tr>
<tr><td rowspan="4">箍筋最小直径</td><td>一般柱头和柱根</td><td>$\phi 6$</td><td>$\phi 8$</td><td>$\phi 8(\phi 10)$</td></tr>
<tr><td>角柱柱头</td><td>$\phi 8$</td><td>$\phi 10$</td><td>$\phi 10$</td></tr>
<tr><td>上柱牛腿和有支撑的柱根</td><td>$\phi 8$</td><td>$\phi 8$</td><td>$\phi 10$</td></tr>
<tr><td>有支撑的柱头和
柱变位受约束部位</td><td>$\phi 8$</td><td>$\phi 10$</td><td>$\phi 12$</td></tr>
</table>

另外，厂房柱侧向受约束且剪跨比不大于 2 的排架柱，柱顶预埋钢板和柱箍筋加密区的构造尚应符合下列要求：柱顶预埋钢板沿排架平面方向的长度，宜取柱顶的截面高度，且在任何情况下不得小于截面高度的 1/2 及 300 mm；屋架的安装位置，宜减小在柱顶的偏心，其柱顶轴向力的偏心距不应大于截面高度的 1/4；柱顶轴向力排架平面内的偏心距，在截面高度的 1/6～1/4 范围内时，柱顶箍筋加密区的箍筋体积配筋率，9 度时不宜小于 1.2％，8 度时不宜小于 1.0％，6、7 度时不宜小于 0.8％；加密区宜配置四肢箍，肢距不大于 200 mm。

(2) 山墙抗风柱

山墙抗风柱的配筋，应符合下列要求：抗风柱柱顶以下 300 mm 和牛腿（柱肩）面以上 300 mm 范围内的箍筋，直径不宜小于 6 mm，间距不应大于 100 mm，肢距不宜大于250 mm；抗风柱的变截面牛腿（柱肩）处，宜设置纵向受拉钢筋。

(3) 大柱网厂房柱

大柱网厂房柱的截面和配筋构造，应符合下列要求：柱截面宜采用正方形或接近正方形的矩形，边长不宜小于柱全高的 1/18～1/16；重屋盖厂房地震组合的柱轴压比，6、7 度时不宜大于 0.8，8 度时不宜大于 0.7，9 度时不应大于 0.6；纵向钢筋宜沿柱截面周边对称配置，间距不宜大于 200 mm，角部宜配置直径较大的钢筋。

另外，柱头和柱根的箍筋应加密，并应符合下列要求：加密范围，柱根取基础顶面至室内地坪以上 1 m，且不小于柱全高的 1/6；柱头取柱顶以下 500 mm，且不小于柱截面长边尺寸；箍筋直径、间距和肢距，应符合表 8－7 的规定。

(4) 柱间支撑

厂房柱间支撑的构造，应符合下列要求：下柱支撑的下节点位置和构造措施，应保证将地震作用直接传给基础；当 6 度和 7 度(0.10 g)不能直接传给基础时，应计及支撑对柱和基础的不利影响采取加强措施；交叉支撑在交叉点应设置节点板，其厚度不应小于 10 mm，斜杆与交叉节点板应焊接，与端节点板宜焊接。

3）结构构件的连接节点

厂房结构构件的连接节点，应符合下列要求：

(1) 屋架(屋面梁)与柱顶的连接，8 度时宜采用螺栓，9 度时宜采用钢板铰，亦可采用螺栓；屋架(屋面梁)端部支承垫板的厚度不宜小于 16 mm。

(2) 柱顶预埋件的锚筋，8 度时不宜少于 4ϕ14，9 度时不宜少于 4ϕ16；有柱间支撑的柱子，柱顶预埋件尚应增设抗剪钢板。

(3) 山墙抗风柱的柱顶，应设置预埋板，使柱顶与端屋架的上弦(屋面梁上翼缘)可靠连接。连接部位应位于上弦横向支撑与屋架的连接点处，不符合时可在支撑中增设次腹杆或设置型钢横梁，将水平地震作用传至节点部位。

(4) 支承低跨屋盖的中柱牛腿(柱肩)的预埋件，应与牛腿(柱肩)中按计算承受水平拉力部分的纵向钢筋焊接，且焊接的钢筋，6 度和 7 度时不应少于 2ϕ12，8 度时不应少于 2ϕ14，9 度时不应少于 2ϕ16。

(5) 柱间支撑与柱连接节点预埋件的锚件，8 度Ⅲ、Ⅳ类场地和 9 度时，宜采用角钢加端板，其他情况可采用 HRB335 级或 HRB400 级热轧钢筋，但锚固长度不应小于 30 倍锚筋直径或增设端板。

(6) 厂房中的起重机走道板、端屋架与山墙间的填充小屋面板、天沟板、天窗端壁板和天窗侧板下的填充砌体等构件应与支承结构有可靠的连接。

4）隔墙与围护墙

围护墙在下列部位应设置现浇钢筋混凝土圈梁：梯形屋架端部上弦和柱顶的标高处应各设一道，但屋架端部高度不大于 900 mm 时可合并设置；应按上密下稀的原则每隔 4 m 左右在窗顶增设一道圈梁，不等高厂房的高低跨封墙和纵墙跨交接处的悬墙，圈梁的竖向间距不应大于 3 m；山墙沿屋面应设钢筋混凝土卧梁，并应与屋架端部上弦标高处的圈梁连接。

圈梁的构造应符合下列规定：圈梁宜闭合，圈梁截面宽度宜与墙厚相同，截面高度不应小于 180 mm；圈梁的纵筋，6～8 度时不应少于 4ϕ12，9 度时不应少于 4ϕ14；厂房转角处柱顶圈梁在端开间范围内的纵筋，6～8 度时不宜少于 4ϕ14，9 度时不宜少于 4ϕ16，转角两侧各 1 m 范围内的箍筋直径不宜小于 ϕ8，间距不宜大于 100 mm；圈梁转角处应增设不少于 3 根且直径与纵筋相同的水平斜筋；圈梁应与柱或屋架牢固连接，山墙卧梁应与屋面板拉结；顶部圈梁与柱或屋架连接的锚拉钢筋不宜少于 4ϕ12，且锚固长度不宜少于 35 倍钢筋直径，防震缝处圈梁与柱或屋架的拉结宜加强。

墙梁宜采用现浇，当采用预制墙梁时，梁底应与砖墙顶面牢固拉结并应与柱锚拉；厂房转角处相邻的墙梁，应相互可靠连接。

砌体隔墙与柱宜脱开或柔性连接，并应采取措施使墙体稳定，隔墙顶部应设现浇钢筋混凝土压顶梁。

砖墙的基础，8 度Ⅲ、Ⅳ类场地和 9 度时，预制基础梁应采用现浇接头；当另设条形基础时，在柱基础顶面标高处应设置连续的现浇钢筋混凝土圈梁，其配筋不应少于 4ϕ12。

砌体女儿墙的震害较普遍，故规定需设置时，应控制其高度。砌体女儿墙高度不宜大于 1 m，且应采取措施防地震时倾倒。

8.4.2　单层钢结构厂房

1）屋面檩条

屋面檩条应符合下列要求：屋面檩条应优先选用刚度大且受力可靠的结构形式；屋面檩条与天窗架或屋盖横梁的连接应牢固；屋面檩条应按计算设置侧向圆钢或角钢拉条；金属压型板等轻质屋面材料应与屋面檩条可靠连接。

2）框架梁和柱

（1）框架柱的长细比

厂房框架柱的长细比：轴压比小于0.2时不宜大于150；轴压比不小于0.2时，不宜大于$120\sqrt{235/f_{ay}}$。

（2）板件宽厚比

目前大量单层钢结构厂房采用压型钢板轻型屋盖，即使在设防烈度的地震动参数作用下，也经常出现由非地震组合控制厂房框架受力的实例。因此，根据厂房框架的弹性抗力水平和延性水平之间合理匹配的原则，规定板件宽厚比限值。即分别按“高延性，低弹性承载力”或“低延性，高弹性承载力”的抗震设计思路规定板件宽厚比。要求按厂房框架的承受地震作用效应与其存在的弹性抗力进行比较的方式选用板件宽厚比，以协调厂房框架所具有的抗震能力和其抵抗地震作用之需求之间的关系。

厂房框架柱、梁的板件宽厚比，应按表8-13选用，尚应符合下列要求：当采用地震作用标准值，框架梁柱受力由地震作用效应组合内力控制时，梁柱截面应选用一级；当采用1.3倍地震作用标准值，框架梁柱受力由非地震作用效应组合内力控制时，梁柱截面可选用一级，也可选用二级；当采用1.8倍地震作用标准值，框架梁柱受力由非地震作用效应组合内力控制时，梁柱截面可选用一级、二级，也可选用三级；塑性耗能区外的构件区段或非塑性耗能构件，可采用三级截面。

表8-13　柱、梁构件的板件宽厚比限值

板件级别			一	二	三
构件	板件名称		宽厚比限值		
柱	工形截面	翼缘 b/t	10	12	执行现行《钢结构设计规范》（GB 50017—2003）弹性设计阶段的板件宽厚比限值
		腹板 h_0/t_w	44	50	
	箱形截面	壁板、腹板间翼缘 b/t	33	37	
		腹板 h_0/t_w	44	48	
	圆形截面	外径壁厚比 D/t	50	70	
梁	工形截面	翼缘 b/t	9	11	
		腹板 h_0/t_w	65	72	
	箱形截面	腹板间翼缘 b/t	30	36	
		腹板 h_0/t_w	65	72	

(3) 柱脚

震害表明，外露式柱脚破坏的特征是锚栓剪断、拉断或拔出。由于柱脚锚栓破坏，使钢结构倾斜，严重者导致厂房坍塌，而外包式柱脚表现为顶部箍筋不足的破坏。柱脚应能可靠传递柱身承载力，宜采用埋入式、插入式或外包式柱脚，亦可采用外露式柱脚。

柱脚设计应符合下列要求：实腹式钢结构采用埋入式、插入式柱脚的埋入深度，应由计算确定，且不得小于钢结构截面高度的2.5倍；格构式柱采用插入式柱脚的埋入深度，应由计算确定，其最小插入深度不得小于单肢截面高度(或外径)的2.5倍，且不得小于柱总宽度的0.5倍；采用外包式柱脚时，实腹H形截面柱的钢筋混凝土外包高度不宜小于2.5倍的钢结构截面高度，箱型截面柱或圆管截面柱的钢筋混凝土外包高度不宜小于3.0倍的钢结构截面高度或圆管截面直径；当采用外露式柱脚时，柱脚承载力不宜小于柱截面塑性屈服承载力的1.2倍；当不满足时，可采用1.5倍地震作用标准值的地震作用组合效应内力，取抗震承载力调整系数$\gamma_{RE}=1$进行弹性设计，且在8、9度区柱脚承载力不得小于柱全截面受拉屈服承载力的0.5倍；柱脚锚栓不宜用以承受柱底水平剪力，柱底剪力应由钢底板与基础间的摩擦力或设置抗剪键及其他措施承担。柱脚锚栓应可靠锚固。

3) 构件连接

一般的单层厂房结构所采用的板件厚度，大都可采用高强度螺栓摩擦型连接。厂房抗侧力构件的最大应力区内宜避免焊接接头。屋盖横梁与柱顶铰接时，可采用高强度螺栓摩擦型连接。屋架与柱刚接时，屋架上弦与柱相连的连接板，在设防烈度地震作用下不宜出现塑性变形。

4) 围护墙

降低厂房屋盖和围护结构的重量，对抗震十分有利。震害调查表明，轻型墙板的抗震效果很好。大型墙板围护厂房的抗震性能明显优于砌体围护墙厂房。大型墙板与厂房柱刚性连接，对厂房的抗震不利，并对厂房的纵向温度变形、厂房柱不均匀沉降以及各种振动也都不利。因此，大型墙板与厂房柱间应优先采用柔性连接。而嵌砌砌体墙对厂房的纵向抗震不利，故一般不应采用。

钢结构厂房的围护墙，应符合下列要求：

(1) 厂房的围护墙，应优先采用轻型板材，预制钢筋混凝土墙板宜与柱柔性连接；9度时宜采用轻型板材。

(2) 单层厂房的砌体围护墙应贴砌并与柱拉结，尚应采取措施使墙体不妨碍厂房柱列沿纵向的水平位移；8、9度时不应采用嵌砌式。

其他有关构造要求与钢筋混凝土柱厂房相同。

复习思考题

1. 试述单层厂房结构的主要震害。
2. 简述单层厂房结构在平面布置上有何要求。
3. 单层厂房结构对屋盖体系有何要求？
4. 单层厂房的屋盖支撑系统的主要作用是什么？
5. 单层厂房怎样进行横向抗震计算？
6. 试说明单层厂房纵向计算的修正刚度法基本原理及其应用范围。
7. 简述厂房柱间支撑和系杆的设置及构造要求。

9 结构控制及隔震、减震设计

9.1 概述

随着社会的发展，一些高、精、尖技术设备进入建筑，如何确保地震时及震后这些设备的正常运行；如何避免高层、超高层结构因地震作用引起的振动不超过建筑的适用性要求，不超越居住者所能承受的心理压力；以及在超设防烈度的强烈地震作用下如何最大限度地确保结构的安全，不致使人民生命财产遭受重大损失。传统的以结构自身强度、刚度和延性抵抗地震作用的抗震设计方法难以解决这些问题。近年来发展起来的以隔震、减震技术为特点的结构振动控制理论却能很好地解决。

结构控制是结构振动控制的简称，就是在结构的特定部位，采用某种措施使结构在动力作用下的响应($\ddot{x}$，$\dot{x}$，x)不超过某一限值。这里的某种措施就是某种装置(如隔震支座等)，或某种机构(如消能支撑、消能剪力墙、消能器、消能节点等)，或某种子结构(如调谐质量等)。根据一般结构的动力方程$M\ddot{x}+C\dot{x}+Kx=F(t)-M\ddot{x}g(t)$知道，结构控制的实现途径可以有3种基本方法：① 调整质量M、刚度K；② 调整阻尼C；③ 施加外力$F(t)$。这3种方法也可以复合使用。

结构控制按照是否有外部能源输入，可分为被动控制、主动控制、半主动控制和混合控制四大类。

被动控制是指考虑地震动的一般特性，为隔离或消耗输入结构内的地震能量，事先在结构内某部位安装如隔震橡胶支座、消能器等装置，使结构难以发生共振并减少主体结构地震反应的一种控制方法，如基础隔震、消能减震、吸振减震等。

主动控制是指结构在受到地震的激励振动过程中，通过自动控制系统，瞬间改变结构的动力特性(刚度或阻尼)，或者施加控制力以衰减结构的地震反应。如主动质量阻尼或驱动装置、主动拉索或斜撑系统、主动变刚度、主动变阻尼及智能材料自控等。

半主动控制是随着结构的振动反应信息或外界荷载变化情况而及时调整控制装置的参数，从而减小结构的反应。其主要特点是所需外加能源较小、装置简单、不易失稳且减震效果接近主动控制。常用的有变刚度和变阻尼两大类。

混合控制是指同时采用被动控制和主动控制的控制方法。两种系统混合使用，取长补短，可达到更加合理、安全、经济的目的。

限于篇幅，本章仅介绍《建筑抗震设计规范》中规定的隔震和消能减震设计。

9.2 房屋隔震设计

9.2.1 隔震原理

隔震设计指在房屋基础、底部或下部结构与上部结构之间设置由橡胶隔震支座和阻尼装置等部件组成具有整体复位功能的隔震层，以延长整个结构体系的自振周期，减少输入上部结构的水平地震作用，达到预期防震要求(图 9-1)。

对变形特征为剪切型的结构，其计算简图可采用剪切模型(图 9-2)，并基于以下假定：基础底部视为一质量 m_0 的质点，将隔震装置简化为一个与其具有相同阻尼比 ζ_{eq} 和刚度 K_h 的滑动摩擦部件。

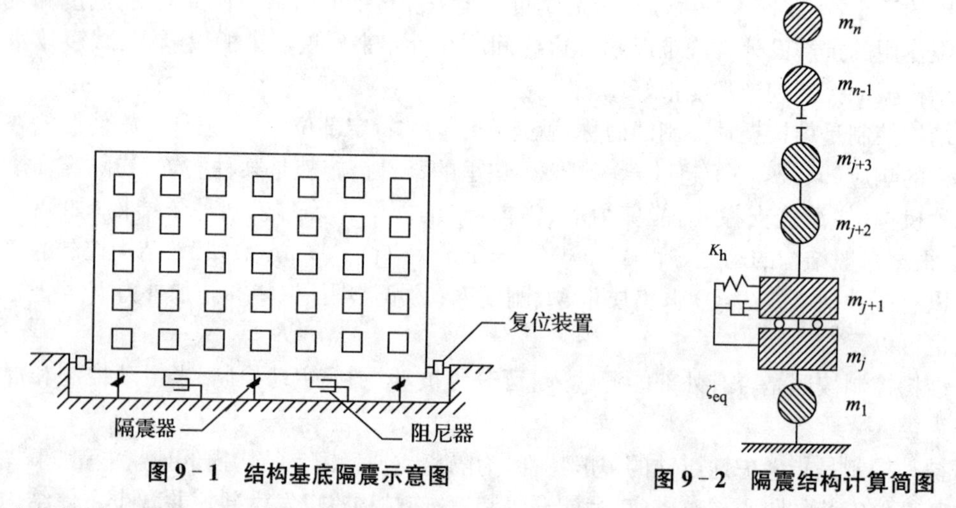

图 9-1 结构基底隔震示意图

图 9-2 隔震结构计算简图

我们知道，当结构体系总水平惯性力超过结构基底滑动摩擦力时，体系就会发生滑动，反之，体系不发生滑动。结构的地震作用是衡量结构受力的定量指标，而对于以剪切变形为主的结构，地震作用可以用结构的基底剪力进行度量。如果我们用 V_s 表示结构采用滑动减震措施后的最大基底剪力，用 V_0 表示该结构非隔震时不产生滑动条件下在地震时可能出现的最大基底剪力，则 V_s/V_0 可大致定量地反映结构的隔震效果。$V_s/V_0 \geqslant 1$ 时，表示结构虽然采用了隔震措施，但未发生滑动，隔震措施不产生效果，等同于传统的非隔震体系。因此，隔震措施起作用的条件是 $V_s/V_0 < 1$。

结构采用滑动隔震措施后，发生滑动时的最大基底剪力恒等于摩擦力，可以表示为

$$V_s = \mu \sum_{i=0}^{n} m_i g \tag{9-1}$$

对于以剪切变形为主的非隔震结构，根据底部剪力相等原则，可得

$$V_0 = 0.85 k\beta \sum_{i=0}^{n} m_i g$$

式中，k，β 意义同第 3 章。故

$$\alpha=\frac{\mu}{0.85k\beta} \tag{9-2}$$

上式为考虑了结构本身动力特性的隔震效果简易判别式，α 值越小，隔震效果越好。α 的取值与地震烈度成正比，β 的取值一般与结构刚度成正比。因此，滑动隔震用于高烈度区（k 大）和刚性较大的结构（β 大）效果更为显著。另外，采用摩擦系数较低（μ 小）或水平刚度小的隔震装置也可以增大隔震效果。从动力学角度来讲，地震动与隔震结构频率比越大，隔震能力越强。隔震装置的充分变形，可以降低隔震结构自振频率，从而使结构地震反应有较大衰减。

但并不是所有的结构都适合采用隔震设计，采用隔震设计的建筑结构应符合下列各项要求：

(1) 结构高宽比宜小于 4，且不应大于相关规范规程对非隔震结构的具体规定，其变形特征接近剪切变形，最大高度应满足本规范非隔震结构的要求；高宽比大于 4 或非隔震结构相关规定的结构采用隔震设计时，应进行专门研究。

(2) 建筑场地宜为Ⅰ、Ⅱ、Ⅲ类，并应选用稳定性较好的基础类型。

(3) 风荷载和其他非地震作用的水平荷载标准值产生的总水平力不宜超过结构总重力的 10%。

(4) 隔震层应提供必要的竖向承载力、侧向刚度和阻尼；穿过隔震层的设备配管、配线，应采用柔性连接或其他有效措施以适应隔震层的罕遇地震水平位移。

9.2.2 隔震装置

隔震装置由隔震器、阻尼器和复位装置组成。隔层器的作用是：竖向支承上部结构重量；水平方向具有弹性，提供一定的水平刚度，延长结构自振周期，避开地震动的卓越周期，降低结构地震反应，同时具有提供较大的变形能力和自复位能力。阻尼器的作用是消耗地震能量，抑制结构可能发生的过大位移，同时在地震终了时帮助隔震器迅速复位。复位装置的作用是提高隔震系统早期刚度，使结构在微震或风载作用下能够具有和普通结构相同的安全性。隔震器和阻尼器往往合二为一构成隔震支座，只有当隔震支座阻尼不足时才另加阻尼器。为了达到明显的隔震效果，隔震装置必须具备下列四项基本特性：

(1) 承载特性。隔震装置应具有较大的竖向承载能力，以安全地承载结构的全部重量和使用荷载，并具有较大的安全系数。

(2) 隔震特性。隔震装置要具有可变的水平刚度（图 9-3），在强风或微振时（$F\leqslant F_1$），具有足够的水平刚度 K_1，使上部结构的位移较小，不影响使用要求；在中强地震发生时（$F>F_1$），其水平刚度 K_2 较小，使上部结构可以水平移动，使“刚性”的抗震结构体系变为“柔性”的隔震结构体系，结构的自振周期大大延长，从而可远离场地的特征周期，将地面震动有效地隔开，明显降低上部结构的地震反应，可使上部结构的加速度反应降低为传统结构的1/2～1/12。

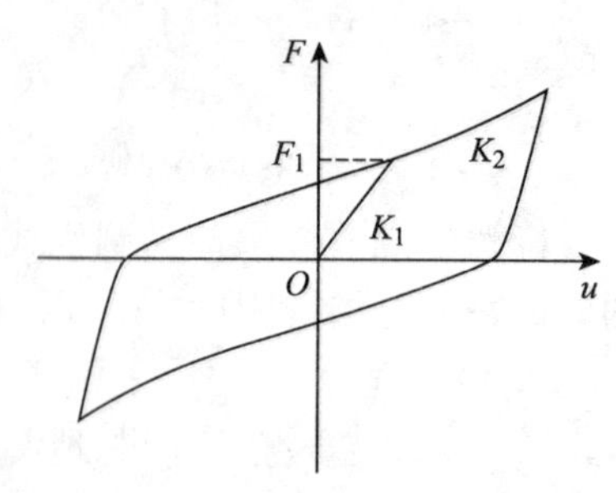

图 9-3　隔震装置的荷载 F—位移 u 关系曲线

(3) 复位特性。隔震装置应具有水平弹性恢复力，使隔震结构体系在地震中具有瞬时自动复位功能，上部结构可恢复至初始状态，满足正常使用要求。

(4) 阻尼消能特性。隔震装置应具有足够的阻尼，较大的阻尼可使上部结构的位移明显减小。

常用的隔震器有叠层橡胶支座、螺旋弹簧支座、摩擦滑移支座等。

常用的阻尼器有弹塑性阻尼器、黏弹性阻尼器、黏滞阻尼器、摩擦阻尼器等。

目前，技术相对成熟、应用最为广泛的隔震器是叠层橡胶支座。为了提高隔震器的垂直承载力和竖向刚度，支座一般由橡胶片与薄钢板交替叠合，经高温高压硫化黏结而成(图 9-4)。钢板边缘缩入橡胶内，可防止钢板生锈。橡胶板上下两面的横向变形受到钢板约束，使橡胶支座具有很大的竖向承载力和刚度。当受到水平力时，橡胶层的相对位移大大减小，使橡胶支座可达到很大的整体侧移而不致失稳，且保持较小的水平刚度。橡胶层与钢板层紧密黏结，橡胶层在竖向地震作用下还能承受一定拉力。因此，叠层橡胶支座是一种竖向刚度大、竖向承载力高、水平刚度小、水平变形能力大的隔震装置。叠层橡胶支座平面形状可为圆形(房屋多用)、方形和矩形(桥梁多用)，直径和边长为 300～1 400 mm。支座中心一般设圆孔，以使硫化过程中橡胶支座受热均匀，从而保证产品质量。叠层橡胶支座又可分为普通叠层橡胶支座、铅芯叠层橡胶支座(图 9-5)和高阻尼叠层橡胶支座。

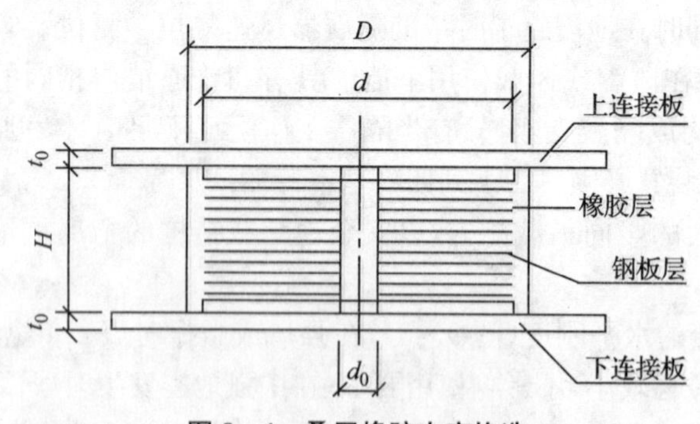

图 9-4　叠层橡胶支座构造

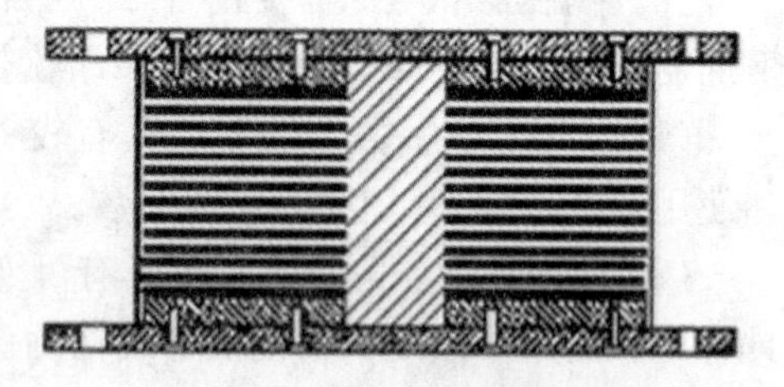

图 9-5　铅芯叠层橡胶支座

普通叠层橡胶支座中的橡胶为有添加剂的天然橡胶或氯丁二烯橡胶，具有高弹性低阻尼的特点，只具备延长周期的功能，应用时配合阻尼器作用；高阻尼叠层橡胶支座采用特殊配制的具有高阻尼的橡胶材料制作而成，形状与普通叠层橡胶支座相同，这种支座同时兼有隔震器和阻尼器的作用。铅芯叠层橡胶支座比普通叠层橡胶支座多了一根铅芯(图 9-5)，由于铅具有较低的屈服点和较高的塑性变形能力，可使铅芯叠层橡胶支座的阻尼比增大到

20%～30%，该种支座集隔震器、阻尼器为一体，无需再设阻尼器。

9.2.3　隔震计算

1）隔震结构计算流程

隔震结构计算流程为：① 确定控制目标；② 进行常规结构设计；③ 选用隔震装置；④ 计算隔震体系动力参数；⑤ 计算隔震结构的地震作用；⑥ 进行隔震结构抗震验算；⑦ 隔震结构构造设计。如果第⑥步验算不合格，则从②开始重算，直到满足为止。

建筑结构隔震设计的计算分析，应符合下列规定：

隔震体系的计算简图，在非隔震结构计算简图基础上增加由隔震支座及其顶部梁板组成的质点；对变形特征为剪切型的结构可采用剪切模型（图 9－2）；当隔震层以上结构的质心与隔震层刚度中心不重合时，应计入扭转效应的影响。隔震层顶部的梁板结构，应作为其上部结构的一部分进行计算和设计。

一般情况下，宜采用时程分析法进行计算；输入地震波的反应谱特性和数量，应符合《建筑抗震设计规范》的规定，计算结果宜取其包络值；当处于发震断层 10 km 以内时，输入地震波应考虑近场影响系数，5 km 以内宜取 1.5，5 km 以外可取不小于 1.25。

为便于我国设计人员掌握隔震设计方法，规范提出了“水平向减震系数”的概念，把隔震建筑设计和传统的建筑设计联系起来。所谓“减震系数”是指和不采用隔震技术的情况比较，建筑物采用隔震技术后描述地震作用降低的一个系数。其取值原则是：对于多层建筑，为按弹性计算所得的隔震与非隔震各层层间剪力的最大比值。对于高层建筑结构，尚应计算隔震与非隔震各层倾覆力矩的最大比值，并与层间剪力的最大比值相比较，取二者的较大值。

计算隔震和非隔震时层间剪力，宜采用基本设防水准下地震作用进行时程分析。

砌体结构的水平向减震系数 β 可根据隔震后整个体系的基本周期按下式简化计算：

$$\beta = 1.2\eta_2 (T_{gm}/T_1)^{\gamma} \tag{9-3}$$

与砌体结构周期相当的结构，其水平向减震系数可根据隔震后整个体系的基本周期按下式简化计算：

$$\beta = \sqrt{2}\,\eta_2 (T_g/T_1)^{\gamma} (T_0/T_g)^{0.9} \tag{9-4}$$

式中：η_2——地震影响系数的阻尼调整系数，根据隔震层等效阻尼按第 3 章确定；

γ——地震影响系数的曲线下降段衰减指数，根据隔震层等效阻尼按第 3 章确定；

T_{gm}——砌体结构采用隔震方案时的设计特征周期，根据本地区所属的设计地震分组按第 3 章确定，但小于 0.4 s 时应按 0.4 s 采用；

T_g——特征周期；

T_0——非隔震结构的计算周期，当小于特征周期时应采用特征周期的值；

T_1——隔震后体系的基本周期，不应大于 $5T_g$ 和 2.0s 的较大值。

砌体结构及与其基本周期相当的结构，隔震后体系的基本周期可按下式计算：

$$T_1 = 2\pi\sqrt{G/K_h g} \tag{9-5}$$

式中：G——隔震层以上结构的重力荷载代表值；

K_h——隔震层的水平等效刚度。

隔震层等效水平刚度 K_h 和等效黏滞阻尼比 ζ_{eq} 按下式计算：

$$K_h = \sum K_j \tag{9-6}$$

$$\xi_{eq} = \frac{\sum K_j \zeta_j}{K_h} \tag{9-7}$$

式中：K_j——第 j 隔震支座(含消能器)由试验确定的水平等效刚度；

ζ_j——第 j 隔震支座由试验确定的等效黏滞阻尼比，设置阻尼器时，应包括相应阻尼比。

隔震支座由试验确定设计参数时，竖向荷载应保持表 9－1 的压应力限值；对水平向减震系数计算，应取剪切变形 100%的等效刚度和等效黏滞阻尼比；对罕遇地震验算，宜采用剪切变形 250%时的等效刚度和等效黏滞阻尼比，当隔震支座直径较大时可采用剪切变形 100%时的等效刚度和等效黏滞阻尼比。当采用时程分析时，应以试验所得滞回曲线作为计算依据。

表 9－1　橡胶隔震支座压应力限值

建筑类别	甲类建筑	乙类建筑	丙类建筑
压应力限值 (MPa)	10	12	15

隔震计算采用分部设计法，即把房屋分成三部分或四部分分别进行设计，通常分为隔震层以上结构，隔震层，基础，可能还有隔震层以下结构，如地下室墙、柱等。

2) 隔震层以上结构设计

计算隔震结构的水平地震作用时，水平地震影响系数的最大值可采用通常抗震设计的水平地震影响系数最大值和水平向减震系数的乘积来计算，即

$$\alpha_{max1} = \beta\alpha_{max}/\psi \tag{9-8}$$

式中：α_{max1}——隔震后的水平地震影响系数最大值；

α_{max}——非隔震的水平地震影响系数最大值，按第 3 章取值；

β——水平向减震系数，对于多层建筑，为按弹性计算所得的隔震与非隔震各层层间剪力的最大比值；对高层建筑结构，尚应计算隔震与非隔震各层倾覆力矩的最大比值，并与层间剪力的最大比值相比较，取二者的较大值；

ψ——调整系数，一般橡胶支座，取 0.80；支座剪切性能偏差为 S－A 类，取 0.85；隔震装置带有阻尼器时，相应地减少 0.05。

采用 α_{max1} 代替第 3 章中的 α_{max} 即可用第 3 章的公式和方法计算隔震层以上结构的地震作用。应注意的是，隔震层以上结构水平地震作用沿高度可按重力荷载代表值分布。隔震层以上结构的总水平地震作用不得低于非隔震结构在 6 度设防时的总水平地震作用，并应进行抗震验算；各楼层的水平地震剪力尚应符合第 3 章最小地震剪力系数的要求(按本地区设防烈度查)。

9 度时和 8 度且水平向减震系数不大于 0.3 时，隔震层以上的结构应进行竖向地震作用的计算。隔震层以上结构竖向地震作用标准值计算时，各楼层可视为质点，并按第 3 章计算公式计算竖向地震作用标准值沿高度的分布。

3) 隔震层设计要求

隔震层宜设置在房屋基础、底部或下部结构与上部结构之间。但由于隔震层位于第一层级以上时，隔震体系的特点与普通隔震结构可有较大差异，隔震层以下的结构设计计算也

更加复杂，因此隔震层通常位于结构第一层以下的部位。隔震层的隔震支座宜设置在受力较大的位置，间距不宜过大，其规格、数量和分布应根据竖向承载力、侧向刚度和阻尼的要求通过计算确定。隔震层刚度中心宜与上部结构的质量中心重合；隔震支座的平面布置宜与上部结构和下部结构的竖向受力构件的平面位置相对应；同一房屋选用多种规格的隔震支座时，应注意充分发挥每个橡胶支座的承载力和水平变形能力；同一支承处选用多个隔震支座时，隔震支座之间的净距应大于安装操作所需要的空间要求；设置在隔震层的抗风装置宜对称、分散地布置在建筑物的周边或周边附近。隔震层罕遇地震下应保持稳定，不宜出现不可恢复的变形。隔震支座应进行竖向承载力的验算和罕遇地震下水平位移的验算。橡胶隔震支座在重力荷载代表值的竖向压应力不应超过表 9-1 的规定，且在罕遇地震的水平和竖向地震同时作用下，拉应力不应大于 1 MPa。外径小于 300 mm 的支座，其压应力限值对丙类建筑为 10 MPa。

4) 隔震支座变形验算

隔震支座的水平剪力应根据隔震层在罕遇地震作用下的水平剪力按各隔震支座的水平等效刚度分配。当考虑扭转时，尚应计及隔震层的扭转刚度。

隔震层在罕遇地震下的水平剪力宜采用时程分析法计算，对砌体结构及其基本周期相当的结构，可按下式计算：

$$V_c = \lambda_s \alpha_1 G \tag{9-9}$$

式中：V_c——隔震层在罕遇地震下的水平剪力；

λ_s——近场系数，甲、乙类建筑距发震断层 5 km 以内取 1.5，5～10 km 取 1.25，10 km 以外取 1.0，丙类建筑可取 1.0；

α_1——罕遇地震下的地震影响系数值，可根据隔震层参数，按第 3 章的有关规定计算。

隔震支座在罕遇地震作用下的水平位移应满足下式：

$$u_i = \eta_i u_c \leqslant [u_i] \tag{9-10}$$

式中：u_i——罕遇地震作用下，第 i 个隔震支座考虑扭转的水平位移；

$[u_i]$——第 i 个隔震支座的水平位移限值，对橡胶隔震支座，不应超过该支座有效直径的 0.55 倍和支座内部橡胶总厚度 3.0 倍二者的较小值；

u_c——罕遇地震下隔震层质心处或不考虑扭转的水平位移；

η_i——第 i 个隔震支座的扭转影响系数，应取考虑扭转和不考虑扭转时 i 支座计算位移的比值；当隔震层以上结构的质心与隔震层刚度中心在两个主轴方向均无偏心时，边支座的扭转影响系数不应小于 1.15。

当隔震支座的平面布置为矩形或接近矩形时，可按下列方法确定：

(1) 当隔震层以上结构的质心与隔震层刚度中心在两个主轴方向均无偏心时，边支座的扭转影响系数不宜小于 1.15。

(2) 仅考虑单向地震作用的扭转时，扭转影响系数可按下式估计：

$$\beta_i = 1 + \frac{12 e s_i}{a^2 + b^2} \tag{9-11}$$

式中：e——上部结构质心与隔震层刚度中心在垂直于地震作用方向的偏心距(图 9-6)；

s_i——第 i 个隔震支座与隔震层刚度中心在垂直于地震作用方向的距离；

a，b——隔震层平面的两个边长。

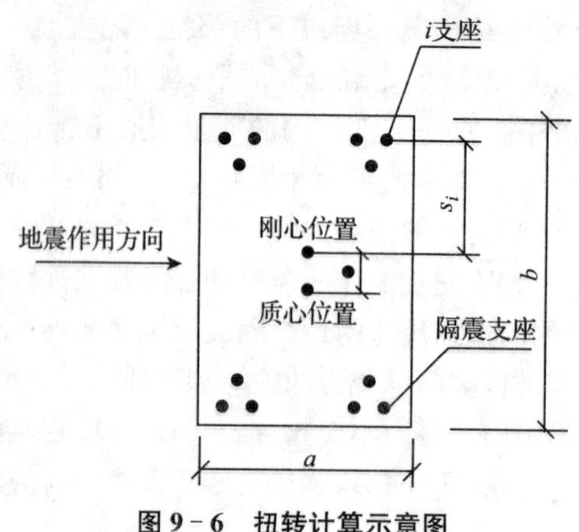

图9-6　扭转计算示意图

当隔震层和上部结构采取有效的抗扭措施后或扭转周期小于平动周期的70%时，扭转影响系数可取1.15。

(3) 同时考虑双向地震作用的扭转时，可仍按式(9-11)计算，但式中的偏心距应采用下式中的较大值替代：

$$e=(\sqrt{e_x^2+(0.85e_y)^2},\sqrt{e_y^2+(0.85e_x)^2})_{\max} \tag{9-12}$$

式中：e_x，e_y——分别为y方向和x方向地震作用时的偏心距。

对于边支座，其扭转影响系数不宜小于1.2。

5) 基础设计

基础设计时不考虑隔震产生的减震效果，按原设防烈度进行抗震设计。

6) 隔震层以下结构设计

隔震层支墩、支柱及相连构件，应采用隔震结构罕遇地震下隔震支座底部的竖向力、水平力和力矩进行承载力验算。

隔震层以下的结构(包括地下室和隔震塔楼下的底盘)中直接支承隔震层以上结构的相关构件，应满足嵌固的刚度比和隔震后设防地震的抗震承载力要求，并按罕遇地震进行抗剪承载力验算。隔震层以下地面以上的结构在罕遇地震下的层间位移角限值应满足表9-2的要求。

隔震建筑地基基础的抗震验算和地基处理仍应按本地区抗震设防烈度进行，甲、乙类建筑的抗液化措施应按提高一个液化等级确定，直至全部消除液化沉陷。

表9-2　隔震层以下、地面以上结构罕遇地震作用下层间弹塑性位移角限值

下部结构类型	θ_p
钢筋混凝土框架结构和钢结构	1/100
钢筋混凝土框架-抗震墙	1/200
钢筋混凝土抗震墙	1/250

9.2.4 隔震构造

(1) 隔震结构应采取不阻碍隔震层在罕遇地震下发生大变形的下列措施：

① 上部结构的周边应设置竖向隔离缝，缝宽不宜小于各隔震支座在罕遇地震下的最大水平位移值的1.2倍且不小于200 mm。对两相邻隔震结构，其缝宽取最大水平位移值之和，且不小于400 mm。

② 上部结构与下部结构之间，应设置完全贯通的水平隔离缝，缝高可取20 mm，并用柔性材料填充；当设置水平隔离缝确有困难时，应设置可靠的水平滑移垫层。

③ 穿越隔震层的门廊、楼梯、电梯、车道等部位，应防止可能的碰撞。

(2) 隔震层以上结构的抗震措施，当水平向减震系数大于0.40时（设置阻尼器时为0.38）不应降低非隔震时的有关要求；水平向减震系数不大于0.40时（设置阻尼器时为0.38），可适当降低本规范有关章节对非隔震建筑的要求，但烈度降低不得超过1度，与抵抗竖向地震作用有关的抗震构造措施不应降低。此时，对砌体结构具体构造措施，可查阅《建筑抗震设计规范》附录L。与抵抗竖向地震作用有关的抗震措施，对钢筋混凝土结构，指墙、柱的轴压比规定；对砌体结构，指外墙尽端墙体的最小尺寸和圈梁的有关规定。

(3) 隔震层与上部结构连接时，隔震层顶部应设置梁板式楼盖，且应符合下列要求：隔震支座的相关部位应采用现浇混凝土梁板结构，现浇板厚度不应小于160 mm；隔震层顶部梁、板的刚度和承载力，宜大于一般楼盖梁板的刚度和承载力；隔震支座附近的梁、柱应计算冲切和局部承压，加密箍筋并根据需要配置网状钢筋。

(4) 隔震层与上部结构连接时，隔震支座和阻尼装置的连接构造，应符合下列要求：隔震支座和阻尼装置应安装在便于维护人员接近的部位；隔震支座与上部结构、下部结构之间的连接件，应能传递罕遇地震下支座的最大水平剪力和弯矩；外露的预埋件应有可靠的防锈措施。预埋件的锚固钢筋应与钢板牢固连接，锚固钢筋的锚固长度宜大于20倍锚固钢筋直径，且不应小于250 mm。

(5) 隔震层以上结构的隔震措施，应符合下列规定：隔震层以上结构应采取不阻碍隔震层在罕遇地震下发生大变形的下列措施：上部结构的周边应设置防震缝，缝宽不宜小于各隔震支座在罕遇地震下的最大水平位移值的1.2倍。上部结构（包括与其相连的任何构件）与地面（包括地下室及与其相连的构件）之间，宜设置明确的水平隔离缝；当设置水平隔离缝确有困难时，应设置可靠的水平滑移垫层。在走廊、楼梯、电梯等部位，应无任何障碍物。

9.3 房屋消能减震设计

消能减震设计指在房屋结构中设置消能装置，通过其相对变形和相对速度提供附加阻尼，以消耗输入结构的地震能量，达到预期的防震减震要求。耗能装置可以是附加子结构（如耗能支撑）或附加阻尼器。在小震或风荷载作用下，耗能装置处于弹性工作状态，结构具有足够的侧向刚度，确保变形满足正常使用要求；在强震下，随着结构受力和变形增大，这些耗能装置率先进入非弹性变形状态，大量消耗结构的地震能量，有效减小结构地震反应，从而保护主体结构免遭破坏。事实上，相对于要保护的主体结构而言，耗能装置起到了类似于第一道抗震防线的作用。

9.3.1 消能减震原理

消能减震结构能量方程为

$$E_{in} = E_R + E_k + E_c + E_s + E_d \tag{9-13}$$

式中：E_{in}——地震过程中输入结构体系的能量；

E_R——结构地震反应能量，即结构体系的动能和势能；

E_k——结构体系的弹性应变能；

E_c——结构体系本身的阻尼耗能，E_c占总能量的很小一部分，约5%，可以忽略不计；

E_s——结构构件的弹塑性变形消耗的能量；

E_d——消能装置耗散或吸收的能量。

在上述能量方程中，去掉E_d项，就是传统的抗震结构能量方程。在传统的抗震结构中，为了终止结构地震反应($E_R \to 0$)，必然导致结构构件损坏、严重破坏或倒塌($E_s \to E_{in}$)，以消耗输入结构的地震能量(图9-7)。对于消能减震结构，消能装置在主体结构进入非弹性状态前率先进入耗能工作状态，充分发挥耗能作用，消耗掉输入结构体系的大量地震能量($E_d \to E_{in}$)，使结构本身消耗很少的能量，这意味着结构反应将大大减小，保护结构构件免遭破坏($E_s \to 0$)，又迅速地衰减结构地震反应($E_R \to 0$)，从而有效地保护了主体结构的安全。试验表明，消能装置可消耗地震总输入能量的90%以上。

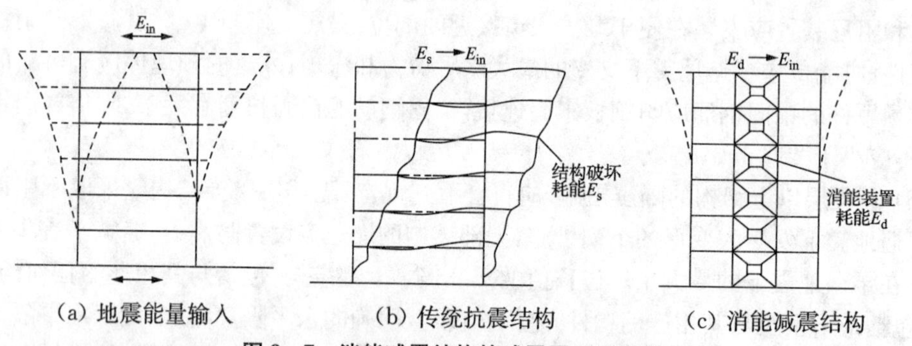

图9-7 消能减震结构的减震原理示意图

9.3.2 消能减震设计

消能减震结构的设计流程见图9-8所示。研究表明，对于消能减震结构，若期望阻尼比设计成15%，对于任何地震地面运动和任何结构都能有效地减小地震反应。

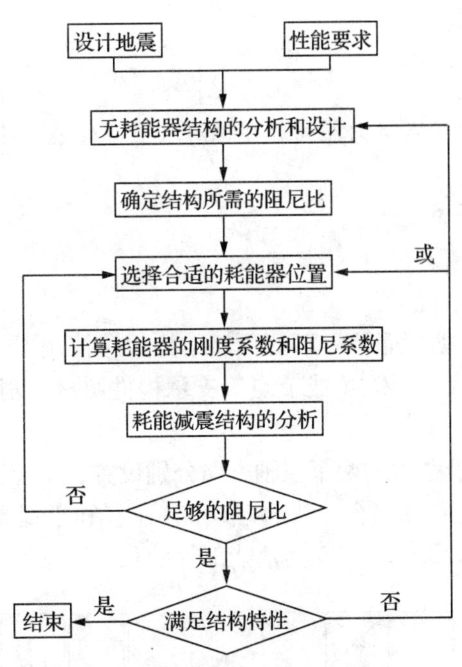

图 9－8　消能减震结构设计流程图

消能器的有效刚度可取消能器的恢复力滞回环在相对水平位移 Δu_j 时的割线刚度。

消能部位附加给结构的有效阻尼比可按下式估算：

$$\zeta_a = \sum_j \frac{W_{cj}}{4\pi W_s} \tag{9-14}$$

式中：ζ_a——消能减震结构的附加有效阻尼比；

W_{cj}——第 j 个消能部件在结构预期层间位移 Δu_j 下往复循环一周所消耗的能量；

W_s——设置消能部件的结构在预期位移下的总应变能，可分别按下面规定计算：

(1) 当不考虑扭转影响时，消能减震结构在水平地震作用下的总应变能可按下式估算。

$$W_s = \frac{1}{2}\sum F_i u_i \tag{9-15}$$

式中：F_i——质点 i 的水平地震作用标准值；

u_i——水平地震作用标准值下质点 i 的水平位移。

(2) 速度线性相关型消能器在水平地震作用下往复循环一周所消耗的能量可按下式估算：

$$W_{cj} = \frac{2\pi^2}{T_1}\sum C_j \cos^2\theta_j \Delta u_j^2 \tag{9-16}$$

式中：T_1——消能减震结构的基本自振周期；

C_j——第 j 个消能器的线性阻尼系数；

θ_j——第 j 个消能器的消能方向与水平面的夹角；

Δu_j——第 j 个消能器两端的相对水平位移。

当消能器的阻尼器系数和有效刚度与结构振动周期有关时，可取相应于消能减震结构基本自振周期的值。

(3) 位移相关型、速度非线性相关型和其他类型消能器在水平地震作用下往复循环一周所消耗的能量可按下式估算：

$$W_{cj} = \sum A_j \tag{9-17}$$

式中：A_j——第 j 个消能器的恢复力滞回环在相对水平位移 Δu_j时的面积。

9.3.3 消能装置要求

1）消能部件的设置

消能减震设计时，应根据罕遇地震下的预期结构位移控制要求，设置适当的消能部件。消能部件可由消能器及斜撑、墙体、梁或节点等支承构件组成。消能器可采用速度相关型、位移相关型或其他类型。

消能部件可根据需要沿结构的两个主轴方向分别设置。消能部件宜设置在层间变形较大的位置，其数量和分布应通过综合分析合理确定，并有利于提高整个结构的消能减震能力，形成均匀合理的受力体系。图 9－9 为消能部件的几种设置形式。

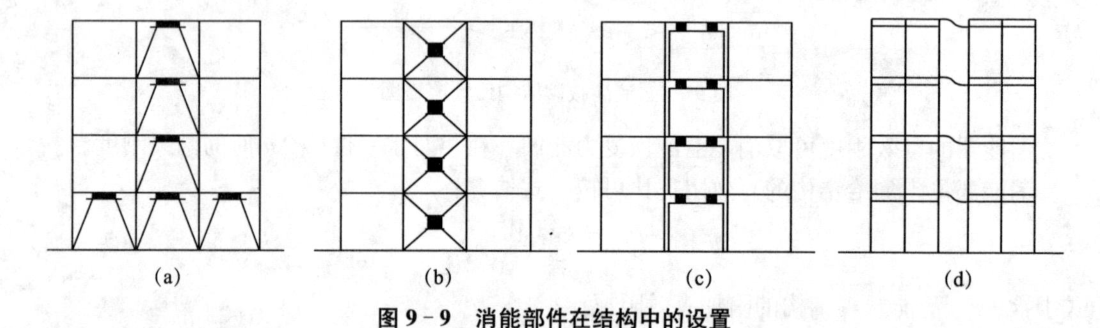

图 9－9　消能部件在结构中的设置

2）消能部件的性能要求

（1）消能器应具有足够的吸收和耗散地震能量的能力和恰当的阻尼。消能部件附加给结构的有效阻尼比宜大于 10％，超过 20％时宜按 20％计算。

（2）消能部件应具有足够的初始刚度，并满足下列要求：

① 速度线性相关型消能器与斜撑、填充墙或梁组成消能部件时，该部件在消能器耗能方向的刚度应符合下式要求：

$$K_{\mathrm{b}} \geqslant \frac{6\pi}{T_1} C_D \tag{9-18}$$

式中：K_{b}——支承构件在消能器方向的刚度；

C_D——消能器由试验确定的相应于结构基本自振周期的线性阻尼系数；

T_1——消能减震结构的基本自振周期。

② 位移相关型消能器应由往复静力加载确定设计容许位移、极限位移和恢复力模型参数。位移相关型消能器与斜撑、墙体或梁等支承构件组成消能部件时，该部件的恢复力模型参数宜符合下列要求：

$$\frac{\Delta u_{\mathrm{py}}}{\Delta u_{\mathrm{sy}}} \leqslant \frac{2}{3} \tag{9-19}$$

式中：Δu_{py}——消能部件的屈服位移；

Δu_{sy}——设置消能部件的结构层间屈服位移。

(3) 消能器应具有优良的耐久性能，能长期保持其初始性能。

(4) 消能器构造应简单，施工方便，易维护。

(5) 消能器与斜支撑、填充墙、梁或节点的连接，应符合钢构件连接或钢与钢筋混凝土构件连接的构造要求，并能承担消能器施加给连接节点的最大作用力。

9.4 隔震设计实例

9.4.1 工程概况

某砌体结构住宅，带半地下室，横墙承重，烧结普通砖，外墙墙厚 360 mm，内墙墙厚 240 mm。场地类别为Ⅱ类场地，设防烈度为 7 度，地震加速度为 0.1 g，设计地震分组为第一组。房屋建筑平面图见图 9-10，主要数据见表 9-3。

表 9-3 房屋基本参数

层数	总高度(m)	最大高宽比	层高(m)	平面尺寸(m×m)
6	17.7	1.612	2.8	32.48×10.98

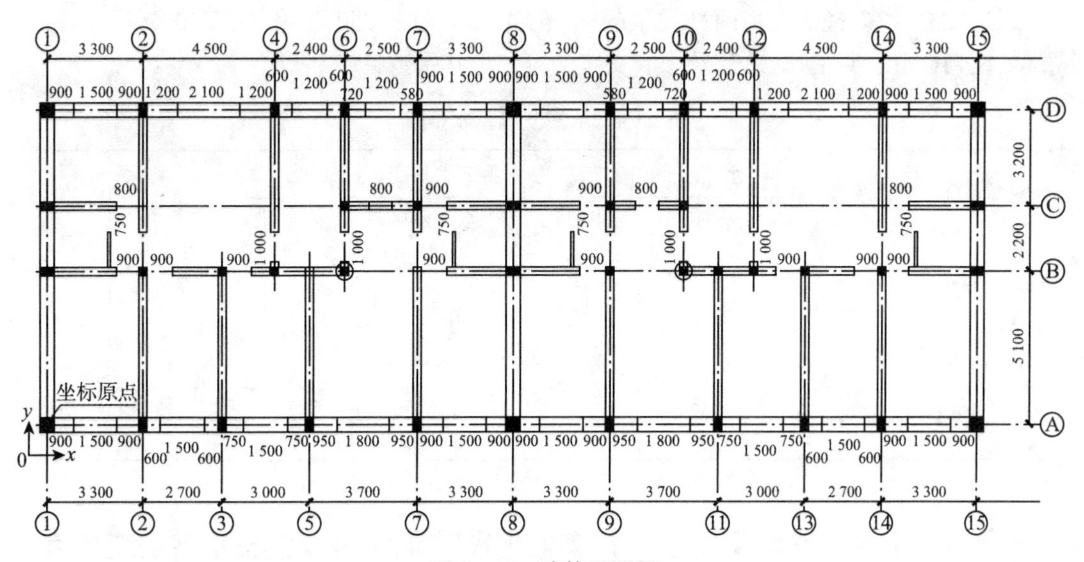

图 9-10 建筑平面图

图中○表示 GZY350V5A 隔震支座，■表示 GZY400V5A 隔震支座

9.4.2 初步设计

(1) 该建筑可采用隔震方案,因为:

① 该建筑物的高宽比小于4。

② 该建筑物的建筑总高度为17.7 m,层数为6层,符合规范的有关要求。

③ 建筑场地类别为Ⅱ类场地土,无液化。

④ 风荷载和其他非地震作用的水平荷载未超过结构总重的10%。

以上几条均满足规范中关于建筑物采用隔震方案的规定。

(2) 确定隔震层位置。

隔震层设在地下室顶部,橡胶隔震支座设置在受力较大的位置,其规格、数量和分布根据竖向承载力、侧向刚度和阻尼的要求通过计算确定。隔震层在罕遇地震下应保持稳定,不宜出现不可恢复的变形。隔震层橡胶支座在罕遇地震作用下,不宜出现拉应力。

(3) 经计算,隔震层上部总重力G=54 320 kN,其中:$G_1=G_2=G_3=G_4=G_5$=9 166.5 kN,G_6=8 487.5 kN。取图9-11所示坐标系,则质心坐标为(16 000,5 100),单位:mm。

9.4.3 隔震支座的选型、布置

由上部结构计算出每个支座上的轴向力,按照表9-1中丙类建筑隔震支座平均压应力限值应小于等于15MPa的规定,确定出每个支座的直径(隔震支座的平面布置见图9-10)。

通过反复计算,择优选用两种类型的隔震支座——GZY350V5和GZY400V5A的铅芯隔震支座,其刚度、阻尼比、总数及橡胶支座的第二形状系数见表9-4。

表9-4 隔震支座基本参数

属性 型号	设计承载力(kN)	水平变形(100%)		水平变形(250%)		总数	第二形状系数
		水平刚度(kN/mm)	阻尼比(%)	水平刚度(kN/mm)	阻尼比(%)		
GZY350V5	1 440	1.350	23	0.893	14	2	5.25
GZY400V5A	1 880	1.602	23	1.032	14	44	5.83

9.4.4 水平减震系数β的计算(多遇地震时,即采用隔震支座剪切变形为100%的水平刚度和等效黏滞阻尼比)

由公式(9-3)得水平向减震系数为

$$\beta=1.2\eta_2\left(\frac{T_g}{T_1}\right)^{\gamma}$$

其中：$\eta_2=1+\dfrac{0.05-\zeta_{eq}}{0.08+1.6\zeta_{eq}}$

$$K_h=\sum K_j=1.35\times2+1.602\times44=73.188\ \text{kN/mm}$$

$$T_1=2\pi\sqrt{G/(K_h\cdot g)}=2\pi\sqrt{54\,320/(73\,188\times9.8)}=1.729\ \text{s}$$

$$\zeta_{eq}=(\sum K_j\zeta_j)/K_h=\frac{1.602\times44\times0.23+1.35\times2\times0.23}{73.188}=0.23$$

故：$\eta_2=1+\dfrac{0.05-\zeta_{eq}}{0.08+1.6\zeta_{eq}}=1+\dfrac{0.05-0.23}{0.08+1.6\times0.23}=0.5\,982>0.55$ 取 $\eta_2=0.5\,982$

$$\gamma=0.9+\frac{0.05-\zeta_{eq}}{0.3+6\zeta_{eq}}=0.9+\frac{0.05-0.23}{0.3+6\times0.23}=0.793$$

又因为Ⅱ类场地，设计地震分组为一组，由表 3 - 2 得 $T_g=0.35$ s，所以

$$\beta=1.2\times0.598\,2\times\left(\frac{0.35}{1.729\,1}\right)^{0.793}=0.202$$

9.4.5 上部结构的计算

1）水平地震作用标准值 F_{EK}

$$F_{EK}=\alpha_{max1}G$$

其中：$\alpha_{max1}=\beta\alpha_{max}/\varphi$

按照表 3 - 4，α_{max}取 0.08，所以

$$F_{EK}=\alpha_{max1}G=0.202\times0.08/0.8\times54\,320=1\,097.3\ \text{kN}$$

2）隔震后各层分布的地震剪力 F_i

$$F_i=\frac{G}{\sum G_i}F_{EK}$$

计算结果见表 9 - 5。

表 9 - 5 计算结果

层数	G_i(kN)	$\sum G_i$(kN)	F_{EK}(kN)	F_i(kN)	V_i(kN)	$U_i/\sum_{j=1}^{m}G_j$
6	8 487.5	54 320	1 097.3	171.45	171.45	0.020 2
5	9 166.5			185.17	356.62	0.020 2
4	9 166.5			185.17	541.79	0.020 2
3	9 166.5			185.17	726.96	0.020 2
2	9 166.5			185.17	912.13	0.020 2
1	9 166.5			185.17	1 097.3	0.020 2

由表 9 - 5 可知，结构任意楼层的水平地震剪力系数 $\lambda=0.020\,2$，满足表 3 - 6 关于最小地震剪力系数的规定。

结构水平地震作用计算简图及结构水平剪力图如图 9 - 11 所示。

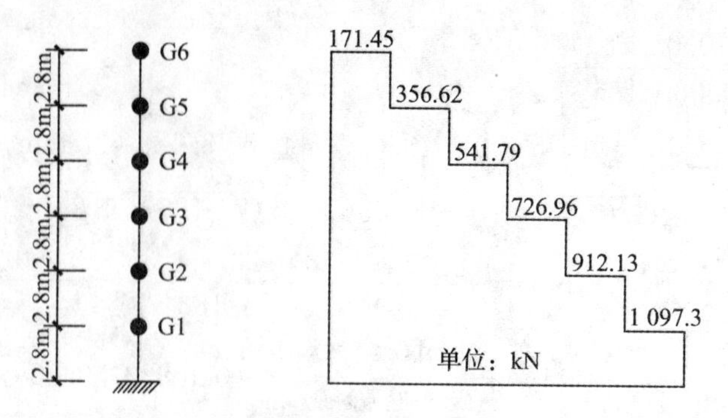

图 9-11　结构水平地震作用计算简图及结构水平剪力图(隔震后)

9.4.6　隔震层水平位移验算(罕遇地震时，采用隔震支座剪切变形不小于250%时的剪切刚度和等效黏滞阻尼比)

1) 计算隔震层的刚心位置和偏心距 e

如图 9-11 所示，采取图示坐标系，设刚心位置坐标为(x,y)则：

(1) 求水平刚度中心横坐标 x

$$\sum K'_{\mathrm{h}}x_{\mathrm{i}} = \sum K'_{\mathrm{h}}\times x$$

$$\sum K'_{\mathrm{h}}x_{\mathrm{i}} = 755\ 104\ \mathrm{kN}$$

$$\sum K'_{\mathrm{h}} = 0.893\times 2 + 1.032\times 44 = 47.194\ \mathrm{kN/mm}$$

$$x = \frac{\sum K'_{\mathrm{h}}x_{\mathrm{i}}}{\sum K'_{\mathrm{h}}} = \frac{755\ 104}{47.194} = 16\ 000\ \mathrm{mm}$$

(2) 求水平刚度中心纵坐标 y

$$\sum K'_{\mathrm{h}}y_{\mathrm{i}} = \sum K'_{\mathrm{h}}\times y$$

$$\sum K'_{\mathrm{h}}y_{\mathrm{i}} = 264\ 528.6\ \mathrm{kN}$$

$$\sum K'_{\mathrm{h}} = 47.194\ \mathrm{kN/mm}$$

$$y = \frac{\sum K'_{\mathrm{h}}y_{\mathrm{i}}}{\sum K'_{\mathrm{h}}} = \frac{264\ 528.6}{47.194} = 5\ 605.1\ \mathrm{mm}$$

则刚度中心坐标为(16 000,5 605.1)，单位：mm。

(3) 求偏心距 e(仅一个方向有偏心)

$$e = 5\ 605.1 - 5\ 100 = 505.1\ \mathrm{mm}$$

2) 隔震层质心处的水平位移计算

隔震层质心处罕遇地震下的水平位移为

$$u_{\mathrm{c}} = \lambda_{\mathrm{s}}a_1(\zeta_{\mathrm{eq}})G/K'_{\mathrm{h}}$$

其中：λ_{s} 为近场系数，距发震断层 5 km 以内取 1.5，5～10 km 取 1.25。本处取 $\lambda_{\mathrm{s}} = 1.0$。

$K'_h = \sum K'_j = 47.194\ \text{kN/mm}$

$T'_1 = 2\pi\sqrt{G/(K'_h \cdot g)} = 2\pi\sqrt{54\ 320/(47\ 194 \times 9.8)} = 2.153\ \text{s} > 5T_g = 1.75\ \text{s}$

所以，根据图 3-7，$a_1(\zeta_{eq}) = [\eta_2 0.2^{\gamma} - \eta_1(T'_1 - 5T_g)]a_{max}$

$$\zeta_{eq} = (\sum K'_j \zeta'_j)/K'_h = \frac{1.032 \times 44 \times 0.14 + 0.893 \times 2 \times 0.14}{47.194} = 0.14$$

$$\gamma = 0.9 + \frac{0.05 - \zeta_{eq}}{0.3 + 6\zeta_{eq}} = 0.9 + \frac{0.05 - 0.14}{0.3 + 6 \times 0.14} = 0.821$$

$$\eta_2 = 1 + \frac{0.05 - \zeta_{eq}}{0.08 + 1.6\zeta_{eq}} = 1 + \frac{0.05 - 0.14}{0.08 + 1.6 \times 0.14} = 0.704 > 0.55$$

$$\eta_1 = 0.02 + \frac{0.05 - \zeta_{eq}}{4 + 32\zeta_{eq}} = 0.02 + \frac{0.05 - 0.14}{4 + 32 \times 0.14} = 0.009\ 4$$

$$a_{max} = 0.5$$

故　$a_1(\zeta_{eq}) = [0.704 \times 0.2^{0.821} - 0.009\ 4 \times (2.153 - 5 \times 0.35)] \times 0.5 = 0.092$

则　$u_c = 1.0 \times 0.092 \times 54\ 320/47.194 = 105.891\ \text{mm}$

3) 水平位移验算(验算最不利支座)

(1) 验算最右上角支座 GZY400V5A(轴 15/D)

① 扭转影响系数 η_i

$$s_i = 10\ 500 - 5\ 605.1 = 4\ 894.9\ \text{mm}$$

$$\begin{aligned}\eta_i &= 1 + 12es_i/(a^2 + b^2)\\ &= 1 + 12 \times 505.1 \times 4\ 894.9/(32\ 480^2 \times 10\ 980^2)\\ &= 1.025 < 1.15\end{aligned}$$

因为该支座为边支座，故取 $\eta_i = 1.15$。

② 水平位移 u_i

$$u_i = \eta_i u_c = 1.15 \times 105.891 = 121.775\ \text{mm}$$

$[u_i]$=min{0.55 倍有效直径，支座各橡胶层总厚度的 3 倍}

$=\min\{0.55 \times 400, 10\ 258 \times 3\}$

$=220\ \text{mm}$

显然，$u_i < [u_i]$，故支座变形满足要求。

(2) 验算支座 GZY350V5(轴 6/B)

① 扭转影响系数 η_i

$$s_i = 5\ 605.1 - 5\ 100 = 505.1\ \text{mm}$$

$$\begin{aligned}\eta_i &= 1 + 12es_i/(a^2 + b^2)\\ &= 1 + 12 \times 505.1 \times 505.1/(32\ 480^2 + 10\ 980^2)\\ &= 1.003\end{aligned}$$

② 水平位移 u_i

$$u_i = \eta_i u_c = 1.003 \times 105.891 = 106.167\ \text{mm}$$

$[u_i]$=min{0.55 倍有效直径，支座各橡胶层总厚度 3 倍}

$=\min\{0.55 \times 350, 102.42 \times 3\}$

$=192.5\ \text{mm}$

显然，$u_i<[u_i]$，故支座变形满足要求。

9.4.7 隔震层下部的计算

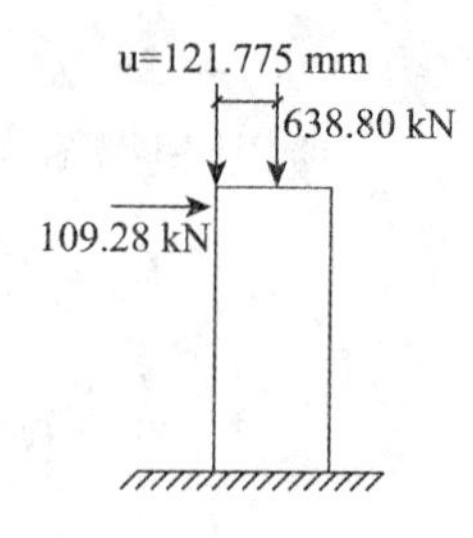

图 9－12 （**轴 15**/D）
隔震基础的计算简图

各隔震层的水平剪力按刚度分配：

(1) 隔震层在罕遇地震作用下的水平剪力计算：

砌体结构在罕遇地震作用下的水平剪力为

$$V_c=\lambda_s a_1(\zeta_{eq})G$$
$$=1.0\times0.092\times54\ 320$$
$$=4\ 997.44\ \text{kN}$$

(2) 隔震层的总刚度 $K'_h=47.194\ \text{kN/mm}$，各隔震垫的受力情况见表 9－6。

(3) 隔震层以下的柱的受力简图(以轴(15)/D 为例)，见图 9－12。

表 9－6 各隔震垫受力情况

隔震垫号	刚度(kN/mm)	剪力(kN)	竖向荷载(kN)	隔震垫号	刚度(kN/mm)	剪力(kN)	竖向荷载(kN)
轴①/D	1.032	109.28	776.6	轴④/B	1.032	109.28	1 145.7
轴②/D	1.032	109.28	1 331.6	轴⑤/B	1.032	109.28	1 138.35
轴④/D	1.032	109.28	1 540.6	轴⑥/B	0.893	94.56	464.6
轴⑥/D	1.032	109.28	955.8	轴⑦/B	1.032	109.28	1 250.3
轴⑦/D	1.032	109.28	1 074.8	轴⑧/B	1.032	109.28	1 613.65
轴⑧/D	1.032	109.28	1 170.8	轴⑨/B	1.032	109.28	1 250.3
轴⑨/D	1.032	109.28	1 074.8	轴⑩/B	0.893	94.56	465.2
轴⑩/D	1.032	109.28	939.8	轴⑪/B	1.032	109.28	1 139.55
轴⑫/D	1.032	109.28	1 540.5	轴⑫/B	1.032	109.28	1 147.2
轴⑭/D	1.032	109.28	1 331.6	轴⑬/B	1.032	109.28	1 183.95
轴⑮/D	1.032	109.28	638.8	轴⑭/B	1.032	109.28	1 619.05
轴①/C	1.032	109.28	986.7	轴⑮/B	1.032	109.28	1 046.15
轴②/C	1.032	109.28	1 027.2	轴①/B	1.032	109.28	988.25
轴⑥/C	1.032	109.28	865.25	轴②/B	1.032	109.28	1 348.35
轴⑦/C	1.032	109.28	1 250.4	轴③/B	1.032	109.28	1 331.55
轴⑧/C	1.032	109.28	1 334.7	轴⑤/B	1.032	109.28	1 480.2
轴⑨/C	1.032	109.28	1 250.4	轴⑦/B	1.032	109.28	1 430.7
轴⑩/C	1.032	109.28	865.2	轴⑧/B	1.032	109.28	1 387.05
轴⑭/C	1.032	109.28	1 027.2	轴⑨/B	1.032	109.28	1 430.7

续表 9-6

隔震垫号	刚度 (kN/mm)	剪力 (kN)	竖向荷载 (kN)	隔震垫号	刚度 (kN/mm)	剪力 (kN)	竖向荷载 (kN)
轴⑮/C	1.032	109.28	830.1	轴⑪/B	1.032	109.28	1 480.2
轴①/B	1.032	109.28	1 123.1	轴⑬/B	1.032	109.28	1 331.55
轴②/B	1.032	109.28	1 616.05	轴⑭/B	1.032	109.28	1 348.35
轴③/B	1.032	109.28	1 181.7	轴⑮/B	1.032	109.28	850.35

9.4.8 构造要求

有关隔震和上部结构措施可按抗震规范规定采用(略)。

复习思考题

1. 什么是结构控制？结构控制是如何实现的？
2. 隔震设计的基本原理是什么？
3. 隔震设计有何适用条件？
4. 隔震装置由哪几部分组成？各部分的作用是什么？
5. 隔震装置有哪些基本特性？
6. 什么是水平向减震系数？如何取值？
7. 简述消能减震的原理。
8. 简述消能减震设计的流程。

10 非结构构件抗震设计

10.1 概述

目前,按照现行规范进行抗震规范设计,即根据“小震不坏,中震可修,大震不倒”的设防思想设计和建造的建筑结构,基本上可以做到大震时建筑结构不倒,也能保障大部分生命安全,但是无法做到中、小地震时房屋的结构,特别是非结构构件如建筑物内的非承重构件、填充墙、隔墙以及管道系统、各种实现建筑功能及使用功能的配套机电设备系统及部件等不损坏,进而造成严重的经济损失和次生灾害。

对近年来几次强震震害调查发现,非结构构件的破坏不仅造成的损失有超过结构损伤所造成的损失的趋势,而且还会严重危及人的生命安全。在经历了强烈的地震作用后,建筑物的结构虽然幸存,但建筑物却因为非结构构件的损伤而丧失了其使用功能。在某些情况下,非结构构件的损伤给人身安全带来的危害要大于结构构件。如发生于 1971 年圣费尔南多地震中,所有构件震害中 98%以上是非结构构件;而且,很多非结构构件的损坏是发生在地震震级很低的情况下,而此时对结构构件的影响却很小。类似的非结构构件损伤形式在最近的几次地震中亦重复出现。例如,1989 年加州洛马普利塔地震,对 60 所医院调查后发现,建筑物普遍存在非结构构件的损伤,设备电缆沟的破坏、供给管道的破坏是导致医院的仪器设备不能正常工作的主要原因,对 428 个电梯的调查显示,65.9%的电梯因其连接件的损坏而不能工作。在 2008 年汶川地震中发现,大量的填充墙、围护墙、栏杆和屋顶突出结构发生了破坏。多次强烈地震灾害,使人们越来越感受到非结构构件的破坏可能导致重大的经济损失,使房屋使用功能丧失,并造成人员伤亡。于是,人们逐步认识到非结构抗震设计问题的重要性并不亚于结构抗震设计。

因此,非结构构件也需要进行抗震设计。主要对非结构构件自身及其与主体结构的连接进行抗震设计。非结构构件抗震设计所涉及的专业领域较多,一般由建筑设计、室内装潢设计、建筑设备专业等有关工种的设计人员分别完成。例如,建筑幕墙和电梯等有专门的设计规程,建筑物内的机电设备本身也有相应的产品标准和设计要求,有些重要的设备还需要进行专门的抗震试验来评估它们的抗震性能,以达到在各种使用状态下的抗震安全性和可靠性。因此,在建筑抗震设计中,对于建筑附属机电设备非结构构件,主要是保证这些设备的支架系统及其与主体结构的连接要安全可靠,满足一定的使用要求。对于建筑非结构构件,除了要满足它们与主体结构的连接可靠和安全外,还要保证这些非结构构件本身的抗震安全性。

10.1.1 非结构构件的分类

由于非结构构件种类繁多、结构类型复杂、功能多样，因此对于其分类较为繁琐，我国对于非结构构件的分类不够全面和明确，对建筑非结构构件的分类可以从不同的角度进行分类。例如，按用途分类、按受力和固定方式分类、按力学特性分类以及按对生命危险分类等。

规范中所指的非结构构件一般包括两大类：

第一类是指建筑物中除承重骨架体系以外的固定构件和部件，主要包括非承重墙体，附属于楼面和屋面上的构件、装饰构件和部件，固定于楼面上的大型储物架等，通常把这类非结构构件称为建筑非结构构件。

第二类是指与建筑使用功能有关的附属机械、电气构件、部件和系统，主要包括电梯、照明和应急电源，通讯设备，管道系统，空气调节系统，烟火监测和消防系统，公共天线等，通常把这类非结构构件称为建筑附属机电设备非结构构件。建筑非结构构件一般可分为以下3类：附属结构构件，如女儿墙、高低跨封墙、雨篷等；装饰物，如贴面、顶棚、悬吊重物等；围护墙和隔墙。

10.1.2 非结构构件的震害及原因分析

非结构构件在地震时的破坏主要有两个原因：惯性力作用和结构系统变形。

1) 惯性力作用

地震发生时，房屋所在场地的地运动使整个房屋发生运动。此时，房屋的各个部分均受到惯性力的作用。放在楼板上的家具、设备等，如果锚固不牢，则会滑动或倾斜；如果锚固很牢，但承受不了所受的地震作用，也会遭到破坏，附着在墙壁、天棚等构件上的灯具、开关等非结构也有类似的情况。因此，只有在设计时考虑到这种惯性力的作用，才有可能保障非结构构件的地震安全。

2) 结构系统变形

结构系统受到地震作用时必然发生变形，即改变原来的几何形状。强烈地震时，中层建筑顶层侧移可达10 cm左右，而高层建筑则可达100 cm左右。这时，窗户、隔墙、填充墙等嵌在结构构件内的非结构构件，其本身虽能承受地震惯性力的作用，但却可能因不适应整体结构的变形，致使玻璃发生破碎、掉落，脆性材料做成的墙体出现裂缝，墙体饰面剥落，甚至倒塌。由此可见，为了保障非结构构件的地震安全，除了考虑其所受到的惯性力之外，还必须考虑结构系统在地震时的变形对非结构构件的影响。

地震作用下结构发生变形，如果嵌固于结构构件内的非结构构件不能适应结构变形，也要遭到破坏或功能丧失。

(1) 非承重墙体。隔墙与主体结构的刚度不协调、主体结构变形或层间侧移过大、隔墙连接不牢靠、隔墙自身材料的脆性等是造成隔墙破坏的重要原因，其破坏程度与隔墙材料、连接方式和抗侧力结构体系有关。隔墙材料密度越小，与主体结构拉结越好，抗侧力结构刚度越大，造成的损失越小；长而高且与主体结构拉结不良或上端与梁板底部留有空隙的隔墙，破坏普遍较严重。1976年唐山大地震、1999年台湾大地震、1995年日本阪神地震和

2008年汶川地震，均有因砌体填充墙不合理布置导致钢筋混凝土房屋严重破坏和倒塌的实例。

(2) 屋面构件及突出构件。钢筋混凝土或金属栏杆女儿墙的强度高，整体性好，与下部结构连接比较牢靠，地震时表现完好。而屋顶的灯饰、广告牌等构件易脱落，砖砌女儿墙破坏严重。其破坏的主要原因：一是锚固不牢靠或锚固老旧失效；二是在地震时由于放大作用而受到较大的惯性力。

(3) 连接部位与变形缝。变形缝设置不当、宽度不足或构造不合理(如开口墙)，地震时墙体常会因碰撞破坏较严重，如平面外形复杂的连廊、高低层交接处连接部位墙体和顶棚易发生裂缝或牛腿酥裂严重。

(4) 楼梯。楼梯间的破坏往往比其他部位严重，导致疏散困难，造成次生灾害；破坏的主要原因是楼梯平台与相邻房间楼板的标高不一致，刚性楼梯间与房屋其他部分反应不同，引起较大的相对运动。有研究表明，相对于剪力墙结构和筒体结构楼梯，楼梯和主体结构间的相互作用比框架结构中更剧烈。对于框架结构，楼梯对主体结构的模态、刚度和自振周期有所影响，梯段板受地震力较大，而对于框架—剪力墙和剪力墙结构，楼梯对主体结构的影响较小。

(5) 家具和设备。自由搁置的文件柜倾倒，导致伤人或破坏设备，甚至可能堵塞出入口；室内消防器材的破坏、疏散设施的失灵、存有危险物质的管线破裂等可能带来严重的次生灾害；悬挂构件强度不足，导致电气灯具坠落伤人；电梯配重脱轨，甚至与电梯轿厢碰撞导致电梯使用失效；隔振装置设计不合理，从而加大设备的振动或发生共振，降低了结构的抗震性能等震害，都可造成建筑使用功能丧失和重大损失。

(6) 幕墙。幕墙结构一般由支撑体系构件和面板两部分构成。幕墙在地震中的表现较好，这主要是因为幕墙构造使得幕墙和主体结构之间允许有少量的相对位移。而幕墙结构质量较轻，自身的变形能力使其在地震中有较好的耗能能力。

10.1.3 非结构构件抗震设防目标

非结构构件抗震设防目标与主体结构不完全相同，但应与主体结构的设防目标相协调。在多遇地震作用下，非结构构件不宜有破坏，或外观可能损坏但不影响使用功能，机电设备应能保持正常运行；在基本烈度地震作用下，非结构构件可以容许比结构构件有较重的破坏，但使用功能基本正常，机电设备应保持运行功能，即使遭到破坏也应能尽快恢复，不应发生次生灾害；在罕遇地震作用下，非结构构件可能有较重的破坏，但基本处于原位，应避免发生严重的次生灾害。总之，抗震设防目标容许非结构构件的损坏程度略大于主体结构，但不得危及生命安全。

非结构构件的抗震设防分类，各国的抗震规范、标准有不同的规定。参照国际上的规定，我国新规范采用不同的计算系数和抗震措施来表征，把非结构构件的抗震设防目标大致分为高、中、低3个层次：高要求时，外观可能损坏而不影响使用功能和防火能力，安全玻璃可能裂缝；中等要求时，使用功能基本正常或可很快恢复，耐火时间减少1/4，强化玻璃破碎，其他玻璃无下落；一般要求，多数构件基本处于原位，但系统可能损坏，需修理才能恢复功能，耐火时间明显降低，容许玻璃破碎下落。

随着社会的进步和经济的发展，人们对室内生活和工作环境的要求日渐增高，设备性能和质量也日益提高，建筑的非结构构件的造价占总造价的主要部分，抗震设防将不仅仅是保护人的生命安全，而要更多的考虑经济和社会生活，非结构构件的抗震设防目标将更为重要。

上述不同的设防要求，一般情况下应根据所属建筑的抗震设防类别，非结构构件地震破坏后果及其对整个建筑结构影响的范围，通过采用不同的抗震措施、不同的功能系数和类别系数等进行抗震计算来实现，也就是通过抗震措施和抗震计算两种途径来保证。一般需要进行抗震计算的非结构构件大致如下：

(1) 7～9 度时，基本上为脆性材料制作的幕墙及各类幕墙的连接。

(2) 8、9 度时，悬挂重物的支座及其连接，出屋面广告牌和类似构件的锚固。

(3) 高层建筑上重型商标、标志、信号等的支架。

(4) 8、9 度时，乙类建筑的文物陈列柜的支座及其连接。

(5) 7～9 度时，电梯提升设备的锚固件、高层建筑上的电梯构件及其锚固。

(6) 7～9 度时，建筑附属设备自重超过 1.8 kN 或其体系自振周期大于 0.1 s 的设备支架、基座及其锚固。

10.2 抗震计算要求

世界各国的抗震规范、规定中，有 60%规定了要对非结构的地震作用进行计算，而仅有 28%对非结构的构造作出规定。我国原抗震规范(GBJ 11—89)主要对出屋面女儿墙、长悬臂附属构件(雨棚等)的抗震计算做了规定。本次修订，将明确结构体系计算时如何计入非结构的影响，以及非结构构件地震作用的基本计算方法。

10.2.1 非结构构件对结构整体计算的影响

在结构体系抗震计算时，与非结构构件有关的规定是：

(1) 结构体系计算地震作用时，应计入支承于结构构件的建筑构件和建筑附属机电设备的重力。

(2) 对柔性连接的建筑构件，可不计入其刚度对结构体系的影响；对嵌入抗侧力构件平面内的刚性建筑构件，可采用周期调整系数等简化方法计入其刚度影响；当有专门的构造措施时，尚可按规定计入其抗震承载力。例如在用顶点位移法计算结构自振周期时，要考虑填充墙的刚度对结构周期的影响。

(3) 对需要采用楼面反应谱法计算的建筑附属机电设备，应采用合适的简化计算模型计入设备与结构体系的相互作用。此时，根据支承点的数量，分为单支座和多支座；根据支承条件分为刚接、铰接、可移动铰等。

(4) 支承非结构构件的部位，应计入非结构构件地震作用效应所产生的附加作用，包括集中剪力、集中弯矩、集中扭矩等。

10.2.2 非结构构件产生的地震作用

对于非结构自身设计时，有关的计算规定是：

(1) 非结构构件自身的地震力应施加于其重心，水平地震力应沿任一水平方向。

(2) 非结构构件自身重力产生的地震作用，一般只考虑水平方向，采用等效侧力法；当建筑附属设备(含支架)的体系自振周期大于 0.1 s，且其重力超过所在楼层重力的 1%，或建筑附属设备的重力超过所在楼层重力的 10%时，如巨大的高位水箱、出屋面的大型塔架等，则采用楼面反应谱法。

(3) 非结构构件的地震作用，除了自身质量产生的惯性力外，还有地震时支座间相对位移产生的附加作用，如相邻上下楼层的相对水平位移和防震缝两侧的相对位移产生的附加作用。因此，自身重力和位移附加作用二者需同时组合计算。

(4) 非结构构件因支承点相对水平位移产生的内力，可按该构件在位移方向的刚度乘以规定的支承点相对水平位移计算；非结构构件在位移方向的刚度，应根据其端部的实际连接状态，分别采用刚接、铰接、弹性连接或滑动连接等简化的力学模型；相邻楼层的相对水平位移，可按规定的限值采用；防震缝两侧的相对水平位移，宜根据使用要求确定。

10.2.3 等效侧力法

对只在一个楼层有支点的附属系统(称单支点系统)，可进一步简化其抗震设计。即通过对大量建筑不同楼层上不同周期的附属系统反应的计算结果进行统计，直接给出附属系统的地震力简化验算公式，如《建筑抗震设计规范》(GB 50011—2010)规范中的等效侧力法，其计算表达式为

$$F = \gamma\eta\zeta_1\zeta_2\alpha_{\max}G \tag{10-1}$$

式中：F ——沿最不利方向施加于非结构构件重心处的水平地震作用标准值；

γ——非结构构件功能系数，取决于建筑抗震设防类别和使用要求，由相关标准根据建筑设防类别和使用要求等确定，一般分为 1.4、1.0、0.6 三档，见表 10-1 和表 10-2 所示；

η——非结构构件类别系数，取决于构件材料性能等因素，由相关标准根据构件材料性能等因素确定，一般在 0.6～1.2 范围内取值，见表 10-1 和表 10-2 所示；

ζ_1——状态系数，对预制建筑构件、悬臂类构件、支承点低于质心的任何设备和柔性体系宜取 2.0，其余情况可取 1.0；

ζ_2——位置系数，建筑的顶点宜取 2.0，底部宜取 1.0，沿高度线性分布，对新规范要求采用时程分析法补充计算的结构，应按其计算结果调整；

$\alpha_{\max}$——地震影响系数最大值，可按多遇地震的规定采用；

G——非结构构件的重力，应包括运行时有关的人员、容器和管道中的介质及储物柜中物品的重力。

表 10－1 建筑非结构构件的类别系数和功能系数

构件、部件名称	类别系数	功能系数	
		乙类建筑	丙类建筑
非承重外墙： 围护墙 玻璃幕墙等	 0.9 0.9	 1.4 1.4	 1.0 1.4
连接： 墙体连接件 饰面连接件 防火顶棚连接件 非防火顶棚连接件	 1.0 1.0 0.9 0.6	 1.4 1.0 1.0 1.0	 1.0 0.6 1.0 0.6
附属构件： 标志或广告牌等	 1.2	 1.0	 1.0
高于 2.4 m 储物柜支架： 货架(柜)文件柜 文物柜	 0.6 1.0	 1.0 1.4	 0.6 1.0

表 10－2 建筑附属设备构件的类别系数和功能系数

构件、部件所属系统	类别系数	功能系数	
		乙 类	丙 类
应急电源的主控系统、发电机、冷冻机等	1.0	1.4	1.4
电梯的支承结构，导轨、支架，轿箱导向构件等	1.0	1.0	1.0
悬挂式或摇摆式灯具	0.9	1.0	0.6
其他灯具	0.6	1.0	0.6
柜式设备支座	0.6	1.0	0.6
水箱、冷却塔支座	1.2	1.0	1.0
锅炉、压力容器支座	1.0	1.0	1.0
公用天线支座	1.2	1.0	1.0

10.2.4 楼面反应谱法

“楼面谱”对应于结构设计所用“地面反应谱”，即反映支承非结构构件的结构自身动力特性、非结构构件所在楼层位置，以及结构和非结构阻尼特性对地面地震运动的放大作用。当采用楼面谱法时，非结构通常采用单质点模型，其水平地震作用标准值按下列公式计算：

$$F = \gamma\eta\beta_s G \tag{10-2}$$

式中：β_s——非结构构件的楼面反应谱值，取决于设防烈度、场地条件、非结构构件与结构体系之间的周期比、质量比和阻尼,以及非结构构件在结构的支承位置、数量和连接性质。

对支座间有相对位移的非结构构件则采用多支点体系,按专门方法计算。

计算楼面谱的基本方法是随机振动法和时程分析法,当非结构构件的材料与结构体系相同时,可直接利用一般的时程分析软件得到;当非结构构件的质量较大,或材料阻尼特性明显不同,或在不同楼层上有支点,需采用第二代楼面谱的方法进行验算。此时,可考虑非结构与主体结构的相互作用,包括吸振效应,计算结果更加可靠。采用时程分析法和随机振动法计算楼面谱需有专门的计算软件。

北京长富宫为地上 25 层的钢结构,前 6 个自振周期为 3.45 s,1.15 s,0.66 s,48 s,0.46 s,0.35 s。采用随机振动法计算的顶层楼面反应谱如图 10-1 所示。

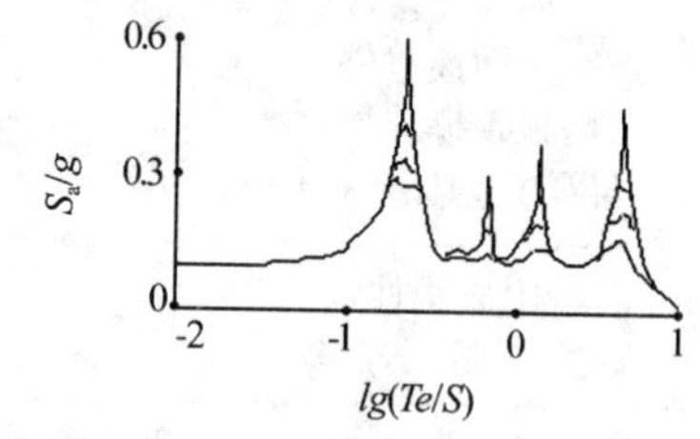

图 10-1 长富宫顶层楼面反应谱

10.2.5 非结构构件地震作用效应组合

非结构构件的地震作用效应(包括自身重力产生的效应和支座相对位移产生的效应)和其他荷载效应的基本组合,一般应按结构构件的规定计算;幕墙需计算地震作用效应与风荷载效应的组合;容器类尚应计及设备运转时的温度、工作压力等产生的作用效应。

非结构构件抗震验算时,摩擦力不得作为抵抗地震作用的抗力;承载力抗震调整系数,连接件可采用 1.0,其余可按相关标准的规定采用。

建筑装修的非结构构件,其变形能力相差较大。砌体材料组成的非结构构件,由于变形能力较差而限制在要求高的场所使用,国外的规范也只有构造要求而不要求进行抗震计算;金属幕墙和高级装修材料具有较大的变形能力,国外通常由生产厂家按结构体系设计的变形要求提供相应的材料,而不是由非结构的材料决定结构体系的变形要求;对玻璃幕墙,《建筑幕墙》标准中已规定其平面内变形分为 5 个等级,最大为 1/100,最小为 1/400。

10.3 建筑非结构构件的基本抗震措施

新规范对建筑非结构构件的布置和选型做了基本规定,并将 1989 年规范的各章中有关建筑非结构构件的构造要求汇总在一起,包括:

(1) 结构体系中,设置连接建筑构件的预埋件、锚固件的部位,应采取加强措施,以承受建筑构件传给结构体系的地震作用。

(2) 非承重墙体的材料、选型和布置,应根据设防烈度、房屋高度、建筑体形、结构层间变形、墙体抗侧力性能的利用等因素,经综合分析后确定。应优先采用轻质墙体材料,刚性非承重墙体的布置,应避免使结构形成刚度和强度分布上的突变。

(3) 墙体与结构体系应有可靠的拉结,应能适应不同方向的层间位移;8、9 度时应有满足层间变位的变形能力或转动能力。

(4) 楼梯间和公共建筑的人流通道,其墙体的饰面材料要有限制,避免地震时塌落堵塞通道。天然的或人造的石料和石板,仅当嵌砌于墙体或用钢锚件固定于墙体,才可作为外墙体的饰面。

(5) 砌体墙(包括砌体结构的后砌隔墙、框架结构中的砌体填充墙、单层钢筋混凝土柱厂房的砌体围护墙和隔墙、多层钢结构房屋的砌体隔墙等)应采取措施(如柔性连接等)减少对结构体系的不利影响,并按要求设置拉结筋、水平系梁、圈梁、构造柱等加强自身的稳定性及其与结构体系的可靠拉结。

(6) 玻璃幕墙、预制墙板等的抗震构造,应符合专门的规定。

10.4 建筑附属机电设备支架的基本抗震措施

附属于建筑的机电设备和设施与结构体系的连接构件和部件,在地震时造成破坏的原因主要是:① 电梯配重脱离导轨;② 支架间相对位移导致管道接头损坏;③ 后浇基础与主体结构连接不牢或固定螺栓强度不足造成设备移位或从支架上脱落;④ 悬挂构件强度不足导致电气灯具坠落;⑤ 不必要的隔振装置,加大了设备的振动或发生共振,反而降低了抗震性能等。

上述机电设备和设施的抗震措施,应根据设防烈度、建筑使用功能、房屋的高度、结构类型和变形特征、附属设备所处的位置和运转要求等,经综合分析后确定。基本要求是:

(1) 参照美国 UBC 规范的规定,下列附属机电设备的支架可无抗震设防要求:

① 重力不超过 1.5 kN 的设备。

② 内径小于 25 mm 的煤气管道和内径小于 60 mm 的电气配管。

③ 矩形截面面积小于 0.38 m^2 和圆形直径小于 0.70 m 的风管。

④ 吊杆计算长度不超过 300 mm 的吊杆悬挂管道。

(2) 建筑附属设备不应设置在可能导致使用功能发生障碍等二次灾害的部位;对于有隔振装置的设备,应注意强烈振动对连接件的影响,并防止设备和建筑结构发生共振现象。

建筑附属机电设备的支架应具有足够的刚度和强度,其与结构体系应有可靠的连接和锚固;对丙类建筑,应使设备在遭遇设防烈度地震影响后能迅速恢复运转。

(3) 地震时各种管道的破坏,主要是其支架之间或支架与设备相对移动造成接头损坏。合理设计各种支架、支座及其连接,包括采取增加接头变形能力的措施是有效的。管道和设备与结构体系的连接,应能允许二者间有一定的相对变位。管道、电缆、通风管和设备的大洞口布置不合理,将削弱主要承重结构构件的抗震能力,必须予以防止;对一般的洞口,其边缘应有补强措施。

(4) 建筑附属机电设备的基座或连接件应能将设备承受的地震作用全部传递到结构上。结构体系中,用以固定建筑附属机电设备预埋件、锚固件的部位,应采取加强措施,以承受附属机电设备传给结构体系的地震作用。

(5) 建筑内的高位水箱应与所在结构可靠连接，高烈度时尚应考虑其对结构体系产生的附加地震作用效应。

(6) 在设防烈度地震下需要连续工作的建筑附属设备，包括烟火检测和消防系统，其支架应能保证在设防烈度地震时正常工作，重量较大的宜设置在结构地震反应较小的部位；相关部位的结构构件应采取相应的加强措施。

复习思考题

1. 对非结构构件为什么也需要进行抗震设计？
2. 非结构构件有哪几类？震害和原因是什么？
3. 非结构构件抗震设防目标是什么？
4. 非结构构件对结构整体计算有哪些影响？
5. 非结构构件的地震作用有哪些计算方法？
6. 非结构构件的抗震构造要求有哪些？
7. 建筑附属机电设备支架有哪些基本抗震措施？

附录 A　我国主要城镇抗震设防烈度、设计基本地震加速度和设计地震分组

本附录仅提供我国各县级及县级以上城镇地区建筑工程抗震设计时所采用的抗震设防烈度(以下简称“烈度”)、设计基本地震加速度值(以下简称“加速度”)和所属的设计地震分组(以下简称“分组”)。

A.0.1　北京市

烈　度	加速度	分　组	县级及县级以上城镇
8 度	0.20 g	第二组	东城区、西城区、朝阳区、丰台区、石景山区、海淀区、门头沟区、房山区、通州区、顺义区、昌平区、大兴区、怀柔区、平谷区、密云区、延庆区

A.0.2　天津市

烈　度	加速度	分　组	县级及县级以上城镇
8 度	0.20 g	第二组	和平区、河东区、河西区、南开区、河北区、红桥区、东丽区、津南区、北辰区、武清区、宝坻区、滨海新区、宁河区
7 度	0.15 g	第二组	西青区、静海区、蓟县

A.0.3　河北省

	烈度	加速度	分组	县级及县级以上城镇
石家庄市	7 度	0.15 g	第一组	辛集市
	7 度	0.10 g	第一组	赵县
	7 度	0.10 g	第二组	长安区、桥西区、新华区、井陉矿区、裕华区、栾城区、藁城区、鹿泉区、井陉县、正定县、高邑县、深泽县、无极县、平山县、元氏县、晋州市
	7 度	0.10 g	第三组	灵寿县
	6 度	0.05 g	第三组	行唐县、赞皇县、新乐市
唐山市	8 度	0.30 g	第二组	路南区、丰南区
	8 度	0.20 g	第二组	路北区、古冶区、开平区、丰润区、滦县
	7 度	0.15 g	第三组	曹妃甸区(唐海)、乐亭县、玉田县
	7 度	0.15 g	第二组	滦南县、迁安市
	7 度	0.10 g	第三组	迁西县、遵化市
秦皇岛市	7 度	0.15 g	第二组	卢龙县
	7 度	0.10 g	第三组	青龙满族自治县、海港区
	7 度	0.10 g	第二组	抚宁区、北戴河区、昌黎县
	6 度	0.05 g	第三组	山海关区

续表 A.0.3

	烈度	加速度	分组	县级及县级以上城镇
邯郸市	8度	0.20 *g*	第二组	峰峰矿区、临漳县、磁县
	7度	0.15 *g*	第二组	邯山区、丛台区、复兴区、邯郸县、成安县、大名县、魏县、武安市
	7度	0.15 *g*	第一组	永年县
	7度	0.10 *g*	第三组	邱县、馆陶县
	7度	0.10 *g*	第二组	涉县、肥乡县、鸡泽县、广平县、曲周县
邢台市	7度	0.15 *g*	第一组	桥东区、桥西区、邢台县[1]、内丘县、柏乡县、隆尧县、任县、南和县、宁晋县、巨鹿县、新河县、沙河市
	7度	0.10 *g*	第二组	临城县、广宗县、平乡县、南宫市
	6度	0.05 *g*	第三组	威县、清河县、临西县
保定市	7度	0.15 *g*	第二组	涞水县、定兴县、涿州市、高碑店市
	7度	0.10 *g*	第二组	竞秀区、莲池区、徐水区、高阳县、容城县、安新县、易县、蠡县、博野县、雄县
	7度	0.10 *g*	第三组	清苑区、涞源县、安国市
	6度	0.05 *g*	第三组	满城区、阜平县、唐县、望都县、曲阳县、顺平县、定州市
张家口市	8度	0.20 *g*	第二组	下花园区、怀来县、涿鹿县
	7度	0.15 *g*	第二组	桥东区、桥西区、宣化区、宣化县[2]、蔚县、阳原县、怀安县、万全县
	7度	0.10 *g*	第三组	赤城县
	7度	0.10 *g*	第二组	张北县、尚义县、崇礼县
	6度	0.05 *g*	第三组	沽源县
	6度	0.05 *g*	第二组	康保县
承德市	7度	0.10 *g*	第三组	鹰手营子矿区、兴隆县
	6度	0.05 *g*	第三组	双桥区、双滦区、承德县、平泉县、滦平县、隆化县、丰宁满族自治县、宽城满族自治县
	6度	0.05 *g*	第一组	围场满族、蒙古族自治县
沧州市	7度	0.15 *g*	第二组	青县
	7度	0.15 *g*	第一组	青县、肃宁县、献县、任丘市、河间市
	7度	0.10 *g*	第三组	黄骅市
	7度	0.10 *g*	第二组	新华区、运河区、沧县[3]、东光县、南皮县、吴桥县、泊头市
	6度	0.05 *g*	第三组	海兴县、盐山县、孟村回族自治县
廊坊市	8度	0.20 *g*	第二组	安次区、广阳区、香河县、大厂回族自治县、三河市
	7度	0.15 *g*	第二组	固安县、永清县、文安县
	7度	0.15 *g*	第一组	大城县

续表 A.0.3

	烈度	加速度	分组	县级及县级以上城镇
廊坊市	7度	0.10 *g*	第二组	霸州市
衡水市	7度	0.15 *g*	第一组	饶阳县、深州市
	7度	0.10 *g*	第二组	桃城区、武强县、冀州市
	7度	0.10 *g*	第一组	安平县
	6度	0.05 *g*	第三组	枣强县、武邑县、故城县、阜城县
	6度	0.05 *g*	第二组	景县

注：1—邢台县政府驻邢台市桥东区；

2—宣化县政府驻张家口市宣化区；

3—沧县政府驻沧州市新华区。

A.0.4　山西省

	烈度	加速度	分组	县级及县级以上城镇
太原市	8度	0.20 *g*	第二组	小店区、迎泽区、杏花岭区、尖草坪区、万柏林区、晋源区、清徐县、阳曲县
	7度	0.15 *g*	第二组	古交市
	7度	0.10 *g*	第三组	娄烦县
大同市	8度	0.20 *g*	第二组	城区、矿区、南郊区、大同县
	7度	0.15 *g*	第三组	浑源县
	7度	0.15 *g*	第二组	新荣区、阳高县、天镇县、广灵县、灵丘县、左云县
阳泉市	7度	0.10 *g*	第三组	盂县
	7度	0.10 *g*	第二组	城区、矿区、郊区、平定县
长治市	7度	0.10 *g*	第三组	平顺县、武乡县、沁县、沁源县
	7度	0.10 *g*	第二组	城区、郊区、长治县、黎城县、壶关县、潞城市
	6度	0.05 *g*	第三组	襄垣县、屯留县、长子县
晋城市	7度	0.10 *g*	第三组	沁水县、陵川县
	6度	0.05 *g*	第三组	城区、阳城县、泽州县、高平市
朔州市	8度	0.20 *g*	第二组	山阴县、应县、怀仁县
	7度	0.15 *g*	第二组	朔城区、平鲁区、右玉县
晋中市	8度	0.20 *g*	第二组	榆次区、太谷县、祁县、平遥县、灵石县、介休市
	7度	0.10 *g*	第三组	榆社县、和顺县、寿阳县
	7度	0.10 *g*	第二组	昔阳县
	6度	0.05 *g*	第三组	左权县

续表 A.0.4

	烈度	加速度	分组	县级及县级以上城镇
运城市	8度	0.20 *g*	第三组	永济市
	7度	0.15 *g*	第三组	临猗县、万荣县、闻喜县、稷山县、绛县
	7度	0.15 *g*	第二组	盐湖区、新绛县、夏县、平陆县、芮城县、河津市
	7度	0.10 *g*	第二组	垣曲县
忻州市	8度	0.20 *g*	第二组	忻府区、定襄县、五台县、代县、原平市
	7度	0.15 *g*	第三组	宁武县
	7度	0.15 *g*	第二组	繁峙县
	7度	0.10 *g*	第三组	静乐县、神池县、五寨县
	6度	0.05 *g*	第三组	岢岚县、河曲县、保德县、偏关县
临汾市	8度	0.30 *g*	第二组	洪洞县
	8度	0.20 *g*	第二组	尧都区、襄汾县、古县、浮山县、汾西县、霍州市
	7度	0.15 *g*	第二组	曲沃县、翼城县、蒲县、侯马市
	7度	0.10 *g*	第三组	安泽县、吉县、乡宁县、隰县
	6度	0.05 *g*	第三组	大宁县、永和县
吕梁市	8度	0.20 *g*	第二组	文水县、交城县、孝义市、汾阳市
	7度	0.10 *g*	第三组	离石区、岚县、中阳县、交口县
	6度	0.05 *g*	第三组	兴县、临县、柳林县、石楼县、方山县

A.0.5　内蒙古自治区

	烈度	加速度	分组	县级及县级以上城镇
呼和浩特市	8度	0.20 *g*	第二组	新城区、回民区、玉泉区、赛罕区、土默特左旗
	7度	0.15 *g*	第二组	托克托县、和林格尔县、武川县
	7度	0.10 *g*	第二组	清水河县
包头市	8度	0.30 *g*	第二组	土默特右旗
	8度	0.20 *g*	第二组	东河区、石拐区、九原区、昆都仑区、青山区
	7度	0.15 *g*	第二组	固阳县
	6度	0.05 *g*	第三组	白云鄂博矿区、达尔罕茂明安联合旗
乌海市	8度	0.20 *g*	第二组	海勃湾区、海南区、乌达区
赤峰市	8度	0.20 *g*	第一组	元宝山区、宁城县
	7度	0.15 *g*	第一组	红山区、喀喇沁旗
	7度	0.10 *g*	第一组	松山区、阿鲁科尔沁旗、敖汉旗
	6度	0.05 *g*	第一组	巴林左旗、巴林右旗、林西县、克什克腾旗、翁牛特旗

续表 A. 0. 5

	烈度	加速度	分组	县级及县级以上城镇
通辽市	7 度	0.10 *g*	第一组	科尔沁区、开鲁县
	6 度	0.05 *g*	第一组	科尔沁左翼中旗、科尔沁左翼后旗、库伦旗、奈曼旗、扎鲁特旗、霍林郭勒市
鄂尔多斯市	8 度	0.20 *g*	第二组	达拉特旗
	7 度	0.10 *g*	第三组	东胜区、准格尔旗
	6 度	0.05 *g*	第三组	鄂托克前旗、鄂托克旗、杭锦旗、伊金霍洛旗
	6 度	0.05 *g*	第一组	乌审旗
呼伦贝尔市	7 度	0.10 *g*	第一组	扎赉诺尔区、陈巴尔虎右旗、扎兰屯市
	6 度	0.05 *g*	第一组	海拉尔区、阿荣旗、莫力达瓦达斡尔族自治旗、鄂伦春自治旗、鄂温克族自治旗、陈巴尔虎旗、新巴尔虎左旗、满洲里市、牙克石市、额尔古纳市、根河市
巴彦淖尔市	8 度	0.20 *g*	第二组	杭锦后旗
	8 度	0.20 *g*	第一组	磴口县、乌拉特前旗、乌拉特后旗
	7 度	0.15 *g*	第二组	临河区、五原县
	7 度	0.10 *g*	第二组	乌拉特中旗
乌兰察布市	7 度	0.15 *g*	第二组	凉城县、察哈尔右翼前旗、丰镇市
	7 度	0.10 *g*	第三组	察哈尔右翼中旗
	7 度	0.10 *g*	第二组	集宁区、卓资县、兴和县
	6 度	0.05 *g*	第三组	四子王旗
	6 度	0.05 *g*	第二组	化德县、商都县、察哈尔右翼后旗
兴安盟	6 度	0.05 *g*	第一组	乌兰浩特市、阿尔山市、科尔沁右翼前旗、科尔沁右翼中旗、扎赉特旗、突泉县
锡林郭勒盟	6 度	0.05 *g*	第三组	太仆寺旗
	6 度	0.05 *g*	第二组	正蓝旗
	6 度	0.05 *g*	第一组	二连浩特市、锡林浩特市、阿巴嘎旗、苏尼特左旗、苏尼特右旗、东乌珠穆沁旗、西乌珠穆沁旗、镶黄旗、正镶白旗、多伦县
阿拉善盟	8 度	0.20 *g*	第二组	阿拉善左旗、阿拉善右旗
	6 度	0.05 *g*	第一组	额济纳旗

A.0.6 辽宁省

	烈度	加速度	分组	县级及县级以上城镇
沈阳市	7度	0.10 g	第一组	和平区、沈河区、大东区、皇姑区、铁西区、苏家屯区、浑南区(原东陵区)、沈北新区、于洪区、辽中县
	6度	0.05 g	第一组	康平县、法库县、新民市
大连市	8度	0.20 g	第一组	瓦房店市、普兰店市
	7度	0.15 g	第一组	金州区
	7度	0.10 g	第二组	中山区、西岗区、沙河口区、甘井子区、旅顺口区
	6度	0.05 g	第二组	长海县
	6度	0.05 g	第一组	庄河市
鞍山市	8度	0.20 g	第二组	海城市
	7度	0.10 g	第二组	铁东区、铁西区、立山区、千山区、岫岩满族自治县
	7度	0.10 g	第一组	台安县
抚顺市	7度	0.10 g	第一组	新抚区、东洲区、望花区、顺城区、抚顺县[1]
	6度	0.05 g	第一组	新宾满族自治县、清原满族自治县
本溪市	7度	0.10 g	第二组	南芬区
	7度	0.10 g	第一组	平山区、溪湖区、明山区
	6度	0.05 g	第一组	本溪满族自治县、桓仁满族自治县
丹东市	8度	0.20 g	第一组	东港市
	7度	0.15 g	第一组	元宝区、振兴区、振安区
	6度	0.05 g	第二组	凤城市
	6度	0.05 g	第一组	宽甸满族自治县
锦州市	6度	0.05 g	第二组	古塔区、凌河区、太和区、凌海市
	6度	0.05 g	第一组	黑山县、义县、北镇市
营口市	8度	0.20 g	第二组	老边区、盖州市、大石桥市
	7度	0.15 g	第二组	站前区、西市区、鲅鱼圈区
阜新市	6度	0.05 g	第一组	海州区、新邱区、太平区、清河门区、细河区、阜新蒙古族自治县、彰武县
辽阳市	7度	0.10 g	第二组	弓长岭区、宏伟区、辽阳县
	7度	0.10 g	第一组	白塔区、文圣区、太子河区、灯塔市
盘锦市	7度	0.10 g	第二组	双台子区、兴隆台区、大洼县、盘山县
铁岭市	7度	0.10 g	第一组	银州区、清河区、铁岭县[2]、昌图县、开原市
	6度	0.05 g	第一组	西丰县、调兵山市

续表 A. 0. 6

	烈度	加速度	分组	县级及县级以上城镇
朝阳市	7 度	0.10 *g*	第二组	凌源市
	7 度	0.10 *g*	第一组	双塔区、龙城区、朝阳县[3]、建平县、北票市
	6 度	0.05 *g*	第二组	喀喇沁左翼蒙古族自治县
葫芦岛市	6 度	0.05 *g*	第二组	连山区、龙港区、南票区
	6 度	0.05 *g*	第三组	绥中县、建昌县、兴城市

注：1—抚顺县政府驻抚顺市顺城区新城路中段；

2—铁岭县政府驻铁岭市银州区工人街道；

3—朝阳县政府驻朝阳市双塔区前进街道。

A. 0. 7　吉林省

	烈度	加速度	分组	县级及县级以上城镇
长春市	7 度	0.10 *g*	第一组	南关区、宽城区、朝阳区、二道区、绿园区、双阳区、九台区
	6 度	0.05 *g*	第一组	农安县、榆树市、德惠市
吉林市	8 度	0.20 *g*	第一组	舒兰市
	7 度	0.10 *g*	第一组	昌邑区、龙潭区、船营区、丰满区、永吉县
	6 度	0.05 *g*	第一组	蛟河市、桦甸市、磐石市
四平市	7 度	0.10 *g*	第一组	伊通满族自治县
	6 度	0.05 *g*	第一组	铁西区、铁东区、梨树县、公主岭市、双辽市
辽源市	6 度	0.05 *g*	第一组	龙山区、西安区、东丰县、东辽县
通化市	6 度	0.05 *g*	第一组	东昌区、二道江区、通化县、辉南县、柳河县、梅河口市、集安市
白山市	6 度	0.05 *g*	第一组	浑江区、江源区、抚松县、靖宇县、长白朝鲜族自治县、临江市
松原市	8 度	0.20 *g*	第一组	宁江区、前郭尔罗斯蒙古族自治县
	7 度	0.10 *g*	第一组	乾安县
	6 度	0.05 *g*	第一组	长岭县、扶余市
白城市	7 度	0.15 *g*	第一组	大安市
	7 度	0.10 *g*	第一组	洮北区
	6 度	0.05 *g*	第一组	镇赉县、通榆县、洮南市
延边朝鲜族自治州	7 度	0.15 *g*	第一组	安图县
	6 度	0.05 *g*	第一组	延吉市、图们市、敦化市、珲春市、龙井市、和龙市、汪清县

A.0.8 黑龙江省

	烈度	加速度	分组	县级及县级以上城镇
哈尔滨市	8度	0.20 g	第一组	方正县
	7度	0.15 g	第一组	依兰县、通河县、延寿县
	7度	0.10 g	第一组	道里区、南岗区、道外区、松北区、香坊区、呼兰区、尚志市、五常市
	6度	0.05 g	第一组	平房区、阿城区、宾县、巴彦县、木兰县、双城区
齐齐哈尔市	7度	0.10 g	第一组	昂昂溪区、富拉尔基区、泰来县
	6度	0.05 g	第一组	龙沙区、建华区、铁峰区、碾子山区、梅里斯达斡尔族区、龙江县、依安县、甘南县、富裕县、克山县、克东县、拜泉县、讷河市
鸡西市	6度	0.05 g	第一组	鸡冠区、恒山区、滴道区、梨树区、城子河区、麻山区、鸡东县、虎林市、密山市
鹤岗市	7度	0.10 g	第一组	向阳区、工农区、南山区、兴安区、东山区、兴山区、萝北县
	6度	0.05 g	第一组	绥滨县
双鸭山市	6度	0.05 g	第一组	尖山区、岭东区、四方台区、宝山区、集贤县、友谊县、宝清县、饶河县
大庆市	7度	0.10 g	第一组	肇源县
	6度	0.05 g	第一组	萨尔图区、龙凤区、让胡路区、红岗区、大同区、肇州县、林甸县、杜尔伯特蒙古族自治县
伊春市	6度	0.05 g	第一组	伊春区、南岔区、友好区、西林区、翠峦区、新青区、美溪区、金山屯区、五营区、乌马河区、汤旺河区、带岭区、乌伊岭区、红星区、上甘岭区、嘉荫县、铁力市
佳木斯市	7度	0.10 g	第一组	向阳区、前进区、东风区、郊区、汤原县
	6度	0.05 g	第一组	桦南县、桦川县、抚远县、同江市、富锦市
七台河市	6度	0.05 g	第一组	新兴区、桃山区、茄子河区、勃利县
牡丹江市	6度	0.05 g	第一组	东安区、阳明区、爱民区、西安区、东宁县、林口县、绥芬河市、海林市、宁安市、穆棱市
黑河市	6度	0.05 g	第一组	爱辉区、嫩江县、逊克县、孙吴县、北安市、五大连池市
绥化市	7度	0.10 g	第一组	北林区、庆安县
	6度	0.05 g	第一组	望奎县、兰西县、青冈县、明水县、绥棱县、安达市、肇东市、海伦市
大兴安岭地区	6度	0.05 g	第一组	加格达奇区、呼玛县、塔河县、漠河县

A.0.9　上海市

烈度	加速度	分组	县级及县级以上城镇
7度	0.10 g	第二组	黄浦区、徐汇区、长宁区、静安区、普陀区、闸北区、虹口区、杨浦区、闵行区、宝山区、嘉定区、浦东新区、金山区、松江区、青浦区、奉贤区、崇明县

A.0.10　江苏省

	烈度	加速度	分组	县级及县级以上城镇
南京市	7度	0.10 g	第二组	六合区
	7度	0.10 g	第一组	玄武区、秦淮区、建邺区、鼓楼区、浦口区、栖霞区、雨花台区、江宁区、溧水区
	6度	0.05 g	第一组	高淳区
无锡市	7度	0.10 g	第一组	崇安区、南长区、北塘区、锡山区、滨湖区、惠山区、宜兴市
	6度	0.05 g	第二组	江阴市
徐州市	8度	0.20 g	第二组	睢宁县、新沂市、邳州市
	7度	0.10 g	第三组	鼓楼区、云龙区、贾汪区、泉山区、铜山区
	7度	0.10 g	第二组	沛县
	6度	0.05 g	第二组	丰县
常州市	7度	0.10 g	第一组	天宁区、钟楼区、新北区、武进区、金坛区、溧阳市
苏州市	7度	0.10 g	第一组	虎丘区、吴中区、相城区、姑苏区、吴江区、常熟市、昆山市、太仓市
	6度	0.05 g	第二组	张家港市
南通市	7度	0.10 g	第二组	崇川区、港闸区、海安县、如东县、如皋市
	6度	0.05 g	第二组	通州区、启东市、海门市
连云港市	7度	0.15 g	第三组	东海县
	7度	0.10 g	第三组	连云区、海州区、赣榆区、灌云县
	6度	0.05 g	第三组	灌南县
淮安市	7度	0.10 g	第三组	清河区、淮阴区、清浦区
	7度	0.10 g	第二组	盱眙县
	6度	0.05 g	第三组	淮安区、涟水县、洪泽县、金湖县
盐城市	7度	0.15 g	第三组	大丰区
	7度	0.10 g	第三组	盐都区
	7度	0.10 g	第二组	亭湖区、射阳县、东台市
	6度	0.05 g	第三组	响水县、滨海县、阜宁县、建湖县

续表 A.0.10

	烈度	加速度	分组	县级及县级以上城镇
扬州市	7度	0.15 *g*	第二组	广陵区、江都区
	7度	0.15 *g*	第一组	邗江区、仪征市
	7度	0.10 *g*	第二组	高邮市
	6度	0.05 *g*	第三组	宝应县
镇江市	7度	0.15 *g*	第一组	京口区、润州区
	7度	0.10 *g*	第一组	丹徒区、丹阳市、扬中市、句容市
泰州市	7度	0.10 *g*	第二组	海陵区、高港区、姜堰区、兴化市
	6度	0.05 *g*	第二组	靖江市
	6度	0.05 *g*	第一组	泰兴市
宿迁市	8度	0.30 *g*	第二组	宿城区、宿豫区
	8度	0.20 *g*	第二组	泗洪县
	7度	0.15 *g*	第三组	沭阳县
	7度	0.10 *g*	第三组	泗阳县

A.0.11 浙江省

	烈度	加速度	分组	县级及县级以上城镇
杭州市	7度	0.10 *g*	第一组	上城区、下城区、江干区、拱墅区、西湖区、余杭区
	6度	0.05 *g*	第一组	滨江区、萧山区、富阳区、桐庐县、淳安县、建德市、临安市
宁波市	7度	0.10 *g*	第一组	海曙区、江东区、江北区、北仑区、镇海区、鄞州区
	6度	0.05 *g*	第一组	象山县、宁海县、余姚市、慈溪市、奉化市
温州市	6度	0.05 *g*	第二组	洞头区、平阳县、苍南县、瑞安市
	6度	0.05 *g*	第一组	鹿城区、龙湾区、瓯海区、永嘉县、文成县、泰顺县、乐清市
嘉兴市	7度	0.10 *g*	第一组	南湖区、秀洲区、嘉善县、海宁市、平湖市、桐乡市
	6度	0.05 *g*	第一组	海盐县
湖州市	6度	0.05 *g*	第一组	吴兴区、南浔区、德清县、长兴县、安吉县
绍兴市	6度	0.05 *g*	第一组	越城区、柯桥区、上虞区、新昌县、诸暨市、嵊州市
金华市	6度	0.05 *g*	第一组	婺城区、金东区、武义县、浦江县、磐安县、兰溪市、义乌市、东阳市、永康市
衢州市	6度	0.05 *g*	第一组	柯城区、衢江区、常山县、开化县、龙游县、江山市
舟山市	7度	0.10 *g*	第一组	定海区、普陀区、岱山县
	6度	0.05 *g*	第一组	嵊泗县

续表 A.0.11

	烈度	加速度	分组	县级及县级以上城镇
台州市	6 度	0.05 g	第二组	玉环县
	6 度	0.05 g	第一组	椒江区、黄岩区、路桥区、三门县、天台县、仙居县、温岭市、临海市
丽水市	6 度	0.05 g	第二组	庆元县
	6 度	0.05 g	第一组	莲都区、青田县、缙云县、遂昌县、松阳县、云和县、景宁畲族自治县、龙泉市

A.0.12 安徽省

	烈度	加速度	分组	县级及县级以上城镇
合肥市	7 度	0.10 g	第一组	瑶海区、庐阳区、蜀山区、包河区、长丰县、肥东县、肥西县、庐江县、巢湖市
芜湖市	6 度	0.05 g	第一组	镜湖区、弋江区、鸠江区、三山区、芜湖县、繁昌县、南陵县、无为县
蚌埠市	7 度	0.15 g	第二组	五河县
	7 度	0.10 g	第二组	固镇县
	7 度	0.10 g	第一组	龙子湖区、蚌山区、禹会区、淮上区、怀远县
淮南市	7 度	0.10 g	第一组	大通区、田家庵区、谢家集区、八公山区、潘集区、凤台县
马鞍山市	6 度	0.05 g	第一组	花山区、雨山区、博望区、当涂县、含山县、和县
淮北市	6 度	0.05 g	第三组	杜集区、相山区、烈山区、濉溪县
铜陵市	7 度	0.10 g	第一组	铜官山区、狮子山区、郊区、铜陵县
安庆市	7 度	0.10 g	第一组	迎江区、大观区、宜秀区、枞阳县、桐城市
	6 度	0.05 g	第一组	怀宁县、潜山县、太湖县、宿松县、望江县、岳西县
黄山市	6 度	0.05 g	第一组	屯溪区、黄山区、徽州区、歙县、休宁县、黟县、祁门县
滁州市	7 度	0.10 g	第二组	天长市、明光市
	7 度	0.10 g	第一组	定远县、凤阳县
	6 度	0.05 g	第二组	琅琊区、南谯区、来安县、全椒县
阜阳市	7 度	0.10 g	第一组	颍州区、颍东区、颍泉区
	6 度	0.05 g	第一组	临泉县、太和县、阜南县、颍上县、界首市
宿州市	7 度	0.15 g	第二组	泗县
	7 度	0.10 g	第三组	萧县
	7 度	0.10 g	第二组	灵璧县
	6 度	0.05 g	第三组	埇桥区
	6 度	0.05 g	第二组	砀山县

续表 A.0.12

	烈度	加速度	分组	县级及县级以上城镇
六安市	7度	0.15 g	第一组	霍山县
	7度	0.10 g	第一组	金安区、裕安区、寿县、舒城县
	6度	0.05 g	第一组	霍邱县、金寨县
亳州市	7度	0.10 g	第二组	谯城区、涡阳县
	6度	0.05 g	第二组	蒙城县
	6度	0.05 g	第一组	利辛县
池州市	7度	0.10 g	第一组	贵池区
	6度	0.05 g	第一组	东至县、石台县、青阳县
宣城市	7度	0.10 g	第一组	郎溪县
	6度	0.05 g	第一组	宣州区、广德县、泾县、绩溪县、旌德县、宁国市

A.0.13 福建省

	烈度	加速度	分组	县级及县级以上城镇
福州市	7度	0.10 g	第三组	鼓楼区、台江区、仓山区、马尾区、晋安区、平潭县、福清市、长乐市
	6度	0.05 g	第三组	连江县、永泰县
	6度	0.05 g	第二组	闽侯县、罗源县、闽清县
厦门市	7度	0.15 g	第三组	思明区、湖里区、集美区、翔安区
	7度	0.15 g	第二组	海沧区
	7度	0.10 g	第三组	同安区
莆田市	7度	0.10 g	第三组	城厢区、涵江区、荔城区、秀屿区、仙游县
三明市	6度	0.05 g	第一组	梅列区、三元区、明溪县、清流县、宁化县、大田县、尤溪县、沙县、将乐县、泰宁县、建宁县、永安市
泉州市	7度	0.15 g	第三组	鲤城区、丰泽区、洛江区、石狮市、晋江市
	7度	0.10 g	第三组	泉港区、惠安县、安溪县、永春县、南安市
	6度	0.05 g	第三组	德化县
漳州市	7度	0.15 g	第三组	漳浦县
	7度	0.15 g	第二组	芗城区、龙文区、诏安县、长泰县、东山县、南靖县、龙海市
	7度	0.10 g	第三组	云霄县
	7度	0.10 g	第二组	平和县、华安县
南平市	6度	0.05 g	第二组	政和县
	6度	0.05 g	第一组	延平区、建阳区、顺昌县、浦城县、光泽县、松溪县、邵武市、武夷山市、建瓯市

续表 A. 0. 13

	烈度	加速度	分组	县级及县级以上城镇
龙岩市	6 度	0.05 *g*	第二组	新罗区、永定区、漳平市
	6 度	0.05 *g*	第一组	长汀县、上杭县、武平县、连城县
宁德市	6 度	0.05 *g*	第二组	蕉城区、霞浦县、周宁县、柘荣县、福安市、福鼎市
	6 度	0.05 *g*	第一组	古田县、屏南县、寿宁县

A. 0. 14 江西省

	烈度	加速度	分组	县级及县级以上城镇
南昌市	6 度	0.05 *g*	第一组	东湖区、西湖区、青云谱区、湾里区、青山湖区、新建区、南昌县、安义县、进贤县
景德镇市	6 度	0.05 *g*	第一组	昌江区、珠山区、浮梁县、乐平市
萍乡市	6 度	0.05 *g*	第一组	安源区、湘东区、莲花县、上栗县、芦溪县
九江市	6 度	0.05 *g*	第一组	庐山区、浔阳区、九江县、武宁县、修水县、永修县、德安县、星子县、都昌县、湖口县、彭泽县、瑞昌市、共青城市
新余市	6 度	0.05 *g*	第一组	渝水区、分宜县
鹰潭市	6 度	0.05 *g*	第一组	月湖区、余江县、贵溪市
赣州市	7 度	0.10 *g*	第一组	安远县、会昌县、寻乌县、瑞金市
	6 度	0.05 *g*	第一组	章贡区、南康区、赣县、信丰县、大余县、上犹县、崇义县、龙南县、定南县、全南县、宁都县、于都县、兴国县、石城县
吉安市	6 度	0.05 *g*	第一组	吉州区、青原区、吉安县、吉水县、峡江县、新干县、永丰县、泰和县、遂川县、万安县、安福县、永新县、井冈山市
宜春市	6 度	0.05 *g*	第一组	袁州区、奉新县、万载县、上高县、宜丰县、靖安县、铜鼓县、丰城市、樟树市、高安市
抚州市	6 度	0.05 *g*	第一组	临川区、南城县、黎川县、南丰县、崇仁县、乐安县、宜黄县、金溪县、资溪县、东乡县、广昌县
上饶市	6 度	0.05 *g*	第一组	信州区、广丰区、上饶县、玉山县、铅山县、横峰县、弋阳县、余干县、鄱阳县、万年县、婺源县、德兴市

A. 0. 15 山东省

	烈度	加速度	分组	县级及县级以上城镇
济南市	7 度	0.10 *g*	第三组	长清区
	7 度	0.10 *g*	第二组	平阴县
	6 度	0.05 *g*	第三组	历下区、市中区、槐荫区、天桥区、历城区、济阳县、商河县、章丘市
青岛市	7 度	0.10 *g*	第三组	黄岛区、平度市、胶州市、即墨市
	7 度	0.10 *g*	第二组	市南区、市北区、崂山区、李沧区、城阳区

续表 A.0.15

	烈度	加速度	分组	县级及县级以上城镇
	6度	0.05 *g*	第三组	莱西市
淄博市	7度	0.15 *g*	第二组	临淄区
	7度	0.10 *g*	第三组	张店区、周村区、桓台县、高青县、沂源县
	7度	0.10 *g*	第二组	淄川区、博山区
枣庄市	7度	0.15 *g*	第三组	山亭区
	7度	0.15 *g*	第二组	台儿庄区
	7度	0.10 *g*	第三组	市中区、薛城区、峄城区
	7度	0.10 *g*	第二组	滕州市
东营市	7度	0.10 *g*	第三组	东营区、河口区、垦利县、广饶县
	6度	0.05 *g*	第三组	利津县
烟台市	7度	0.15 *g*	第三组	龙口市
	7度	0.15 *g*	第二组	长岛县、蓬莱市
	7度	0.10 *g*	第三组	莱州市、招远市、栖霞市
	7度	0.10 *g*	第二组	芝罘区、福山区、莱山区
	7度	0.10 *g*	第一组	牟平区
	6度	0.05 *g*	第三组	莱阳市、海阳市
潍坊市	8度	0.20 *g*	第二组	潍城区、坊子区、奎文区、安丘市
	7度	0.15 *g*	第三组	诸城市
	7度	0.15 *g*	第二组	寒亭区、临朐县、昌乐县、青州市、寿光市、昌邑市
	7度	0.10 *g*	第三组	高密市
济宁市	7度	0.10 *g*	第三组	微山县、梁山县
	7度	0.10 *g*	第二组	兖州区、汶上县、泗水县、曲阜市、邹城市
	6度	0.05 *g*	第三组	任城区、金乡县、嘉祥县
	6度	0.05 *g*	第二组	鱼台县
泰安市	7度	0.10 *g*	第三组	新泰市、肥城市
	7度	0.10 *g*	第二组	泰山区、岱岳区、宁阳县
	6度	0.05 *g*	第三组	东平县
威海市	7度	0.10 *g*	第一组	环翠区、文登区、荣成市
	6度	0.05 *g*	第二组	乳山市
日照市	8度	0.20 *g*	第二组	莒县
	7度	0.15 *g*	第三组	五莲县
	7度	0.10 *g*	第三组	东港区、岚山区

续表 A.0.15

	烈度	加速度	分组	县级及县级以上城镇
莱芜市	7 度	0.10 g	第三组	钢城区
	7 度	0.10 g	第二组	莱城区
临沂市	8 度	0.20 g	第二组	兰山区、罗庄区、河东区、郯城县、沂水县、莒南县、临沭县
	7 度	0.15 g	第二组	沂南县、兰陵县、费县
	7 度	0.10 g	第三组	平邑县、蒙阴县
德州市	7 度	0.15 g	第二组	平原县、禹城市
	7 度	0.10 g	第三组	临邑县、齐河县
	7 度	0.10 g	第二组	德城区、陵城区、夏津县
	6 度	0.05 g	第三组	宁津县、庆云县、武城县、乐陵市
聊城市	8 度	0.20 g	第二组	阳谷县、莘县
	7 度	0.15 g	第二组	东昌府区、茌平县、高唐县
	7 度	0.10 g	第三组	冠县、临清市
	7 度	0.10 g	第二组	东阿县
滨州市	7 度	0.10 g	第三组	滨城区、博兴县、邹平县
	6 度	0.05 g	第三组	沾化区、惠民县、阳信县、无棣县
菏泽市	8 度	0.20 g	第二组	鄄城县、东明县
	7 度	0.15 g	第二组	牡丹区、郓城县、定陶县
	7 度	0.10 g	第三组	巨野县
	7 度	0.10 g	第二组	曹县、单县、成武县

A.0.16　河南省

	烈度	加速度	分组	县级及县级以上城镇
郑州市	7 度	0.15 g	第二组	中原区、二七区、管城回族区、金水区、惠济区
	7 度	0.10 g	第二组	上街区、中牟县、巩义市、荥阳市、新密市、新郑市、登封市
开封市	7 度	0.15 g	第二组	兰考县
	7 度	0.10 g	第二组	龙亭区、顺河回族区、鼓楼区、禹王台区、祥符区、通许县、尉氏县
	6 度	0.05 g	第二组	杞县
洛阳市	7 度	0.10 g	第二组	老城区、西工区、瀍河回族区、涧西区、吉利区、洛龙区、孟津县、新安县、宜阳县、偃师市
	6 度	0.05 g	第三组	洛宁县
	6 度	0.05 g	第二组	嵩县、伊川县

续表 A. 0. 16

	烈度	加速度	分组	县级及县级以上城镇
洛阳市	6度	0.05 *g*	第一组	栾川县、汝阳县
平顶山市	6度	0.05 *g*	第一组	新华区、卫东区、石龙区、湛河区[1]、宝丰县、叶县、鲁山县、舞钢市
	6度	0.05 *g*	第二组	郏县、汝州市
安阳市	8度	0.20 *g*	第二组	文峰区、殷都区、龙安区、北关区、安阳县[2]、汤阴县
	7度	0.15 *g*	第二组	滑县、内黄县
	7度	0.10 *g*	第二组	林州市
鹤壁市	8度	0.20 *g*	第二组	山城区、淇滨区、淇县
	7度	0.15 *g*	第二组	鹤山区、浚县
新乡市	8度	0.20 *g*	第二组	红旗区、卫滨区、凤泉区、牧野区、新乡县、获嘉县、原阳县、延津县、卫辉市、辉县市
	7度	0.15 *g*	第二组	封丘县、长垣县
焦作市	7度	0.15 *g*	第二组	修武县、武陟县
	7度	0.10 *g*	第二组	解放区、中站区、马村区、山阳区、博爱县、温县、沁阳市、孟州市
濮阳市	8度	0.20 *g*	第二组	范县
	7度	0.15 *g*	第二组	华龙区、清丰县、南乐县、台前县、濮阳县
许昌市	7度	0.10 *g*	第一组	魏都区、许昌县、鄢陵县、禹州市、长葛市
	6度	0.05 *g*	第二组	襄城县
漯河市	7度	0.10 *g*	第一组	舞阳县
	6度	0.05 *g*	第一组	召陵区、源汇区、郾城区、临颍县
三门峡市	7度	0.15 *g*	第二组	湖滨区、陕州区、灵宝市
	6度	0.05 *g*	第三组	渑池县、卢氏县
	6度	0.05 *g*	第二组	义马市
南阳市	7度	0.10 *g*	第一组	宛城区、卧龙区、西峡县、镇平县、内乡县、唐河县
	6度	0.05 *g*	第一组	南召县、方城县、淅川县、社旗县、新野县、桐柏县、邓州市
商丘市	7度	0.10 *g*	第二组	梁园区、睢阳区、民权县、虞城县
	6度	0.05 *g*	第三组	睢县、永城市
	6度	0.05 *g*	第二组	宁陵县、柘城县、夏邑县
信阳市	7度	0.10 *g*	第一组	罗山县、潢川县、息县
	6度	0.05 *g*	第一组	浉河区、平桥区、光山县、新县、商城县、固始县、淮滨县
周口市	7度	0.10 *g*	第一组	扶沟县、太康县
	6度	0.05 *g*	第一组	川汇区、西华县、商水县、沈丘县、郸城县、淮阳县、鹿邑县、项城市

续表 A. 0. 16

	烈度	加速度	分组	县级及县级以上城镇
驻马店市	7 度	0.10 g	第一组	西平县
	6 度	0.05 g	第一组	驿城区、上蔡县、平舆县、正阳县、确山县、泌阳县、汝南县、遂平县、新蔡县
省直辖县级行政单位	7 度	0.10 g	第二组	济源市

注：1—湛河区政府驻平顶山市新华区曙光街街道；

2—安阳县政府驻安阳市北关区灯塔路街道。

A. 0. 17　湖北省

	烈度	加速度	分组	县级及县级以上城镇
武汉市	7 度	0.10 g	第一组	新洲区
	6 度	0.05 g	第一组	江岸区、江汉区、硚口区、汉阳区、武昌区、青山区、洪山区、东西湖区、汉南区、蔡甸区、江夏区、黄陂区
黄石市	6 度	0.05 g	第一组	黄石港区、西塞山区、下陆区、铁山区、阳新县、大冶市
十堰市	7 度	0.15 g	第一组	竹山县、竹溪县
	7 度	0.10 g	第一组	郧阳区、房县
	6 度	0.05 g	第一组	茅箭区、张湾区、郧西县、丹江口市
宜昌市	6 度	0.05 g	第一组	西陵区、伍家岗区、点军区、猇亭区、夷陵区、远安县、兴山县、秭归县、长阳土家族自治县、五峰土家族自治县、宜都市、当阳市、枝江市
襄阳市	6 度	0.05 g	第一组	襄城区、樊城区、襄州区、南漳县、谷城县、保康县、老河口市、枣阳市、宜城市
鄂州市	6 度	0.05 g	第一组	梁子湖区、华容区、鄂城区
荆门市	6 度	0.05 g	第一组	东宝区、掇刀区、京山县、沙洋县、钟祥市
孝感市	6 度	0.05 g	第一组	孝南区、孝昌县、大悟县、云梦县、应城市、安陆市、汉川市
荆州市	6 度	0.05 g	第一组	沙市区、荆州区、公安县、监利县、江陵县、石首市、洪湖市、松滋市
黄冈市	7 度	0.10 g	第一组	团风县、罗田县、英山县、麻城市
	6 度	0.05 g	第一组	黄州区、红安县、浠水县、蕲春县、黄梅县、武穴市
咸宁市	6 度	0.05 g	第一组	咸安区、嘉鱼县、通城县、崇阳县、通山县、赤壁市
随州市	6 度	0.05 g	第一组	曾都区、随县、广水市
恩施土家族苗族自治州	6 度	0.05 g	第一组	恩施市、利川市、建始县、巴东县、宣恩县、咸丰县、来凤县、鹤峰县
省直辖县级行政单位	6 度	0.05 g	第一组	仙桃市、潜江市、天门市、神农架林区

A.0.18 湖南省

	烈度	加速度	分组	县级及县级以上城镇
长沙市	6度	0.05 *g*	第一组	芙蓉区、天心区、岳麓区、开福区、雨花区、望城区、长沙县、宁乡县、浏阳市
株洲市	6度	0.05 *g*	第一组	荷塘区、芦淞区、石峰区、天元区、株洲县、攸县、茶陵县、炎陵县、醴陵市
湘潭市	6度	0.05 *g*	第一组	雨湖区、岳塘区、湘潭县、湘乡市、韶山市
衡阳市	6度	0.05 *g*	第一组	珠晖区、雁峰区、石鼓区、蒸湘区、南岳区、衡阳县、衡南县、衡山县、衡东县、祁东县、耒阳市、常宁市
邵阳市	6度	0.05 *g*	第一组	双清区、大祥区、北塔区、邵东县、新邵县、邵阳县、隆回县、洞口县、绥宁县、新宁县、城步苗族自治县、武冈市
岳阳市	7度	0.10 *g*	第二组	湘阴县、汨罗市
	7度	0.10 *g*	第一组	岳阳楼区、岳阳县
	6度	0.05 *g*	第一组	云溪区、君山区、华容县、平江县、临湘市
常德市	7度	0.15 *g*	第一组	武陵区、鼎城区
	7度	0.10 *g*	第一组	安乡县、汉寿县、澧县、临澧县、桃源县、津市市
	6度	0.05 *g*	第一组	石门县
张家界市	6度	0.05 *g*	第一组	永定区、武陵源区、慈利县、桑植县
益阳市	6度	0.05 *g*	第一组	资阳区、赫山区、南县、桃江县、安化县、沅江市
郴州市	6度	0.05 *g*	第一组	北湖区、苏仙区、桂阳县、宜章县、永兴县、嘉禾县、临武县、汝城县、桂东县、安仁县、资兴市
永州市	6度	0.05 *g*	第一组	零陵区、冷水滩区、祁阳县、东安县、双牌县、道县、江永县、宁远县、蓝山县、新田县、江华瑶族自治县
怀化市	6度	0.05 *g*	第一组	鹤城区、中方县、沅陵县、辰溪县、溆浦县、会同县、麻阳苗族自治县、新晃侗族自治县、芷江侗族自治县、靖州苗族侗族自治县、通道侗族自治县、洪江市
娄底市	6度	0.05 *g*	第一组	娄星区、双峰县、新化县、冷水江市、涟源市
湘西土家族苗族自治州	6度	0.05 *g*	第一组	吉首市、泸溪县、凤凰县、花垣县、保靖县、古丈县、永顺县、龙山县

A.0.19 广东省

	烈度	加速度	分组	县级及县级以上城镇
广州市	7度	0.10 *g*	第一组	荔湾区、越秀区、海珠区、天河区、白云区、黄埔区、番禺区、南沙区
	6度	0.05 *g*	第一组	花都区、增城区、从化区
韶关市	6度	0.05 *g*	第一组	武江区、浈江区、曲江区、始兴县、仁化县、翁源县、乳源瑶族自治县、新丰县、乐昌市、南雄市
深圳市	7度	0.10 *g*	第一组	罗湖区、福田区、南山区、宝安区、龙岗区、盐田区

续表 A.0.19

	烈度	加速度	分组	县级及县级以上城镇
珠海市	7 度	0.10 *g*	第二组	香洲区、金湾区
	7 度	0.10 *g*	第一组	斗门区
汕头市	8 度	0.20 *g*	第二组	龙湖区、金平区、濠江区、潮阳区、澄海区、南澳县
	7 度	0.15 *g*	第二组	潮南区
佛山市	7 度	0.10 *g*	第一组	禅城区、南海区、顺德区、三水区、高明区
江门市	7 度	0.10 *g*	第一组	蓬江区、江海区、新会区、鹤山市
	6 度	0.05 *g*	第一组	台山市、开平市、恩平市
湛江市	8 度	0.20 *g*	第二组	徐闻县
	7 度	0.10 *g*	第一组	赤坎区、霞山区、坡头区、麻章区、遂溪县、廉江市、雷州市、吴川市
茂名市	7 度	0.10 *g*	第一组	茂南区、电白区、化州市
	6 度	0.05 *g*	第一组	高州市、信宜市
肇庆市	7 度	0.10 *g*	第一组	端州区、鼎湖区、高要区
	6 度	0.05 *g*	第一组	广宁县、怀集县、封开县、德庆县、四会市
惠州市	6 度	0.05 *g*	第一组	惠城区、惠阳区、博罗县、惠东县、龙门县
梅州市	7 度	0.10 *g*	第二组	大埔县
	7 度	0.10 *g*	第一组	梅江区、梅县区、丰顺县
	6 度	0.05 *g*	第一组	五华县、平远县、蕉岭县、兴宁市
汕尾市	7 度	0.10 *g*	第一组	城区、海丰县、陆丰市
	6 度	0.05 *g*	第一组	陆河县
河源市	7 度	0.10 *g*	第一组	源城区、东源县
	6 度	0.05 *g*	第一组	紫金县、龙川县、连平县、和平县
阳江市	7 度	0.15 *g*	第一组	江城区
	7 度	0.10 *g*	第一组	阳东区、阳西县
	6 度	0.05 *g*	第一组	阳春市
清远市	6 度	0.05 *g*	第一组	清城区、清新区、佛冈县、阳山县、连山壮族瑶族自治县、连南瑶族自治县、英德市、连州市
东莞市	7 度	0.10 *g*	第一组	东莞市
中山市	6 度	0.05 *g*	第一组	中山市
潮州市	8 度	0.20 *g*	第二组	湘桥区、潮安区
	7 度	0.15 *g*	第二组	饶平县
揭阳市	7 度	0.15 *g*	第二组	榕城区、揭东区
	7 度	0.10 *g*	第二组	惠来县、普宁市

续表 A. 0. 19

	烈度	加速度	分组	县级及县级以上城镇
揭阳市	6度	0.05 g	第一组	揭西县
云浮市	6度	0.05 g	第一组	云城区、云安区、新兴县、郁南县、罗定市

A. 0. 20　广西壮族自治区

	烈度	加速度	分组	县级及县级以上城镇
南宁市	7度	0.15 g	第一组	隆安县
	7度	0.10 g	第一组	兴宁区、青秀区、江南区、西乡塘区、良庆区、邕宁区、横县
	6度	0.05 g	第一组	武鸣区、马山县、上林县、宾阳县
柳州市	6度	0.05 g	第一组	城中区、鱼峰区、柳南区、柳北区、柳江县、柳城县、鹿寨县、融安县、融水苗族自治县、三江侗族自治县
桂林市	6度	0.05 g	第一组	秀峰区、叠彩区、象山区、七星区、雁山区、临桂区、阳朔县、灵川县、全州县、兴安县、永福县、灌阳县、龙胜各族自治县、资源县、平乐县、荔浦县、恭城瑶族自治县
梧州市	6度	0.05 g	第一组	万秀区、长洲区、龙圩区、苍梧县、藤县、蒙山县、岑溪市
北海市	7度	0.10 g	第一组	合浦县
	6度	0.05 g	第一组	海城区、银海区、铁山港区
防城港市	6度	0.05 g	第一组	港口区、防城区、上思县、东兴市
钦州市	7度	0.15 g	第一组	灵山县
	7度	0.10 g	第一组	钦南区、钦北区、浦北县
贵港市	6度	0.05 g	第一组	港北区、港南区、覃塘区、平南县、桂平市
玉林市	7度	0.10 g	第一组	玉州区、福绵区、陆川县、博白县、兴业县、北流市
	6度	0.05 g	第一组	容县
百色市	7度	0.15 g	第一组	田东县、平果县、乐业县
	7度	0.10 g	第一组	右江区、田阳县、田林县
	6度	0.05 g	第二组	西林县、隆林各族自治县
	6度	0.05 g	第一组	德保县、那坡县、凌云县
贺州市	6度	0.05 g	第一组	八步区、昭平县、钟山县、富川瑶族自治县
河池市	6度	0.05 g	第一组	金城江区、南丹县、天峨县、凤山县、东兰县、罗城仫佬族自治县、环江毛南族自治县、巴马瑶族自治县、都安瑶族自治县、大化瑶族自治县、宜州市
来宾市	6度	0.05 g	第一组	兴宾区、忻城县、象州县、武宣县、金秀瑶族自治县、合山市
崇左市	7度	0.10 g	第一组	扶绥县
	6度	0.05 g	第一组	江州区、宁明县、龙州县、大新县、天等县、凭祥市

续表 A. 0. 20

	烈度	加速度	分组	县级及县级以上城镇
自治区直辖县级行政单位	6 度	0.05 g	第一组	靖西市

A. 0. 21　海南省

	烈度	加速度	分组	县级及县级以上城镇
海口市	8 度	0.30 g	第二组	秀英区、龙华区、琼山区、美兰区
三亚市	6 度	0.05 g	第一组	海棠区、吉阳区、天涯区、崖州区
三沙市	7 度	0.10 g	第一组	三沙市[1]
儋州市	7 度	0.10 g	第二组	儋州市
省直辖县级行政单位	8 度	0.20 g	第二组	文昌市、定安县
	7 度	0.15 g	第二组	澄迈县
	7 度	0.15 g	第一组	临高县
	7 度	0.10 g	第二组	琼海市、屯昌县
	6 度	0.05 g	第二组	白沙黎族自治县、琼中黎族苗族自治县
	6 度	0.05 g	第一组	五指山市、万宁市、东方市、昌江黎族自治县、乐东黎族自治县、陵水黎族自治县、保亭黎族苗族自治县

注:1—三沙市政府驻地西沙永兴岛。

A. 0. 22　重庆市

烈　度	加速度	分　组	县级及县级以上城镇
7 度	0.10 g	第一组	黔江区、荣昌区
6 度	0.05 g	第一组	万州区、涪陵区、渝中区、大渡口区、江北区、沙坪坝区、九龙坡区、南岸区、北碚区、綦江区、大足区、渝北区、巴南区、长寿区、江津区、合川区、永川区、南川区、铜梁区、璧山区、潼南区、梁平县、城口县、丰都县、垫江县、武隆县、忠县、开县、云阳县、奉节县、巫山县、巫溪县、石柱土家族自治县、秀山土家族苗族自治县、酉阳土家族苗族自治县、彭水苗族土家族自治县

A. 0. 23　四川省

	烈度	加速度	分组	县级及县级以上城镇
成都市	8 度	0.20 g	第二组	都江堰市
	7 度	0.15 g	第二组	彭州市
	7 度	0.10 g	第三组	锦江区、青羊区、金牛区、武侯区、成华区、龙泉驿区、青白江区、新都区、温江区、金堂县、双流县、郫县、大邑县、蒲江县、新津县、邛崃市、崇州市

续表 A.0.23

	烈度	加速度	分组	县级及县级以上城镇
自贡市	7度	0.10 g	第二组	富顺县
	7度	0.10 g	第一组	自流井区、贡井区、大安区、沿滩区
	6度	0.05 g	第三组	荣县
攀枝花市	7度	0.15 g	第三组	东区、西区、仁和区、米易县、盐边县
泸州市	6度	0.05 g	第二组	泸县
	6度	0.05 g	第一组	江阳区、纳溪区、龙马潭区、合江县、叙永县、古蔺县
德阳市	7度	0.15 g	第二组	什邡市、绵竹市
	7度	0.10 g	第三组	广汉市
	7度	0.10 g	第二组	旌阳区、中江县、罗江县
绵阳市	8度	0.20 g	第二组	平武县
	7度	0.15 g	第二组	北川羌族自治县(新)、江油市
	7度	0.10 g	第二组	涪城区、游仙区、安县
	6度	0.05 g	第二组	三台县、盐亭县、梓潼县
广元市	7度	0.15 g	第二组	朝天区、青川县
	7度	0.10 g	第二组	利州区、昭化区、剑阁县
	6度	0.05 g	第二组	旺苍县、苍溪县
遂宁市	6度	0.05 g	第一组	船山区、安居区、蓬溪县、射洪县、大英县
内江市	7度	0.10 g	第一组	隆昌县
	6度	0.05 g	第二组	威远县
	6度	0.05 g	第一组	市中区、东兴区、资中县
乐山市	7度	0.15 g	第三组	金口河区
	7度	0.15 g	第二组	沙湾区、沐川县、峨边彝族自治县、马边彝族自治县
	7度	0.10 g	第三组	五通桥区、犍为县、夹江县
	7度	0.10 g	第二组	市中区、峨眉山市
	6度	0.05 g	第三组	井研县
南充市	6度	0.05 g	第二组	阆中市
	6度	0.05 g	第一组	顺庆区、高坪区、嘉陵区、南部县、营山县、蓬安县、仪陇县、西充县
眉山市	7度	0.10 g	第三组	东坡区、彭山区、洪雅县、丹棱县、青神县
	6度	0.05 g	第二组	仁寿县
宜宾市	7度	0.10 g	第三组	高县
	7度	0.10 g	第二组	翠屏区、宜宾县、屏山县

续表 A. 0. 23

	烈度	加速度	分组	县级及县级以上城镇
	6度	0. 05 *g*	第三组	珙县、筠连县
	6度	0. 05 *g*	第二组	南溪区、江安县、长宁县
	6度	0. 05 *g*	第一组	兴文县
广安市	6度	0. 05 *g*	第一组	广安区、前锋区、岳池县、武胜县、邻水县、华蓥市
达州市	6度	0. 05 *g*	第一组	通川区、达川区、宣汉县、开江县、大竹县、渠县、万源市
雅安市	8度	0. 20 *g*	第三组	石棉县
	8度	0. 20 *g*	第一组	宝兴县
	7度	0. 15 *g*	第三组	荥经县、汉源县
	7度	0. 15 *g*	第二组	天全县、芦山县
	7度	0. 10 *g*	第三组	名山区
	7度	0. 10 *g*	第二组	雨城区
巴中市	6度	0. 05 *g*	第一组	巴州区、恩阳区、通江县、平昌县
	6度	0. 05 *g*	第二组	南江县
资阳市	6度	0. 05 *g*	第一组	雁江区、安岳县、乐至县
	6度	0. 05 *g*	第二组	简阳市
阿坝藏族羌族自治州	8度	0. 20 *g*	第三组	九寨沟县
	8度	0. 20 *g*	第二组	松潘县
	8度	0. 20 *g*	第一组	汶川县、茂县
	7度	0. 15 *g*	第二组	理县、阿坝县
	7度	0. 10 *g*	第三组	金川县、小金县、黑水县、壤塘县、若尔盖县、红原县
	7度	0. 10 *g*	第二组	马尔康县
甘孜藏族自治州	9度	0. 40 *g*	第二组	康定市
	8度	0. 30 *g*	第二组	道孚县、炉霍县
	8度	0. 20 *g*	第三组	理塘县、甘孜县
	8度	0. 20 *g*	第二组	泸定县、德格县、白玉县、巴塘县、得荣县
	7度	0. 15 *g*	第三组	九龙县、雅江县、新龙县
	7度	0. 15 *g*	第二组	丹巴县
	7度	0. 10 *g*	第三组	石渠县、色达县、稻城县
	7度	0. 10 *g*	第二组	乡城县
凉山彝族自治州	9度	0. 40 *g*	第三组	西昌市
	8度	0. 30 *g*	第三组	宁南县、普格县、冕宁县

续表 A.0.23

	烈度	加速度	分组	县级及县级以上城镇
凉山彝族自治州	8度	0.20 *g*	第三组	盐源县、德昌县、布拖县、昭觉县、喜德县、越西县、雷波县
	7度	0.15 *g*	第三组	木里藏族自治县、会东县、金阳县、甘洛县、美姑县
	7度	0.10 *g*	第三组	会理县

A.0.24 贵州省

	烈度	加速度	分组	县级及县级以上城镇
贵阳市	6度	0.05 *g*	第一组	南明区、云岩区、花溪区、乌当区、白云区、观山湖区、开阳县、息烽县、修文县、清镇市
六盘水市	7度	0.10 *g*	第二组	钟山区
	6度	0.05 *g*	第三组	盘县
	6度	0.05 *g*	第二组	水城县
	6度	0.05 *g*	第一组	六枝特区
遵义市	6度	0.05 *g*	第一组	红花岗区、汇川区、遵义县、桐梓县、绥阳县、正安县、道真仡佬族苗族自治县、务川仡佬族苗族自治县凤、冈县、湄潭县、余庆县、习水县、赤水市、仁怀市
安顺市	6度	0.05 *g*	第一组	西秀区、平坝区、普定县、镇宁布依族苗族自治县、关岭布依族苗族自治县、紫云苗族布依族自治县
铜仁市	6度	0.05 *g*	第一组	碧江区、万山区、江口县、玉屏侗族自治县、石阡县、思南县、印江土家族苗族自治县、德江县、沿河土家族自治县、松桃苗族自治县
黔西南布依族苗族自治州	7度	0.15 *g*	第一组	望谟县
	7度	0.10 *g*	第二组	普安县、晴隆县
	6度	0.05 *g*	第三组	兴义市
	6度	0.05 *g*	第二组	兴仁县、贞丰县、册亨县、安龙县
毕节市	7度	0.10 *g*	第三组	威宁彝族回族苗族自治县
	6度	0.05 *g*	第三组	赫章县
	6度	0.05 *g*	第二组	七星关区、大方县、纳雍县
	6度	0.05 *g*	第一组	金沙县、黔西县、织金县
黔东南苗族侗族自治州	6度	0.05 *g*	第一组	凯里市、黄平县、施秉县、三穗县、镇远县、岑巩县、天柱县、锦屏县、剑河县、台江县、黎平县、榕江县、从江县、雷山县、麻江县、丹寨县
黔南布依族苗族自治州	7度	0.10 *g*	第一组	福泉市、贵定县、龙里县
	6度	0.05 *g*	第一组	都匀市、荔波县、瓮安县、独山县、平塘县、罗甸县、长顺县、惠水县、三都水族自治县

A.0.25 云南省

	烈度	加速度	分组	县级及县级以上城镇
昆明市	9 度	0.40 g	第三组	东川区、寻甸回族彝族自治县
	8 度	0.30 g	第三组	宜良县、嵩明县
	8 度	0.20 g	第三组	五华区、盘龙区、官渡区、西山区、呈贡区、晋宁县、石林彝族自治县、安宁市
	7 度	0.15 g	第三组	富民县、禄劝彝族苗族自治县
曲靖市	8 度	0.20 g	第三组	马龙县、会泽县
	7 度	0.15 g	第三组	麒麟区、陆良县、沾益县
	7 度	0.10 g	第三组	师宗县、富源县、罗平县、宣威市
玉溪市	8 度	0.30 g	第三组	江川县、澄江县、通海县、华宁县、峨山彝族自治县
	8 度	0.20 g	第三组	红塔区、易门县
	7 度	0.15 g	第三组	新平彝族傣族自治县、元江哈尼族彝族傣族自治县
保山市	8 度	0.30 g	第三组	龙陵县
	8 度	0.20 g	第三组	隆阳区、施甸县
	7 度	0.15 g	第三组	昌宁县
昭通市	8 度	0.20 g	第三组	巧家县、永善县
	7 度	0.15 g	第三组	大关县、彝良县、鲁甸县
	7 度	0.15 g	第二组	绥江县
	7 度	0.10 g	第三组	昭阳区、盐津县
	7 度	0.10 g	第二组	水富县
	6 度	0.05 g	第二组	镇雄县、威信县
丽江市	8 度	0.30 g	第三组	古城区、玉龙纳西族自治县、永胜县
	8 度	0.20 g	第三组	宁蒗彝族自治县
	7 度	0.15 g	第三组	华坪县
普洱市	9 度	0.40 g	第三组	澜沧拉祜族自治县
	8 度	0.30 g	第三组	孟连傣族拉祜族佤族自治县、西盟佤族自治县
	8 度	0.20 g	第三组	思茅区、宁洱哈尼族彝族自县
	7 度	0.15 g	第三组	景东彝族自治县、景谷傣族彝族自治县
	7 度	0.10 g	第三组	墨江哈尼族自治县、镇沅彝族哈尼族拉祜族自治县、江城哈尼族彝族自治县
临沧市	8 度	0.30 g	第三组	双江拉祜族佤族布朗族傣族自治县、耿马傣族佤族自治县、沧源佤族自治县
	8 度	0.20 g	第三组	临翔区、凤庆县、云县、永德县、镇康县

续表 A.0.25

	烈度	加速度	分组	县级及县级以上城镇
楚雄彝族自治州	8度	0.20 g	第三组	楚雄市、南华县
	7度	0.15 g	第三组	双柏县、牟定县、姚安县、大姚县、元谋县、武定县、禄丰县
	7度	0.10 g	第三组	永仁县
红河哈尼族彝族自治州	8度	0.30 g	第三组	建水县、石屏县
	7度	0.15 g	第三组	个旧市、开远市、弥勒市、元阳县、红河县
	7度	0.10 g	第三组	蒙自市、泸西县、金平苗族瑶族傣族自治县、绿春县
	7度	0.10 g	第一组	河口瑶族自治县
	6度	0.05 g	第三组	屏边苗族自治县
文山壮族苗族自治州	7度	0.10 g	第三组	文山市
	6度	0.05 g	第三组	砚山县、丘北县
	6度	0.05 g	第二组	广南县
	6度	0.05 g	第一组	西畴县、麻栗坡县、马关县、富宁县
西双版纳傣族自治州	8度	0.30 g	第三组	勐海县
	8度	0.20 g	第三组	景洪市
	7度	0.15 g	第三组	勐腊县
大理白族自治州	8度	0.30 g	第三组	洱源县、剑川县、鹤庆县
	8度	0.20 g	第三组	大理市、漾濞彝族自治县、祥云县、宾川县、弥渡县、南涧彝族自治县、巍山彝族回族自治县
	7度	0.15 g	第三组	永平县、云龙县
德宏傣族景颇族自治州	8度	0.30 g	第三组	瑞丽市、芒市
	8度	0.20 g	第三组	梁河县、盈江县、陇川县
怒江傈僳族自治州	8度	0.20 g	第三组	泸水县
	8度	0.20 g	第二组	福贡县、贡山独龙族怒族自治县
	7度	0.15 g	第三组	兰坪白族普米族自治县
迪庆藏族自治州	8度	0.20 g	第二组	香格里拉市、德钦县、维西傈僳族自治县
省直辖县级行政单位	8度	0.20 g	第三组	腾冲市

A.0.26　西藏自治区

	烈度	加速度	分组	县级及县级以上城镇
拉萨市	9度	0.40 g	第三组	当雄县
	8度	0.20 g	第三组	城关区、林周县、尼木县、堆龙德庆县
	7度	0.15 g	第三组	曲水县、达孜县、墨竹工卡县

续表 A. 0. 26

	烈度	加速度	分组	县级及县级以上城镇
昌都市	8 度	0.20 *g*	第三组	卡若区、边坝县、洛隆县
	7 度	0.15 *g*	第三组	类乌齐县、丁青县、察雅县、八宿县、左贡县
	7 度	0.15 *g*	第二组	江达县、芒康县
	7 度	0.10 *g*	第三组	贡觉县
山南地区	8 度	0.30 *g*	第三组	错那县
	8 度	0.20 *g*	第三组	桑日县、曲松县、隆子县
	7 度	0.15 *g*	第三组	乃东县、扎囊县、贡嘎县、琼结县、措美县、洛扎县、加查县、浪卡子县
日喀则市	8 度	0.20 *g*	第三组	仁布县、康马县、聂拉木县
	8 度	0.20 *g*	第二组	拉孜县、定结县、亚东县
	7 度	0.15 *g*	第三组	桑珠孜区(原日喀则市)、南木林县、江孜县、定日县、萨迦县、白朗县、吉隆县、萨嘎县、岗巴县
	7 度	0.15 *g*	第二组	昂仁县、谢通门县、仲巴县
那曲地区	8 度	0.30 *g*	第三组	申扎县
	8 度	0.20 *g*	第三组	那曲县、安多县、尼玛县
	8 度	0.20 *g*	第二组	嘉黎县
	7 度	0.15 *g*	第三组	聂荣县、班戈县
	7 度	0.15 *g*	第二组	索县、巴青县、双湖县
	7 度	0.10 *g*	第三组	比如县
阿里地区	8 度	0.20 *g*	第三组	普兰县
	7 度	0.15 *g*	第三组	噶尔县、日土县
	7 度	0.15 *g*	第二组	札达县、改则县
	7 度	0.10 *g*	第三组	革吉县
	7 度	0.10 *g*	第二组	措勤县
林芝市	9 度	0.40 *g*	第三组	墨脱县
	8 度	0.30 *g*	第三组	米林县、波密县
	8 度	0.20 *g*	第三组	巴宜区(原林芝县)
	7 度	0.15 *g*	第三组	察隅县、朗县
	7 度	0.10 *g*	第三组	工布江达县

A. 0. 27　陕西省

	烈度	加速度	分组	县级及县级以上城镇
西安市	8度	0.20 g	第二组	新城区、碑林区、莲湖区、灞桥区、未央区、雁塔区、阎良区、临潼区、长安区、高陵区、蓝田县、周至县、户县
铜川市	7度	0.10 g	第三组	王益区、印台区、耀州区
	6度	0.05 g	第三组	宜君县
宝鸡市	8度	0.20 g	第三组	凤翔县、岐山县、陇县、千阳县
	8度	0.20 g	第二组	渭滨区、金台区、陈仓区、扶风县、眉县
	7度	0.15 g	第三组	凤县
	7度	0.10 g	第三组	麟游县、太白县
咸阳市	8度	0.20 g	第二组	秦都区、杨陵区、渭城区、泾阳县、武功县、兴平市
	7度	0.15 g	第三组	乾县
	7度	0.15 g	第二组	三原县、礼泉县
	7度	0.10 g	第三组	永寿县、淳化县
	6度	0.05 g	第三组	彬县、长武县、旬邑县
渭南市	8度	0.30 g	第二组	华县
	8度	0.20 g	第二组	临渭区、潼关县、大荔县、华阴市
	7度	0.15 g	第三组	澄城县、富平县
	7度	0.15 g	第二组	合阳县、蒲城县、韩城市
	7度	0.10 g	第三组	白水县
延安市	6度	0.05 g	第三组	吴起县、富县、洛川县、宜川县、黄龙县、黄陵县
	6度	0.05 g	第二组	延长县、延川县
	6度	0.05 g	第一组	宝塔区、子长县、安塞县、志丹县、甘泉县
汉中市	7度	0.15 g	第二组	略阳县
	7度	0.10 g	第三组	留坝县
	7度	0.10 g	第二组	汉台区、南郑县、勉县、宁强县
	6度	0.05 g	第三组	城固县、洋县、西乡县、佛坪县
	6度	0.05 g	第一组	镇巴县
榆林市	6度	0.05 g	第三组	府谷县、定边县、吴堡县
	6度	0.05 g	第一组	榆阳区、神木县、横山县、靖边县、绥德县、米脂县、佳县、清涧县、子洲县
安康市	7度	0.10 g	第一组	汉滨区、平利县
	6度	0.05 g	第三组	汉阴县、石泉县、宁陕县
	6度	0.05 g	第二组	紫阳县、岚皋县、旬阳县、白河县
	6度	0.05 g	第一组	镇坪县

续表 A. 0. 27

	烈度	加速度	分组	县级及县级以上城镇
商洛市	7 度	0.15 *g*	第二组	洛南县
	7 度	0.10 *g*	第三组	商州区、柞水县
	7 度	0.10 *g*	第一组	商南县
	6 度	0.05 *g*	第三组	丹凤县、山阳县、镇安县

A. 0. 28　甘肃省

	烈度	加速度	分组	县级及县级以上城镇
兰州市	8 度	0.20 *g*	第三组	城关区、七里河区、西固区、安宁区、永登县
	7 度	0.15 *g*	第三组	红古区、皋兰县、榆中县
嘉峪关市	8 度	0.20 *g*	第二组	嘉峪关市
金昌市	7 度	0.15 *g*	第三组	金川区、永昌县
白银市	8 度	0.30 *g*	第三组	平川区
	8 度	0.20 *g*	第三组	靖远县、会宁县、景泰县
	7 度	0.15 *g*	第三组	白银区
天水市	8 度	0.30 *g*	第二组	秦州区、麦积区
	8 度	0.20 *g*	第三组	清水县、秦安县、武山县、张家川回族自治县
	8 度	0.20 *g*	第二组	甘谷县
武威市	8 度	0.30 *g*	第三组	古浪县
	8 度	0.20 *g*	第三组	凉州区、天祝藏族自治县
	7 度	0.10 *g*	第三组	民勤县
张掖市	8 度	0.20 *g*	第三组	临泽县
	8 度	0.20 *g*	第二组	肃南裕固族自治县、高台县
	7 度	0.15 *g*	第三组	甘州区
	7 度	0.15 *g*	第二组	民乐县、山丹县
平凉市	8 度	0.20 *g*	第三组	华亭县、庄浪县、静宁县
	7 度	0.15 *g*	第三组	崆峒区、崇信县
	7 度	0.10 *g*	第三组	泾川县、灵台县
酒泉市	8 度	0.20 *g*	第二组	肃北蒙古族自治县
	7 度	0.15 *g*	第三组	肃州区、玉门市
	7 度	0.15 *g*	第二组	金塔县、阿克塞哈萨克族自治县
	7 度	0.10 *g*	第三组	瓜州县、敦煌市

续表 A.0.28

	烈度	加速度	分组	县级及县级以上城镇
庆阳市	7度	0.10 g	第三组	西峰区、环县、镇原县
	6度	0.05 g	第三组	庆城县、华池县、合水县、正宁县、宁县
定西市	8度	0.20 g	第三组	通渭县、陇西县、漳县
	7度	0.15 g	第三组	安定区、渭源县、临洮县、岷县
陇南市	8度	0.30 g	第二组	西和县、礼县
	8度	0.20 g	第三组	两当县
	8度	0.20 g	第二组	武都区、成县、文县、宕昌县、康县、徽县
临夏回族自治州	8度	0.20 g	第三组	永靖县
	7度	0.15 g	第三组	临夏市、康乐县、广河县、和政县、东乡族自治县、
	7度	0.15 g	第二组	临夏县
	7度	0.10 g	第三组	积石山保安族东乡族撒拉族自治县
甘南藏族自治州	8度	0.20 g	第三组	舟曲县
	8度	0.20 g	第二组	玛曲县
	7度	0.15 g	第三组	临潭县、卓尼县、迭部县
	7度	0.15 g	第二组	合作市、夏河县
	7度	0.10 g	第三组	碌曲县

A.0.29 青海省

	烈度	加速度	分组	县级及县级以上城镇
西宁市	7度	0.10 g	第三组	城中区、城东区、城西区、城北区、大通回族土族自治县、湟中县、湟源县
海东市	7度	0.10 g	第三组	乐都区、平安区、民和回族土族自治县、互助土族自治县、化隆回族自治县、循化撒拉族自治县
海北藏族自治州	8度	0.20 g	第二组	祁连县
	7度	0.15 g	第三组	门源回族自治县
	7度	0.15 g	第二组	海晏县
	7度	0.10 g	第三组	刚察县
黄南藏族自治州	7度	0.15 g	第二组	同仁县
	7度	0.10 g	第三组	尖扎县、河南蒙古族自治县
	7度	0.10 g	第二组	泽库县
海南藏族自治州	7度	0.15 g	第二组	贵德县
	7度	0.10 g	第三组	共和县、同德县、兴海县、贵南县

续表 A. 0. 29

	烈度	加速度	分组	县级及县级以上城镇
果洛藏族自治州	8 度	0. 30 *g*	第三组	玛沁县
	8 度	0. 20 *g*	第三组	甘德县、达日县
	7 度	0. 15 *g*	第三组	玛多县
	7 度	0. 10 *g*	第三组	班玛县、久治县
玉树藏族自治州	8 度	0. 20 *g*	第三组	曲麻莱县
	7 度	0. 15 *g*	第三组	玉树市、治多县
	7 度	0. 10 *g*	第三组	称多县
	7 度	0. 10 *g*	第二组	杂多县、囊谦县
海西蒙古族藏族自治州	7 度	0. 15 *g*	第三组	德令哈市
	7 度	0. 15 *g*	第二组	乌兰县
	7 度	0. 10 *g*	第三组	格尔木市、都兰县、天峻县

A. 0. 30　宁夏回族自治区

	烈度	加速度	分组	县级及县级以上城镇
银川市	8 度	0. 20 *g*	第三组	灵武市
	8 度	0. 20 *g*	第二组	兴庆区、西夏区、金凤区、永宁县、贺兰县
石嘴山市	8 度	0. 20 *g*	第二组	大武口区、惠农区、平罗县
吴忠市	8 度	0. 20 *g*	第三组	利通区、红寺堡区、同心县、青铜峡市
	6 度	0. 05 *g*	第三组	盐池县
固原市	8 度	0. 20 *g*	第三组	原州区、西吉县、隆德县、泾源县
	7 度	0. 15 *g*	第三组	彭阳县
中卫市	8 度	0. 20 *g*	第三组	沙坡头区、中宁县、海原县

A. 0. 31　新疆维吾尔自治区

	烈度	加速度	分组	县级及县级以上城镇
乌鲁木齐市	8 度	0. 20 *g*	第二组	天山区、沙依巴克区、新市区、水磨沟区、头屯河区、达阪城区、米东区、乌鲁木齐县[1]
克拉玛依市	8 度	0. 20 *g*	第三组	独山子区
	7 度	0. 10 *g*	第三组	克拉玛依区、白碱滩区
	7 度	0. 10 *g*	第一组	乌尔禾区
吐鲁番市	7 度	0. 15 *g*	第二组	高昌区(原吐鲁番市)
	7 度	0. 10 *g*	第二组	鄯善县、托克逊县

续表 A.0.31

	烈度	加速度	分组	县级及县级以上城镇
哈密地区	8度	0.20 g	第二组	巴里坤哈萨克自治县
	7度	0.15 g	第二组	伊吾县
	7度	0.10 g	第二组	哈密市
昌吉回族自治州	8度	0.20 g	第三组	昌吉市、玛纳斯县
	8度	0.20 g	第二组	木垒哈萨克自治县
	7度	0.15 g	第三组	呼图壁县
	7度	0.15 g	第二组	阜康市、吉木萨尔县
	7度	0.10 g	第二组	奇台县
博尔塔拉蒙古自治州	8度	0.20 g	第三组	精河县
	8度	0.20 g	第二组	阿拉山口市
	7度	0.15 g	第三组	博乐市、温泉县
巴音郭楞蒙古自治州	8度	0.20 g	第二组	库尔勒市、焉耆回族自治县、和静镇、和硕县、博湖县
	7度	0.15 g	第二组	轮台县
	7度	0.10 g	第三组	且末县
	7度	0.10 g	第二组	尉犁县、若羌县
阿克苏地区	8度	0.20 g	第二组	阿克苏市、温宿县、库车县、拜城县、乌什县、柯坪县
	7度	0.15 g	第二组	新和县
	7度	0.10 g	第三组	沙雅县、阿瓦提县、阿瓦提镇
克孜勒苏柯尔克孜自治州	9度	0.40 g	第三组	乌恰县
	8度	0.30 g	第三组	阿图什市
	8度	0.20 g	第三组	阿克陶县
	8度	0.20 g	第二组	阿合奇县
喀什地区	9度	0.40 g	第三组	塔什库尔干塔吉克自治县
	8度	0.30 g	第三组	喀什市、疏附县、英吉沙县
	8度	0.20 g	第三组	疏勒县、岳普湖县、伽师县、巴楚县
	7度	0.15 g	第三组	泽普县、叶城县
	7度	0.10 g	第三组	莎车县、麦盖提县
和田地区	7度	0.15 g	第二组	和田市、和田县[2]、墨玉县、洛浦县、策勒县
	7度	0.10 g	第三组	皮山县
	7度	0.10 g	第二组	于田县、民丰县

续表 A.0.31

	烈度	加速度	分组	县级及县级以上城镇
伊犁哈萨克自治州	8 度	0.30 g	第三组	昭苏县、特克斯县、尼勒克县
	8 度	0.20 g	第三组	伊宁市、奎屯市、霍尔果斯市、伊宁县、霍城县、巩留县、新源县
	7 度	0.15 g	第三组	察布查尔锡伯自治县
塔城地区	8 度	0.20 g	第三组	乌苏市、沙湾县
	7 度	0.15 g	第二组	托里县
	7 度	0.15 g	第一组	和布克赛尔蒙古自治县
	7 度	0.10 g	第二组	裕民县
	7 度	0.10 g	第一组	塔城市、额敏县
阿勒泰地区	8 度	0.20 g	第三组	富蕴县、青河县
	7 度	0.15 g	第二组	阿勒泰市、哈巴河县
	7 度	0.10 g	第二组	布尔津县
	6 度	0.05 g	第三组	福海县、吉木乃县
自治区直辖县级行政单位	8 度	0.20 g	第三组	石河子市、可克达拉市
	8 度	0.20 g	第二组	铁门关市
	7 度	0.15 g	第三组	图木舒克市、五家渠市、双河市
	7 度	0.10 g	第二组	北屯市、阿拉尔市

注:1—乌鲁木齐县政府驻乌鲁木齐市水磨沟区南湖南路街道;

2—和田县政府驻和田市古江巴格街道。

A.0.32 港澳特区和台湾省

	烈度	加速度	分组	县级及县级以上城镇
香港特别行政区	7 度	0.15 g	第二组	香港
澳门特别行政区	7 度	0.10 g	第二组	澳门
台湾省	9 度	0.40 g	第三组	嘉义县、嘉义市、云林县、南投县、彰化县、台中市、苗栗县、花莲县
	9 度	0.40 g	第二组	台南县、台中县
	8 度	0.30 g	第三组	台北市、台北县、基隆市、桃园县、新竹县、新竹市、宜兰县、台东县、屏东县
	8 度	0.20 g	第三组	高雄市、高雄县、金门县
	8 度	0.20 g	第二组	澎湖县
	6 度	0.05 g	第三组	妈祖县

附录 B　中国地震烈度表

表 1　中国地震烈度表(GB/T 17742—2008)

地震烈度	人的感觉	房屋震害			其他震害现象	水平向地震动参数	
		类型	震害程度	平均震害指数		峰值加速度(m/s^2)	峰值速度(m/s)
Ⅰ	无感	—	—	—	—	—	—
Ⅱ	室内个别静止中的人有感觉	—	—	—	—	—	—
Ⅲ	室内少数静止中的人有感觉	—	门、窗轻微作响	—	悬挂物微动	—	—
Ⅳ	室内多数人、室外少数人有感觉,少数人梦中惊醒	—	门、窗作响	—	悬挂物明显摆动,器皿作响	—	—
Ⅴ	室内绝大多数、室外多数人有感觉,多数人梦中惊醒	—	门窗、屋顶、屋架颤动作响,灰土掉落,个别房屋墙体抹灰出现细微裂缝,个别屋顶烟囱掉砖	—	悬挂物大幅度晃动,不稳定器物摇动或翻倒	0.31(0.22~0.44)	0.03(0.02~0.04)
Ⅵ	多数人站立不稳,少数人惊逃户外	A	少数中等破坏,多数轻微破坏和/或基本完好	0.00~0.11	家具和物品移动;河岸和松软土出现裂缝,饱和砂层出现喷砂冒水;个别独立砖烟囱轻度裂缝	0.63(0.45~0.89)	0.06(0.05~0.09)
		B	个别中等破坏,少数轻微破坏,多数基本完好				
		C	个别轻微破坏,大多数基本完好	0.00~0.08			
Ⅶ	大多数人惊逃户外,骑自行车的人有感觉,行驶中的汽车驾乘人员有感觉	A	少数毁坏和/或严重破坏,多数中等和/或轻微破坏	0.09~0.31	物体从架子上掉落;河岸出现塌方,饱和砂层常见喷水冒砂,松软土地上地裂缝较多;大多数独立砖烟囱中等破坏	1.25(0.90~1.77)	0.13(0.10~0.18)
		B	少数中等破坏,多数轻微破坏和/或基本完好				
		C	少数中等和/或轻微破坏,多数基本完好	0.07~0.22			

续表 1

地震烈度	人的感觉	房屋震害			其他震害现象	水平向地震动参数	
		类型	震害程度	平均震害指数		峰值加速度 (m/s^2)	峰值速度 (m/s)
Ⅷ	多数人摇晃颠簸，行走困难	A	少数毁坏，多数严重和/或中等破坏	0.29～0.51	干硬土上出现裂缝，饱和砂层绝大多数喷砂冒水；大多数独立砖烟囱严重破坏	2.50 (1.78～3.53)	0.25 (0.19～0.35)
		B	个别毁坏，少数严重破坏，多数中等和/或轻微破坏				
		C	少数严重和/或中等破坏，多数轻微破坏	0.20～0.40			
Ⅸ	行动的人摔倒	A	多数严重破坏或/和毁坏	0.49～0.71	干硬土上多处出现裂缝、可见基岩裂缝、错动，滑坡、塌方常见；独立砖烟囱多数倒塌	5.00 (3.54～7.07)	0.50 (0.36～0.71)
		B	少数毁坏，多数严重和/或中等破坏				
		C	少数毁坏和/或严重破坏，多数中等和/或轻微破坏	0.38～0.60			
Ⅹ	骑自行车的人会摔倒，处不稳状态的人会摔离原地，有抛起感	A	绝大多数毁坏	0.69～0.91	山崩和地震断裂出现，基岩上拱桥破坏；大多数独立砖烟囱从根部破坏或倒毁	10.00 (7.08～14.14)	1.00 (0.72～1.41)
		B	大多数毁坏				
		C	多数毁坏和/或严重破坏	0.58～0.80			
Ⅺ	—	A	绝大多数毁坏	0.89～1.00	地震断裂延续很大，大量山崩滑坡	—	—
		B					
		C		0.78～1.00			
Ⅻ	—	A	几乎全部毁坏	1.00	地面剧烈变化，山河改观	—	—
		B					
		C					
	注：表中给出的“峰值加速度”和“峰值速度”是参考值，括号内给出的是变动范围。						

注：(1) 地震烈度等级划分

地震烈度分为 12 等级，分别用罗马数字Ⅰ、Ⅱ、Ⅲ、Ⅳ、Ⅴ、Ⅵ、Ⅶ、Ⅷ、Ⅸ、Ⅹ、Ⅺ和Ⅻ表示。

(2) 数量词的界定

数量词采用个别、少数、多数、大多数和绝大多数，其范围界定如下：

① “个别”为10%以下。
② “少数”为10%～45%。
③ “多数”为40%～70%。
④ “大多数”为60%～90%。
⑤ “绝大多数”为80%以上。

(3) 评定烈度的房屋类型

用于评定烈度的房屋，包括以下3种类型：
① A类：木构架和土、石、砖墙建造的旧式房屋。
② B类：未经抗震设防的单层或多层砖砌体房屋。
③ C类：按照Ⅶ度抗震设防的单层或多层砖砌体房屋。

(4) 房屋破坏等级及其对应的震害指数

房屋破坏等级分为基本完好、轻微破坏、中等破坏、严重破坏和毁坏5类，其定义和对应的震害指数 d 如下：
① 基本完好：承重和非承重构件完好，或个别非承重构件轻微损坏，不加修理可继续使用。对应的震害指数范围为 $0.00 \leqslant d < 0.10$。
② 轻微破坏：个别承重构件出现可见裂缝，非承重构件有明显裂缝，不需要修理或稍加修理即可继续使用。对应的震害指数范围为 $0.10 \leqslant d < 0.30$。
③ 中等破坏：多数承重构件出现轻微裂缝，部分有明显裂缝，个别非承重构件破坏严重，需要一般修理后才可使用。对应的震害指数范围为 $0.30 \leqslant d < 0.55$。
④ 严重破坏：多数承重构件破坏较严重，非承重构件局部倒塌，房屋修复困难。对应的震害指数范围为 $0.55 \leqslant d < 0.85$。
⑤ 毁坏：多数承重构件严重破坏，房屋结构濒于崩溃或已倒毁，已无修复可能。对应的震害指数范围为 $0.85 \leqslant d < 1.00$。

(5) 地震烈度评定

① 按表1划分地震烈度等级。
② 评定地震烈度时，Ⅰ～Ⅴ度应以地面上以及底层房屋中的人的感觉和其他震害现象为主；Ⅵ～Ⅹ度应以房屋震害为主，参照其他震害现象，当用房屋震害程度与平均震害指数评定结果不同时，应以震害程度评定结果为主，并综合考虑不同类型房屋的平均震害指数；Ⅺ度和Ⅻ度应综合房屋震害和地表震害现象。
③ 以下3种情况的地震烈度评定结果应做适当调整：当采用高楼上人的感觉和器物反应评定地震烈度时，适当降低评定值；当采用低于或高于Ⅶ度抗震设计房屋的震害程度和平均震害指数评定地震烈度时，适当降低或提高评定值；当采用建筑质量特别差或特别好房屋的震害程度和平均震害指数评定地震烈度时，适当降低或提高评定值。
④ 当计算的平均震害指数值位于表中地震烈度对应的平均震害指数重叠搭接区间时，可参照其他判别指标和震害现象综合判定地震烈度。
⑤ 当有自由场地强震动记录时，水平向地震动峰值加速度和峰值速度可作为综合评定地震烈度的参考指标。

参考文献

[1] 沈聚敏,等.抗震工程学.北京:中国建筑工业出版社,2000
[2] 方鄂华.高层建筑钢筋混凝土结构概念设计.北京:机械工业出版社,2004
[3] 叶耀先,钮泽蓁.结构抗震设计.北京:地震出版社,1991
[4] 吕西林,蒋欢军.结构地震作用和抗震概念设计.武汉:武汉理工大学出版社,2004
[5] 王社良.抗震结构设计.3版.武汉:武汉理工大学出版社,2007
[6] 李国强,李杰,苏小卒.建筑结构抗震设计.北京:中国建筑工业出版社,2009
[7] 王显利,等.工程结构抗震设计.北京:科学出版社,2008
[8] 方宏亮,等.建筑结构抗震设计.北京:中国水利水电出版社,2009
[9] 钱永梅,等.建筑结构抗震设计.北京:化学工业出版社,2009
[10] 周云,等.土木工程抗震设计.北京:科学出版社,2005
[11] 建筑抗震设计规范(GB 50011—2010 修订版). 北京:中国建筑工业出版社,2016
[12] 砌体结构设计规范(GB 50011—2011). 北京:中国建筑工业出版社,2011
[13] 易方民,高小旺,苏经宇.建筑抗震设计规范理解与应用.2版.北京:中国建筑工业出版社,2011
[14] 混凝土结构设计规范(GB 50010－2010).北京:中国建筑工业出版社,2011
[15] 李国强,李杰,苏小卒.建筑结构抗震设计.2版. 北京:中国建筑工业出版社,2008
[16] 周云,宗兰,张文芳,等.土木工程抗震设计.北京:科学出版社,2005
[17] 孙培生,孙培华,等. 实用砌体结构计算与构造.北京:机械工业出版社,2008
[18] 李爱群,高振世. 工程结构抗震设计.北京:中国建筑工业出版社,2005
[19] 王昌兴.建筑结构抗震设计及工程应用.北京:中国建筑工业出版社,2008
[20] 东南大学,等.砌体结构. 北京:中国建筑工业出版社,2004
[21] 施楚贤.砌体结构.2版.北京:中国建筑工业出版社,2008
[22] 刘立新.砌体结构.3版.武汉:武汉理工大学出版社,2007
[23] 唐岱新.砌体结构.北京:高等教育出版社,2003
[24] 卢存恕,常伏德.建筑抗震设计手算与构造.北京:机械工业出版社,2005
[25] 娄宇,叶正强,胡永国,等.四川汶川5·12地震房屋震害分析及抗震对策建议.建筑结构,2008(8)

[26] 王汝恒,贾彬,张誉,等.绵阳城区各类建筑结构在汶川地震中的震害特征.工程抗震与加固改造,2008(4)

[27] 李翔,吕西林,李建中,等.汶川地震中广元市底层框架结构房屋震害调查与分析.结构工程师,2008(3)

[28] 肖从真.汶川地震震害调查与思考.建筑结构,2008(7)

[29] 王亚勇.汶川地震建筑震害启示——抗震概念设计.建筑结构学报,2008(4)

[30] 清华大学等三校土木结构组.汶川地震建筑震害分析.建筑结构学报,2008(4)

[31] 喻云龙,王超,唐为民,等.四川彭州地震砖混结构的震害分析.施工技术,2008(7)

[32] 卢明奇.汶川地震工程结构震害调查.施工技术,2008(7)

[33] 柳炳康,沈小璞.工程结构抗震设计.武汉:武汉理工大学出版社,2005

[34] 尚守平,周福霖.结构抗震设计.3版.北京:高等教育出版社,2015